Allgemeine Chirurgie

vorgetragen in Frage und Antwort, nebst einigen
Kapiteln über Frakturen, Luxationen und Hernien

Von

Dr. Julius Feßler und **Dr. Josef Mayer**

a. o. Professor für Chirurgie
an der Universität München

Reg.-Medizinalrat a. Versorg.-Amt
Ingolstadt, früh. Kaiserl. Reg.-Arzt

München · Verlag von J. F. Bergmann · 1924

ISBN-13: 978-3-642-89399-5   e-ISBN-13: 978-3-642-91255-9
DOI: 10.1007/978-3-642-91255-9
Alle Rechte,
insbesondere das der Übersetzung in fremde Sprachen, vorbehalten

Vorwort.

Die Bearbeitung eines hochwissenschaftlichen Stoffes in Frage
und Antwort bedarf wohl mehr wie jedes andere Buch einer Einführung und Begründung, da diese ungewöhnliche Form geeignet
ist, auf den ersten Anschein hin unrichtige Vorstellungen und Urteile
hervorzurufen.

Die Universitäten sind, entsprechend ihrer Bestimmung als
Pflanzstätten und Hort der Wissenschaften, auf das glänzendste
ausgestattet; der junge Student der Medizin findet im reichsten
Maße alle Hilfsmittel vor, ihn in seine Berufswissenschaften ein-
zuführen und darin auszubilden; jede Erleichterung, die ihn in
kürzester Zeit zu einem erschöpfenden Verständnis führen soll, steht
zur Verfügung, vielseitige Möglichkeit, sich praktisch zu betätigen,
ist dem Strebsamen geboten. Aber trotz aller Behelfe kann der
Unterricht nicht die Aufgabe allein lösen, den Wissenschaftler zur
Ausübung seines Berufes vollständig heranzubilden, ein großer Teil
dieser Arbeit, ja sogar der größere, nämlich die Verankerung des
theoretischen Wissens als unvergängliches geistiges Eigentum, ver-
bleibt dem Fleiß, der Intelligenz und der Willensenergie des einzelnen
vorbehalten. Und da ist es ganz merkwürdig, daß hier im Gegensatz zu der sonstigen sorgfältigen Leitung des Studenten so jeglicher
Hinweis fehlt, wie er am besten und raschesten jene unbedingt notwendige Summe von positivem Wissen sich aneignet, die ihn erst
befähigt, dem Unterricht in voller Zeitausnützung zu folgen. Aber
bislang hat man für diese Seite im Studium nur ein mehr als flüch-
tiges Interesse, vielleicht sogar nur ein mitleidiges Lächeln übrig
gehabt, man hat es jedem überlassen, sich selbst zurechtzufinden
und sich seine Methode des Lernens und Einprägens selbst zu schaffen,
ganz gleichgültig, ob er sich dabei leicht oder mit Mühe oder gar
nicht zurechtfindet, immer von der Voraussetzung ausgehend, daß
derjenige, der erfolgreich die Mittelschule hinter sich gebracht hat,
auch dann die Fertigkeit von selbst mitbringt, den geistigen Stoff
der Hochschule ohne weiteres meistern zu können. Und doch ist

dem nicht so. Mit der Art geistigen Arbeitens und mit den diesbezüglichen Erfahrungen, welche der junge Student aus seinem bisherigen Wirkungskreise, der Mittelschule, mitbringt, ist auf der Hochschule nicht viel oder gar nichts gedient, sind ja doch die Art und der Umfang des akademischen Lernstoffes und seine letzte besondere Aufgabe vollkommen verschieden von den früheren Zielen und verlangen infolgedessen auch eine ganz andere, besondere Behandlung, soll nicht mechanische, inhalts- und wertlose Arbeit geleistet werden, welche vielleicht zur Not zum Examen ausreicht, aber für Beruf und Leben unzulänglich ist. Außerdem sind ja Gedächtnis, Auffassungsfähigkeit, der Grad der Vorbildung, die geistige Veranlagung, der praktische Sinn unter den Studierenden vollständig verschieden; viele werden sich auch ohne besonderen Hinweis auf eine bessere Arbeitstechnik zurechtfinden, viele aber werden bei unnötiger Zeit und Kraftvergeudung vielleicht nur geringe Erfolge aufzuweisen haben. Natürlich kann es sich hier nicht darum handeln, ein für allemal gültige geistige Arbeitsregeln aufzustellen, wohl aber können gewisse erprobte Hinweise und Methoden allgemeingültigen Charakters unter Umständen vom größten Nutzen und Segen sein. Man komme hier nicht mit den üblichen Einwendungen und Hinweisen auf entgegenstehende ästhetische Bedenken und mit sonstigen Schlagworten, wie Faulenzer, Schnellpauker, usw.; es handelt sich bei der Aneignung der Grundbegriffe des Berufswissens um eine ganz nüchterne, derb-reale Sache, die auf alle überflüssigen Schönheiten verzichten kann, und vermutlich ist es dem Studierenden, dem Hauptbeteiligten bei der Sache, völlig gleichgültig, wie er sein. Wissen erlangt hat, wenn es ihm nur in einer Form geboten wird, die ihm die meisten Vorteile verspricht und Gewinne sichert, vor allem rasches Verständnis und dauerndes Behalten. Auch in den Kreisen der Hochschullehrer wird in neuerer Zeit dieser Seite im Studium gebührende Beachtung entgegengebracht, und so hat erst jüngst der Fachlehrer der Chirurgie in Bonn, Prof. Garré, die Bedingungen für Erfassen und Einprägen im klinischen Unterricht einer kritischen Betrachtung unterzogen, die unter dem Titel »Das Lehren und Lernen der Chirurgie« in der Deutschen Medizinischen Wochenschrift Nr. 18, Jahrg. 20 erschienen ist. Es sei gestattet, die interessanten Ergebnisse dieser Studien bezüglich des Lernens kurz aber möglichst in Anlehnung an den Wortlaut anzuführen:

»Was uns interessiert, das sind die inneren und äußeren Bedingungen für die Aufnahme und das Behalten von Vorstellungs- und Gedankenzusammenhängen, wie sie der wissenschaftliche und praktische Inhalt unseres Faches bzw. der Medizin überhaupt fordert.«

»Der Anfänger geht am besten schrittweise vom Allgemeinen zum Einzelnen über.«

»Für den theoretisch wissenschaftlichen Teil setzt das Behalten von Gedankenzusammenhängen selbstverständlich ein volles Verständnis des Inhalts, insbesondere die erschöpfende Erkenntnis kausaler Verknüpfungen voraus. Hiezu zählen in erster Linie die Beherrschung der Grundbegriffe der Pathologie und allgemeinen Chirurgie. Wer z. B. von den Begriffen Resorption und Entzündung nur eine verschwommene Vorstellung hat, wer nicht weiß, was Epithel ist und wo es vorkommt, wer ständig Valgus und Varus verwechselt, wer über den Werdegang und über den Ablauf einer Infektion nicht mehr als laienhafte Begriffe mitbringt, der wird in jedem klinischen Vortrage und auf jeder Seite des Lehrbuches den Faden kausaler Verbindung verlieren. Solche Kandidaten pflegen sich für das Examen aufs mechanische Memorieren zu verlegen — eine geistige Sisyphusarbeit ohne jeden Wert!«

»Jedes Lernen umfangreicher Aufgaben muß ausgehen von festen Marksteinen, die im Gedächtnis festgelegt als Ausgangspunkte für eine logische Einordnung des Lernstoffes dienen.«

»Erinnerungsbilder pflegen mit der Zeit abzublassen, Begriffe an Inhalt zu verlieren; aller geistige Besitz unterliegt den variablen Gesetzen des Vergessens. Deshalb genügt eine einmalige Erfassung des Stoffes nicht. Was zum dauernden Besitz des Geistes werden und was mit Sicherheit reproduziert werden soll, das muß durch das mechanische Moment des Wiederholens durch öfteres Memorieren geistig festgelegt werden.«

»Das ersprießliche, d. h. ohne unnötige Zeit- und Kraftaufwendung geübte Lernen ist überdies von gewissen inneren Bedingungen des Studiums abhängig. Da ist zunächst die geistige Anpassung an das Thema, sodann — das ist von ausschlaggebender Bedeutung — die Regulierung der Aufmerksamkeit nach Intensität und Gleichmäßigkeit. Beides ist in der Regel erst nach Überwindung gewisser innerer Hemmungen, Unlustgefühle und der Eliminierung von Ablenkungen zu erreichen, deren der eine rascher, der andere langsamer Herr wird.«

»Die aufgewandte Willensenergie bestimmt die Arbeitsleistung des Tages, des Semesters und schließlich des ganzen Lebens.«

»In der Schreibweise, der Satzeinteilung liegen verwertbare Erinnerungspunkte, die dem Lokal- und Raumgedächtnis später sich leicht zur Verfügung stellen.«

»Der Lehrbuchtext kann willkommene Hilfe bieten in der Einfachheit und Gleichheit des Satzbaues, in der Prägnanz des Ausdruckes.«

Daß daneben auch die üblichen kleinen Behelfsmittel, wie lautes Lesen, rhythmisch akzentuierte Betonung, das Zeichnen, die Mnemotechnik usw. in dieser Betrachtung zu ihrem Rechte kommen, ist ganz selbstverständlich. —

Aus ähnlichen Gedankengängen heraus ist das vorliegende Buch entstanden, es ist aus dem praktischen Bedürfnis ganz von selbst herausgewachsen, ungewollt und unbeabsichtigt.

Jeder, der zum erstenmal mit einer unbekannten, schwierigen Materie Bekanntschaft macht, hat das Bedürfnis, sich rasch und sicher zu orientieren und nach einer möglichst bequemen Methode jene Grundbegriffe zum geistigen Eigentum sich zu machen, die ihn befähigen, in der entsprechenden Disziplin auch zu urteilen und gegebenenfalls jederzeit sein Wissen in praktisches Handeln umzusetzen. Aus dieser Notwendigkeit ergibt sich von selbst die alte bewährte Methode, während der Vorlesung und beim Studium mit selbstgemachten Notizen zu arbeiten, Auszüge und wichtige Zusammenstellungen zu machen, Wichtiges durch Unterstreichen hervorzuheben, Stichworte zu sammeln, kurz die Methode der Benützung aller für die Gedächtnisarbeit so bedeutungsvollen Erleichterungen. Das Resultat einer derartigen Art des Studiums liegt hier vor, ausgearbeitet in Frage und Antwort.

In erster Linie sei bemerkt, daß die Bezeichnung »Frage und Antwort« den Charakter der Arbeit keineswegs erschöpft; es handelt sich hier nicht um zusammenhangslose, aphoristische Betonung einzelner Tatsachen, sondern um eine Art Zwiesprache und Aussprache zwischen einem Wissensbestrebten und einer erklärenden und beratenden Stelle. Außerdem ist hier genau diejenige Form wiedergegeben, in welcher der Examenskandidat Rechenschaft abzulegen hat über den Grad seines erworbenen Wissens und über die Beherrschung der wissenschaftlichen Disziplin. Weiter sind die Fragen so eingerichtet, daß sie Richtlinien und Wegweiser für denjenigen bilden, der ein noch vollständig unbekanntes Gebiet betritt; sie sollen auch Bausteine sein, behauen und geglättet zur sofortigen Benützung bei der Aufrichtung des wissenschaftlichen Baues. Im Grunde genommen handelt es sich um ausgearbeitete Notizen aus den Vorlesungen, hauptsächlich aber um Exzerpte beim Selbststudium, Selbstlernen aus größeren Werken fern von Vorlesungen. Da es sich hiebei um eine sehr bewährte Erleichterung für den Studierenden handelt, deren Selbstanfertigung viele Zeit und ernste Arbeit erfordert, so wird hier der Versuch gemacht, ihm die Blätter bereits ausgearbeitet, ergänzt und dem neuzeitlichen Standpunkt angepaßt in die Hände zu geben: zur raschen Orientierung, als Leitfaden in Kursen und im klinischen Unterricht, zur Benützung während der Vorlesung, zur Ersparung des mühseligen Mitschreibens, das meist doch nur auf Kosten des wertvolleren Mitdenkens geschehen kann, zur Selbstkontrolle über das Gehörte und später vor dem Examen als wertvolles, leicht zu bewältigendes Repetitorium.

Bei dem ausgesprochenen Charakter des Buches als gedrängte Einführung hauptsächlich in die Grundzüge der allgemeinen Chirurgie und als Hilfsmittel beim Studium kann es natürlich niemals das Lehrbuch ersetzen; es gehört also ausschließlich in die Hand desjenigen, der zum ersten Male mit der Materie Bekanntschaft macht und hauptsächlich zur Vorbereitung für die klinischen Semester. Wird der wissenschaftliche Stoff schon vorher in nuce geboten und haftet er in dieser Form im Gedächtnis fest, so wird das unerläßliche Studium größerer Werke zu einer genußreichen, leicht zu bewältigenden, fruchtbaren Lektüre.

Vielleicht erscheint es angezeigt, mit noch einigen Worten näher auf das Wesen und die Vorteile dieser geistigen Arbeitstechnik einzugehen. Da der leitende Grundgedanke durchgehends der sein sollte, in leichtester Form und kürzester Zeit zu möglichst unverlierbarem Wissen zu kommen, so wurde dem exzerpierten und gesammelten Material eben die Form von Frage und Antwort aus folgenden Gründen gegeben. Einmal ist es Gesetz der Gedächtnislehre, daß eine Tatsache mit größerer Zähigkeit im Gedächtnis festzuhaften pflegt, wenn sie in Form einer kurzen Frage vorgelegt eine knappe, aber doch erschöpfende Beantwortung erfahren hat. Diese Behandlung des wissenschaftlichen Stoffes legt von selbst jene Beschränkung auf, die nicht als engende Fessel, wohl aber als segenstiftender Ordner in Erscheinung tritt; sie gestattet, aus der Menge des Stoffes die wichtigsten Gedankenverbindungen herauszulesen und alles zunächst Überflüssige liegen zu lassen, für sinnvolle Zusammenhänge zu sorgen, weit gespannte Zusammenhänge zu knüpfen, zu gruppieren und zu ordnen; sie läßt von selbst jene Sätze von entsprechender Kürze entstehen, die nach der Gedächtnislehre am besten behalten werden, und lange, schwer zu übersehende und verstehende Sätze vermeiden. Leichtes Verstehen des Sinnes ist dazu ungemein gedächtnisfördernd. Mit solcher psychischer Verdichtung wird viel geistige Kraft gespart, die zweckmäßiger der eigentlichen geistigen Arbeit, dem Denken, zugute kommt. Weiters regt jede Frage von neuem zu selbständigem Denken an, das Interesse am Studium wird dadurch gefördert und die geistige Arbeitskraft bleibt dadurch gespannt, elastisch, die dürre Arbeit des Einprägens wird dadurch reizvoller. Es ist erstaunlich, wie man sich in dieser Art des Studiums stundenlang beschäftigen kann, ohne eine geistige Ermüdung zu spüren. Auch der für das Verständnis unerläßlich notwendige Zusammenhang kann auf diese Weise sehr gut gewahrt werden, und so wurde der Stoff der einzelnen Kapitel stets auch im Zusammenhang in Fragen aufgelöst, so daß meist eine Frage aus der anderen hervorgeht. Dabei wurde in erster Linie Rücksicht genommen, daß die Fragen kurz und präzis gefaßt wurden und eine ebensolche Beantwortung erfuhren. Außerdem wurde von jedem Schlagwort eine Definition gegeben, auf jeden technischen Ausdruck wurde nach Möglichkeit einzugehen versucht. Eingestreute Erläuterungen sollten nach Möglichkeit die Schwierigkeit für das Verständnis beheben, so daß dadurch ein fortlaufendes Studium ohne zeitraubendes, anderweitiges Nachschlagen und Nachlesen sich ermöglicht. Etwaigen sich ergebenden Wiederholungen wurde zwecks besserer Einprägung nicht aus dem Wege gegangen. Gewisse Wiederholungen ließen sich bei dieser Anordnung des Stoffes auch gar nicht vermeiden; doch wo solche notwendig geworden sind, zeigen sie sich meist in einem anderen Zusammenhang und anderer Beleuchtung.

Möge die gute Absicht, die der Herausgabe der Blätter zugrunde liegt, nicht verkannt werden. Mögen die erprobten und bewährten Erfahrungen, die beim Studium und beim Unterricht gemacht wurden, zu Nutz und Frommen der studierenden Jugend Anklang finden.

Benutzte Quellen und Literatur:

Vorlesungen von Professor v. Angerer.
Vorlesungen von Professor Sauerbruch.
Chirurg. Pathologie und Therapie von Billroth und Winiwarter.
Lehrbuch der allgemeinen Chirurgie von Professor Erich Lexer.
Grundriß der allgemeinen Chirurgie von Professor Marwedel.
Handbuch der prakt. Chirurgie von E. v. Bergmann und P. v. Bruns.
Lehrbuch der Chirurgie von Prof. Wullstein und Prof. Wilms.

Die Herausgeber.

Die Bekämpfung des Schmerzes.

Sind die Schmerzempfindungen bei allen Menschen gleich?

Nein; es gibt sehr große Unterschiede je nach dem Alter, Geschlecht und Konstitution; die Heftigkeit aller Schmerzen hängt nicht nur von der objektiven Grundlage, sondern auch von dem Grade der psychischen Empfindlichkeit ab. (Fakire — hysterische, hypnotische Unempfindlichkeit.)

Sind die Schmerzen aller Organe gleichmäßig bei Verletzung?

Einige schmerzen sehr stark, wie Haut, Periost, Peritoneum parietale (sehr empfindlich gegen Zug und Zerrung); andere wenig oder gar nicht wie Gehirn, Muskeln, Darm.

Welche Mittel stehen dem Arzte zur Verfügung, um Schmerzen zu lindern, besonders Eingriffe schmerzlos auszuführen?

1. Mittel, welche den ganzen Körper unempfindlich machen durch allgemeine Betäubung (allgemeine Anästhesie — Narkose).

2. Mittel, welche das begrenzte Operationsfeld durch lokale Anästhesie (lokale Betäubung) unempfindlich machen.

Welches sind die gebräuchlichsten Mittel zur allgemeinen Betäubung?

Stickoxydul, Schwefeläther, Chloroform, Skopolamin, Chloräthyl und Bromäthyl; außerdem waren in früheren Zeiten Tränke aus Bilsenkraut, Schierling, Mandragora (Tollrübe), Opium, Mohn, Alkohol, Hopfen gebraut vor Einleitung der Operation gebräuchlich.

Wann wurde das Stickoxyd zuerst angewandt?

Es wurde zuerst in den vierziger Jahren des letzten Jahrhunderts als erstes Anästhetikum angewendet (1842 von Crawford Long).

Wie wirkt das Stickoxydul?

Es ruft allgemeine Anästhesie hervor, ist aber nur bei kleineren Operationen verwendbar. Die Narkose tritt nach 1 bis 2 Minuten langem Einatmen ein und dauert nur wenige Minuten.

Welches sind die Nachteile des Stickoxyduls?

Seine Anwendung ist schwierig, da es eines besonderen, schwer zu transportierenden Apparates zum Gebrauch bedarf, weil es komprimiert eingeatmet werden muß; vor allem aber, weil es bei längerem Einatmen geradezu giftig wirkt durch Lähmung des Atmungszentrums, unter zunehmender Kohlensäureanhäufung im Blut mit Zyanose (Blausucht) und tiefem, schnarchendem Atem: die Stickoxydulnarkose ist der Anfang einer langsamen Erstickung.

Wann kam die Anwendung des Äthers auf?

1846 ließ der Zahnarzt Morton in Boston auf Veranlassung seines Freundes, des Chemikers Jackson, bei Zahnextraktionen Äther inhalieren zur Erzeugung völliger Anästhesie.

Welcher Äther ist allein statthaft zur Narkose?

Nur der reine Schwefeläther.

Welches sind die Vorteile des Äthers?

Nach der Statistik hat er weniger Todesfälle zur Folge als Chloroform, ist also weniger gefährlich; das Verhältnis ist ungefähr wie 1 : 3; dann erhöht er im Anfang der Narkose den Blutdruck und ist deshalb auch bei Herzkrankheiten und Zirkulationsstörungen angezeigt.

Welches sind die Nachteile des Äthers?

1. Leichte Brennbarkeit; niemals mit Äther (auch nicht mit Chloräthyl, Chloroform, Äther, Alkoholmischung) narkotisieren bei offenem Lichte; weg mit der Äthermaske bei Anwendung des Thermokauters (Glüheisen).

2. Das Exzitationsstadium dauert länger als bei Chloroform.

3. Er reizt die Schleimhäute manchmal stark, wodurch störende Sekretion in Mundhöhle und Luftröhre entsteht. Dieser Reizzustand dauert noch nach der Narkose an und verursacht bei gleichzeitig herabgesetzter Expektoration Bronchitis und Pneumonien, die unter Umständen zum Tode führen können. Bei Bronchitikern und Phthisikern soll nie Äther verwendet werden. Kocher ließ vor der Ätherisierung Nase, Mund, Rachen, Zähne gründlich reinigen, um Aspiration septischen Schleims zu vermeiden; mit bestem Erfolg.

Wie wird der Äther angewendet?

1. Als Ätherrausch; er eignet sich als kurze Narkose für kleine kurzdauernde Eingriffe. Man gießt 1- bis 2mal je ca. 20 g Äther in eine große Maske, die außen mit einem luftdichten undurchlässigen Stoff (Gummistoff, Öltuch, Billrothbatist) überzogen und innen mit einer sterilen Mullkompressestoff-, Gaze- und Wattschichte oder mehrfachem Flanell ausgekleidet ist. Die Maske wird, nachdem der zu Narkotisierende durch entferntes Vorhalten der Maske sich an den Äthergeruch gewöhnt hat, allmählich immer näher gebracht, schließlich aufgelegt, daß fast nur Luft eingeatmet werden kann, die durch Ätherdampf gesättigt ist. Verstärkt wird die Äthereinatmung noch durch Umlegen eines Handtuches um den Maskenrand und Gesicht (Methode der Lyoner Schule nach Juillard). Der Ätherrausch währt, wenn nicht nochmal Äther aufgegossen wird, nur mehrere Minuten.

2. Als Äthertropfnarkose. Diese kann stundenlang fortgesetzt werden; wird mit kleiner Maske wie die Chloroformmaske von Esmarch, ausgeführt, die aber dicht aus doppelter Flanell- oder Trikotlage gebildet, innen noch mit einem Gazetupfer verstärkt und außen noch mit einem in der Mitte gelochten Gummistoff überzogen ist. Der Äther wird ohne Abheben der Maske in das Innere durch das Loch von außen eingeträufelt, ungefähr in der Sekundenzahl-Zeitfolge.

Beiden Methoden der Äthernarkose (Ätherrausch und Tropfnarkose) ist ein analgetisches Stadium (aufgehobene Schmerzempfindung) nach der Narkose gemeinsam; in diesem fühlt der Narkotisierte kleine Eingriffe noch nicht, wenn er auch schon gegen sie Abwehrbewegungen macht.

Die früher bei verschiedenen Narkosen gebräuchliche Erstikkungsmethode (dem Ätherrausch ähnlich) mit fortgesetztem raschen Aufschütten des Narkotikums ist gefährlich wegen der Gefahr der Erstickung, des Übernarkotisierens, daher verpönt. Deshalb darf auch der Ätherrausch nur kurz dauern, nur höchstens einmal Äther nachgeschüttet werden. Aus dem gleichen Grunde ist auch das Auftropfen eines zweiten Narkosemittels auf ein anderes, wenn dieses nicht wirken will, zu widerraten.

Die einzelnen Stadien der Äthernarkose sind denen beim Chloroform sehr ähnlich, nur ist beim Chloroform die Einwirkung auf das Herzzentrum deutlicher und rascher, alle Stadien sind tiefer und ausdrucksvoller.

Wie verläuft die Einleitung zur Narkose?

Viele Kranke sind im Anfang aufgeregt, lassen sich aber durch beruhigenden Zuspruch und Ruhe in der Umgebung beeinflussen. Das Gesicht rötet sich stark, es tritt öfters Hustenreiz und Speichel-

4

fluß, auch Schweißabsonderung ein. Das Verhalten des Kranken
ist zunächst auf Abwehr eingestellt: Anhalten der Atmung, da er
durch den Geruch des Mittels irritiert wird; Erstickungsgefühl, er
ruft nach Luft; Versuch, die Maske abzureißen. Dann kommt es
zu Flimmern vor den Augen und Hämmern im Kopf, Ohrensausen,
das Bewußtsein und die Empfindung sind herabgesetzt. Die Ord-
nung in den koordinierten Assoziationen hört auf; die geistigen
Hemmungen fallen weg, der Bewußtlose träumt laut, wobei zufäl-
lige äußere Eindrücke (Berührung des Operationsfeldes, gehörte
Worte) eine große Rolle spielen. Die Erinnerungsfähigkeit für
späterhin ist in diesem Stadium nur teilweise aufgehoben, deshalb
Vorsicht beim Sprechen geboten. Am besten herrscht absolute
Ruhe, die Narkose verläuft dann viel ruhiger. Der Puls schlägt
frequent und voll, die Pupillen sind mittelweit, reagieren langsam,
verengern sich erst später. Der Kornealreflex ist in der Einleitung
zur Narkose erhalten, die Muskelreflexe sind gesteigert. Weiterhin
schlafen die Kranken ruhig ein mit nur angedeutetem Stadium der
Exzitation oder es folgt ein deutlicher, unter Umständen sehr heftiger Zustand der Erregung — Exzitationsstadium.

Wie verläuft die Exzitation?

Sie läuft verschieden lange und heftig ab je nach Alter, Geschlecht, Nervenverfassung, Gewöhnung an das Narkosemittel; sie
ist auch bei den verschiedenen Narkosemitteln verschieden. Bei
Kindern, Frauen verläuft sie meist leicht, bei Potatoren aber oft
mit heftigen, lang dauernden Aufregungszuständen. Epileptiker,
Hysterische bekommen Nervenzufälle: Krämpfe, Schlagen mit den
Gliedern, Einkrallen der Nägel, Tobsucht, Raufen mit der Umgebung, daher sind Vorbeugungsmaßnahmen nötig. Die Pupillen
sind mittelweit oder eng, die Kornea kann noch reagieren, die Bulbi
machen kreisende Bewegungen. Durch Krampf des Zwerchfells,
der Kiefer, Stimmbänder, Schlundmuskeln kann Zyanose (blaue
Asphyxie) eintreten; ebenso durch Überanstrengung infolge der
Tobsuchtsanfälle plötzliche Herzschwäche (Synkope).

Wie verläuft das 3. Stadium, das der Erschlaffung, Toleranz?

Unter dem Zeichen des tiefen Schlafes, in dem allein operiert
werden soll. Kiefer und Zunge sind zurückgesunken, die Pupillen
sind eng, sollen auf Lichteinfall gerade noch sich ein wenig mehr
verengen: dies ist der richtige Zeitpunkt zur Operation; auf diesem
Punkt soll die Narkose durch langsame Weitergabe des Narkosemittels weiterhin erhalten werden. Plötzliche Erweiterung der
Pupillen ad maximum ohne Reaktion auf Lichteinfall zeigt Todes-
gefahr an, Weiterwerden der Pupillen mit Reaktion auf Lichteinfall
aber Erwachen aus der Narkose. Alle Muskeln sind erschlafft, auch

das Gaumensegel. Der Puls ist verlangsamt, etwas schwächer, der Blutdruck sinkt, nachdem er in der Exzitation gestiegen war. Das Sinken des Blutdrucks erfolgt durch Einfluß des Narkotikums auf das Vasomotorenzentrum. Er sinkt weniger rasch bei Äther als bei anderen Narkosemitteln. Auch das Gesicht wird bei der Äthernarkose nicht so blaß wie bei anderen Narkosen. Die Reflexe sind erloschen.

Wie erfolgt das Erwachen aus der Narkose?

Die Bulbi machen atypische Bewegungen. Häufig erfolgt Übelkeit und Erbrechen, namentlich wenn der Kranke zu früh aufgesetzt und durch Zuruf beunruhigt wird; dann treten auch meist Aufregungszustände, Stöhnen, Jammern, Lach- und Weinkrämpfe ein. Großes Müdigkeits- und Schlafbedürfnis macht sich geltend. Das ganze Bild gleicht einem alkoholischen Katzenjammer, wie überhaupt die einzelnen Stadien der Narkose einem Alkoholrausch in seinen einzelnen Steigerungen sehr ähnlich sind (Narkosevergiftung — Alkoholvergiftung). Alles Erscheinungen, die je nach der Menge und Art des Narkosemittels und der persönlichen Reizbarkeit verschieden stark ausgeprägt sind; sie dauern oft einige Tage an und hinterlassen für lange Zeit eine reizbare Schwäche.

Wann kam die Anwendung des Chloroforms auf?

Wurde 1847 von dem Edinburger Professor der Chirurgie und Geburtshilfe Simpson an Stelle des Äthers eingeführt.

Welches ist die erste Bedingung für die Unschädlichkeit des Chloroforms?

Seine chemische Reinheit; je reiner das Chloroform, desto unschädlicher die Narkose; das beste Chloroform darf kein freies Chlor, keine Salzsäure enthalten (Silbernitratprobe!).

Wie prüft man die Reinheit des Chloroforms?

Gießt man ein paar Tropfen auf die Hand oder auf Filtrierpapier und läßt es verdunsten, so darf es nicht nach faulen Äpfeln riechen.

Welches sind die besten Sorten Chloroform?

Das Chloralchloroform und das Eischloroform; letzteres ist durch mehrmaliges Gefrieren gereinigt.

Wie wird das Chloroform aufbewahrt?

Stets in dunklen Gläsern und an kühlem Orte, da es sich unter dem Einfluß des Tageslichtes leicht zersetzt.

Wie wirkt das Chloroform?

Das Chloroform wird in gasförmigem Zustand durch die Lungen in das Blut aufgenommen; es wirkt erst kurz erregend, dann lähmend auf das Großhirn (Gefühl, Bewußtsein); später tritt eine Lähmung der Nervenzentren der Atmung ein und zuletzt eine solche des Kreislaufs.

Wie wird das Chloroform ausgeschieden?

Durch Lunge und Nieren.

Welche besondere Wirkung hat das Chloroform auf Schwangere und Säugende?

Wird Chloroform schwangeren Frauen gegeben, so teilt es sich auch dem Fötus mit; bei Säugenden geht es auch in die Milch über.

Wie geschah die Anwendung des Chloroforms früher?

Man schüttete das Chloroform auf ein Tuch und hielt dieses dem Kranken vor; man wandte auch oft die Erstickungsmethode an; Todesfälle waren infolgedessen nicht selten.

Welche Erfahrung machte man im Laufe der Zeit?

Man hat eingesehen, daß der Kranke nicht ausschließlich Chloroform atmen darf, sondern daß ihm auch atmosphärische Luft zugeführt werden muß. Auf 100 Volumteile Luft darf der Kranke nur ca. 8 Volumteile Chloroform einatmen. Daher genaue Dosierung der einzuatmenden Mischung durch besondere Apparate, z. B. nach Junker-Kapeller, Roth-Draeger angestrebt. Der Roth-Draeger-Apparat ermöglicht Mischung mit Sauerstoff, ist aber schwer transportabel, daher besonders für die Klinik geeignet.

Wie wird heutzutage das Chloroform angewendet?

Mittels Maske, d. h. durch ein mit Flanell oder Trikot, (sterilem) Mullstoff mit Wattezwischenlage (Kompressenstoff) überspanntes Drahtgestell, das nur Mund und Nase des Kranken bedeckt.

Welches sind die besten Apparate zur Narkose?

1. Der verbesserte Esmarchsche Apparat; er besteht in einer zusammenklappbaren Drahtmaske, deren Gaze jederzeit leicht erneuert werden kann. Auskochbare Klappmaske nach Schimmelbusch.

2. Der Junkersche Apparat besteht aus Hartgummimaske und Flasche mit Doppelgebläse, durch welches Luft in das Chloroform gepumpt und die Mischung dem Kranken in der Maske zugeführt wird.

3. Der diesem ähnliche Apparat von Kapeller hat eine durchsichtige Flasche mit Skala und eine genaue Tabelle zur Beurteilung der Luft-Chloroformgaskonzentration.

4. Der Apparat von Roth-Draeger läßt eine genaue Dosierung des einzuatmenden Sauerstoff-Chloroformgemisches zu; ist nur für große Betriebe geeignet.

Wie leitet man eine Chloroformnarkose ein?

Zuerst muß man bei jeder Narkose wie beim Äther den Kranken unter beruhigendem Zuspruch an den Geruch gewöhnen, dann gibt man sehr langsam und vorsichtig tropfenweise Chloroform von außen auf die vor dem Gesicht des Kranken liegende Maske; kommt dieser allmählich in Schlaf, so verringert man auch die Dosis.

Welches ist die beste und einfachste Methode für die Praxis?

Die Tropfmethode, wie bei der Äthernarkose, aber in viel langsamerem Tempo, weil man zu dieser Narkose viel weniger gebraucht als vom Äther (5 bis 20 gegen 100 bis 300 g).

Welche Vorbedingung ist für eine derartige Narkose unerläßlich?

Es muß im Zimmer möglichste Ruhe herrschen; mit dem Narkotiseur darf nicht gesprochen werden, auch nicht mit dem Kranken, nachdem einmal die Narkose eingeleitet ist. Überhaupt ist jede Unruhe, Unterhaltung der Anwesenden zu vermeiden, weil Gehörwahrnehmungen des Narkotisierten bis in das 3., das Toleranzstadium, stattfinden und aufregende Träume bei ihm hervorrufen können.

Der Raum, in dem narkotisiert wird, sei groß und luftig, nicht mit offenem Licht beleuchtet, mäßig erwärmt. Der womöglich auf dem Rücken liegende Kranke wird am Tisch fest mit den Handgelenken angebunden, aber so, daß sich die Hände in der Fesselung rühren können; eine zweite feste Binde geht quer über die Oberschenkel um die Tischplatte.

Das Gesicht, namentlich innere Augenwinkel, Nase, Kinn, Jochbogen, Stirn seien vorher eingefettet, denn namentlich Chloroform reizt die Haut stark.

Das Chloroform werde nur langsam mitten auf die Maske getropft, es sollen keine tiefen Atemzüge gemacht werden, um Erstickungs-Hustenanfälle und plötzliche Anreicherung des Blutes mit Chloroform zu vermeiden.

Wie führt man die Tropfmethode aus?

Gleichmäßig und stetig ist nach mehreren Sekunden ein Tropfen Chloroform auf die Maske aus einer guten Tropfflasche zu träufeln bis zum Eintritt des Toleranzstadiums (8 bis 10 Minuten). Erwachsene erhalten im Anfang ca. 30 Tropfen in der Minute, Kinder entsprechend weniger. Ist einmal tiefer Schlaf eingetreten, so bedarf es zur Erhaltung dieses Zustandes nur weniger Tropfen von Zeit zu Zeit. Esmarch nannte dieses Verfahren das »Einschleichen in die Narkose«.

Wie ist der Verlauf der Chloroformnarkose?

Ähnlich wie bei der Äthernarkose folgt auf das Einleitungsstadium das Stadium der Exzitation und das Stadium der Toleranz.

Wodurch ist das Exzitationsstadium ausgezeichnet?

In ihm herrscht durch Reizung der grauen Hirnrinde eine gewisse Erregung.

Wodurch ist das Stadium der Toleranz ausgezeichnet?

Es tritt Lähmung der Hirnrinde und des Trigeminus ein; die Sinne schwinden, die Glieder sinken schlaff herab, die Atemzüge werden gleichmäßig und ruhig; es werden keine Reize von außen her empfunden, es schwinden die Reflexe, besonders der Pupillenreflex.

Wie prüft man den Pupillenreflex?

In der tiefen Narkose soll die Pupille stark verengt sein. Hält man das obere Augenlid einen Augenblick nieder und zieht es dann rasch in die Höhe, so darf die Pupille nur noch eine minimale Reaktion im Sinne zur Verengerung zeigen; damit ist das Stadium der völligen Unempfindlichkeit eingetreten. Nur Potatoren und Kranke, die bereits an Chloroform, Morphium oder andere Narkotika gewöhnt sind, reagieren auch dann noch während der Operation auf äußere Reize. Es ist gefährlich, die Narkose noch tiefer zu treiben, die Pupillen dadurch ad maximum zu verengern. Nicht selten kommen gerade in diesem Zustande gefährliche Zufälle vor (Zurücksinken der Zunge, Stockung der Atmung, des Pulses, Herzsynkope durch plötzliche Lähmung der Zentralstellen).

Welche Beweise haben wir sonst noch für das Eingetretensein tiefen Schlafes?

Der emporgehobene, dann sich selbst überlassene Arm sinkt schlaff herab; der Kornealreflex fehlt.

Wie prüft man den Kornealreflex?

Man zieht das obere Lid hoch und tippt mit der ganz reinen Fingerbeere leise auf die Konjunctiva seitlich der Kornea; Ausbleiben des Reflexes, Zucken der Lider, ist ein Beweis tiefen Schlafes.

Besser ist es, nur den Lichteinfluß auf die Pupillenreaktion zu prüfen und die Kornea und Konjunctiva überhaupt zu schonen.

Welches sind die allgemeinen Regeln von Esmarch, welche bei jeder Narkose zu beachten sind?

1. Nie ohne Assistenz chloroformieren, um
   a) schlimmen Zufällen besser begegnen zu können,
   b) um Zeugen zu haben (Verdächtigung durch Hysterische usw.).
2. Möglichst die Kranken immer in Rücken- oder Seitenlage chloroformieren; narkotisiert man den Kranken in halbsitzender Stellung, muß noch ganz besonders auf freie Atmung durch Nase und Mund geachtet werden.
3. Der Kranke darf mehrere Stunden vor der Narkose nichts gegessen haben.

Welche Personen dürfen nicht chloroformiert werden?

1. Solche Kranke, die das Chloroform nicht vertragen; die beim Chloroformgeruch sofort Brechreiz und Stickanfälle bekommen (Idiosynkrasie gegen Chloroform; unter Idiosynkrasie versteht man eine gesteigerte Veranlagung (Disposition) zu Erkrankung auf kleine, für andere ganz unschädliche Gelegenheitsursachen). Es sind Todesfälle durch Stimmritzenkrampf — Herzlähmung schon beim Einatmen einiger Tropfen Chloroform beobachtet.
   Diabetiker mit starker Zucker-Azetonausscheidung.
2. Kranke mit akuter, subakuter Nephritis, schwankenden Mengen von Eiweißausscheidung im Urin, die sich bei Anstrengung sofort steigert.
3. Menschen, die akut einen großen Blutverlust erlitten haben.
4. Zyanotische Kranke, solche mit Larynxstenose, Lungenemphysem, Pleuraergüssen.
5. Verletzte und Kranke, die unter Shokwirkung stehen.
6. Alle Kranke, bei denen wiederholte Messungen sehr niederen Blutdruck ergeben.

Was versteht man unter Shok?

Den lähmenden Einfluß einer plötzlichen heftigen Erschütterung resp. einer Verletzung zahlreicher Nerven oder einzelner großer Nervenstämme auf die Herztätigkeit. (Siehe auch: Allgemeiner Shok.)

Bei welchen Kranken ist Vorsicht anzuwenden?

Bei Herz- und Gefäßerkrankungen, Fettherz, bei anämischen Patienten mit Milz- oder Thymusschwellung, bei Kranken mit schwankendem Blutdruck.

Dürfen alte Leute chloroformiert werden?

Ja; arythmischer Puls allein, wie er bei alten Leuten sehr häufig ist, bildet keine Gegenanzeige; auch leichte Arteriosklerose nicht.

An was hat man unmittelbar vor der Narkose zu denken?

1. Vor jeder Narkose ist die Mundhöhle genau auf falsches Gebiß und Fremdkörper zu inspizieren (Kautabak!) und der Mund ist gründlich zu spülen, die Zähne sind zu reinigen.

2. Man hat die Brust des zu Chloroformierenden frei zu machen (Frauen niemals im Korsett chloroformieren); die Stiefel sind auszuziehen, alle Bänder sind zu lockern.

Auf was hat man während der Narkose vor allem zu achten?

1. Auf Atmung.
2. Auf Puls.
3. Auf die Pupillen.
4. Auf Färbung des Gesichtes, des Blutes. Livide Färbung des Gesichtes und Dunklerwerden des Blutes weisen auf bedrohliche Kohlensäureansammlung im Blute hin. Aus diesen Beobachtungen ergeben sich Anzeichen für drohende Gefahr.

Wie verhält sich der Puls in der Narkose?

Im Anfang ist der Puls sehr frequent; während des tiefen Schlafes muß er ruhig und normal gehen; wird er unruhig und klein, so ist große Vorsicht am Platze.

Wie verhält sich die Atmung während der Narkose?

Die Atmung wird nach den ersten Zügen etwas rascher, in voller Narkose ist sie tief und langsam.

Wie verhalten sich die Pupillen in der Narkose?

Anfangs und im Exzitationsstadium sind die Pupillen weit, im Stadium der Toleranz werden sie eng; die Augäpfel machen atypische Bewegungen. Werden die Pupillen, nachdem sie kurz vorher in tiefster Narkose noch sehr eng waren, plötzlich weit, ohne daß sie beim Aufsperren der Lidspalte durch den Lichteinfall enger werden, so ist höchste Gefahr vorhanden, daß Herzlähmung eintritt.

Welche Störungen können bei der Narkose eintreten?

Mehrfach sind Störungen von seiten der Respiration, der Digestion und der Zirkulation möglich.

Welche Störungen treten von seiten des Digestionsapparates auf?

Erbrechen.

Was ergibt sich daraus?

Man soll den Kranken möglichst erst mehrere Stunden nach einer kleinen flüssigen Mahlzeit chloroformieren.

Ist Nüchternheit absolut notwendig?

Magen und Darm seien im allgemeinen nicht durch Speise und Trank schwer belastet, sondern leer. Aber man soll nicht allzu streng in dieser Hinsicht sein; es hat sogar seine große Annehmlichkeit, dem Kranken 1 bis 2 Stunden vor der Narkose etwas Tee oder Kaffee zu geben, weil dies das vergebliche Würgen verhindern kann.

Was verabreicht man bei Fettherz vor der Narkose zur Anregung des Herzens?

Bei Kranken mit Fettherz ist etwas Kognak oder schwerer Wein vor der Narkose zu geben.

Wie ist das Erbrechen zu behandeln?

Man muß sofort den Kopf des Patienten auf die Seite drehen und tiefer legen, womöglich nach links, weil die Speiseröhre mehr links am Halse herabläuft, damit das Erbrochene ausfließen kann und nichts aspiriert wird (Gefahr einer Pneumonie durch Aspiration von Mageninhalt); Mund und Rachen müssen von Speiseresten durch Auswischen befreit werden (Finger mit Gaze umwickeln, in gekrümmte Kornzange Schwamm oder Gazetupfer fest mit Sperre einklemmen und diesen unter drehender Handbewegung bis zum aditus laryngis einführen); das beste Mittel, den Brechreiz und die Würgbewegungen zu beheben, wenn keine erbrochenen Massen mehr heraufgepreßt werden, der Schleim aus dem Rachen ausgeräumt ist, besteht darin, die Narkose nicht auszusetzen, sondern ruhig und stetig mit dem Auftropfen fortzufahren. Diese Methode kann auch die ersten Brechbewegungen im Beginn unterdrücken.

Wie heißt die Störung von seiten der Respiration?

Cyanose, Asphyxie, Mangel der Atmung bei noch vorhandener Herzbewegung. Wörtlich bedeutet asphyktisch eigentlich »pulslos«, wird aber von altersher für erstickende Kranke gebraucht.

Wann kann Asphyxie eintreten?

1. Im Stadium der Exzitation — spastische Asphyxie.
2. Im Stadium der Toleranz — paralytische Asphyxie.

Wie äußert sich die spastische Asphyxie?

Der Kranke schlägt um sich, preßt die Kiefer aufeinander, streckt sich oder spannt unter Anstemmen der Arme; in diesem

Stadium kann unter Zwerchfell- und Masseterenkrampf Asphyxie eintreten: die Zunge wird an die hintere Pharynxwand angepreßt, der Kranke kann nicht mehr atmen, er wird zyanotisch, weil die krampfhaft zurückgezogene Zunge samt dem Kehldeckel den Luftzutritt verhindert; außerdem kann auch ein Stimmritzenkrampf die Atmung unmöglich machen. Hier muß man mittels Keil oder Mundsperrer sofort den Mund öffnen, die Zunge mit einer Faßzange, am besten Kugelzange, rasch vorziehen und vorn behalten und, wenn bei starr gehaltenem Thorax die Atmung unter Pressen der Bauchdecken weiterstockt, die künstliche Respiration ausführen.

Wie äußert sich die paralytische Asphyxie?

Sie tritt in tiefster Narkose ein; der Kranke ist blau im Gesicht, der Puls wird klein und frequent; die Atmung wird infolge Lähmung des Atmungszentrums in der Medulla oblongata durch das giftige Chloroform von selbst immer kürzer und oberflächlicher; außerdem legt sich noch die erschlaffte Zunge auf den aditus laryngis und verhindert so auch mechanisch das Atmen.

Was kann die paralytische Asphyxie anzeigen?

Sie kann auch der Vorläufer einer Herzlähmung sein, indem die Lähmung in der Medulla oblongata vom Atmungszentrum auf das Herzzentrum übergreift.

Welche Störungen können sich von seiten der Atmung im Anfang der Narkose ergeben?

Oft hören die Kranken nach den ersten Zügen das Luftholen auf; sie müssen dann durch Zuspruch dazu aufgefordert werden.

Was versteht man unter Klappen-Ventil-Asphyxie?

Den Zustand, wie er bei alten Leuten eintritt, die keine Zähne mehr haben. Sie atmen die Lippen mit ein, welche sich wie ein Ventil aneinander legen; auch legen sich dann die Nasenflügel fest an das Septum an. Hier muß man den Mund öffnen oder die Nasenflügel abheben, außerdem verschließt die schlaff zurückgesunkene Zunge den Kehlkopfeingang,

Welches sind die Hilfsmittel beim Eintreten der Asphyxie?

Öffnen des Mundes mit der Roserschen Mundsperre oder dem Heisterschen Mundkeil, Fassen der Zunge mit der Zungen- oder Kugelzange; der Handgriff nach Esmarch-Heiberg (1874); die künstliche Atmung; elektrische Reizung der Ansatzstellen des Zwerchfells an den falschen Rippen; direkte Reizung des Nervi phrenici.

Wie macht man den Handgriff nach Esmarch-Heiberg?

Man stellt sich hinter den Kranken, legt beide Hände flach seitlich an den Nacken, so daß die Zeigefinger hinter den aufsteigenden Unterkieferästen liegen, die Daumen an den Jochbogen oder an die Schläfen sich anspreizen, und schiebt nun den ganzen Unterkiefer nach vorne, bis die Zähne des Unterkiefers vor denen des Oberkiefers stehen — Subluxation der Gelenkköpfe der Unterkieferäste auf den Höcker vor den Gelenkflächen an der Schädelbasis. Dadurch zieht man das Zungenbein und die Epiglottis mit Hilfe der Mundbodenmuskulatur vor und öffnet den Kehlkopfeingang, so daß wieder Luft eintreten kann. Hat der Narkotisierte einen Spitz- oder Vollbart, so kann man auch mit der vollen Hand daran einen Zug ausüben. Aber falsch, wegen Druck auf den Kehlkopf gefährlich ist es, den Zug am Unterkiefer zu weit vorn seitlich am Halse auszuüben und nach abwärts drücken zu wollen; dadurch preßt man Zungengrund, Zungenbein, Kehlkopfeingang und den Kehlkopf selbst nur zusammen, drückt auch noch auf Vena jugularis und Carotis.

Was empfiehlt sich bei langdauernden Operationen?

Bei lang dauernden Operationen ist es gut, den Kiefer während der ganzen Narkose mit diesem Handgriff nach vorn geschoben zu erhalten.

Was hat man weiterhin nach Anwendung des Esmarch-Heibergschen Handgriffes zu tun?

Man muß dafür sorgen, daß die Zentralganglien gut ernährt werden, zu welchem Zweck man den Kopf wagrecht legen muß.

Was hat zu geschehen, wenn trotz alledem die Atmung weiterstockt?

Man muß die künstliche Atmung einleiten.

Wann ist die künstliche Atmung angezeigt?

Im allgemeinen: Vor allem bei jedem Verschluß der oberen Luftwege und dadurch bedingter Erstickungsgefahr. Hier müssen vor allem die Luftwege (Rachen) freigemacht werden; dann folgt die künstliche Atmung. Sie ist aber auch notwendig, wenn die Respiration stockt, obwohl die Luftwege frei sind; ferner beim Übernarkotisieren (kenntlich an weiten, fast starren Pupillen, Blaßwerden des Gesichtes, bei noch vorhandenem aber schwächer werdendem Puls), um möglichst rasche Ausscheidung des überflüssigen Narkotikums zu erzielen und bei besonderen Formen von Stillstand der Atmung:

14

1. Besonders im I. Narkosestadium kann durch geringste Gaben des Narkotikums (Idiosynkrasie gegen wenige Tropfen Chloroform) reflektorisch vom Trigeminus aus ein Krampf des Atmungszentrums im Halsmark, ein Stimmritzenkrampf und damit Atmungsstillstand und Erstickung veranlaßt werden. Charakteristisch bleibt dabei der Puls im Anfang noch gut.

2. Atmungsstillstand kann auch eintreten als Folge zu großer Mengen des Narkotikums in langdauernder Narkose, die Herztätigkeit wird dabei rasch schlechter; ferner:

3. Bei mechanischer Behinderung der Atmung durch:

    a) Verlegung der Luftwege mit Schleim, Erbrochenes, Blut, künstliches Gebiß, Kautabak usw.

    b) Krampfhaftes Anpressen der Zunge gegen den Schlundkopf und Gaumen, Krampf der Kaumuskeln, namentlich im Beginn des II. Narkosestadiums als Abwehrerscheinung gegen das Erstickungsgefühl und Exzitation.

    c) Zurücksinken der Zunge infolge Muskelerschlaffung im III. Stadium mit Schließung des Kehlkopfeingangs durch Kehldeckel und Zungengrund (»der Narkotisierte verschluckt seine Zunge«).

    d) Abknickung der Trachea z. B. während einer Strumaoperation. In vielen dieser Fälle wird die künstliche Atmung wirksamer durch gleichzeitige Tracheotomie.

Bei Zufällen von seiten des Herzens:

    a) bei Frühsynkope durch reflektorische Herzlähmung;

    b) bei Myocarditis im Exzitationsstadium (bei Potatoren) infolge plötzlicher Erlahmung des krankeu Herzmuskels;

    c) bei Intoxikation und reflektorisch im III. Stadium

ist weniger durch künstliche Atmung als durch Herzmassage Hilfe zu erhoffen.

Welche Methoden der künstlichen Atmung gibt es?

Heben und Senken der Arme nach Silvester; Rotation (Rollen) des Körpers; rhythmisches Drücken seitlich am Rippenbogen und Methode nach Schüller-Roux.

Wie führt man das rhythmische Drücken aus?

Man greift mit beiden Händen unter die Rippenbögen, zieht diese kräftig in regelmäßigem Rhythmus (15mal in der Minute) nach außen und oben und drückt sie wie einen Blasebalg wieder zusammen (Schüller); oder man drückt in der gleichen Zeitfolge die unteren Rippen seitlich von unten nach oben zusammen (Howard) und läßt sie wieder zurückfedern. Nach Schäfer in Edinburg legt man den Asphyktischen auf den Bauch bei seitlich gewendetem Kopf und führt die rhythmische Kompression des Brustkorbes mit den beiderseits der Wirbelsäule auf die unteren Rippenpaare aufgelegten Hände aus.

Wie macht man die künstliche Atmung durch Heben und Senken der Arme?

Stellung zu Haupten des Kranken: Umfassen der Arme dicht unter den Ellenbogen, Andrücken derselben seitlich an die Brustwand zwei Sekunden lang (Exspiration); dann langsames aber kräftiges Aufwärtsziehen der Arme bis über den Kopf des Kranken zur Horizontalen, ebenfalls zwei Sekunden lang (bis 4 zählen, Inspiration durch direkten Zug der musculi pectorales) und Zurückführen der Arme in die Ausgangsstellung; etwa 15mal in der Minute zu wiederholen.

Wie wird die elektrische Reizung des nervi phrenici ausgeführt?

Ansetzen der am besten mit Salzwasser angefeuchteten Elektroden zu beiden Seiten des Halses über dem Schlüsselbein am äußeren Rande des Musc. sternocleidomastoideus oder weiter oben in Kehlkopfhöhe am inneren Rand dieser Muskeln.

Was muß bei der künstlichen Atmung stets beobachtet werden?

Daß die Luft frei in die Lungen eindringen kann: Vorziehen der Zunge, Reinigen der Mundhöhle von Schleim nach Einlegen eines Mundkeiles.

Wie lange soll die künstliche Atmung fortgesetzt werden?

Mindestens eine Stunde, öfters länger, wenigstens solange, bis sich bereits Anzeichen des Todes eingestellt haben (Schlaffheit des Bulbus, beginnende Totenflecken, Blutleere der Arterien usw.).

Welches sind die Störungen von seiten des Zirkulationsapparates?

Die plötzliche Herzlähmung — Synkope —, der eigentliche Chloroformtod.

Welches sind die Sturmzeichen der drohenden Synkope?

Der Puls wird schwach, unregelmäßig oder setzt aus, hört ganz auf zu schlagen; die Lippen und das Gesicht werden blaß, die Pupillen weit, reagieren nicht mehr auf Lichteinfall; die Synkope kann in der Asphyxie ihren Vorläufer haben.

Wie wird die drohende Synkope bekämpft?

Vor allem das Chloroform aussetzen: »Weg mit der Maske!« Fenster öffnen, Maske und Chloroform aus dem Zimmer entfernen, die Zunge vorziehen; Tieflagerung des Kopfes, Zuführung frischer

Luft, wenn möglich Sauerstoff einblasen aus Ballon und Bombe oder Roth-Draeger-Apparat; rhythmisches Klopfen der Herzgegend, Anwendung von analeptischen Mitteln, Abklatschen des Körpers mit naßkalten Tüchern usw.

Wie führt man die Herzmassage aus?

Man stellt sich an die linke Seite des Kranken und macht mit dem Daumenballen und der Innenfläche der rechten Hand zwischen linker Brustwarze und linkem Sternalrand möglichst kräftig und möglichst rasch (80mal in der Minute) drehende und stoßende Bewegungen gegen die Brustwand. Maas, Fritz König und Langenbuch haben die transperitoneale Herzmassage von der Zwerchfellunterfläche empfohlen. Sie wäre gelegentlich einer peritonealen Operation leicht ausführbar. Außerdem sind intervenös Herzmittel einzuspritzen (Digitalispräparate, Koffein, Suprarenin); auch die künstliche Atmung ist zu versuchen, doch verspricht diese mehr Erfolg bei Asphyxie.

Welcher Erfolg muß alsbald eintreten?

Der Puls soll regelmäßig und kräftig werden; die Blässe muß verschwinden.

Wie werden Potatoren behandelt, die schon an ein Narkotikum, den Alkohol, gewöhnt sind?

Um das sonst lange dauernde Stadium der Exzitation abzukürzen, wird eine halbe Stunde vor Beginn 0,01 bis 0,02 Morphium subkutan injiziert. (Siehe auch »Mischnarkose«.)

Wann ist die Anwendung von Morphium vor der Chloroformnarkose noch zweckmäßig?

Bei Operationen im Munde, weil dadurch Gefühllosigkeit ohne vollkommenen Schwund des Selbstbewußtseins eintritt, so daß der Kranke auf Anruf noch antwortet, ausspuckt, schluckt.

Welches sind die Nachwirkungen der Chloroformnarkose?

In den nächsten 24 Stunden sind die Patienten schläfrig, aber auch erregt, tobsuchtsähnlich unruhig, oft in weinerlicher Stimmung, der Kopf schmerzt, Übelkeit und unter Umständen Erbrechen tritt ein. Diese Nausea (Übelkeit, Würgen) ist nach Chloroformdarreichung stärker als nach Äther; der Chloroformierte sieht blässer aus, hat schwächeren Puls als der Ätherisierte.

Was sind postnarkotische Lähmungen?

Manchmal kommen Lähmungen des Nervus radialis und des Plexus brachialis vor. Erstere wird verursacht durch den Druck der Tischkante bei herabhängendem Oberarm, letztere durch Druck des Humeruskopfes auf den Plexus bei Hyperabduktion des Armes in langdauernder Narkose ohne genügende Unterpolsterung, bei falscher Haltung der Arme (zu starker Abduktion und seitlicher Elevation über die Horizontale). Diese Lähmungen gehen nicht immer rasch vorüber, sie müssen durch vorsichtige Polsterung und richtige Armhaltung vermieden werden.

Wie werden die Folgezustände der Chloroformnarkose behandelt?

.Der Kranke muß bis zum klaren Erwachen beobachtet werden. Am besten ist es, bis zum Schwinden der Übelkeit keinerlei Nahrung zu reichen, höchstens löffelweise Tee. Manchmal ist es gut, auf das Gesicht ein Tuch mit Essig oder Kölnischem Wasser getränkt zu legen und die Dämpfe einatmen zu lassen.

Was versteht man unter Spättod?

Wenn mehrere Tage nach der Narkose der Tod erfolgt, hervorgerufen durch fettige Entartung des Herzmuskels, der Leber (Ikterus) und der Niere. Wird verursacht durch eine toxische Wirkung des Narkotikums, glücklicherweise sehr selten bei Chloroform beobachtet.

Was versteht man unter gemischter Narkose?

Die Anwendung mehrerer Narkotika bei derselben Narkose.

Solche Mischungen sind?

Zuerst Morphiuminjektion und dann Chloroform. Diese Mischung steigert die Gefahren des Chloroforms, daher ist doppelte Vorsicht und Sparsamkeit in der Darreichung des Chloroforms hiebei geboten. Ebenso kann man der Äthernarkose eine Morphiuminjektion vorausschicken; man spart dadurch Äther, die Narkose wird auch ruhiger, ohne so gefährlich zu sein wie die Morphium-Chloroformnarkose.

Oder: Der Kranke wird zunächst mit wenigen Tropfen Chloroform narkotisiert, um ihn rascher in ruhigen Schlaf zu bringen und dann unter Wechseln der Masken mit Äther, der sogar anregend auf die Herztätigkeit wirkt, die Narkose unterhalten.

Oder: Man leitet die Narkose mit der Äthertropfnarkose ein, gibt, um den Eintritt der Toleranz zu beschleunigen, einige Torpfen Chloroform bis zum Eintreten des Schlafes und fährt wieder mit Äther fort; doch ist diese erzwungene, wie jede überhetzte, gedrängte, gepfropfte Narkose nicht ungefährlich; überhaupt ist es bedenklich, namentlich mit Chloroform eine Toleranz zu erzwingen. Es läßt sich mit langsamem, geduldigem Auftropfen mit der Zeit immer Toleranz erreichen. Das ruhige »Einschleichen« in die Narkose bringt den besten ruhigen Schlaf. Ebenso darf das Operationsfeld vor Beginn der Toleranz nicht berührt, nicht gebürstet, nicht abgebunden werden, weil das ganze Bewußtsein des Kranken auf dieses gerichtet ist.

In Österreich ist die sog. Billroth-Mischung viel im Gebrauch: 3 Teile Chloroform, ein Teil Äther, ein Teil Alcohol absolutus.

Wie wirkt Bromäthyl?

Durch das häufig für kleinere Operationen angewandte Bromäthyl erhält man eine kurze Narkose, die besonders für mehrere Zahnextraktionen und andere kleine chirurgische Eingriffe sich eignet.

Wie wird Bromäthyl angewendet?

Man läßt 5 bis 10 ccm von diesem obstartig angenehm riechenden Äther auf eine besondere von außen bis auf ein zentrales Loch wasserdicht abgedeckte Maske ausströmen und möglichst unter Luftabschluß einatmen. Die Patienten schlafen nach wenigen Atemzügen ein und wachen rasch wieder auf; wenn die Narkotisierten das regelmäßige Zählen aufhören, schnarchend zu atmen beginnen, ist es Zeit, rasch zu operieren. Die Nachwirkungen sind fast Null, Nausea fehlt meist. Die Dämpfe sind feuergefährlich!

Wie wirkt die Chloräthylnarkose?

Ganz ähnlich der Bromäthylnarkose. Chloräthyl wird wie Bromäthyl gereicht, ist feuergefährlich, ebenso vorsichtig anzuwenden; oder es wird ein vierfaches Stück hydrophiler Mull dem Patienten auf den Mund gelegt und nach Art der Chloroformnarkose langsam und regelmäßig Chloräthyl aufgeträufelt. Dazu hat der Patient laut zu zählen und nach jeder Zahl einzuatmen. Die Narkose soll nur für kurze Operationen angewendet werden. Nach dem Erwachen wenig Nachwirkungen.

Gefährlich ist eine Pfropfung mit nachfolgender Chloroformdarreichung. Chloräthyl ist wie alle Chlorpräparate gefährlicher als Äther für das Herz.

Wie soll man sich hinsichtlich eines Todesfalles in der Narkose verhalten?

Ein solcher soll niemals verheimlicht, sondern freimütig veröffentlicht werden, da man aus jedem Falle lernen kann und gewissenhafte Klarstellung des Falles den Arzt gerichtlich von vornherein entlastet. Sofort ist der Amtsarzt zu benachrichtigen, Autopsie zu verlangen, das Narkosemittel der Untersuchung zu unterstellen.

Wie erzeugt man eine Skopolamin-Morphin-Narkose?

0,01 g Skopolamin, 0,15 g Morph. hydr. auf 10 ccm steriles Wasser; hievon ½ bis 1 Spritze einige Stunden vor der Operation subkutan injiziert gibt eine Herabsetzung der Empfindung in einem Dämmerschlaf.

Oder: Man benützt die Ampullen zu 2 ccm, welche die Firma Riedel, Berlin, liefert. Die Ampullen enthalten eine sterilisierte Lösung, die 0,0006 Skopolamin. hydrobrom. Riedel und 0,015 g Morph. hydr. auf 1 ccm aqua dest. resp. das doppelte Quantum enthalten. Man spritzt ⅓ des Inhalts einer Ampulle zu 2 ccm 3 Stunden, das 2. Drittel 1½ Stunden und das letzte Drittel ¾ Stunden vor der Operation ein. Man vermeide vom Beginn der Narkose an alle Geräusche, auch lautes Sprechen, und verdunkle das Zimmer. Bei sehr lange dauernder Operation kann die Narkose mit Chloroform, besser mit Schwefeläther fortgesetzt werden.

Was versteht man unter lokaler Anästhesie?

Die Empfindungslähmung, welche hervorgerufen wird durch die Anwendung örtlich betäubender Mittel.

Welches sind die ältesten dieser Mittel?

In frühester Zeit komprimierte man zirkulär die zuführenden Nervenstämme durch stark abschnürende Knebel. Dabei wurde gleichzeitig der Blutstrom abgesperrt. Die anästhesierende Wirkung ist kräftig, aber gefährlich wegen bleibender Lähmung und Muskelatrophie durch Ischämie (Hemmung der Blutzufuhr). Bessere Wirkung hatte die Anwendung lokaler Kälteerzeugung.

Durch welche Mittel wird hauptsächlich Kälte erzeugt?

Durch die Anwendung von Äther; in feinem Strahle auf der zu anästhesierenden Hautpartie zerstäubt bringt der (Schwefel-)Äther durch Verdunstung in 1 bis 1½ Minuten die Haut zum Gefrieren.

Noch besser wirkt Äthylchlorid. Da es schon bei 11^0 siedet, strömt es unter der Handwärme aus der Glastube nach Abnahme des Verschlusses in kräftigem Strahle aus. In einer Entfernung von 30 cm aufgespritzt macht es die Haut durch Gefrieren rasch unempfindlich, ohne aber besondere Tiefenwirkung zu erzielen. Zu lange dauernde Erfrierung kann die Lebensfähigkeit des Körpergewebes, namentlich bei Entzündungen schädigen. Der Schmerz der beginnenden Erfrierung ist übrigens oft auch recht empfindlich, unangenehm.

Welches ist das stärkste lokale Anästhetikum?

Das Kokain, d. h. das in Wasser leicht lösliche salzsaure Kokain, 1884 von dem deutschen Arzt Koller zunächst in die Augenpraxis eingeführt.

Wie wirkt das Kokain?

Es wirkt durch Lähmung der sensiblen Nervenendigungen örtlich anästhesierend überall da, wo es resorbiert wird, d. h. auf Schleimhäuten, Wunden und subkutan, also nicht von der intakten Hautoberfläche aus. Seine Anwendung erheischt sehr große Vorsicht, da Vergiftungsgefahr besteht; Kokain wirkt nach Resorption stärker lähmend als Morphin. Die Maximaldosis für interne Applikation wird mit 0,05 g, für subkutane Anwendung 0,1 bis 0,2 : 10,0 (davon $\frac{1}{2}$ bis 1 Spritze) angegeben; doch lehrt die chirurgische Erfahrung übler Zufälle, daß es keine bestimmte sichere Maximaldosis gibt; namentlich bei nervösen, herzschwachen Menschen kommt nicht selten Überempfindlichkeit gerade dem Kokain gegenüber vor.

Welches sind die Zeichen einer Kokainvergiftung?

Kollaps, Ohnmacht, Erbrechen, Zittern, schneller, oberflächlicher aussetzender Puls, Frostanfälle, große Atemnot, weite Pupillen, allgemeine Krämpfe, manchmal auch Exaltation. Das Gegengift ist Coffein. citric. subkutan injiziert 0,02 g, 10 bis 20% Kampferöl 10 Spritzen à 1,0 subkutan auf einmal, starker schwarzer Kaffee per os oder anum, intravenöse Kochsalzinfusion mit Digipurat. oder Digalen 0,02 g, künstliche Atmung, außerdem kalte Abreibungen, Amylnitrit: 2 bis 5 Tropfen auf ein Taschentuch aufgeträufelt einatmen lassen.

Besonders gefährlich ist es, subkutan vorher zur Anästhesierung Novokain-Suprarenin-Lösung einzuspritzen und zur Beschleunigung und Vervollständigung der Anästhesie noch einige Spritzen Kokain-Schleichlösung in der Umgebung des Operationshautschnittes einzuverleiben, weil Suprarenin[1]) die anästhetische Wirkung um das Vierfache steigert (nach Braun). Bei Anwendung von Suprareninpräparaten darf also nie Kokain in größeren Mengen gegeben werden.

Wie werden Kokain und verwandte, weniger oder ganz ungiftige chemische Präparate als Anästhetika angewendet?

1. Als Einpinselung von Lösungen für die Schleimhäute.
2. Als Injektion zur Anästhesierung der Haut und Weichteile

---

[1]) Adrenalin, Suprarenin, Paranephrin usw. sind verschiedene Fabriksnamen des gleichen, auf verschiedenem Wege hergestellten Nebennierenextraktes. Das beste, reinste, durch Kochen nicht zersetzliche Präparat ist das Suprareninum syntheticum von Stolz. (Siehe Münch. med. Wochenschr. 1907. S. 1146. H. Hoffmann.)

a) durch Infiltrationsanästhesie;
b) durch Leitungsanästhesie;
c) zur medullaren Anästhesie nach Bier;
d) zur Venen-Anästhesie nach Klapp-Bier.

Wie werden die Schleimhäute anästhesiert?

Zur Untersuchung und Operationen in Mundhöhle, Rachen, Nase, Kehlkopf, Harnröhre, Scheide, Mastdarm wird man 10 bis 15 Tropfen einer 5- bis 20proz. Kokainlösung aufträufeln. Wenn große Empfindlichkeit gegen Kokain besteht, können auch schwache Lösungen sogar als Pinselung der Schleimhäute toxisch wirken.

Für die Blase wählt man am besten eine 1proz. Lösung von Eukain B, das weniger giftig ist.

Zur Einträufelung ins Auge wird eine 2proz. Lösung verwendet.

Zum Einlegen in den kariösen Zahn nimmt man etwas Watte mit 5 bis 10% Lösung getränkt.

Zu Suppositorien 0,05 g zu 2,0 Kakaobutter pro dosi bei Tenesmus (Krampf des Sphincter ani), Fissura ani, Carcinoma recti.

Welche Lösungen benützt man zur Infiltrationsanästhesie?

1. Von Kokain die Lösungen nach Schleich (1904) in drei Stärken:

	Nr. I	II	III
Natr. chlorat.	2	2	2
Aqu. destill.	1000	1000	1000
Kokain. hydrochl.	2	1	0,1
Morph. hydrochlor.	0,25	0,05	0,05

Nr. I (stark; 0,2%) eignet sich besonders für hyperästhetische Gebiete, Nr. III (schwach; 0,01%) für größere Operationsgebiete mit über 100 g Flüssigkeitsverbrauch.

Schon 15 bis 20 ccm Lösung II (0,015 bis 0,02 g Kokain!), der mittleren Stärke können namentlich, wenn zur Blutstillung gleichzeitig Suprarenin (Adrenalin) verwendet wurden, Vergiftungserscheinungen bei Herzschwachen, Arteriosklerotikern verursachen.

Diese sterilisierten Salzmischungen sind in Tablettenform je 10 Stück nach der Stärke dosiert zu haben; sie werden jedesmal frisch in sterilisiertem Wasser gelöst.

Später hat Schleich das Kokain wegen seiner Giftigkeit zum Teil durch Alypin ersetzt, das weniger toxisch wirkt.

In neuester Zeit ist bei allen Einspritzungsmethoden zur lokalen Anästhesie das giftige Kokain durch das sehr wenig giftige Novokain ersetzt worden.

Wie wird die Infiltrationsanästhesie ausgeführt?

Sie wird ausgeführt durch endodermale Einspritzung (in die Haut). Man preßt die Spitze der Nadel in die vielleicht vorher durch Äthylchlorid weniger empfindlich gemachte Haut ein, so daß der Nadelschlitz eben verschwindet, und injiziert einen Tropfen; sofort entsteht eine weiße Quaddel in der Größe eines Fünfpfennigstücks, in deren Bereich die Haut für die nächste halbe Stunde empfindungslos wird. An der nunmehr empfindungslosen Peripherie wird weiter eingestochen und abermals eine Quaddel erzeugt usf. Nur das ödematisierte Gebiet ist analgetisch. Will man tiefere Teile unempfindlich machen, so müssen auch von diesen Quaddeln aus die tieferen Schichten (Faszien, Muskeln, Periost, Nervenstränge) durch subkutane Injektionen (rascher nach vorheriger Abbindung des Gliedes) unempfindlich gemacht werden.

Was versteht man unter Leitungsanästhesie (nach Oberst)?

0,5% Kokainlösung in die Nähe eines Nerven (perineural) nach vorheriger Abbindung des Gliedes eingespritzt dringt durch Diffusion zum Nerven vor und lähmt ihn im Bereich dieses Quellungsgebietes (regionäre Kokainanästhesie nach Oberst).

Wie führt man die Leitungsanästhesie aus?

Das betreffende Glied, z. B. ein Finger, wird an seiner Basis vorerst mit einer Gummibinde abgeschnürt. Dann dringt man mit einer Pravaznadel tief (peripher von der Abschnürung) am Glied womöglich gegen seine Hauptnerven ein und injiziert von hier aus nach allen Seiten eine 0,5proz. Lösung so, daß um das Glied ein Infiltrationswall gebildet wird. Nach 3 bis 5 Minuten ist vollständige Anästhesie im abgeschnürten Endglied, zuerst an den Zehen oder Fingerspitzen beginnend, eingetreten.

Was versteht man unter Rückenmarksanästhesie?

Bei Rückenmarksanästhesie (Lumbalanästhesie nach Bier) wird in den Duralsack nach Punktion Novokain (0,15) oder Tropakokain (0,06 bis 0,07, 1 bis 2 ccm einer 5 proz. Lösung) eingespritzt, worauf es zur vorübergehenden, hauptsächlich sensiblen Lähmung der unteren Extremitäten und des ganzen Unterbauches (Genitalien, After) kommt.

Bier, der Erfinder dieser Methode, verwendete zuerst Kokain, doch hatte dies oft toxische Wirkung.

An welcher Körperstelle wird diese Injektion ausgeführt?

Im Zwischenraum zwischen 2. und 3. Lendenwirbel wird wie bei der Lumbalpunktion mit der Kanüle, während der Kranke in

sitzender Stellung den Rücken wie einen Katzenbuckel stark vorwölbt, so tief zwischen den Dornfortsätzen eingestochen, bis Liquor
abfließt. Von diesem wird in die Rekordspritze etwas angesogen,
mit dem Anästhetikum gemischt und sofort wieder in den Rücken-
marksack eingespritzt.

Welche unangenehmen Nebenerscheinungen treten auf?

Schweißausbruch, Zittern Kollaps, Respirationslähmung, namentlich wenn der Oberkörper tiefer gelagert wird. Als Nachwirkung
sind vorübergehende Amaurose (Okulomotoriuslähmung), Inkonti-
nenz des Rektums und der Blase, Psychosen, Lähmungen, langdauernde Kopfschmerzen hie und da beobachtet worden, wenn zuviel Liquor abgeflossen, die Injektion oberhalb des 2. Lendenwirbels
gemacht worden ist. Auch die Reinheit der Lösungen, das Fehlen
ausgekochter Kalkteilchen in ihr, die Vermeidung der Jod-Haut-
desinfektion ist außerordentlich wichtig. Die Lumbalanästhesie ist
daher nur auf Fälle, in denen keine allgemeine Narkose gemacht
werden kann, eingeschränkt worden.

Was versteht man unter Venenanästhesie?

Die direkte Beeinflussung der Nerven durch Einbringung und
Verteilung des Anästhetikums auf dem Blutwege (nach Bier und
Klapp).

Am blutleer gemachten Arm wird z. B. durch Anlegen von abschnürenden Gummibinden oberhalb und unterhalb des Ellenbogengelenkes der Gelenkbezirk abgegrenzt, eine größere Menge 0,5 proz.
Novokain-Adrenalinlösung in verschiedene Hautvenen injiziert und
dadurch der abgebundene mittlere Teil des Arms in der Gegend
des Ellenbogens bis in die Knochen hinein gefühllos gemacht, so
daß das Ellenbogengelenk ohne Schmerzempfindung des Kranken
reseziert werden kann.

Die gleiche Anästhesie erreicht man durch Injektion von einer
Arterie aus.

Welche Ersatzmittel für Kokain werden in neuerer Zeit an-
gewendet?

Folgende weniger giftige und daher weniger gefährliche Präparate: Alypin, Eukain B, Stovain, Tropakokain, Novokain-Supra-
renin, Orthoformium novum, Anästhesin; es genügt deren nament-
liche Aufzählung, da jedem Präparate eine genaue Beschreibung
seiner Anwendungsweise mitgegeben ist.

Das Novokain, durch Suprarenin verstärkt, hat das Kokain in
der Injektionsanästhesie fast vollkommen verdrängt; namentlich
hat H. Braun mit ihm die peri- und endoneurale Anästhesie an bestimmten Körperregionen (Hand, Arm, Hals, Leistengegend) besonders ausgebildet. Allgemein gebräuchlich sind die in ganz be-

stimmten Dosen für die verschiedenen örtlichen Infilterations- und Nervenleitungsanästhesien hergestellten Novokain-Adrenalintabletten der Höchster Farbwerke, die man einfach in der mit sterilem Wasser gefüllten Rekordspritze auflöst.

Ganz ungefährlich sind aber alle diese Injektionsmethoden nicht; sämtliche Mittel können, selbst das ganz vorzügliche Novokain-Adrenalin, bei überempfindlichen Personen toxisch wirken. Bei Entzündungen, septischen Prozessen sind sie wegen Gefahr der Keimverschleppung durch die Injektion überhaupt nicht empfehlenswert.

Was bewirkt der Zusatz einiger Tropfen einer 1 proz. Suprareninlösung zu diesen Anästhesierungsmitteln?

Es verstärkt ihre Wirkung um das Vierfache, wirkt anämisierend auf das Körpergewebe (z. B. 0,5 proz. Novokain-Adrenalin-Wasser, bis zu 200 g bei Kropfoperationen injiziert, erzeugt völlige Anästhesie des Operationsgebietes meist ohne jede Schädigung und Gefahr). Es wirkt auch vasokonstriktorisch auf die kleinen Blutgefäße, daher anämisierend während der Operation (H. Braun).

Novokain wird eigentlich erst wirksam durch Suprarenin (noch in Verdünnung bis zu 1 : 100 000 die Anästhesie steigernd). Kocht man die käuflichen Novokain-Suprarenin-Tabletten in einer Glasflasche, die beim Kochen noch freies Alkali abgibt, so zerstört dieses das Suprarenin. Deshalb ist es empfehlenswert, von der Suprareninlösung erst der frisch gekochten Novokainlösung einige Tropfen zuzufügen oder nur alkalifreie Glaskolben zu verwenden, Sodazusatz beim Sterilisieren zu vermeiden.

Wunden.

Was versteht man unter einer Wunde?

Eine Wunde ist eine durch mechanische, chemische, thermische, elektrische Gewalteinwirkung verursachte Kontinuitätstrennung des Körpergewebes, bei der die äußere Bedeckung (Haut) mitverletzt ist.

Welche Arten von Wunden unterscheidet man?

Man unterscheidet einfache, scharfe, glattrandige (Schnitt-, Hieb- und Stichwunden) und komplizierte stumpfrandige Wunden (Riß-, Quetsch-, Schuß-, Biß-, Brand- und Ätzwunden).

Ferner unterscheidet man reine (aseptische) und unreine, unter Umständen septische (infizierte) Wunden.

Was versteht man unter einer infizierten bzw. septischen Wunde?

Man versteht darunter jene Wunde, in welche Eiter- bzw. Fäulniserreger (pyogene bzw. putride Keime) hineingelangt sind und die Wunde bereits in einen entzündlichen Reizzustand versetzt haben. Bei ihr ist die Infektion manifest geworden.

Welche Wunden sind als reine (aseptische) zu betrachten?

Jede Wunde ist rein, wenn sie frisch nach der Verletzung zur Behandlung kommend von dem Eindringen eiter- oder fäulniserregender Keime verschont blieb, wenn sie durch ein reines (steriles) Instrument verursacht worden ist, z. B. Wunden bei Operationen.

Welche Wunden müssen wir erfahrungsgemäß als infiziert betrachten?

Die Wunden, welche wir erst mehrere Stunden nach der Verletzung beschmutzt, vernachlässigt in unsere Behandlung bekommen. Wir müssen trachten, durch aseptische und antiseptische Verbände die Ausscheidung und Vernichtung der eingedrungenen Krankheitserreger zu unterstützen.

Wie verhält man sich in zweifelhaften Fällen?

In allen zweifelhaften Fällen ist die Wunde wie eine der Infektion verdächtige zu behandeln.

Wie sehen Wunden aus, die durch stumpfe Instrumente verursacht sind?

Sie haben alle meist stark gequetschte, zerrissene Ränder.

Ist dies bei allen Wunden der Fall, die durch stumpfe Instrumente verursacht sind?

Nein, auch diese Wunden können glatte Ränder aufweisen, wenn dünne Weichteile während der Verletzung über knöcherner Unterlage straff gespannt und mit schmalem harten Rand getroffen sind, z. B. Stoß gegen die Schienbeinhaut durch einen Eisenträger, Stockhieb über die Kopfschwarte, Platzwunden durch Hammerschlag (Kantenschlag), Explosion.

Wie wird nun der sichere, auch gerichtliche Nachweis geführt, ob eine Wunde mit einem stumpfen oder scharfen Instrument verursacht ist?

Eine mit stumpfem Instrument verursachte Wunde zeigt bei näherer Besichtigung namentlich mit dem Vergrößerungsglas doch gezackte Ränder mit losgerissenen und gequetschten Gewebsteilchen und Blutgerinnungen (Blutpunkte) zwischen ihnen.

Wodurch unterscheiden sich außerdem noch durch scharfe Instrumente gesetzte Wunden von solchen, die durch stumpfe gesetzt wurden?

Durch den Verlauf ihrer Heilung; die gequetschten Wunden heilen langsam, mit mehr Wundsekret durch die Abstoßung der gequetschten Gewebsteilchen.

Was versteht man unter einer Quetschung (Kontusion)?

Ist die Haut intakt, sind die darunter befindlichen Teile aber zerdrückt und zermalmt, so ist dies eine subkutane Verletzung, eine Quetschung, Gewebszerreißung mit Blutaustritt unterhalb der äußeren Bedeckung.

Welches sind die klinischen Erscheinungen der frischen Wunde?

Der Schmerz, die Blutung, das Klaffen der Wunde.

Wodurch wird der Schmerz hervorgerufen?

Durch Freilegung und Verletzung der sensiblen Nervenäste.

Was folgt daraus?

Wenn viele Nerven verletzt sind, wird der Schmerz größer sein.

Wovon hängt die Größe des Schmerzes sonst noch ab?

1. Ist er individuell außerordentlich verschieden.
2. Hängt er ab von der Schnelligkeit der Verletzung: bei schneller Durchtrennung ist er geringer als bei langsamer.

Wodurch wird der Schmerz nach der Verletzung unterhalten?

Durch den Einfluß der Luft, die als Reiz auf die Wunde, die freiliegenden Nerventeile wirkt. („Man lasse die Wunde allein, von einem anti- oder aseptischen Schutzverband bedeckt", nach Lister, v. Billroth, v. Bergmann). Ferner durch Quetschung, Stoß, Druck, Mißhandlung der Wunde.

Wie sucht man diesen Einfluß auszuschalten?

Man sucht den Luftzutritt durch Schutzverband zu mindern, die Wunde ruhig und erhöht zu lagern, unter Umständen in einem Schienenverband.

Wie äußert sich der Wundschmerz?

Er wird als ein Brennen in der Wunde gefühlt, z. B. bei Schnittwunden, als ein Stechen, Klopfen, z. B. bei Entzündungen. Dieses ist abhängig von der Pulsation des Blutes.

Welche Arten von Wundschmerz unterscheidet man?

Den primären, der sich gleich an die Verletzung anschließt; darauf folgt, weil jeder Reiz von Ermüdung gefolgt ist, die Schmerzpause, dann der Nachschmerz, der durch die Hyperämie als Reizfolge der Verletzung und durch die Erregung der Nervenenden bedingt ist.

Ist die Schmerzempfindung in allen Organen des Körpers gleich?

Sie ist nicht allein in verschiedenen Organen wechselnd in der Stärke, sondern auch je nach dem Zustand, der Reizbarkeit des Nervensystems verschieden bei verschiedenen Personen, nach ihrem Charakter, ihrem Bildungsgrad, ihrem Geschlecht, ihrem Alter: z. B. die Überempfindlichkeit Hysterischer.

Die Haut ist sehr sensibel an den Lippen, der Nase, dem Damm, den Geschlechtsorganen. Das Bauchfell ist besonders empfindlich gegen Zug, Lageveränderung; die Muskelzelle ist besonders empfindlich gegen heftige Lageveränderungen (Kontraktionen, Muskelkrämpfe, Kolik der Därme, der Gallenblase); sie ist wenig empfindlich gegen Schnitt. Die weiße Hirnsubstanz ist fast unempfindlich.

Kann der primäre Wundschmerz bedeutend sein?

Er kann so bedeutend sein, daß schwere Schockerscheinungen und Ohnmacht eintreten, daß die Anwendung von narkotischen Mitteln (Morphiumeinspritzung usw.) notwendig wird; außerdem kann man ihn auch durch Auflegen von Eis lindern; dies verringert auch die Blutung; doch müssen diese Umschläge aseptisch oder antiseptisch sein.

Klaffen der Wunde und die Naht.

Wovon hängt das Klaffen der Wunde ab?

Das Klaffen hängt sowohl von der Durchschneidung der elastischen Hautfasern, die sich aus ihrer gespannten Fixation zurückziehen, als auch von der Richtung der unter der Haut- und Fettdecke verlaufenden Muskeln ab. Verlaufen diese quer zur Schnittrichtung, so klaffen die Wunden mehr (z. B. quere Bauchdeckenwunden). Das Klaffen einer Wunde hängt also ab von der Schnittrichtung: manche Wunden klaffen sehr weit (z. B. quere am Hals, am Bauch), andere gar nicht (z. B. am Periost).

Von dem Klaffen der Wunde und Verschiebbarkeit ihrer Hautränder wird in der Chirurgie bei den kosmetischen, plastischen Operationen durch Bildung von Hautlappen ausgiebig Gebrauch gemacht.

Warum verursachen Längsschnitte so geringes Klaffen?

Weil die elastischen und muskulösen Fasern meist in der Längsrichtung der Extremitäten verlaufen.

Welches ist der Hauptgrundsatz bei der Behandlung von klaffenden Wunden?

Man muß die Ränder einander möglichst nahe und die aufeinanderpassenden Schichten zur genauen Berührung bringen.

Welche Mittel gibt es zum Schließen von klaffenden Wunden?

1. Die trockene Naht.
2. Die blutige Naht.
3. Die Hautklemmen.

Wie wird die trockene Naht ausgeführt?

Man nimmt hiezu schmale Streifen von Heftpflaster, welches die aneinandergelegten Schnittränder fixiert, oder Kollodium oder Finkhs Harzlösung (Mastisol), welches als Klebemittel auf die Haut der Wundumgebung steril aufgepinselt wird; auf diese Hautstellen klebt man Gaze fest, um damit die Wundränder zusammenzuziehen.

Wo ist die trockene Naht nur anwendbar?

Bei Wunden, die nicht stark klaffen und wenig Wundabsonderung zeigen.

Welche Arten von blutiger Naht gibt es?

a) Die einfache oder unterbrochene Knopfnaht mit chirurgischem Knoten: Die sterilen Fäden werden beim ersten Knoten zweimal umeinander geschlungen und darauf der zweite Knoten, erst nachdem der erste bereits fest sitzt, geschürzt nach Anordnung des Schifferknotens; beim Schürzen des Schifferknotens hat man darauf zu achten, daß der gleiche Faden zweimal zu oberst oder unterst liegt.

b) Die fortlaufende oder Kürschnernaht; sie greift, nachdem die Wundränder durchstochen sind, immer über die Hautränder, weiter fortlaufend, über.

c) Die umschlungene oder Hasenschartennaht: Eine Karlsbader Nadel geht durch die Wundränder und wird quer von Spitze zu Knopf mit einem sterilen Faden in Form einer Null oder Acht auf der Hautfläche umwickelt.

d) Die Balken-, Zapfen- oder Plattennaht für Wunden mit bedeutender Spannung; hier drücken nicht wie bei c) die Nadeln, sondern die Platten und Zapfen die Hautränder aneinander.

Was versteht man unter einer Etagennaht (subkutane Nähte)?

Bei sehr tiefen Wunden müssen erst die tiefen Teile mit versenkten Nähten am besten aus resorbierbarem Katgut genau aneinander angelegt werden; darüber wird erst die äussere Haut genäht werden, damit keine Hohlräume entstehen (Sehnennaht, Faszien-, Muskel-, Fettnaht).

Welches Material nimmt man zu versenkten Nähten?

Katgut oder Seide, Zwirn, auch Aluminiumbronzedraht.

Was versteht man unter Hautklemmen (extrakutane Nähte)?

Kleine mit zwei in die Hautränder eingreifenden Stacheln versehene Metallklemmen, welche nach Art von Bücherhaften in die Wundränder an zwei gegenüberliegenden Stellen reihenweise eingepreßt werden, bis die ganze Wunde dadurch vereinigt ist. Diese Haften werden mit einer eigenen Pinzette in die Hautränder eingezwickt und nach der Heilung ebenso wieder auseinander gefaltet.

Denselben Zweck erfüllen die von Höpfner den Serres fines der alten Chirurgie nachgebildeten federnden Drahtzängelchen. Beide vermeiden die Stichkanäle des Fadens, geben glatte Narben.

Was hat man bei Anlegung einer Naht sorgfältig zu beachten?

1. Es darf erst genäht werden, wenn die Blutung sorgfältig gestillt ist.

2. Die korrespondierenden Stellen müssen genau aneinander kommen.

3. Nur kongruente Teile dürfen miteinander vernäht werden, Haut mit Haut, Muskel mit Muskel usw.

4. Der Faden darf nie zu fest, sondern nur so weit angezogen werden, daß die Ränder aneinanderliegen.

Wird die Naht stets sofort nach der Verletzung angelegt?

Meistens — primäre Naht; doch gibt es auch Fälle, in denen die Naht erst im Verlaufe der Heilung angelegt oder geknüpft wird, nachdem die Fadenschleifen schon gleich bei der Operation provisorisch eingelegt worden sind — Sekundärnaht.

Wie lange bleiben die Fäden liegen, bis sie entfernt werden?

Bis die Verwachsung der Wundfläche in der äußeren Haut eingetreten ist, im Mittel 6 bis 14 Tage; länger als 8 Tage dann, wenn die Weichteile großer Spannung unterstehen (z. B. am Damm).

Welche Organe erfordern eine besondere Form von Nähten?

Der Darm, die Sehne, der Nerv, das Blutgefäß, der Knochen.

Wie wird die Darmnaht angelegt?

Bei der Darmnaht muß man Serosa auf Serosa nähen, der Faden darf nicht in der Darmhöhle liegen, sondern muß die Mucosa unberührt lassen. Sehr oft wird die doppelreihige Naht nach Czerny angewendet (sog. Etagennaht). In der 1. Nahtreihe werden die Wundränder der Serosa und Muscularis miteinander vereinigt, dann werden die Wundränder eingestülpt und die serösen Flächen miteinander in Berührung gebracht durch eine zweite, nur die Serosa fassende Knopfnahtreihe nach Lembert. Es genügt auch diese Lembert-Naht allein, über die man eine zweite Reihe der gleichen Nahtweise setzt.

Nadel und Seide für die Darmnaht müssen sehr fein sein. Die Darmnadeln sind stilrund, haben meist das federnde Marburger Öhr, in das der Faden sich von oben durch einen Spalt des Öhres hineindrücken läßt, weil der Faden nur schwer in das schmale Öhr eingefädelt werden kann.

Welche Arten von Sehnennähten gibt es?

1. Die direkte.
2. Die peri- oder paratendinöse.

Sie wird angelegt mit dünner starker Seide in der Hagedornschen Nadel, die zur Kante gebogen und geschliffen ist, damit der Stichkanal schmal und längsgeschlitzt werde in der Richtung der Sehnenfaser.

Welche Prognose haben die Sehnennähte?

Genähte Sehnenwunden heilen mit aseptischer Behandlung sehr gut zusammen.

Was ist bei Muskel- und Sehnennaht zu beachten?

1. Daß die durchschnittene Sehne mit ihrem zentralen Ende meist weit in die Sehnenscheide, durch ihren Muskel zurückgezogen ist, weshalb die Sehnenscheide zentralwärts weiterhinauf gespalten werden muß, bis der zentrale Sehnenstumpf erreichbar freiliegt. Bei der dann folgenden Naht dürfen die Sehnenstrümpfe ja nicht gequetscht werden.

2. Daß der Muskel, dessen Sehne genäht wurde, durch entsprechende Stellung erschlafft und in dieser Lage eine Zeitlang durch Gipsverband oder Schienenlagerung des Gliedes erhalten bleiben muß.

Was versteht man unter Tendoplastik?

Verlängerung von Sehnen zwecks Vereinigung bei zu starker Verkürzung oder sonstigem großen Ausfall in der Kontinuität.

Wie wird diese ausgeführt?

Durch Spaltung des Sehnenrestes wird ein in den Defekt herabklappbarer Lappen gebildet; oder man näht die zu kurz gewordene Sehne auf eine andere auf und läßt die Funktion hiefür von der zu Hilfe genommenen Sehne übernehmen; oder man verbindet die klaffenden Sehnenenden durch Seidenbündel (starke gedrehte Turnerseide Nr. 6), die dem sich neubildenden Sehnengewebe als Leitschiene dienen.

Wie wird die Nervenplastik ausgeführt?

Ebenso wie die Sehnenplastik, nämlich durch Lappenbildung oder Überbrückung mit Katgutfäden. Ihre Erfolge sind sehr zweifelhaft bei Zwischenräumen, die einige Millimeter überschreiten.

Welche Nervennähte gibt es?

1. Direkte.
2. Paraneurotische; meist werden beide kombiniert angewendet.

Womit werden die Nervennähte am besten gemacht?

Mit Katgut, weil dieses resorbiert wird; doch ist auch sehr dünne Seide angängig, die nicht resorbiert wird.

Welches Material wird zur Naht im allgemeinen verwendet?

1. Katgut, antiseptisch präparierte Schafdarmhaut von verschiedener Dicke, die in dem Körpergewebe aufquillt und allmählich resorbiert wird.

2. Seide; wird auch mit verschiedenen antiseptischen Stoffen getränkt und sterilisiert durch Kochen; wird nicht resorbiert, heilt ein.

3. Zwirn, wird ausgekocht.

4. Silkworm, das Spinnorgan der Seidenraupe; wird nicht resorbiert, läßt sich auskochen.

5. Pferdehaare, werden antiseptisch präpariert, nur selten mehr benützt.

6. Metallfäden (Silberdraht, Aluminiumbronze-, Eisendraht); kann ausgeglüht und ausgekocht werden.

Offene Quetschwunden, geschlossene Quetschungen (Quetschung, Kontusion), Riß-, Biß-, Stich- und Schußwunden.

Welche Arten von Wunden entstehen durch Quetschung?

Man unterscheidet offene Quetschwunden und subkutane Quetschungen oder Kontusionen.

Wie entsteht eine subkutane Quetschung?

Wirkt ein schwerer Körper auf die Haut, ohne sie zu verletzen, verletzt aber die darunterliegenden Gewebsschichten, so ist dies eine einfache Quetschung. Dabei erfolgt aus zerrissenen Blutgefäßen eine subkutane Blutung.

Welche Arten von subkutaner Blutung unterscheiden wir?

Ist ein einfacher Blutpunkt vorhanden, so spricht man von Ekchymose. Großer Blutaustritt heißt Sugillation; noch stärkerer Extravasat; Hämatom ist eine schwappende Blutbeule.

Welches ist der höchste Grad von Quetschung?

Die Mortifikation (Nekrose), wenn ein Organ zermalmt ist. Den Untersuchenden darf dabei in seiner Annahme, daß es sich um Vernichtung eines Organs handelt, nicht der Umstand irre machen, daß der Kranke noch Finger, Zehen bewegen kann; maßgebend ist die Zerquetschung der Hauptblutgefäße und -nerven.

Wie erkennt man, ob bei subkutanen Quetschungen Zerreißungen von Muskeln oder Sehnen eingetreten sind?

Aus dem vollständigen Ausfall der Funktion; dann wird an Stelle der Ruptur eine mit Blut gefüllte Gewebslücke zu finden sein.

Wie heilen diese?

Durch bindegewebige Vereinigung; die Heilung geht glatt und ohne Funktionsstörungen vor sich.

Welche Folgen können (subkutane) Quetschungen des Abdomens haben?

Es können Zerreißungen innerer Organe (Blase, Nieren, Leber, Milz usw.) und damit innere Verblutung oder Peritonitis verursacht werden.

Welche Folgen können Quetschungen des Thorax haben?

Es können Zerreißungen der Lunge und damit Hämoptoe (Blutspucken), Hämatothorax (Ansammlung von Blut im Pleurasack), Pneumothorax (Ansammlung von Luft im Pleurasack) entstehen.

Wie ist der Schmerz bei Quetschwunden im allgemeinen?

Häufig nicht groß, weil die sensiblen Nervenendigungen oft zermalmt und getötet sind.

Welche Arten von Schmerz unterscheidet man bei jeder Quetschung?

Den primären Wundschmerz, welcher dumpf und stumpf drückend, zerrend und auch schneidend oder stechend empfunden wird und in seiner Intensität nach dem Nervenreichtum des verletzten Organs sich richtet. Er ist bei einer reinen und durch sterilen oder antiseptischen Verband richtig versorgten Wunde von kurzer Dauer.

Es gibt auch einen sekundären Schmerz, der erst später eintritt und häufig durch Verunreinigung, Beschmutzung der Wunde während ihrer Entstehung oder Behandlung (Infektion mit Krankheitserregern) entstanden ist.

Wie verhalten sich die Blutungen bei Quetschwunden?

Primär bluten solche Wunden meist wenig, weil die Gefäße zermalmt oder zusammengepreßt sind; dagegen treten oft heftige sekundäre Blutungen auf: die ersten, wenn der Kranke sich aus dem Schock erholt (der Blutdruck wieder steigt), die zweiten, wenn die gebildeten Thromben (Klumpen geronnenen Blutes am zerquetschten Gefäßende) zerfallen sind.

Sekundäre Blutungen aus Quetschwunden können noch am 3. bis 10. Tage auftreten.

Wie ist die Prognose der Muskelquetschwunden?

Die Muskelquetschwunden, die häufig wie zerhackt aussehen, haben schlechten Heilverlauf, wenn sie infiziert sind.

Wie heilen die Quetschwunden?

Meist per secundam intentionem, weil viel von den gequetschten Wundrändern nicht mehr lebensfähig ist und die sofortige Vereinigung (Verklebung) der Wundränder dadurch verhindert wird; daher darf man eine Quetschwunde nicht nähen, außer nachdem man sie durch Wegschneiden der zerquetschten Teile zu einer einfachen Wunde gemacht hat; dies darf aber nur geschehen, wenn der dadurch gesetzte Defekt nicht zu groß wird.

Welcher Vorgang spielt sich bei der Heilung der Quetschwunden ab?

Das getötete Gewebe wird abgestoßen oder resorbiert; es entsteht an seiner Demarkationsgrenze eine Zone entzündlicher Neubildung von Leukozyten und jugendlichen Bindegewebszellen (Granulationsgewebe). An Stelle des zerfallenen Gewebes treten Granulationswucherungen. Ist alles Kranke abgestoßen, so hat man eine Wunde mit Substanzverlust, die Heilung vollzieht sich in diesem Sinne durch breite Bindegewebsnarbe.

Wodurch wird die Abstoßung beschleunigt?

Durch antiseptische feuchtwarme Umschläge.

Wie werden die Quetschwunden behandelt?

Zur Behandlung müssen die Ränder peinlich gereinigt werden; sie heilen am besten unter anti- oder aseptischem Verband mit Jodoform-, Bismutsubgallatgaze, Vioformgaze; bei ausgedehnter Nekrotisierung Anwendung von 60proz. Alkohol, Carell-Dakin-Lösung (0,5% unterchlorigsaures Natronwasser).

Welche Erscheinungen treten bei schweren Quetschungen auf?

Nervenstörungen, welche man Schock nennt.

Welche Arten von Schock unterscheidet man?

Den lokalen und den allgemeinen Schock.

Wie äußert sich der lokale Schock?

Z. B. bei einem Schlag mit einem Stock auf den Arm äußert er sich in dem Gefühle, als ob der Arm gelähmt sei; auch bei Kugelschuß.

Wann nach einer Verletzung pflegt der allgemeine Schock einzutreten?

Allgemeiner Schock, nach Bardeleben Wundschreck oder traumatischer Stupor, tritt in der Regel unmittelbar nach der Verletzung ein; eine seltene Ausnahme ist es, wenn der Schock später auftritt.

Wie äußert sich der allgemeine Schock?

Hier unterscheidet man wieder zwei Formen: den torpiden und den erethischen Schock.

Bei der torpiden Form ist der Kranke vollkommen apathisch; er hat tiefliegende Augen, zittert nervös, ist blaß, seine Haut fühlt sich kühl an (Marmorkälte). Dabei sieht man leichte Zyanose im Gesicht, die Muskelenergie ist herabgesetzt, ebenso das Sensorium, welches sonst keine Störungen zeigt. Die Haut ist schlaff und hat ihre Spannung verloren. Der Kranke atmet oberflächlich und hat kleinen Puls. Bisweilen treten auch Übelkeit, Aufstoßen, Erbrechen und Todesangst ein; der Kranke klagt über Schwere am Herzen.

Weit häufiger ist die erethische Form; der Kranke ist andauernd unruhig, seine Augen treten hervor, er hat heiße Haut, schnellen Puls, jagende Respiration, unsichere Bewegungen.

Gewöhnlich geht die torpide Form in die erethische über und endet mit dem Tode.

Worauf beruht der Schock?

Schock ist keine Ohnmacht, es ist vielmehr charakteristisch, daß der im Schock Liegende ziemlich klares Bewußtsein zeigt. Schock beruht nicht auf akuter Anämie, da mitunter Schock eintritt, ohne daß auch nur ein Tropfen Blut verloren gegangen ist. Schock beruht vielmehr auf einer traumatischen Reflexlähmung der Gefäßnerven (vom Vagus und Sympathikus aus).

Was ist bei der Behandlung Schockkranker besonders zu beachten?

Sie dürfen unter keinen Umständen narkotisiert, am wenigsten chloroformiert werden. Aufregung, eingreifende, namentlich blutige Operationen sind verboten.

Wie behandelt man einen Schockkranken?

Zur Behandlung legt man den Kranken mit dem Kopf ruhig, möglichst tief und massiert die Extremitäten, um das Blut leicht zum Herzen und den übrigen Organen zuzuführen. Gut sind starke Hautreize. Bisweilen ist es nötig, die Herztätigkeit durch subkutane Injektion von Äther oder Kampfer anzuregen.

Was ist prognostisch absolut ungünstig bei Schock?

Temperatur unter 35°, großer Blutverlust.

Wie verlaufen Fälle von reinem Schock?

In der Regel günstig.

Welche Prognose haben die Rißwunden?

Die Prognose ist ernst; sie heilen langsam, da beim Zerreißen meist zum Quetschen noch ein Drehen und Zerren der Blutgefäße und Nerven hinzukommt; die Wunde ist zerfetzt und gequetscht (z. B. Explosionswunde).

Wie verhält sich die Blutung bei Rißwunden?

Sie bluten wenig wie die Quetschwunden; dagegen sind Nachblutungen besonders häufig.

Warum ist die primäre Blutung bei Rißwunden so gering?

In einem zerrissenen oder zerquetschten Gefäß rollt sich die Intima nach innen auf und verstopft so das Gefäßlumen.

Wodurch wird die Nachblutung erzeugt?

Durch die Arrosion der Gefäße und den Zerfall der gebildeten Thromben.

Welche Prognose haben die Bißwunden?

Die Bißwunden sind prognostisch am allerschlechtesten, da sie eigentlich gequetschte Rißwunden und meist infiziert sind.

Woran erkennt man Bißwunden?

Hundebisse erkennt man an den 4 Fangzähnestellen, ein Pferdebiß · sieht aus wie ein gequetschter Bogen. Die Gewebsschädigung ist beim Pferde- und Menschenbiß am größten, weil hiebei die aufeinandergreifenden Zahnreihen die stärkste Quetschung verursachen, während andere Bisse mit spitzen Zähnen mehr lappig zerfleischen.

Wie behandelt man Bißwunden?

Am besten mit feuchten Antiseptizis, z. B. 60 proz. Alkohol, 0,5 proz. unterchlorigsaurem Natronwasser; gut ist es auch, kauterisierend zu wirken; Eiterverhaltungen müssen breit gespalten werden.

Was ist bei Stich-, auch Schußverletzungen vor allem zu beachten?

Da sie in die Tiefe dringen und dort wichtige Organe verletzen können, so hat man sich genau über die Richtung und Tiefe des Wundkanals zu orientieren, um Anhaltspunkte zu gewinnen für die Mitverletzung anderer (wichtiger) Organe.

Wie werden Stich- und Schußwunden behandelt?

Sorgfältige Reinigung der Umgebung und aseptischer oder antiseptischer trockener Verband; darüber Wundverband. Bei Infektion und beginnender Entzündung chirurgische Erweiterung der Wunde und Einlegen eines ableitenden Gazestreifens (auch Gummirohres); feuchter antiseptischer Verband, z. B. Alkoholumschlag; keine feste, harte Tamponade. Bei Verdacht auf Mitverletzung wichtiger Organe in der Tiefe Spaltung bis zu diesen (z. B. Laparotomie bei Stichverletzung der Bauchhöhle).

Welche Eigentümlichkeiten zeigen eingestoßene Nadeln?

Sie werden durch Muskelkontraktionen verschoben und wandern im Körper weiter, um vielleicht nach langer Zeit irgendwo an die Oberfläche zu kommen oder mit dem Blutstrom in die Gefäß- und Nervenscheide, sogar bis in den Herzmuskel zu gelangen. Nach Jahren zerfallen sie durch Oxydation krümelig und körnig.

Welche Umstände können eine Schußwunde zu einer besonders schweren machen?

Eine Verletzung durch ein Geschoß wird durch Deformation des Geschosses bedeutend schwerer. Bei Schüssen aus nächster und mittlerer Entfernung wirkt das moderne kleinkalibrige Stahl-Kupfer-Nickelmantelgeschoß nach den Gesetzen der Hydrodynamik durch zentrifugale Mitbewegung der kleinsten feuchten, weichen Gewebsteile (z. B. Blut, Gehirnmasse) sprengend auf die einschließende Knochenkapsel, Knochenröhre, Muskelmasse (bei Herz, gefülltem Darm, Leber Harnblase).

Wieviel Zonen nimmt man für die Geschoßwirkungen an?

1. Die Zone der außerordentlich intensiv wirkenden lebendigen Kraft für Weichblei und Hartbleigeschoß bis auf 400 Meter; die Verletzungen sehen aus, als ob das Geschoß im Innern der Wunde explodiert wäre.

2. Die Zone der intensiv wirkenden lebendigen Kraft reicht bei Weichblei bis 1000 m und bei Hartblei bis 1200 m. Wirkung am platten Knochen: Glattes Loch, gutartige Verletzung, ohne die Kontinuität des Knochens zu stören.

3. Zone der Einwirkung der lebendigen Kraft; bei Weichblei bis 1500 m, bei Hartblei bis 2000 m; häufig spaltet sich das Weichbleigeschoß, dadurch entstehen mehrere Ausschüsse in der Haut.

4. Zone der erlöschenden Gewalt; häufig fehlt ein Ausschuß; für Weichblei bis zu 2000 m.

Wie verhält sich die Wirkung des heutigen kleinkalibrigen Stahlmantelgeschosses in verschiedenen Entfernungen?

Für das kleinkalibrige Stahlmantelgeschoß reicht die erste Zone bis 400 m, die zweite bis 2000 m. In dieser mittleren Entfernung bewirkt das Geschoß eine günstige Verletzung, einen Lochschuß mit Fissuren. Auf 400 m durchschlägt das kleinkalibrige Geschoß 3 bis 4, auf 800 m noch 2 bis 3 hintereinander gestellte Unterschenkel.

Bei allen langgebauten Spitzgeschossen liegt der Schwerpunkt sehr weit nach hinten nahe der Basis; deshalb haben sie die Neigung, bei seitlicher Berührung harter Widerstände sofort aus der Gleichgewichtslage ihres geraden Fluges zu kommen und zu pendeln, so daß sie bei der Durchbohrung mehrerer Ziele hintereinander, auch innerhalb eines Zieles, wenn in ihm weiche mit harten Widerständen abwechseln (z. B. Schädel, Bauchhöhle), sich schief und querlegen, auch mehrmals hintereinander sich umkehren; daher furchtbar große Querschlägerwirkung, wenn nach glattem Durchschuß des erst getroffenen Beines z. B. 30 cm dahinter das zweite getroffen wird, so daß oft dabei an Dum-Dumgeschoß, d. h. Schuß mit gesprengtem (in Mantel und Bleistücke getrennten) Geschoß gedacht wird[1].

---

[1] cf. Feßler, Die Wirkung der Spitzgeschoße, in Deutsch. Zeitschr. f. Chir., Band 97, 1909, Seite 439 u. f. Verlag bei C. W. Vogel, Leipzig.

Wie wirken Schrotschüsse?

In der Nähe abgefeuert können sie ausgedehnte Zerreißungen des Gewebes verursachen, aus weiter Entfernung durchbohren die Schrote die Haut und bleiben in den Weichteilen sitzen.

Was versteht man unter Prellschüssen oder Schußkontusionen?

Schußverletzungen, bei denen ohne Durchtrennung der Haut schwere innerliche Verletzungen eintreten.

Wie ist die Prognose solcher Prellschüsse?

Sie kann zweifelhaft sein, namentlich Bauchprellschüsse verlaufen oft tödlich durch Quetschung der Eingeweide.

Was versteht man unter Streif- oder Tangentialschuß?

Schußverletzungen mit streifenförmigem Substanzverlust der Haut in der Schußrichtung am Rande des getroffenen Körperteils.

Was sind Konturschüsse?

Solche, die durch Ablenkung am Knochen einen gebogenen Verlauf nehmen, z. B. am Rippenbogen, Schädel usw.

Welche Schüsse unterscheidet man im allgemeinen?

Steckschüsse mit blindem Schußkanal, wenn eine Austrittsöffnung fehlt; solche mit perforierendem Kanal, wenn Ein- und Ausschußöffnung vorhanden ist; diese Durchschüsse nennt man, wenn der Kanal gerade verläuft, röhrenförmig.

Wie unterscheiden sich Ein- und Ausschußöffnung?

Die Einschußöffnung ist kleiner als die Ausschußöffnung, hat blau-rote Ränder, die gequetscht sind, während die Ausschußöffnung zerrissene, gelappte, nach außen umgekrempelte Ränder aufweist.

Wie verläuft meist der durch die Kugel gebohrte Kanal?

Im allgemeinen bewirkt die Kugel einen geradlinigen Kanal im Körper; da die Kugel vom angespannten Muskel, Sehne usw. etwas abgelenkt wird, die durchbohrten Muskelbäuche sich durch Bewegungen sekundär verschieben, ist sein Verlauf nicht selten gewunden.

Was versteht man unter perforierenden Schüssen?

Solche, die in Körperhöhlen gedrungen sind.

Weshalb sind die Bauchschüsse so gefürchtet?

Die Kugel kann zwar ohne Darmverletzung durch den Bauch gehen, aber häufiger wird der Magendarmkanal mehrfach durchlocht, es tritt der bakterienreiche Darminhalt in die Bauchhöhle aus, der, wenn nicht innerhalb der nächsten 6 Stunden die Bauchhöhle eröffnet, mit sterilen Tupfern gereinigt, drainiert wird, sämtliche Darmverletzungen übernäht werden, eine diffuse septische, tödliche Peritonitis zur Folge haben kann.

Welche Eigentümlichkeiten zeigen oft Schädelschüsse?

Bei Nahschüssen wird der Schädel auseinandergesprengt, es treten starke Zerreißungen ein; geht der Nahschuß längs der Schädelbasis hindurch, so kann der Gehirnschädel durch die Hydrodynamische Explosivwirkung blumenkohlartig aufgebläht und das Gehirn als Ganzes unverletzt herausgeschleudert werden (Kocher). Bei Schüssen aus weiter Distanz (über 1000 m) wird Schädel und Gehirn glatt durchschlagen.

Welche Organe zeigen ähnliche Sprengwirkung bei Nahschüssen?

Große, flüssigkeitsreiche, weiche Organe wie Leber, Milz, Herz usw.

Worin liegt die Gefahr der Weichteilschüsse?

In der Verletzung größerer Gefäße mit rasch folgender Verblutung.

Was versteht man unter kataleptischer Totenstarre auf dem Schlachtfeld?

Die abnorme starre Haltung mancher im Gefechte getöteter Soldaten (z. B. in hockender, knieender, aufrechter Stellung).

Worum handelt es sich bei der kataleptischen Totenstarre?

Nach Dubois-Reymonds Untersuchungen um eine Verletzung des Rückenmarks oder Hirns, an welche sich eine sofortige Lähmung der Muskeln anschließt.

Wie ist der Schmerz bei Schußwunden?

Infolge der Schnelligkeit, mit der sie beigebracht werden, meist sehr gering; oft nur das Gefühl einer ruckartigen Berühruug, eines Schlages.

Welche besonderen Nervenstörungen können bei Schußverletzungen eintreten?

Mitunter tritt ohne Verletzung der Nerven durch die starke Erschütterung des nahe vorbeifliegenden Geschosses lokale Anästhesie ein; auch vorübergehende motorische Parese bei Granatsplitterstreifschuß am Wirbelkörper.

Wie verhält sich die Blutung bei Schußwunden?

Blut fließt gewöhnlich nicht viel, weil die Intima des getroffenen Gefäßes sich nach innen aufrollt. Sind größere Gefäße verletzt, bei denen natürlich diese Selbsthilfe versagt, sterben die Getroffenen rasch, weil meist keine sofortige Unterbindung oder Kompression eintreten kann.

Was versteht man unter Hautemphysem?

Die Ansammlung von Luft im Unterhautzellgewebe, die durch eine meist kleine Hautwunde eindringt und durch Muskel- und Atembewegung weiter verbreitet wird. Bei Schuß-, Stichverletzung kommt dies nicht selten vor.

Welche Merkwürdigkeiten kommen zuweilen bei Schußverletzungen vor?

Es können das Geschoß oder Teile von ihm doch noch im Körper stecken, ein Ausschuß allein durch ausgesprengte Knochensplitter bedingt sein. Umgekehrt kann das Geschoß infolge rückwirkender Kraft aus dem Einschuß durch Abprallen wieder herausgeschleudert sein (scheinbarer Steckschuß). Die Röntgenuntersuchung gibt schmerzlos über den Verbleib des Geschosses Aufschluß, auch über die Art der Knochensplitterung. Nie wird nach dem Geschoß mit der Kugelzange oder -sonde gefahndet, nie wird eine Schußwunde durch Gazetamponade oder Drainrohr offen erhalten.

Muß die Kugel unbedingt entfernt werden?

Die Kugel kann einheilen, ebenso ist die Einkapselung kleiner Fremdkörper wie Fasern von Uniformstücken beobachtet worden. Man entfernt sie nur, wenn dies ganz ohne Schwierigkeit geschehen kann. Die Kugel an sich verursacht keine Infektion.

Wie werden die Schußwunden behandelt?

Bei Behandlung von Schußwunden ist die Hauptsache ein aseptischer oder antiseptischer Schutzverband und ruhige Hochlagerung.

Welcher Instrumente bediente man sich vor Entdeckung der Röntgenstrahlen zur Auffindung der Kugel?

Nelaton hat eine Sonde angegeben mit rauhem Porzellanköpfchen, welches sich bei Berührung mit Blei schwarz färbt.

Welches ist das Schicksal nichtentfernter Kugeln?

Sie kapseln sich in serösen Zysten bindegewebig eingehüllt ab, ohne Beschwerde zu machen; sie können auch im Körper wandern. Verursachen sie Störungen durch Druck auf Nerven, Gefäße usw., so sind sie nachträglich zu entfernen.

Die Blutung — Extravasation, ein Symptom der Wunde, und ihre Behandlung.

Welche Stellung nimmt die Stillung und Behandlung der Blutung in der Chirurgie ein?

Eine exakte, reinliche Blutstillung ist Vorbedingung der Heilung, gehört zu den Fundamenten der Chirurgie. Es kommt sehr viel darauf an, wie und wann die Blutung gestillt wird.

Welche zwei Hauptgruppen von Blutung unterscheiden wir?

1. Die Blutung nach außen (bei verletzter Haut).
2. Die Blutung nach innen (bei unverletzter Haut — unter die Haut, in das Gewebe, in Körperhöhlen usw.). Das angesammelte Blut heißt Extravasat.

Welche Arten von Blutung unterscheidet man?

Man unterscheidet primäre, sich direkt an die Verletzung anschließende, und sekundäre, im weiteren Wundverlauf eintretende Blutungen. Wohl zu trennen ist auch die erste Blutung von der Nachblutung aus einem arrodierten Gefäß; letztere ist, obwohl scheinbar geringer, meist gefährlicher.

Ferner unterscheidet man:

1. Arterielle = hellrotes Blut (sauerstoffreiches), spritzt in hüpfendem Strahle, läßt sich durch zentrales Abschnüren (zwischen Wunde und Herz) hemmen. Blutung aus dem zentralen und peripherischem Teil der verletzten Arterie, Blutungen von verletzten Arterien nach innen in Körperhöhlen, z. B. der Art. intercostalis.

2. Venöse = dunkelrotes (kohlensäurebeladenes) Blut quillt unter schwachem Druck aus, besonders aus dem peripheren Ende einer geöffneten Blutader; es kann aber auch aus dem zentralen Ende gleichzeitig sehr stark bluten, wenn die Klappen insuffizient sind oder wenn, wie in den großen Venen des Halses, der Oberschenkel, überhaupt keine Klappen vorhanden sind; deshalb ist bei venösen Blutungen am Oberschenkel nicht nur peripherische sondern auch zentrale Abbindung nötig, um den Rückfluß des Blutes aus der Hohlvene zu verhindern.

Bei kleineren Venen genügt Hochlegen des blutenden Körperteils und Kompression der Wunde selbst.

3. Kapillare Blutung = das Blut sickert gleichmäßig aus der Wunde; die Blutung steht gewöhnlich von selbst durch die Kontraktion und Einrollung der Wandungen sowie durch Gerinnung. Das die Gefäßwand verlassende Blut gerinnt alsbald, es bildet sich ein Thrombus, der nicht nur das Gefäß verschließt sondern sich auch noch eine Strecke weit in das verletzte Lumen fortsetzt. Auf

diese Weise steht die Blutung, was um so sicherer der Fall ist, je geringer der Blutdruck, je kleiner das verletzte Gefäß ist. Deshalb begünstigen Ruhe, hohe Lagerung, Schläfrigkeit, Ohnmacht während und nach einem Blutverlust die Gerinnung.

4. Parenchymatöse Blutung: Es blutet zusammen aus Kapillaren und kleinsten Venen, wie sie sich im Parenchym der Organe zahlreich nebeneinander finden (Muskel-, Milz-, Lebergewebe); Blutfarbe gemischt; die parenchymatösen Blutquellen sind infolge der Retraktion der Gefäße am schwersten aufzufinden, schwer einzeln zu ligieren; lassen sich oft nur durch Umstechung, Übernähen, Kompression oder Kauterisation stillen.

Welche Rückwirkung hat die Blutung auf den Organismus? (Welches sind die Symptome im Zustand der Verblutung bei Verwundungen, die mit einem beträchtlichen Blutverlust einhergegangen sind, des Verblutungstodes?)

Nach starken Blutverlusten pflegen allgemeine Blässe und Kälte der Hautdecken, namentlich im Gesichte, blaulivide Lippen, ängstigende Beklommenheit, Erschlaffung, Flimmern vor den Augen, Ohrensausen, Schwindel, erlöschende Stimme, Ohnmacht (infolge der rasch eintretenden Anämie des Gehirns) aufzutreten. Es erfolgt Schweißausbruch, der Schweiß ist aber kalt. Es tritt Unruhe der Gliedmaßen ein, mit Armen und Beinen wird nervös geschlagen. Die blaßzyanotische Verfärbung, nicht zu verwechseln mit der Ohnmachtsblässe, welch letztere bis in die Lippen hineingeht, ist namentlich wichtig für Verletzungen, die nach innen bluten, z. B. Blutung der Art. intercostalis, deren Blutung nach außen wenig oder gar nicht sichtbar ist. Der Puls ist anfangs verlangsamt, ein langsamer Puls bei einem blassen Menschen spricht für einen Blutverlust (Vagusreizung durch mangelhafte Durchblutung, beginnende CO_2-Übersättigung). Bald aber wird er frequenter und kleiner, weil die Vagusreizung von der Lähmung rasch abgelöst wird. Es tritt außerordentliches Durstgefühl ein, da das entweichende Blut zur Kompensation durch Zustrom von Flüssigkeit aus den Geweben nach Möglichkeit ersetzt, dadurch der Körper entwässert wird; damit steigert sich der Blutdruck wieder. Für kurze Zeit tritt Schläfrigkeit ein; deshalb ist besonders einige Zeit nach einer Operation Schlafsucht gefährlich; überhaupt ist in diesem Zustand der Schlaf hintanzuhalten, solange man nicht die Sicherheit hat, daß keine Nachblutung mehr stattfinden kann; die Kranken fühlen sonst nicht mehr den warmen Flüssigkeitsstrom, der aus der Wunde bei einer Blutung kommt. Die Schlafsucht wird von einem Stadium der motorischen Unruhe abgelöst, doch darf der Kranke, um beruhigt zu werden, nicht eingeschläfert oder gar narkotisiert werden. Die Körpertemperatur sinkt, besonders an den Extremitäten; der Kranke wird, namentlich wenn er sitzt, leicht von Schwindel befallen, es wird ihm übel und elend zum Brechen; er hat keine Vorstellung von der Schwere seines Leidens, hat nur das Bedürfnis, bald in Ruhe gelassen zu werden; er hat akustische Halluzinationen; an der Grenze der Willensbeherrschung rafft er alle Kräfte zusammen, um sich zu halten, richtet sich noch einmal auf, die Sinne schwinden ihm, dann sinkt er rasch bewußtlos um. Alle diese Erscheinungen hängen mit der rasch eintretenden Anämie des Gehirns zusammen.

Dauert die Blutung nun fort, so tritt Änderung der Physiognomie ein: Zunahme der Blässe, Leichengesicht, spitze Nase, eingesunkene Augen, Erweiterung der Pupillen, glanzlose Augen, trockene Kornea, tonische und klonische Zuckungen der Gliedmaßen treten auf, die Körpertemperatur wird immer kühler, der Puls immer kleiner, fadenförmiger, kaum noch fühlbar, sehr beschleunigt (180 bis 200 Schläge in der Minute), die Respiration beschleunigter, oberflächlicher, zum Schluß Cheyne-Stockesscher Atemtypus mit großen Pausen, d. h. Abwechslung langer Atempausen (Apnoe) und allmählich an- und abschwellender tiefer Dyspnoe. Das Phänomen beruht auf Sauerstoffverminderung. Der Kranke wird endlich dauernd besinnungslos, profuse Schweiße, unwillkürlicher Abgang von Harn und Kot bedingen erneuten Flüssigkeitsverlust. Der Tod erfolgt durch Herzstillstand in Systole, da das Herz nach der Systole keine Dilatation mehr erfährt durch rückströmendes Lungen-Venenblut — es ist leer gepumpt.

Ist die Verblutungsgefahr bei allen Menschen gleich groß?

Sie ist größer oder kleiner je nach dem Kräftezustand, der Herzkraft des Individuums. Am besten vertragen gesunde, ungeschwächte Personen im kräftigsten Lebensalter (junge Mütter, junge Soldaten) heftige Blutungen. Schlecht vertragen Blutverlust: Greise, Kinder, Potatoren, stark fiebernde, septische, kachektische Kranke und solche, die durch frühere Blutung und Eiterung bereits geschwächt sind.

Wann wird eine Blutung im allgemeinen tödlich?

Es gibt kein absolutes, auch nur annäherndes Maß für die Größe des noch erträglichen Blutverlustes; 800 ccm erscheint als noch erträgliche Norm.

Wieviel Blut hat der Mensch?

7% oder $\frac{1}{13}$ seines Körpergewichtes (nach Trendelenburg in Leipzig), also bei 130 Pfd. Körpergewicht = 10 Pfd. Blut = 5 l; nach Döderlein zu hoch veranschlagt, richtiger $\frac{1}{15}$ [1]).

----

[1]) Verschiedene Physiologen geben sie verschieden hoch an: 5,5% bis 7% (Tigerstedt); nach Frank = 3,51 l etwa $\frac{1}{20}$ des Körpergewichtes.

Was ist wesentlich für die Beurteilung der Gefährlichkeit einer starken Blutung?

1. Ob das Blut rasch oder langsam verloren wird. Verletzung der Art. femoralis kann durch heftigen raschen Verlust von 400 ccm bereits nach 1½ bis 2 Minuten den Tod zur Folge haben; dazu kommt noch, daß es sauerstoffreiches Blut ist. Der gleiche Blutverlust, der bei langsamer, stundenlanger Blutung noch überstanden wird, kann bei rascher Blutung tödlich werden. Der Organismus kann sich nicht so schnell auf einen rasch verlaufenden Blutverlust einstellen wie auf einen langsamen (schnelle Veränderung in der Pumpkraft des Herzens, rasches Absinken des Blutdrucks).

2. Deshalb werden auch die allmählich verlaufenden venösen Blutungen eher überstanden. Es können bei septischer Wunde aus einer arrodierten Vene 600 bis 800 ccm Blut austreten, ohne daß Verblutung eintritt. (Dazu kommt noch, daß das CO_2-reiche Blut einen höheren Gerinnungsgrad besitzt).

3. Blutverlust ist namentlich in der Chloroformnarkose gefährlich, weil hier keine Kompensationsvorgänge eintreten (Anpassung der Herzkraft und Pulszahl, der Kontraktion der Gefäßmuskulatur an den plötzlich herabgesunkenen Blutdruck, um das Leerpumpen des Herzens zu vermeiden.)

4. Operiert man ohne Narkose und ohne Esmarchs Blutleere, so kann bei einer plötzlichen starken Blutung durch Reflexwirkung rasch der Tod eintreten (plötzliche Lähmung des Herz- und Atmungszentrums).

5. Je jünger das Individuum, desto größer die Empfindlichkeit gegen Blutverlust (große Hasenscharten-Wolfsrachen-Operationen bei Säuglingen haben auch bei ganz geringem Blutverlust 96% Mortalität). Im Greisenalter wird nur ganz wenig Blutverlust ertragen (daher bei alten Leuten nie kosmetische oder Bruchradikaloperationen ausführen, sondern nur bei vitaler Indikation operieren!).

Frauen überstehen im allgemeinen Blutverluste besser als Männer.

6. Allgemeiner Zustand: Kranke mit Verfettung, Tuberkulose, Lues, Anämie können ebenfalls keine großen Blutverluste vertragen.

Wie ist das Verhalten des Organismus nach Blutungen?

Der Ersatz des verlorengegangenen Blutes wird zum Teil durch Kompensationsvorgänge im Körper selbst besorgt; eine vollkommene Kompensation ist aber nur dann möglich, wenn die Blutung steht. Allerdings ist der Organismus, auch wenn die Blutung nicht steht, bestrebt, eine Kompensation zu erreichen; es gelingt dies oft selbst in schweren Blutungsfällen. Nach einer profusen Blutung empfindet der Kranke so heftigen Durst, als wäre der Körper ausgetrocknet; die Gefäße des Darmkanals nehmen begierig das massenhaft getrunkene Wasser auf; aus dem Gewebe wird die Flüssigkeit herbeigeholt, welcher Vorgang erleichtert wird durch die Hochlagerung der Beine und ihre elastische Einwicklung (Autotransfusion). Ein gewisses Schlafbedürfnis trägt dazu bei, diese Aufsaugungsvorgänge ungestört vor sich gehen zu lassen. Der Schlaf, die Ruhe nach einem Blutverlust gehört also auch zu den Kompensationsvorgängen des Blutersatzes. Bei gesunden kräftigen Menschen werden auch die zelligen Bestandteile des Blutes wahrscheinlich aus Milz und Knochenmark bald ersetzt. Schon nach wenigen Tagen kann ein starker Blutverlust derartig ausgeglichen sein, daß von der früheren Anämie wenig mehr zu merken ist. Also: Die Anämie (= Oligämie = relative Blutarmut im Sinne von Volumsverminderung der Blutmenge) geht in Oligozythämie (= Blut mit vermindertem Gehalt an roten Blutkörperchen) über, aus der sich dann Leukämie (Blut mit bedeutender Vermehrung der weißen Blutzellen) entwickelt infolge erhöhter Tätigkeit der blutbereitenden Organe: Milz, Lymphdrüsen und Knochenmark. Etwas später verschwinden die vielen weißen, Blutkörperchen, es treten wieder rote an ihre Stelle.

Je nach dem Grade der Blutung, der Gesundheit, dem Lebensalter des Menschen ist der Ablauf und die Vollkommenheit dieser Regeneration verschieden. Der gesunde Organismus besitzt diese Fähigkeit des Blutersatzes in ganz erstaunlichem Maße, die Regenerationskraft schießt sogar über das Ziel hinaus. Oft ist nach 48 Stunden das Blut nicht schlechter, sogar viel besser, enthält mehr rote Blutkörperchen (daher schon von alters her der Aderlaß zur Regeneration des ganzen Habitus gebräuchlich). Bleibt aber bei nicht mehr gesundem Organismus im Anschluß an mittleren Blutverlust diese Regeneration aus, so kann eine schwere Blässe, ja Krankheit zum Ausbruch kommen (Konstitutionskrankheiten, chronische Anämie, Tuberkulose).

Welches Symptom tritt konstant bei starkem Blutverlust auf?

Der Puls ist sehr beschleunigt, da das Vaguszentrum ungenügend ernährt wird.

Ausgleichend sucht der Organismus mit dieser vermehrten Herztätigkeit die verminderte Menge des Blutes einigermaßen zum Ausgleich der Füllung in sämtlichen Gefäßen heranzuziehen und den Körperzellen die nötigen Lebensstoffe (zunächst Sauerstoff) weiter zu spenden.

Über welche Mittel verfügt der Organismus zur spontanen Blutstillung?

1. Kontraktion der Gefäßmuskulatur. Das Lumen der durchschnittenen Arterien zieht sich der Quere nach zusammen durch

Zusammenziehen der Muskelfasern der Media, welche durch die Vasomotoren stark beeinflußt wird; außerdem wird die Intima des durchschnittenen Gefäßes unregelmäßig, sie rollt sich ein und verengert oder verschließt das Lumen; bei kleineren Arterien genügt das manchmal, um die Blutung zum Stehen zu bringen, das Austreten des Blutes wird verlangsamt, erschwert und dadurch die Gerinnung erleichtert. Bei großen Arterien haben diese Erscheinungen natürlich keinen Einfluß.

2. Ergießt sich das Blut in das Gewebe, so daß ein mit Blut erfüllter geschlossener Raum entsteht, so findet die Blutung eine mechanische Beschränkung an der Spannung der Gewebe (Hämatom) — Blutstillung durch Druck des Hämatoms und Spannung des Gewebes.

3. Durch Gerinnung des Blutes, Thrombenbildung. Das aus den Gefäßen austretende Blut hat die Neigung zu gerinnen und das Lumen durch einen Blutpfropf zu verschließen.

Durch welche chemische, histologische Veränderung des Blutes und Gefäßrohrs entsteht die Blutgerinnung?

Daß das Blut nur innerhalb des intakten Gefäßrohrs flüssig bleibt, ist eine Funktion der unverletzten Intima. Der Stoff, welcher im lebenden, unberührten Gefäßrohr das Blut flüssig erhält (sozusagen der „Antigerinnungskörper", ist ein Sekret des Endothels. Sobald das Blut durch eine Verletzung aus dem Gefäßrohr austritt, mit zerrissenem Endothel, Gewebstrümmern in Berührung kommt, wird durch einen fermentativen Prozeß Gerinnung eingeleitet. Es scheidet sich aus dem Blutplasma beim Verlassen der Blutbahn ein fester Körper aus, das Fibrin. Dieser muß im Blute· in einer löslichen Vorstufe vorhanden gewesen sein, und diese Vorstufe heißt Fibrinogen. Den Anstoß zur Umwandlung des Fibrinogens in das Fibrin gibt ein Ferment — das Fibrinferment = Thrombin. Also: Thrombin + Fibrinogen = Fibrin.

Warum gerinnt nun das Blut nicht schon innerhalb der Blutbahn, nachdem die Faktoren hiezu gegeben wären? Das kommt daher, weil das Fibrinferment auch noch nicht fertig gebildet im Blute vorhanden ist, sondern ebenfalls in einer Vorstufe im Blutekreist, Thrombogen genannt, die erst durch ein anderes Ferment in Wirksamkeit gesetzt werden muß — aktiviert wird; dieses Ferment heißt Thrombokinase[1]). Es stammt nicht aus dem Blute, sondern aus dem Gewebe; es ist nur bei Gegenwart von Kalksalzen befähigt, seine Wirkung auszuüben. Folgende Formel veranschaulicht den Gerinnungsprozeß:

---

[1]) Ein Ferment, das ein anderes wirksam macht, heißt — kinase.

Thrombogen (Vorstufe des Fibrinferments) $+$ Thrombokinase $+$ Kalksalze $=$ Thrombin $=$ Fibrinferment. Also: Thrombokinase entsteht durch die Schädigung der Zellen, Thrombogen erst durch Berührung mit Luft. Als weitere, die Gerinnung vollendende Stoffe bilden sich Thromibn und Fibrinogen. Alle diese Stoffe werden aber erst mobilisiert, sobald das Blut unter andere chemisch-physiologische biologische Bedingungen kommt, als sie das normale Gefäßrohr darstellt.

Daß das Fibrin aus dem Blute gefällt wird, spielt bei der Gerinnung eine große Rolle. Es hängt den zerstörten Zellen an, es kommt zum Verkleben des Gefäßes durch den Fibrinpfropf, der sich zwischen den drei Häuten des Gefäßrohres festsetzt und noch eine Strecke weit in das Gefäßrohr hineinragt. Dieser Verschluß ist aber nur möglich bei kleinen und mittleren Gefäßen mit geringem Druck von innen. Bei großen Arterien allerdings auch dann, wenn die verletzten Enden stark gequetscht sind und der Blutdruck durch die Blutung bereits in Abnahme begriffen ist, wenn also die Klebekraft des Blutpfropfes (Thrombus) größer geworden ist als der Ansturm des durch die Systole angetriebenen Blutes. Ist das Gefäß durch Gerinnung geschlossen, so steht die Blutung, der Organismus erholt sich. Diese Erholungszeit darf aber nicht abgewartet werden, schon vorher müssen alle großen Gefäße in der Wunde aseptisch ligiert oder wenigstens abgeklemmt werden, damit nicht die infolge der Erholung wieder zunehmende Herzkraft den Blutpfropf austreibt und zur geringen, kurzen, aber tödlichen Nachblutung führt. Dieser Augenblick ist leider im Krieg auch durch zu frühen, unrichtigen Transport oft verpaßt worden. Jede Bewegung, Muskelaktion, krampfhafte Kontraktion des Herzens, jede Erregung, Aufrichtung, Unruhe des Transportes kann diesen gefährlichen Augenblick heraufbeschwören.

Eine weitere Erholung des Organismus vor einer Operation kann man nur dann abwarten, wenn man wenigstens die großen Gefäße vorher unterbunden hat.

Der selbsttätige Verschluß der Gefäße ohne Ligatur hat aber nur bei kleineren und mittleren Gefäßen Bedeutung.

Warum verlaufen starke Blutungen auch ohne Eingreifen des Arztes nicht immer tödlich?

Ein günstiges Moment liegt in der Ohnmacht, in der meist die Blutung durch Herabsetzung des Blutdruckes von selbst steht; das weniger stark bewegte Blut gerinnt auch leichter.

Wodurch wird die Thrombenbildung befördert?

1. Durch verminderte Schnelligkeit des Austritts; je langsamer das Blut austritt, desto leichter haftet der Thrombus.

2. Durch das Absinken des Blutdruckes und Abschwächung der Herzkraft. Durch die Verringerung der Gesamtblutmenge wird der Blutdruck herabgesetzt; durch die Hirnanämie tritt Ohnmacht ein in Verbindung mit Abschwächung der Herzaktion. Eine Ohnmacht vermag unter Umständen den Verblutungstod hintanzuhalten oder hinauszuschieben, bis weitere Hilfe da ist.

Welche Formen von Blutungen unterscheiden wir?

1. Innere Blutung. Es handelt sich dabei um einen Bluterguß aus zerrissenen Gefäßen in einen Körperraum (z. B. Bauchhöhle bei abdominaler Schwangerschaft), so daß das Blut keine Möglichkeit hat, den Körper zu verlassen; deshalb fehlt auch die Gerinnungsmöglichkeit, das Blut bleibt flüssig. Auch die innere Blutung kann so stark werden, daß der Verblutungstod eintritt unter den beschriebenen Erscheinungen.

Bei innerer Blutung wird, um die Gerinnung zu ermöglichen, empfohlen die Eingabe von Chlorkalzium (0,2 mehrmals am Tage) per os oder Eingießung per rectum einer 1- bis 2proz. Chlorkalziumlösung; subkutane Injektion von steriler 2½- bis 5proz. Gelatinelösung in physiologischer Kochsalzlösung oder Injektion eines artfremden Serums, z. B. Heilserum oder Tetanusschutzserum 10 bis 20 ccm intravenös oder 20 bis 30 ccm subkutan (siehe auch Behandlung der Hämophilie).

2. Lokale Blutung in das Zellgewebe, zwischen Muskeln, zwischen Organe und Knochen (Hämatome), z. B. die Blutung aus der Art. meningea media; hier ergießt sich das Blut zwischen Gehirnoberfläche und Schädelkapsel. Es kommt zu einem abgekapselten Bluterguß, welcher auch tödlich wirken kann durch Dehnung und Kompression des Gehirns: Der Gehirnstil und die Medulla oblongata werden am Foramen occipitale magnum gezogen. Dieser Druck und Zug führt zu einer Lähmung des Vaguszentrums im Halsmark (Tod durch Atmungslähmung), außerdem wird an der Stelle, wo das Hämatom lokal auf der Großhirnrinde liegt, das motorische Zentrum gedrückt (Reizerscheinungen in Form von klonischen und tonischen Zuckungen). Durch Befreiung des Gehirns (Trepanation und Ausräumung des Hämatoms) von diesem Druck kann das Leben gerettet werden.

3. Arrosionsblutungen, welche zustande kommen durch Benagung, teilweise Zerstörung der Gefäßwand. Eine solche kann hervorgerufen werden durch geschwürige Prozesse (bei Atheromatose, Sepsis), aber auch durch Nekrose infolge Druckes von Fremdkörpern (Knochen, Projektilsplitter, Drainröhren, Kanülendruck bei Tracheotomie).

4. Nachblutungen. Man versteht darunter Blutungen, die längere Zeit nach Sistierung der Blutung oder Versorgung der Wunde

auftreten. Bei Operationswunden entsteht eine solche meist, wenn die Blutstillung eine ungenügende war, auch erhöhter Blutdruck kann durch Hustenstöße, auch Unruhe, Blutstauung kleine Blutgefäße, die sich gewöhnlich durch Blutpfröpfe von selbst schließen, zum Abstoßen dieses Verschlusses bringen, auch wenn bei vollendeter Operation die Blutstillung genau und die Wunde trocken war (gefährliche Nachblutungen bei Kropfoperierten). Auch Entzündung und Eiterung kann zu einer Einschmelzung der Thromben und so zur Blutung führen (septische Nachblutung). Bei Operationen im septischen Gewebe muß daher die Blutstillung besonders genau genommen werden. Die Ligaturen wähle man aus steril antiseptischem Katgut, nicht aus Seide oder Zwirn, weil um diese nicht resorbierbare Knoten sich häufig septische Abszesse bilden und damit Nachblutung veranlassen.

Wiederholte kleine Nachblutungen können ebenfalls zum Tode führen.

5. Menorrhagie = Steigerung der menstruellen Blutung aus lokalen Ursachen (Krankheiten des Uterus und seiner Adnexe) oder Allgemeinursachen (Blutkrankheiten).

6. Metrorrhagie = unregelmäßige atypische, meist starke Blutungen aus der Gebärmutter (Myome, maligne Geschwülste usw.).

7. Hämoptoe = Blutspucken, Lungenblutung.

8. Hämatemesis = Erbrechen größerer Mengen von Blut.

Was hat die Bekämpfung des Verblutungstodes zur Voraussetzung?

Das Stehen des Blutes präliminar oder definitiv.

Was ist gegen die Verblutungsfolgen zu tun?

1. Man muß dafür sorgen, daß der Kranke nicht noch mehr Blut verliert. Die Ohnmachtszustände sind zu bekämpfen durch horizontale Lagerung zur besseren Ernährung der Zentralnervenorgane und Belebung der Herzkraft. Eingabe von Hoffmannstropfen, etwas Kognak usw., warmem Kaffee, Tee, warmer Suppe, doch muß man sich genau überzeugen, ob der Halbbewußtlose sich nicht verschluckt; man läßt an Ammoniak u. dgl. riechen; gibt subkutan Kampferöl und zwar ziemlich tief in das Unterhautfettgewebe von Bauch und Brust, Koffein, steriles 0,7 proz. Kochsalzwasser intravenös oder subkutan. Der Patient soll nach Möglichkeit erwärmt werden durch heiße Tücher, erwärmte Sandkissen auf Bauch, zwischen die Beine. Freilich hat man nicht zu vergessen, daß mit Belebung der Herzkraft der Blutdruck wieder steigt und dadurch die Gefahr erneuter Blutung gegeben ist. Deshalb nach Möglichkeit vorher beziehungsweise rasch und gleichzeitig definitive Blutstillung oder

Unterlassung der künstlichen Steigerung des Blutdruckes bei leidlich gutem Pulse bis zur definitiven alsbald vorzubereitenden Blutstillung.

Um die drohende Hirnanämie zu bekämpfen, wird der Kranke mit dem Kopfe tief gelagert, das Blut aus den Extremitäten durch Flanelleinwicklung und Hochlagerung von der Peripherie gegen den Rumpf, gegen Herz, Lunge und Hirn getrieben.

II. Autotransfusion (zuerst angegeben von Liberti): Bis sich der Patient erholt hat, können die Extremitäten das Blut ganz gut eine Stunde lang entbehren. Es können auf diese Weise 2 bis 3 Liter Blut in den Rumpf gebracht werden; später folgt dann langsame und vorsichtige Lösung der Binden.

III. Bluttransfusion.

a) Schon im Mittelalter wurde der Versuch gemacht, durch Übertragung fremden Blutes den Tod durch Verblutung abzuwenden. Anfänglich injizierte man Lammsblut (1667 Jean Denis in Paris), später Menschenblut (1820 zum erstenmal direkte Übertragung von Arteria carotis in die Cubitalvene). In beiden Fällen wurden schlimme Erfahrungen gemacht. Einmal lehrt das physiologische Experiment, daß die Blutflüssigkeit der einen Säugetierart die Blutkörperchen, gerade den wirksamen Bestandteil für die Wiederbelebung, der anderen Art auflöst und dadurch die Wirkung einer Blutübertragung von Art zu Art illusorisch macht; ganz abgesehen davon, daß die plötzliche Gegenwart reichlich aufgelösten Hämoglobins (aus den aufgelösten Blutkörperchen) im Blute zu umfangreichen, ausgedehnten Gerinnungen führen kann und als toxisches Blutgift wirkt (Naunyn). Die Einspritzungen von Blut auch derselben Art (Menschenblut) muß mit größter Vorsicht gemacht werden, da es durch Gerinnselbildungen schädlich wirken kann (Lungen-Embolie). Nun hat das Experiment gelehrt, daß die roten Blutkörperchen als der wichtigste Bestandteil zu betrachten sind, durch welche dem Blut wiederbelebende Kraft zukommt. Sie bleibt erhalten, wenn das Blut außerhalb des Körpers defibriniert ist.

b) Man hat deshalb später mit mehr Erfolg die Einspritzung von defibriniertem Menschenblut versucht, erwärmt, in einer Menge von 200 bis 300 ccm. Dem Spender soll man nie mehr als 500 ccm entziehen.

c) Zahlreiche Anhänger hat in den letzten Jahren die direkte Bluttransfusion von Mensch zu Mensch (Enderlen) gefunden, die dadurch erzielt wird, daß die Art. radialis des Gebers mit der Vena mediana cubiti des Empfängers durch Naht vereinigt wird. Doch ist die Kontrolle der Überleitung nicht gut möglich, oft durch Gerinnselbildung erschwert.

IV. Da nun der Hauptwert der Transfusion in dem Umstand zu liegen scheint, daß man dem Herzen genügend physiologische

Flüssigkeit liefert, daß der normale Blutdruck wiederhergestellt wird, und damit das Herz weiterarbeiten kann, so empfiehlt sich in schweren Fällen vor allem die intravenöse bzw. subkutane Infusion von sterilem physiologischen (0,9%) Kochsalzwasser. Die rascheste Wirkung erzielt die intravenöse Infusion; wo keine Gefahr im Verzuge ist, verdient die subkutane Infusion als die leichter und ungefährlich auszuführende den Vorzug; am allerbequemsten ist die rektale Infusion (als Tröpfcheneinlauf oder Eingießung mit dem Irrigator). Sie ist anwendbar bei allen akuten Anämien nach starken Blutverlusten. Unter der Voraussetzung, daß der Körper noch so gesund ist, um später die Regeneration aus Milz, Lymphdrüsen und Knochenmark zu besorgen, daß ferner das Herz noch kräftig genug arbeitet, ist demnach die Kochsalzinfusion eine wirklich lebensrettende Operation.

Welche Bedenken bestehen gegen die Bluttransfusion?

Die Unsicherheit des Erfolges, die toxische Wirkung auch des Menschenblutserums, die Erfahrung, daß die einverleibten Blutkörperchen, auch die menschlichen, in einigen Tagen wieder aufgelöst werden, die geringe Menge des übergeführten Blutes, während doch nach einem großen Blutverlust die nächste Forderung eine möglichst große und rasche Füllung des Kreislaufs ist.

Wann wird zur intravenösen Infusion von physiologischem Kochsalzwasser in die Vena mediana cubiti geschritten?

Wenn der Fall so schwer gelagert ist, daß genügend schnelle Resorption vom Unterhautbindegewebe aus nicht mehr zu erwarten ist (z. B. vor einer wegen septischer Nachblutung dringlichen Oberschenkelamputation oder Amputation wegen Maschinenverletzung usw.).

Wie wird diese Infusion ausgeführt?

Stauungsbinde um den Arm und direktes Einstechen der Kanüle in die Vene; sicherer präpariert man die Vene heraus und ligiert den peripherischen Teil, hebt zentral davon die Venenwand mit der anatomischen Pinzette hoch, schneidet sie lappenförmig mit der gebogenen Schere an und schiebt die vorn offene, stumpfe Kanüle zentralwärts ein. Über diese knüpft man mit einer zweiten vorher umgelegten Ligatur die Venenwand fest. — Man kann auch um die freigelegte Vene eine doppelte Ligatur schlingen, die peripherische knüpfen; zentral davon die Vene abschneiden.

Was ist bei dieser Infusion besonders zu beachten?

Daß die Flüssigkeit warm ist, daß nicht mehr als 1 l infundiert wird, daß keine Luft mit eindringt; vor dem Eröffnen der Vene und Einfließen muß die Stauungsbinde gelöst sein. —

Wie kann die Blutung selbst beeinflußt werden?

Durch Mittel, welche 1. auf die Blutung direkt stillend einwirken, 2. indirekt (physiologische Mittel).

Wie teilt man die blutstillenden Mittel noch ein?

1. In Mittel, welche den Blutdruck herabsetzen,
2. welche die Kontraktion des Gefäßmuskularis bewirken,
3. welche die Gerinnung befördern,
4. welche die Gefäßöffnungen verkleben,
5. welche durch Kauterisierung (Ätzung) wirken.

Welche Mittel setzen den Blutdruck herab?

a) Der Aderlaß, welcher früher bei Blutungen innerer Organe häufiger als jetzt angewendet wurde. Man suchte damit das Blut auf ein Minimum zu reduzieren, um die Herzkraft, von welcher der Blutdruck abhängt, zu vermindern.

b) Körperliche und geistige Ruhe (Schlaf).

c) Hochlagerung der betreffenden Extremität; diese trägt ungemein viel zur Stillung des Blutes bei, und sollte als erstes, leicht sofort auszuführendes Mittel nie vergessen werden!

d) Arzneimittel: Opium, Morphium, Chloralhydrat, Eisblase aufs Herz, besonders bei inneren Blutungen anzuwenden.

Welche Mittel bewirken die Kontraktion der Gefäßmuskularis?

1. Kälte.

2. Heißes Wasser (45^0 C), besonders günstig zur Spülung bei Uterusblutungen.

3. Secale cornutum (innerlich genommen verursacht es Verengerung der peripherischen Arterien und Uteruskontraktionen).

4. Hydrastis canadensis, enthält ein wichtiges Hämostatikum, das sich besonders bei Uterusblutungen, aber auch bei anderen Blutungen bewährt hat.

5. Die neueren Mittel: Adrenalin (Suprarenin, Paranephrin) wirken prompt blutstillend für kleinste Gefäße (parenchymatöse Blutungen) durch Kontraktion ihrer Muskelhaut. Sie sind eine $1/_{10}$proz. Lösung von Nebennierenextrakt, zur Blutstillung wegen ihrer toxischen Wirkung noch mit Wasser zu verdünnen.

Auch Koagulen wird empfohlen, ein aus dem Blutserum von Fonino, einem Assistenten des Berner Chirurgen Kocher, isolierter Gerinnungsstoff; er ist sterilisierbar, auch zu intravenöser Verwendung geeignet. Man tränkt damit Gazestückchen und drückt sie auf die blutende Wunde.

Welche Mittel fördern die Gerinnung? (Styptika.)

a) Liquor ferri sesquichlorati, in seiner Anwendung nicht ungefährlich; es wirkt eiweißgerinnend unter Schorfbildung; unter dieser kommt es leicht zur Eiterverhaltung und Zersetzung. Man darf den Liquor ferri wegen seiner ätzenden Eigenschaften nur sehr verdünnt anwenden, überhaupt nur bei Blutung aus dem Parenchym in einer Lösung von der Farbe des Weinessigs.

b) Terpentin, ein ganz vorzügliches Styptikum, besonders für Knochenhöhlen, darf aber nicht die Haut berühren, da es Brandblasen verursacht.

c) Kreosot.

d) Höllenstein.

e) Tannin.

f) Alaun.

g) Chlorwasser.

h) Ferrum candens, Platinbrenner, kirschrot glühendes Eisen. Ferrum candens war bis 1550, ehe man die Unterbindung kannte, das berühmteste Styptikum. Die Wirkung beruht darauf, daß durch die Glühhitze (Rotglühhitze) das Gefäßende und das Blut verkohlt und durch den entstehenden Brandschorf der weitere Ausfluß des Blutes gehindert wird. Heute wird statt des Glüheisens der Thermokauter nach Paquelin verwendet, ein mit Platinmoor gefüllter hohler Platinbrenner, der mit durchstreichenden Benzindämpfen im Glühen erhalten wird. Auch der elektrisch glühende Platinbrenner (Galvanokauter) ist bei Höhlenblutungen, z. B. in der Nase, verwendbar.

i) Gelatina alba in dreifacher Anwendung: innerlich in 5- bis 10proz. Abkochung, alle 10 Minuten ein Eßlöffel bei inneren Blutungen gegeben.

Subkutan: mehrmals 10proz. sterilisiert in Röhrchen zu 40 ccm pro dosi für Erwachsene, Kinder 10 ccm, Säuglinge 5 ccm.

Äußerlich: sterile 10proz. Lösung für Uterusblutungen zur Tamponade; Gelatinegaze bei Nasenbluten. Auch als Dekokt 10,0 bis 50,0: 200,0 bis 300,0 als Klistier.

k) Ferripyrinpulver oder -gaze, eine Doppelverbindung zwischen Antipyrin und Eisenchlorid, auch als Gaze gebräuchlich, die nicht so ätzend wirkt wie Eisenchloridwatte.

Welches ist die Stellung der Styptika in der modernen Antisepsis?

Die moderne Antisepsis gebraucht die meisten Styptika nur selten mehr, weil sie Unreinigkeiten in die Wunde bringen können. Das souveräne Mittel bei schwer stillbaren parenchymatösen (z. B. septischen) Blutungen bleibt immer das Glüheisen, es verschorft das Gewebe steril.

Welches sind Mittel, welche die Gefäßöffnung durch Bildung eines Fibrinpfropfes in ihren Gewebsfasern verkleben?

1. Penghawar-Yambi, goldgelbe weiche Wolle, Spreuhaare von den Blattansätzen verschiedener Farne.

2. Feinste japanische Reisstroh- und Grasfasern, beide leicht sterilisierbar und in Tampons eingewickelt verwendbar.

3. Jodoformgaze.

Gefährlich ist Eisenchloridwatte; sie macht äußerst fest klebende, leicht septisch werdende Schorfe.

Welche zwei Arten von Blutstillungen unterscheidet man?

1. Die präliminare (provisorische); sie hat die Aufgabe, die Blutung solange zu verhindern, bis die endgültige aseptische Versorgung der Wunde und ihrer Blutgefäße möglich ist. 2. Die definitive.

(Die Kompression, die Umstechung, Ligatur der Gefäße, die Gefäßnaht.)

Die präliminare Blutstillung kann nicht überall angewendet werden (z. B. bei Blutungen in der Schädelkapsel, im Herzbeutel usw.); sie kann auch nicht auf lange Zeit ausgedehnt werden; sie kann bei langer Dauer schaden (durch Sepsis, Gangrän); deshalb muß man in allen Fällen möglichst bald die definitive anstreben (durch Transport in ein Krankenhaus, Zuziehung eines Chirurgen).

Das Ziel der präliminaren Blutstillung ist, ohne Rücksicht, ob die Methode nicht ihre größeren Schattenseiten hat für den späteren Verlauf der Heilung, nur auf den Augenblickserfolg gerichtet. Die Blutungsquelle muß um jeden Preis, selbst unter Hintansetzung der anti- und aseptischen Kautelen, so rasch als möglich verstopft werden, denn »Zeit ist Blut, Blut aber Leben«.

Welche Mittel stehen für die präliminare Blutstillung zur Verfügung?

a) Geeignete Lagerung, z. B. Hochlagerung der Extremitäten bei Blutungen daraus, wobei der Blutdruck in der Peripherie sinkt, so daß die Blutung aus kleinen Arterien und namentlich Venen (geplatzte Varixknoten) zum Stehen kommt

Die Körperhaltung allein ist oft schon ausschlaggebend für die Änderung des Blutgehaltes eines Körperteils, Kopf und Hals sollen für gewöhnlich bei Operationen am Kopfe erhöht liegen; dadurch wird der Blutandrang dorthin geringer; doch hat diese Maßnahme natürlich keine Bedeutung für die großen Arterien.

Durch eine größere Anzahl von Inspirationen wird eine größere Masse Blut in den Thorax angesaugt, die normalen Kräfte der Ansaugung können also künstlich gesteigert werden. Aber diese Selbsthilfe des Körpers kann nicht abgewartet werden, reicht auch nicht aus; denn Schnelligkeit der Blutstillung ist von ausschlaggebender Bedeutung: Das blutende Loch muß zunächst zugehalten werden.

b) In vielen Fällen genügt hiezu Kompression der Wunde. Bei leichteren Blutungen drückt man sterile Verbandstoffe oder reine, frisch gebügelte Wäschestücke mit Binde oder Tuch fest gegen die Wunde. Bei stärkeren arteriellen Blutungen — das Blut spritzt in hüpfendem Strahle aus der Wunde hervor — empfiehlt es sich, eine Kompression des zuführenden blutenden Gefäßes auszuführen. Diese kann bewerkstelligt werden entweder durch einfachen Fingerdruck (Digitalkompression) oberhalb der Wunde oder durch Druck mit Bauschen von Tüllgaze (Tampons) in die Wunde. Da diese Kompression wegen Ermüdung nur kurze Zeit ausführbar ist, wendet man Vorrichtungen an, welche eine Umschnürung oder Kompression der zuführenden Arterie gestatten. Hiezu wurden früher Tourniquets (Aderpressen) angewendet, durch welche eine Pelotte mittels eines Gurtes gegen die blutende Arterie gedrückt wird. Sicherer und zweckmäßiger ist bei Extremitätenblutungen die Umschnürung entweder mit einer Gummibinde oder mit einer improvisierten Vorrichtung; z. B. kann ein bindenförmig glatt zusammengelegtes Dreiecktuch fest zwischen Wunde und Herz um die Extremität gelegt und über einen Stab geknotet werden, der dann als Knebel solang gedreht wird, bis die Blutung steht. Die Falten des Tuches und Knotens dürfen hiebei die Haut nicht verletzen, sondern müssen glatt die nichtgefaltete Haut umschließen.

Die Umschnürung mittels Gummischlauches wurde 1873 von Esmarch eingeführt. Esmarch wickelte zur Blutentleerung um eine Extremität zuerst eine breite Gummibinde von der Peripherie nach oben und schnürte die Extremität oberhalb des Endes dieser Einwicklung mit einem schmalen Gummischlauch ab, um ohne Blutung an der Extremität operieren zu können.

Der Esmarchsche Schlauch ist aber heute nahezu ganz verdrängt durch die breite Esmarchsche Gummibinde, da durch scharf umschriebene, schmale Einschnürungen immer eine erhebliche Gewebsschädigung (z. B. in den Muskeln als spät auftretende Narbenschwielen erkennbar) erfolgt.

Bei falschem (zu lockerem) Anlegen der Esmarchbinde entsteht venöse Hyperämie und damit stärkere Blutung!

Wie wird die blutabsperrende Binde angelegt?

Es gibt zwei Methoden. Um eine Extremität möglichst blutleer zu machen, verfährt man folgendermaßen: Das Glied wird senkrecht eleviert, dann wird entweder durch zentripetale Streichungen oder zentripetale Einwicklungen von der Peripherie her mittels einer Gummibinde möglichst viel Blut ins Körperinnere getrieben und zum Schluß dicht oberhalb des letzten Bindengangs die eigentliche Abschnürung mit einer Gummibinde vorgenommen.

Zur Kompression der Bauchaorta und Aufhebung der Blutzirkulation in der unteren Körperhälfte hat Momburg durch elastische Einschnürung des Bauches (Kompression der Bauchaorta) eine besondere Anwendung des Esmarchschen Verfahrens geschaffen: Ein mehr als fingerdicker Schlauch wird zwischen Beckenschaufel und Rippenrand, nachdem die untere Körperhälfte erhoben worden ist, unter starker Spannung so oft um den Leib geführt, bis der Puls in der Art. femoralis verschwunden ist. Diese Methode ist anwendbar bei Blutungen aus der Gebärmutter, bei Operation am Becken, Oberschenkel; sie erzeugt starke Blutdruckschwankungen und ist deshalb nur bei leistungsfähigem Herzen angezeigt; der abschnürende Schlauch darf daher nie plötzlich abgenommen werden; vor der Abnahme ist der Unterkörper hoch zu lagern wegen der Gefahr der Hirnanämie.

Welche Nachteile hat die Abschnürungsmethode nach Esmarch?

Zu langes Liegenlassen der Binde (über 1 Stunde) erzeugt leicht ischämische (durch gehemmte Blutzufuhr verursachte) Muskellähmung und Gangrän, zu festes Anziehen erzeugt leicht Nervenlähmungen (z. B. am Radialis, Peronäus). Schmerzhaft ist der Druck der Binde immer.

Ferner können bei Krankheiten der Gliedmassen beim peripherischen Einwickeln und Ausstreifen (Eiterung, Geschwülsten usw.) leicht schädliche Stoffe oder Thromben in die gesunde Blutbahn gepreßt und in den Körper verschleppt werden; z. B. bei Thrombophlebitis (entzündliche Venenthrombose) kann leicht ein Thrombus gelöst und als Embolus mit allen seinen Folgezuständen in die freie Gefäßbahn geschleudert werden (siehe auch Embolie).

Nur mit Vorsicht ist die Methode anzuwenden bei Arteriosklerose wegen Erkrankung und Brüchigkeit der Arterienwandungen, ebenso bei Diabetes mellitus wegen leichten Eintretens von Gangrän.

Wodurch kann die Gefahr der Verschleppung von Thromben und schädlichen Stoffen vermindert oder beseitigt werden?

Durch folgende zweite Methode: Man hält das Glied senkrecht in die Höhe, ca. 2 Minuten lang, und legt dann ohne weitere Streichung oder Einwicklung die komprimierende Gummibinde an. Hiebei wickelt man die Bindengänge an derselben Stelle immer fester aufeinander, hebt den letzten Gang mit dem Finger als Schleife in die Höhe und spannt den Kopf der Binde unter sie ein.

Wie lange darf die Esmarchsche Binde liegen?

Höchstens 1 Stunde, sonst können Muskellähmung, Drucklähmung der Nerven, Brandigwerden des Gliedes entstehen.

Womit wird am besten die Abschnürung in der Achselhöhle und Hüftbeuge bewerkstelligt?

Durch eine starke Gummibinde, die durch eine untergelegte Mullbindenschleife gegen das Abrutschen nach oben gezogen und gehalten wird.

Womit die der Finger, Zehen usw.?

Durch dünne Gummiröhren

Welche Methode ist zur raschen Kompression der Gefäße an Arm und Bein noch zu empfehlen?

Die Methode der forcierten Beugung nach Adelmann. Sie kann aber nur angewendet werden, wenn die Wunde nicht sehr groß, die Knochen nicht gebrochen sind.

Wie wird diese ausgeführt?

Durch maximale Beugung im Knie-, Ellenbogen-, auch Hüftgelenk und Fixierung in dieser Stellung.

Welche Arten von Kompression unterscheidet man?

Eine direkte und eine indirekte, d. h. nicht an der blutenden Gefäßöffnung angreifende Kompression.

Welches sind Methoden der direkten Kompression?

1. Tamponade (Höhlentamponade und Kompression von außen).
2. Acupressio (veraltet).
3. Acutorsio (veraltet).

Wie wird die Tamponade ausgeführt?

Ein Bausch von steriler Leinwand, steriler Gaze, im Notfalle frischgebügelte Baumwolle-, Leinenwäsche sowie Watte wird mit Gaze umwickelt, auf oder in die blutende Stelle fest eingedrückt oder dortselbst befestigt; sie ist geeignet für Höhlenwunden, Blutungen aus dem Mastdarm, Scheide, Mund.

Was darf hiebei nicht übersehen werden?

Daß nur aseptisches Material verwendet wird, am besten antiseptisch imprägnierte sterile Gaze (Bismutsubgallat-, Salol-, Vioformgaze); ferner daß die Tamponade nie zu hart sei und Gewebe zerstöre, daß keine Verunreinigung in die Wunde geschleppt werde. Nicht jede Wunde werde tamponiert. Wunden in lockerem Zellgewebe werden besser durch Auflegen eines Gazebäuschchens von außen und festes Überwickeln mit einer Binde zusammengepreßt (einfache Kompression). Die Tamponade erhöht die Gefahr der Wundinfektion.

Wie wird eine Höhlentamponade ausgeführt?

Durch Einschieben eines etwa 4 cm breiten sterilen, am besten mit einem antiseptischen Pulver (Salol, Vioform, Dermatol, Jodoform, Ferripyrin, Salizyl) imprägnierten Gazestreifens, dessen freies Ende mit einem glatten, vorne dünneren Stäbchen (Tamponträger, Myrtenblattsonde, Coopers gekrümmter Schere, Kropfsonde) auf die blutende Stelle mehrere Minuten aufgedrückt erhalten wird. Alsdann wird Stück für Stück des Streifens bis zum Ende der Höhle mäßig fest und rein nachgeschoben, bis die Höhlenwunde hoch ausgefüllt ist. Der vorragende Gazeballen wird dann noch durch eine Bindenumwicklung in die Wunde eingedrückt. Die Tamponade muß öfters kontrolliert werden, ob sie nicht zu fest ist, ob es nicht noch blutet.

Nur bei Höhlenwunden in Scheide, Mastdarm usw. anwendbar. Sie bleibt immer ein Notbehelf. Wundfisteln, Kanalwunden nach Schuß, Stich dürfen überhaupt nicht tamponiert werden, weil dies zur Rentention, Stauung des Wundsekretes, damit zu Resorptionsfieber, Sepsis führt.

Wie wird die Tamponade der Nasenhöhle ausgeführt?

Mit einer vorn schmäleren, abgerundeten Sonde (Myrtenblatt-, Kropfsonde, geschlossene, gebogene Schere), die einen schmalen Streifen steriler antiseptischer Gaze unter Leitung eines weiten Nasenspiegels bei guter Beleuchtung (Stirnreflektor mit elektrischer Beleuchtung) in horizontaler Richtung gegen die blutende Stelle des unteren Nasengangs (meist der Schwellkörper der unteren Muschel oder der untere Abschnitt der Nasenscheidewand) andrückt. Der ganze untere Nasengang wird alsdann durch festes Nachstopfen ausgefüllt.

Oder mit einem elastischen Katheter, der durch sein Auge mit einem starken, langen, doppelten Faden armiert in den unteren Nasengang eingeführt und vollständig horizontal gerade nach hinten geleitet wird, bis der Seidenfaden vom Mund aus neben dem Zäpfchen erscheint. Das eine Ende wird mittels Pinzette zum Munde herausgezogen, das andere bleibt nach Zurückführen des Katheters im unteren Nasengang. Am ersten wird ein fester Gazetampon befestigt, der, zu den Choanen durch den Nasenrachenraum heraufgezogen, diesen fest verschließt. Beide Fadenenden werden zum Schluß vor Mund und Nase verknüpft. Dann folgt die vordere Nasentamponade wie oben.

Bellocque hat eine Röhre angegeben, deren verschiebbare Spiralfeder mit einem gelochten Knopf den Seidenfaden in gleicher Weise durch den unteren Nasengang, Choanen, zur Mundhöhle führt.

Wie wird die Kompression mit Fingerdruck ausgeführt? (Digitalkompression.)

Es wird mittels Fingerdruck die blutende Arterie natürlich oberhalb der Wunde gegen einen benachbarten Knochen angepreßt.

Was ist für die Ausführung der Digitalkompression wichtig zu wissen?

Der richtige, chirurgisch-anatomisch genau festgelegte Ort, an dem man die Hauptarterie der betreffenden Körpergegend leicht und sicher gegen den Knochen andrücken kann.

Welches ist die Kompressionsstelle für die Carotis?

Lage des Gefässes in der Höhe des Ringknorpels am vorderen Rande des Sternocleidomastoideus. Die Schlagader mit dem Daumen oder Zeigefinger ist gegen den Querfortsatz des 3. bis 5. Halswirbels anzudrücken, aber nur einseitig, nicht doppelseitig wegen Gehirnanämie und tödlicher Bewußtlosigkeit. Vorsicht wegen Kompression des Vagus!

Die Art. subclavia?

Man läßt den Patienten den Oberarm adduzieren, führt von hintenher den Daumen oder Zeigefinger hinter dem Schlüsselbein auf die erste Rippe, senkrecht nach abwärts auf diese, und komprimiert die Arterie gegen die erste Rippe (Ersatz des Fingerdruckes durch ausgekochten Holzbolzen mit Gazetupfer oder Besenstiel, z. B. während der Operation eines Aneurysmas der Art. subclavia).

Die Art. axillaris?

Man läßt den Oberarm abduzieren und elevieren, drückt die Arterie gegen den Humeruskopf (Vorsicht, da die Nerven mitkomprimiert und bei langdauernder Kompression Lähmungserscheinungen verursacht werden können).

Die Art. brachialis?

Sie verläuft am hinteren Rande des Musculus biceps und wird bei gebeugtem Arm mit zwei Fingern durch Umgreifen des Armes von außen hintenher gegen den Armknochen gedrückt.

Art. radialis und ulnaris?

Werden an der Stelle des Pulses gegen Radius beziehungsweise Ulna angedrückt.

Die Art. femoralis?

Wird unterhalb des Poupartschen Bandes gegen den horizontalen Schambeinast gepreßt: Man wählt hiezu den Halbierungspunkt der Verbindungslinie zwischen ·Spina anterior und Symphysis pubis; diese Kompressionsstelle eignet sich für alle Blutungen des Beines.

Welches ist das Ideal der Blutstillung?

Der direkte, definitive Verschluß des Gefäßes durch die Ligatur (Unterbindung, Abbindung), ausgebildet von Ambroise Paré (1517 bis 1590). Ursprünglich Barbier wurde Paré wegen seiner großen Verdienste in die Chirurgeninnung des St. Côme aufgenommen. War viel als Feldarzt tätig, lebte zuletzt in Paris. Förderte die Chirurgie der damaligen Zeit in der mannigfaltigsten Weise. (Wundchirurgie, Bruchoperationen, Arthrotomie, Behandlung der Schußwunden.) Er ist der Reformator der schon in der römischen Kaiserzeit und 1493 von Hieronymus Brunswig versuchten Ligatur.

Welche Arten von Ligatur unterscheidet man?

1. Direkte, am Ort der Verwundung selbst.

2. Indirekte, entfernt vom Orte der Verwundung, am Orte der Wahl.

Oder: a) Isolierte, nur das Gefäß als solches fassend. Sie allein entspricht den anatomischen Verhältnissen der Gefäßscheide.

b) Die Ligatur en masse, Arterie und umgebendes Gewebe. Diese letztere ist unsicher und nur im Notfall an Stelle der chirurgisch präparatorischen Gefäßfreilegung anzuwenden.

Wie wird heutzutage eine Ligatur ausgeführt?

Das blutende Gefäß wird mit einer Schieberpinzette nach Bergmann oder Klemmzange nach Kocher abgeklemmt und etwas vorgezogen, um die Spitze des Instrumentes wird ein steriler Katgut- oder Seidenfaden geknotet, der Knoten mit den Zeigefingerspitzen über das Gefäß hinüber geschoben, fest zugezogen und ein zweiter Knoten in Form des Schifferknotens daraufgesetzt. Der Faden wird dann bei Seide kurz, bei Katgut 1 cm vor dem Knoten abgeschnitten und die Pinzette entfernt. Den Katgutfaden schneidet man deshalb etwas länger ab, weil er aufquellend sich leicht lockert.

Besser ist folgende Methode der Ligatur: Um die Spitze der Arterienklemme, die vom Assistenten möglichst vorgedrückt und gehoben wird, so daß der Knoten leicht über sie hinweggleitet, wird eine zuerst doppelt durchgezogene Schlinge sehr fest angelegt, dann das Instrument, während die Schlinge noch fester zugezogen wird, abgenommen, diese Schlinge über den Gefäßstumpf unter rüttelnder Bewegung noch fester geschnürt, zum Schluß die zweite (einfache) Schlinge daraufgesetzt (chirurgischer Knoten).

Was empfiehlt sich bei alten Leuten mit atheromatösen, d. h. infolge Kalkeinlagerungen brüchig gewordenen Arterien?

Man soll etwas vom umliegenden Gewebe mit in die Ligatur einschließen.

Was hat man dabei nicht zu übersehen?

Man muß zuerst die Nerven herauspräparieren und nicht mit einbinden.

Wie verfährt man, wenn es nicht gelingt, das durchtrennte Gefäß zu isolieren, z. B. in Narbengewebe, Kopfschwarte usw.?

Dann wird die Umstechungsligatur mit einer stielrunden Nadel ausgeführt. Man führt die Nadel mit Faden durch das Gewebe um das Gefäß herum und bindet mit dem umgebenden Gewebe zugleich das Gefäß ab und zwar, wenn es mit einer Klemme gefaßt ist, nach beiden Seiten von dieser. Oder der Faden wird zweimal zu beiden Seiten des Gefäßes ein- und dann wieder ausgestochen, hierauf geknotet.

Welchen Kunstgriff wendet man bei ganz kleinen Gefäßen statt der Ligatur an?

Die Torsion, d. h. man dreht das gefaßte Gefäß mittels der Pinzette um seine Längsachse solange, bis das Instrument von selbst abfällt; dadurch wird die Intima zerrissen, rollt sich auf, verlegt die Gefäßöffnung, und es wird so auch ohne Ligatur die Blutung gestillt.

Was ist zu tun, wenn ein blutendes Gefäß in der Wunde selbst nicht unterbunden werden kann?

Dann wird vom zentralen Ende der Wunde aus in Esmarchs Blutleere auf die zuführende Hauptschlagader und ihre Äste schichtenweise hineinpräpariert; dort werden die Ligaturen sorgfältig angelegt (z. B. bei einem Aneurysma spurium oder geplatzten Aneurysma); ist auch das nicht möglich, z. B. wegen septischen Zerfalls der Wundumgebung, dann muß die Hauptschlagader noch höher oben am Ort der Wahl aufgesucht und auf Grund der topographisch-anatomi-

schen Verhältnisse dort unterbunden werden. Das ist aber ein zwei-
schneidiges Schwert: Die Unterbindung der Hauptarterie setzt die
Ernährung der ganzen Extremität aufs Spiel. Sie wird nur im
äußersten Notfall ausgeführt; wichtiger ist die Unterbindung in
der Wunde, die mit allen Mitteln zuvor angestrebt werden muß.

Was läßt sich nach den neuesten Erfahrungen in vielen Fällen bei Verletzung großer Gefäßstämme ausführen, deren Unterbindung Gangrän oder ischämische (durch Absperrung der gesamten Blutbahn entstandene) Lähmung befürchten läßt?

Die Gefäßnaht mit feinen Darmnadeln und Seide unter Ausstülpung der Intima. Sie ist namentlich bei wandständigen glatt-
randigen Verletzungen unter Erhaltung des Gefäßrohrs möglich.

Wie wird die Gefäßnaht gemacht?

Wenn möglich in Blutleere wird das zu nähende Gefäß streng
aseptisch freigelegt, zentral und peripher an den beiden Enden der
Weichteilwunde provisorisch mit breiten Ligaturbändchen und einfacher Schlinge ligiert und damit weit aus der Wunde hervorgehoben.
Mit feinsten Darmnadeln und stärkster Seide, die gerade noch durch
das Nadelöhr schlüpft, werden die Gefäßwundränder ganz und breit
durchstochen und mit ihren Intimaflächen aneinander gepaßt longi-
tudinal oder besser quer zirkulär. Man unterscheidet die wandständige Naht eines seitlichen Loches im Gefäß und die zirkuläre
Naht der durchrissenen Gefäßenden, die zuvor angefrischt und
und einander durch Freilegung genähert werden.

Wie wird die parenchymatische Blutung gestillt?

1. Durch Tamponade und Hochlagerung.
2. Ferripyrin, Terpentin; damit getränkte Gaze wirkt adstrin-
gierend ,ebenso Adrenalien 1:1000. Ausgezeichnet blutstillend wirkt
Iodoformgaze.
3. Kälte und Hitze (heiße Irrigationen bis 50⁰ C, heiße Koch-
salzwasserkompressen) oder Glühhitze mittelst des Thermokauters.

Was versteht man unter Hämophilie?

Die Neigung zu schwer stillbaren Blutungen. Die Blutgefäße
zerreißen hier viel leichter. Es handelt sich um funktionelle Ano-
malien; wodurch die Herabsetzung der Gerinnungsfähigkeit bedingt
wird, ist bis heute noch unklar. Das Fibrinogen ist nicht vermindert. Die Thrombokinase wird nicht oder nur in veränderter Form
gebildet. Da durch den Zerfall der Blutblättchen und Gefäßendothe-
lien die Gerinnung zustande kommt, kann man sich vorstellen, daß

es sich um eine Protoplasmaanomalie handelt. Eine gewisse Wahrscheinlichkeit hat auch die Annahme für sich, daß bei der Hämophilie ein Mangel oder eine abnorme Verminderung von Kalksalzen oder Thrombokinase im Spiele ist.

Ganz geringfügige Verletzungen können von tödlichen Blutungen gefolgt sein. Neugeborene mit dieser Konstitutionsanomalie sterben beim Nabelschnurabfall. Auch Zahnextraktion kann den Tod herbeiführen, ebenso Nasenbluten; gefährliche Blutungen unter die Haut und in die Gelenke kommen vor. Hämophilie ist immer angeboren. Von einem Bluter und einer Nichtbluterin kann das männliche Kind ein Bluter sein; das weibliche Kind ist gewöhnlich nie Bluter; deren Kinder sind immer Bluter. Die Krankheit wird also gewöhnlich durch die gesunden Töchter auf die männlichen Nachkommen übertragen.

Wie wird die Blutung bei Hämophilie behandelt?

Von der Ansicht ausgehend, daß Mangel an Kalksalzen und Thrombokinase im Spiele ist, wurde systematisch Kalk (Calc. lact. in großen Dosen) und Thrombokinase zugeführt. Zu letzterem Zwecke wird am besten möglichst frisches Diphtherieserum, aber auch anderes Serum verwendet. Natürlich kommt es hiebei nicht auf den Gehalt an Antitoxin an, wohl aber auf steriles Serum, in dem ja auch die Thrombokinase enthalten ist, und zu diesem Zwecke wird das leicht zu beschaffende Diphtherieserum verwendet. Obwohl der Antitoxingehalt keinen Schaden bringt, wird man in diesem Falle doch nur Serum mit geringem Antitoxingehalt wählen, weil es hauptsächlich darauf ankommt, möglichst viel Serum, d. h. Thrombokinase, einzuverleiben und gleichzeitig die Gefahren der Anaphyllaxie zu vermeiden.

Sonst werden noch die gewöhnlichen Mittel angewendet: Heißwasserirrigationen auf die Wunde oder sterile Gelatininjektionen sowohl in die Wunde als unter die Haut; lokale Tamponade, aber auch diese kann versagen. Das souveräne Mittel aller Blutstillung bleibt das schon im Altertum angewendete Rotglüheisen.

Welche Gefahr besteht bei Verletzungen großer Venen nahe am Rumpf?

1. Es kann Luft in die Venen eintreten infolge des negativen Druckes, der sich von den Lungen und allen Organen des Brustraums auf die nächsten großen Venen fortsetzt. Dieser fortwährende Zug der Lungen steigert sich namentlich beim Beginn der Inspiration durch den Muskelzug, durch Zunahme dieser elastischen Kräfte wird eine kolossale Saugkraft ausgeübt. An den Venenwunden entsteht ein schlürfendes gurgelndes Geräusch, der Kranke stirbt

entweder momentan oder, was häufiger vorkommt, nachdem Zyanose, Krämpfe und Ohnmacht vorangegangen sind.

2. Aus beiden Enden strömt Blut: Aus dem peripheren und bei jeder Exspiration auch aus dem zentralen; daher ist sofortiges Abklemmen oder Zudrücken des blutenden Loches, namentlich im Beginn der Inspiration, und doppelte Unterbindung nötig.

Welches ist das Schicksal der in die Venen eingetretenen Luft?

Ist die aspirierte Luftmenge klein, so wird sie resorbiert; ist sie bedeutend, so verursacht sie den Eintritt des Todes dadurch, daß sich die Luft im rechten Herzen anhäuft und so die Füllung des linken Ventrikels verhindert, oder, wie andere annehmen, dadurch, daß die Luft aus dem rechten Herzen in die Lungenarterien eindringt, diese in ihren feinsten Verzweigungen im Lungengewebe verstopft und so den Durchtritt des Blutes in den linken Ventrikel verhindert; doch würde sich dadurch noch nicht der schlagartige Tod erklären lassen. Es können namentlich $^{7}/_{10}$ der ganzen Lungenkreislaufbahn ausgeschaltet werden, ohne daß der Tod eintritt; also kann nicht der Verlust an Atemgewebe, Ausschaltung eines großen Teiles vom Lungenkreislauf die Todesursache sein. Höchst wahrscheinlich tritt reflektorisch durch den Luftreiz der Ventrikelwand plötzlich der Herztod ein durch Schockwirkung. Die Lungengefäße haben weniger Vasomotoren als die Körpergefäße, passen sich also in ihrem Lumen schlechter den durch den Lufteintritt geänderten Stromverhältnissen an. Infolge dieser Reflexwirkung ist nun bei der Luftembolie der rechte Ventrikel mit seiner geringen Muskulatur nicht imstande, bei der sich wenig ändernden Kontraktion der Lungenarterien das Blut aus dem rechten Ventrikel weiter zu fördern.

Wie kann man das Eintreten von Luft in die Venen vermeiden?

Entweder man unterbindet die Venen, bevor man sie verletzt, oder man verschließt sie im Falle der Verletzung sofort mit dem Finger, läßt sie mit Blut oder physiologischer Kochsalzlösung übergießen und unterbindet währenddem das sichtbar gewordene Gefäß. Man kann auch den Fingerdruck durch kräftige Tamponade mittels antiseptischer Gaze ersetzen, unter der die Venenwunde in einigen Tagen verklebt.

Auch Steigerung des intrathorakalen Druckes durch das Überdruckverfahren nach Sauerbruch (mittels abgedichteter Inhalationsmaske und Sauerstoffballon oder -bombe) hat sich bewährt (Steigerung des pulmonalen Blutdrucks durch Überdruckatmung).

Wie werden Blutungen aus tiefen Wunden, z. B. Schuß- und Stichwunden, bei Verletzung eines größeren Gefäßes behandelt?

Häufig können solche nur durch Freilegung des blutenden Gefäßes und Unterbindung in der Wunde selbst erfolgreich behandelt werden.

Wie zeigt sich die Verletzung eines größeren Gefäßes an?

Durch fortwährendes Aussickern von Blut durch den Verband bei prallelastischer Spannung der umgebenden Weichteile durch Hämatombildung in der Tiefe (z. B. bei Lochschuß der Art. subclavia). Die Blutung kann auch im späteren Wundverlauf durch Arrosion der Gefäßwand (siehe auch: Nachblutungen) entstehen.

Was muß bei einer möglichen Gefäßverletzung, Arrosion des Gefäßes, geschehen?

Nach gehöriger aseptischer Vorbereitung unter Assistenz nach Lösung des Druckverbandes die blutende Stelle in der Wunde aufsuchen bzw. von dort aus auch das zuführende Hauptgefäß nach Erweiterung der Wunde freilegen und ligieren. Steht damit die Blutung nicht, so bleibt nur die Unterbindung am Ort der Wahl.

Was versteht man unter einem Extravasat?

Ansammlung einer größeren Blutmenge aus zerrissenen Gefäßen im Körperinnern (in einer Höhle oder im Körpergewebe).

Wovon ist die Größe eines Extravasats abhängig?

Von der Größe der verletzten Blutgefäße, ebenso von der anatomischen Beschaffenheit eines Organs. Je lockerer und großmaschiger das verletzte Bindegewebe, desto größern Umfang kann das Extravasat annehmen. Sind größere Venen zerrissen, ist das Extravasat groß.

Was versteht man unter Lymphorrhoe?

Einen Erguß von Lymphe in einen Körperraum, in dehnbares Bindegewebe (Lymphextravasate) oder auch mit Wunde nach außen. Sie entsteht hauptsächlich durch Längszerreißung von Lymphgefäßen. Solche Extravasate sind nur langsam zum Verschwinden zu bringen.

Wie verhält sich das Blut, wenn es sich in eine präformierte Höhle ergießt?

Es bleibt zum großen Teil flüssig.

Wenn es sich in das Unterhautbindegewebe ergießt?

Es gerinnt auch nur teilweise am Rande des Ergusses.

Welches ist das Schicksal eines Extravasates?

Es wird ganz oder teilweise resorbiert.

Wie geht die Resorption des Extravasates vor sich, wenn es sich in das Unterhautbindegewebe ergießt?

Es erfolgt eine Resorption der flüssigen Bestandteile; die fibrinbildenden Bestandteile werden zum Teil wieder in den Kreislauf aufgenommen, ebenso die Leukozyten. Die übrigbleibenden roten Blutkörperchen können vom Lymphstrome fortgeführt werden, größtenteils aber zerfallen sie; es trennt sich der Blutfarbstoff vom Zellkörper, diffundiert in die Umgebung und verursacht so die verschiedene Färbung der Haut von blaurot bis grüngelb, er kann auch in den Kreislauf gelangen und durch den Harn als Urobilin ausgeschieden werden oder sich in kristallisiertes Hämatin umbilden.

Was wird bei reinen Lymphergüssen ohne Blutung fehlen?

Die sekundäre Verfärbung der Haut.

Was geschieht, wenn das Extravasat nicht resorbiert wird?

Es wird entweder Gegenstand einer aseptischen Entzündung (solange es aseptisch im Gewebe abgeschlossen bleibt): Um das Extravasat herum bildet sich eine adhäsive Bindegewebsschichte, es entsteht eine apoplektische Zyste, eine fibröse Kapsel, welche nach Resorption des Blutes und der zertrümmerten Gewebsbestandteile gelbgefärbte, klare Flüssigkeit enthält.

Durch Einwanderung von Eitererregern, septischen Krankheitserregern von anliegenden Organen, z. B. vom Darm aus auf dem Lymph- oder Blutweg kann das Extravasat aber in eitrige Entzündung übergehen — ein Fall, der sehr ernst ist und häufig im Becken, Nierenbecken usw. vorkommt.

Was soll mit Extravasaten geschehen, die in Eiterung übergehen?

Sie müssen schleunigst und breit mit gutem Auslauf nach dem tiefsten Punkt hin eröffnet werden, namentlich wenn Fieber über 38,0° C hinzutritt.

Was tritt bei jedem größeren Blutextravasat auf?

Fieber, das sich in seiner Höhe darnach richtet, ob es sich um eine aseptische Entzündung (Rückbildungs-, Resorptionsfieber, erzeugt durch Resorption von Blutbestandteilen) oder um ein durch Infektion bedingtes Fieber handelt. Das aseptische Fieber ist in der Regel gering und meist ungefährlich; das letztere trägt im allgemeinen die Merkmale des Eiterfiebers (febris remittens oder febris continua remittens mit sehr steilen Kurven und zeitweiligen Exazerbationen, unregelmäßige Schüttelfröste) und ist der Ausdruck einer schweren Erkrankung.

Wie wird ein Blutextravasat behandelt?

Gegen Blutextravasate ist vor allem gleichmäßige Kompression bei absoluter Ruhe und womöglich hoher Lagerung des verletzten Teiles anzuwenden, wodurch die Blutgefäße geschlossen und gehindert werden, immer mehr Blut in die Wunde zu ergießen; zweckmäßig ist es auch, Eis auf- und feuchte Binden umzulegen. Sehr gut sind Einpinselungen mit Jodtinktur, Umschläge mit Bleiwasser, Alkohol usw. Wird das Extravasat nicht resorbiert, so ist vorsichtige Massage zweckmäßig, die dasselbe auf eine große Fläche verteilt; man streicht dabei das Extravasat nach dem Herzen hin (Effleurage); doch tut äußerste Vorsicht not bei Verdacht auf Phlebitis, Thrombose wegen Emboliegefahr.

Wie müssen unter Umständen gleichzeitig vorhandene leichte Hautabschürfungen bei Extravasaten behandelt werden?

Streng antiseptisch bzw. aseptisch, damit keine pathogenen Bakterien zum Extravasate als einem denkbar günstigen Nährboden gelangen können.

Prognose und Heilverlauf der Wunden.

Was ist sehr wichtig für die Prognose einer Wunde?

Der Zeitpunkt, zu dem die Wunde in die aseptische Behandlung des Arztes kommt, da erfahrungsgemäß eine Wunde, wenn sie mißhandelt wird, meist nur 6 bis 8 Stunden aseptisch bleibt.

Welche Kranke haben eine schlechte Prognose bezüglich ihrer Wunden?

Solche, die große Blutverluste erlitten haben und Leute, welche lange im Schock gelegen haben; ferner diejenigen, die von Haus aus krankhaft veranlagt, anämisch, kachektisch oder bereits von einer anderen Körperstelle aus septisch infiziert sind.

Welche Umstände machen die Wundprognose zweifelhaft beziehungsweise sehr ungünstig?

Alter, schlechte Ernährung, vorangegangene Krankheiten, namentlich chronische Dyskrasien, z. B. Lues und vor allem Skorbut, verzögern die Heilung. Bei diesen Kranken produziert die Wunde keinen Eiter, sondern eine blutwasserähnliche Wundflüssigkeit, die leicht jauchig wird. Ungünstig sind auch Diabetes und Potatorium, bei denen sich leicht Brand einstellt.

Welchen Einfluß hat die Tuberkulose auf die Wundheilung?

Tuberkulose, wenn sie den Kranken nicht schon durch Eiter ausgezehrt hat, übt auf die Wundheilung im allgemeinen keinen sehr ungünstigen Einfluß aus; allerdings kann durch eine schwere Verwundung, die lange Zeit zur Heilung braucht, eine schon vorher bestehende Tuberkulose sehr ungünstig beeinflußt werden.

In welchen Formen kann sich die Wundheilung vollziehen?

1. Per primam intentionem = sanationem = glatte Heilung, meist bei einfachen Schnittwunden.
2. Per secundam intentionem = Heilung mit Eiterung.
3. Durch Kombination beider

    a) unter trockenem Schorf,
    b) unter feuchtem Schorf
       oder Heilung:

            per primam intentionem,
            per secundam intentionem,
            per regenerationem,
            per reparationem.

Welche Erscheinungen bietet die Wundheilung per primam intentionem makroskopisch?

Bei der Heilung per primam berühren die Wundränder einander direkt. Auch bei einfachen Schnittwunden, deren Ränder noch so genau aneinanderliegen, besteht ein schmaler Spalt, der durch eiweißhaltige Flüssigkeit (Blutserum mit Fibrinausscheidung) ausgefüllt und verklebt wird. Fibrin ist vor allen übrigen Gewebselementen befähigt, direkt zu verkleben und die offenen Lumina der Gefäße zu verschließen. In der Umgebung der Wunde tritt sehr geringe Röte auf, die sich aber gewöhnlich in den ersten 24 Stunden nach der Verwundung wieder verliert. Es ist ganz geringe Schwellung vorhanden, geringer Wundschmerz, kein Fieber. Diese Symptome dauern nur kurze Zeit. Es handelt sich um einen kurzen Reizzustand, eine traumatische Entzündung, die von anderen, namentlich bakteriell infektiösen Entzündungen wohl zu unterscheiden ist, dann ein typisches normales Ende erreicht und zu einer Restitution ins Normale gelangt. Nach wenigen Tagen ist eine Verklebung der Ränder ohne Eiterung eingetreten. Übrigens gibt es eine ideale Verklebung ohne jeden Verlust nicht, ein kleiner Teil von Gewebselementen an den Wnudflächen geht immer zugrunde (traumatische Degeneration). Die anfangs gerötete Narbe (durch neugebildete Blutgefäße) wird später weiß (Verödung derselben).

Welche Erscheinungen bietet die Heilung per primam mikroskopisch betrachtet? (Theorie der Wundheilung und Entzündung nach Konheim.)

Die Heilung bietet folgende Momente: Das Blut gerinnt in den Kapillaren bis zum nächsten abgehenden Seitenast. Allmählich dehnen sich die Kapillaren unter höherem Druck aus, es bilden sich Kollateralen, wodurch die Röte verursacht wird. Die Schwellung hat ihre Ursache in dem zusammen mit weißen Blutkörperchen (Lymphozyten) durch die Gefäßwand ausgetretenen Blutplasma; durch dieses werden die Nerven komprimiert und dadurch entsteht der Schmerz. Nach einigen Stunden ist die faserige Interzellularsubstanz durch Wanderzellen (= kleinere Rundzellen, auch Mikrophagen genannt, zu den weißen Blutkörperchen gehörig, so genannt, weil sie zwischen den Kittleisten der Endothelien durch die Gefäßwand hindurch auswandern) flüssig gemacht; sie füllen den Zwischenraum zwischen den Wundrändern aus. Dieser Vorgang heißt Stadium der entzündlichen Neubildung oder der plastischen Infiltration mit primärem Zellengewebe; die Wanderzellen machen im Verlauf einiger Tage großen Epitheloidzellen Platz, welche man Fibroblasten nennt. Sie haben großen Anteil an der Narbenbildung. Die Fibroblasten sind Abkömmlinge des Bindegewebes und wandeln sich später in Spindelzellen und Narbengewebe um. Für die Wundheilung ist es äußerst wichtig, daß in der entzündlichen Neubildung sich auch neue Gefäße bilden; dies geschieht durch Sprossen der Gefäße von beiden Seiten der Wundränder her; sie wachsen in die Fibrinschicht hinein, vereinigen sich mit denen der anderen Seite und bilden ein feines Netz von Kapillaren. Dann schrumpfen die neugebildeten Gefäße, so daß das neugebildete Zwischengewebe zu derben, fibrösen Strängen wird.

Wie geht die Vernarbung vor sich?

Innerhalb 10 Tagen. Die ausfüllende und verklebende Fibrinschicht wird aufgelöst und resorbiert; ebenso werden die durch traumatische Degeneration zugrunde gegangenen Gewebselemente aufgelöst, resorbiert oder durch Phakozytose (Aufnahme in den Körper der weißen Blutkörperchen und dadurch Vernichtung) beseitigt. Die Wanderzellen werden entweder in die Blut- und Lymphgefäße aufgenommen oder zerfallen. Die Überhäutung des Wundspaltes wird durch Epithelien der Epidermis der Wundränder besorgt; sie wachsen von den tiefsten Schichten des Rete Malpighii aus und überbrücken den Spalt unter starker Vermehrung. Später veröden die Gefäße, wandeln sich zu Bindegewebssträngen um, die Narbe wird dadurch weiß und fest.

Welche Erscheinungen zeigen sich makroskopisch bei Wundheilung mit Substanzverlust — per secundam intentionem?

Hier fehlt die direkte Verklebung der Wundränder, die Wunde verwandelt sich in ein offenes Geschwür.

Bei Wunden mit Substanzverlust fließt zuerst Blut ab; steht dann die Blutung, so bildet sich aus dem teilweise eintrocknendem Blute am Wundrand eine Kruste. Tritt später noch etwas Wundflüssigkeit aus, so ist diese anfangs von seröser Beschaffenheit, aber in 2 bis 3 Tagen sehr reich an Wanderzellen, die mehrkernig werden und teilweise in Degeneration zerfallen. Sie heißen Eiterkörperchen und geben dem Wundsekret ein dickrahmiges gelbes Aussehen, pus bonum et laudabile der Alten. Allmählich reinigt sich die Wunde, sie wird rot, aus ihrer Fläche schießen immer mehr rote Knötchen, Fleischwärzchen, Granula, hervor, an denen man eine oberflächliche pyogene und eine tiefere plasmatische Schicht zu unterscheiden hat. Diese Fleischwärzchen bestehen also aus: Gefäßen, Bindegewebszellen, fibrillärem Bindegewebe in Vergesellschaftung mit Leukozyten, Lymphozyten, Plasmazellen, fixen Bindegewebszellen. Es fehlen elastische Fasern und Nervenfasern, sie sind daher unempfindlich. Die pyogene Schicht besteht aus serös-eitriger oder eitriger Flüssigkeit + polynukleäre Leukozyten (Eiterkörperchen) + abgestorbene Gewebsteile. Aus der plasmatischen Schicht bildet sich zuerst homogenes, dann faseriges Bindegewebe, dann Narbengewebe. Die Granulationsschicht wirkt fermentativ-bakterizid und wird auf diese Weise gegen Bakterien geschützt. Je mehr solcher derber und kräftig roter Granula da sind, desto besser und reiner ist die Wunde. Ist sie damit ganz von innen heraus angefüllt, so beginnt die Narbenbildung durch Überhäutung; diese geht von der gesunden Epidermis des Wundrandes aus.

Welche Erscheinungen bietet die Heilung per secundam intentionem mikroskopisch betrachtet?

Wieder erscheint das Stadium der plastischen Infiltration. Die Wanderzellen füllen mit dem Blut und dem Fibrin den Defekt aus; sie mischen sich als Eiterzellen dem Sekret bei. Bei jeder granulierenden Wunde bildet sich unter den Fleischwärzchen eine untere Schicht mit horizontalen und eine obere weichere mit senkrechten Gefäßen, die in das jugendliche Bindegewebe der Granula als Gefäßschlingen (ernährende, eiterbildende Kapillaren) hineinragen.

Typisch ist das Ende der Überhäutung. Bei Wunden mi großem Substanzverlust geht diese sehr langsam vor sich. Sie beginnt immer vom Rande oder von Epithelinseln auf der Wundfläche als grauweißer schleierartiger Saum, der immer weiter über die Wunde sich ausbreitend vorschiebt, während die Fleischwärzchen in der Wundmitte schrumpfen.

Welche Übereinstimmung in der Heilung zeigen die prima und secunda intentio?

In beiden Fällen sind die Heilungsvorgänge dieselben: Bildung von gefäßreichem Narbengewebe, das in dem einen Fall die Wundränder fest miteinander vereinigt, im anderen Fall aber frei zutage liegt und durch Epithel überzogen wird.

Was versteht man unter caro luxurians?

Manchmal entwickeln sich die Granulationen derart üppig, daß sie über der Oberfläche der Umgebung emporwuchern (wildes Fleisch — caro luxurians) und verhindern dann die rechtzeitige Epithelisierung der Wunde.

Spielt sich die Heilung einer Wunde immer in der beschriebenen Form ab?

Nein; der Verlauf kann die verschiedenartigsten Veränderungen erfahren, wenn durch hinzutretende Schädlichkeiten Störungen veranlaßt werden. Die Schädlichkeiten können von außen kommen und sind dann mechanischer, thermischer, chemischer oder bakterieller Natur; die bedeutungsvollste hierunter ist das Eindringen von Bakterien, weil hiedurch die gefürchtete Wundinfektion (siehe diese) veranlaßt wird. Die Schädlichkeiten können aber auch in Krankheiten oder Schwächezuständen des Körpers beruhen (Dyskrasien) wie Anämie, Tuberkulose, Gicht, Diabetes, Lues, Alter.

Wie vollzieht sich die Heilung unter trockenem Schorf?

Das Wundsekret trocknet unter einem festen Schorf ein, unter dem die Heilung in der beschriebenen Weise bis zur Vernarbung ohne Eiterung sich vollzieht; nach der Narbenbildung fällt der Schorf ab.

Wir haben also hier eine Heilung per secundam ohne Eiterung vor uns.

Wie läßt sich die Heilung unter trockenem Schorf gewährleisten?

Nur bei einfachen kleinen oberflächlichen Wunden. Bedingung ist, daß der Schorf vollständig trocken ist; wird er feucht, so kann leicht Infektion und Eiterung eintreten.

Wie geht die Heilung unter feuchtem Schorf vor sich?

Hat man in einem Knochen eine Höhle, so braucht diese zur Heilung durch Granulationen sehr lange. Um schnellere Heilung zu erhalten, läßt man, nachdem man die Wunde antiseptisch gereinigt hat, Blut in die Höhle eindringen, welche mit Silk oder Gaudafil gedeckt wird. Das Blut füllt als Koagulum die Knochenhöhle und unterstützt die Anbildung jungen Bindegewebes, das die Höhle rasch ausfüllend in das Blutgerinnsel hineinwächst. Dieses Verfahren (nach Schede) ist nur anzuwenden, wenn die Wunde unbedingt aseptisch ist. Wo Eiterung vorliegt, ist die Methode unbrauchbar, weil das Blutgerinnsel, welches während der Heilung das Stützgerüste des jugendlich aussprossenden Bindegewebes bilden soll, durch die Eiterung rasch zerfällt.

Wie heilen Schnittwunden, die durch reine Instrumente verursacht worden sind?

Bei aseptisch trockener Behandlung und Ruhigstellung stets ohne Eiterung, also per primam.

Welche Eigentümlichkeiten zeigen manchmal Narben? (Narbenkeloid?)

Sie erfahren, meist noch nach Monaten, manchmal erst nach Jahren, eine fibröse, harte Umwandlung mit Neigung zu progressiver Entwicklung über das eigentliche Gebiet der Narbe hinaus. Die Narbe wird dann zu einem flach erhabenen, scharf begrenzten, vorspringenden, derb-elastischen weißlichen oder rosig gefärbten Wulst meist von glatter Oberfläche, der manchmal Fortsätze in die gesunde Haut entsendet. Dieses Keloid entsteht durch eine Überproduktion der Kollagen bildenden Fasern des Unterhautzellgewebes, deshalb nur in der Haut zu finden. Es tritt nie Zerfall ein, es hat eine eigentümliche Neigung, nach Exzision zu rezidivieren. Das Keloid verursacht Jucken und Schmerzen, muß deshalb und wegen der kosmetischen Entstellung beseitigt werden; in Anwendung kommen Injektionen mit Fibrolysin (Allylthioharnstoff, farblose Kristalle von schwach knoblauchartigem Geruch) und Elektrolyse, Radium- und Röntgenstrahlen. Das Keloid tritt auch spontan außerhalb einer Narbe auf.

Zu unterscheiden vom Keloid ist die hypertrophische Narbe, deren Exzision mit direkter Vereinigung der Wundränder schöne Resultate gibt.

Wie geht die Heilung beim Muskel vor sich?

Am Muskel entsteht bei der Heilung kein neugebildeter Muskel, sondern eine bindegewebige Vereinigung, eine Bindegewebsnarbe. Diese Stelle kann man nach der Heilung noch lange als Schwiele erkennen.

Wie ist die Nervenfaser gebaut?

Die Nervenfaser besteht aus dem Achsenzylinder und der ihn umgebenden Markscheide. Der Achsenfaden ist aus zahlreichen

Einzelfibrillen der Länge nach zusammengekittet. Da wo Nervenfasern aus dem Zentralorgan austreten (periphere Nerven), lagert sich eine weitere sehr dünne fett-(Lecithin-)haltige Hülle um die Markscheide, die Schwansche Scheide, das Neurilemma. Viele derartig gebaute Nervenfasern geben ein Nervenbündel.

Wie geht die Heilung der Nervenschnittwunden vor sich?

Wird ein motorischer oder sensibler Nerv durchschnitten, so tritt jedesmal von der Durchschnittsstelle an die periphere Degeneration der Nervensubstanz ein, Achsenzylinder und Markscheide zerfallen und werden resorbiert. Vom zentralen Stumpf aus jedoch stellt sich die Nervenfunktion wieder her, indem seine Fasern auswachsen, die den Bahnen des degenerierten peripheren Nerven folgen. Die jungen Fasern sind zuerst marklos, später werden sie markhaltig. Die Neubildung geht von den Neuroblasten (Keimzellen) des Achsenzylinders und der Schwanschen Scheide aus.

Was versteht man unter Neurom?

Eine sehr schmerzhafte, kolbige, in das Narbengewebe einer Wunde eingebettete Verdickung eines abgeschnittenen oder verletzten Nervens, bestehend aus Nervenfasern und Bindegewebe des Nerven; es sitzt am Ende des abgeschnittenen Nerven oder in seinem Verlauf; es wird besonders häufig nach Amputationen am abgeschnittenen Nervenstumpf beobachtet. Um die Neurombildung zu vermeiden, zieht man nach Maas (Prof. der Chirurgie früher in Würzburg) aus der frischen Amputationswunde den Nervenstrang möglichst weit heraus und schneidet ihn hoch oben ab, damit er sich möglichst weit nach oben in weiches Gewebe zurückziehen kann.

Wundheilung durch Plastik.

Wie kann man die zu langsam vor sich gehende Überhäutung einer Wunde beschleunigen?

Durch Plastik und freie Transplantation oder Pfropfung.

Wie kann man die Haut zu plastischen Operationen heranziehen?

Die leichte Verschieblichkeit der Haut auf ihrer Unterlage gestattet weitgehende Heranziehung zur Deckung von Defekten durch Unterminierung, Entspannungsschnitte, Mobilisierung der Hautränder, Bildung von gestielten Hautlappen (gestielte Transplantation), die, mit dem Stiel in ernährendem Zusammenhang auf dem

Mutterboden einstweilen bleibend, durch seitliche Drehung und Verschiebung in den Wunddefekt gelegt und dort durch einige Situationsnähte fixiert werden.

Welche Arten der freien Transplantation bzw. Plastik unterscheiden wir?

Autoplastik, wenn das transplantierte Gewebe (das Transplantat) demselben Menschen entstammt.

Homoioplastik, wenn es einem anderen (am besten verwandten, gesunden, kräftigen, gleichalterigen oder jüngeren) Menschen entnommen wird (z. B. pflanzte K o c h e r dem verblödenden myxomatösen Kinde ein Stück der mütterlichen Schilddrüse mit bestem Erfolg in den spongösen Tibiakopf ein).

Alloplastik, wenn fremdes lebloses Material zum Ersatz von Defekten Verwendung findet (z. B. sterile Elfenbeinstifte bei der Pseudarthrosenoperation).

Heteroplastik ist die Gewebsverpflanzung von Tier auf Menschen (z. B. Froschhaut als Epidermisdecke).

Welches Transplantat hat die besten Aussichten zur Anheilung?

Fast ausschließlich nur das vom selben oder nahe verwandten Menschen entnommene Gewebe heilt dauernd ein. Auch dieses wird nach und nach vom eigenen Gewebe durchwachsen und ersetzt. Fremdartiges Gewebe dient nur als Heilungsbrücke von vergänglicher Dauer, wenn es nicht überhaupt von vornherein als Fremdkörper abgekapselt und ausgestoßen wird (z. B. bilden sich um Seidenschnüre neue Sehnen- und Bindegewebsfasern).

Welche gestielte und freie Hauttransplantationen (Plastiken und Pfropfungen) sind gebräuchlich?

Die älteste Methode der gestielten Lappenbildung zu einer Nase aus der Wange ist die indische. Sie war schon 1000 Jahre v. Chr. gebräuchlich. Sie wird heutzutage noch in modifizierter Weise angewandt, indem der Lappen in Nasenform aus der Stirnhaut geschnitten und gebildet wird. Der Stiel wird an der Nasenwurzel seitlich herabgedreht.

50 Jahre n. Chr. übte C e l s u s die Gesichtshautplastik durch seitlich mit Hilfe von Entspannungsschnitten gelockerte und verschobene Lappen im Abendlande zuerst.

1550 erfand T a g l i a c o z z a zu Bologna die Defektdeckung durch gestielte Lappen von entfernten Körperstellen (z. B. die Nasendeckung durch Hautlappendeckung aus der Beugefläche des Oberarms; der Lappen wird gestielt in entsprechender Beugestelle des Oberarms in das Gesicht hereingelegt und dort festgenäht, bis er

in einigen Wochen dort angeheilt ist. Dann wird die Verbindungs-
brücke am Arm abgeschnitten — die italienische Methode. Diese
Art wird modifiziert auch heute noch angewendet, um einen fehlen-
den Daumen aus der großen Zehe samt Knochen zu bilden).

1869 verpflanzte Reverdin in Paris 1 qcm große Hautläppchen,
die er aus gesunder Hautfläche mit einer scharfen Lanzette entnahm,
auf kräftig granulierende Wunden. Sie bestanden nur aus Kutis und
Epidermis und wurden auf der granulierenden Wunde mit Silkprotektiv und Heftpflasterstreifen kreuzweise über ihre Ränder
bedeckt. Von den Rändern dieser Hautinseln überhäutete sich die
ganze Wunde.

1886 schnitt Thiersch, weil die dicken Kutisläppchen nicht
sicher anheilten, sekundär sich wieder ablösten, auch durch das
Wundsekret wieder weggeschwemmt wurden, ganz dünne, lange
Läppchen aus der Haut des Verletzten selbst, die sehr gut anheilten.
Sie bestehen aus der Epidermis, dem Papillarkörper mit dem Rete
Malpighii und einer dünnen Schicht des Korium.

Ende des 19. Jahrhunderts brachte Krause die freie Verpflanzung ganzer Kutislappen vom gleichen Individuum zu großer Vollkommenheit; auch Spuren von Unterhautfettgewebe wuchsen mit an.

1895 erfand Mangoldt die Epithelaussaat für den Defektver-
schluß.

Wie wird die Transplantation nach Thiersch ausgeführt?

Die Haut am Oberschenkel oder Oberarm wird von den Händen
des Assistenten der Länge nach festgespannt, nachdem sie vorher
zart aber gründlich mit Alkohol, Äther, Benzin, Jodtinktur und
steriler Gaze gereinigt ist. Es wird rein aseptisch trocken operiert,
nur das sehr scharfe Transplantationsmesser (auch Rasiermesser)
wird mit steriler, physiologischer Kochsalzlösung angefeuchtet, mit
der in einer Schale auch die abgenommenen Hautlappen unter
Umständen ausgebreitet, mittels einer Knopf-Myrtenblattsonde entfaltet werden.

Das Messer wird steil, fast senkrecht angesetzt, unter Druck
in langen, sägenden, ruhigen Zügen ohne Absetzen möglichst gleichmäßig durch die Lederhaut geführt, so daß diese parallel zu ihrer
Fläche förmlich gespalten wird. Die untere leicht blutende Fläche
bleibt sitzen. Jeder etwa 10 cm lange, 2 cm breite Lappen häuft
sich auf der Klinge an. Von dieser wird er sofort mittels Knopfsonde auf den vorher mit dem scharfen Löffel von der oberen lok-
keren Granulationsschicht befreiten, aber nach Kompression nicht
mehr blutenden, mit Kochsalz überspülten Defekt übertragen und
dort festklebend ausgebreitet. Er soll die Wundränder etwas übergreifen, auch jeden vorhergehenden Thiersch-Lappen dachziegel-
förmig überdecken. Der Wundverband besteht aus einem Gitter

von Silkprotektiv, Gaudafil, darüber kommen sterile feuchte Kochsalzkompressen, dann nicht entfettete gelbe Baumwolle oder man verbindet ganz trocken, wählt als unterste Lage eine dünne Schicht Vioformgaze, darüber kommt trockene Krüllgaze und Zellstoff. Auch Freiluftbehandlung hat sich bewährt. Um die Defektränder kann man Zinkpaste, Borvaselin-Höllensteinsalbe streichen. Die äußere Verbandschichte wird bis zur untersten dünnen Gazeschicht alle paar Tage, auch erst nach 8 Tagen gewechselt. Erhöhte Ruhelage, Schienenverband ist vorteilhaft.

Wie heilen die transplantierten Stückchen (nach Thiersch) an?

Sie werden anfangs durch plasmatische Osmose vom Bindegewebe, auf das sie aufgepflanzt sind, ernährt; später dringen von der Unterlage junge Gefäße in das Läppchen ein und ermöglichen eine Zirkulation; umgekehrt wachsen Epithelzellen aus durchschnittenen Drüsenausführungsgängen des Läppchens zapfenförmig nach abwärts und verschmelzen mit dem Mutterboden.

Wie transplantiert man nach Krause?

Es muß peinlichst aseptisch und trocken operiert werden; der Boden, auf den transplantiert wird, muß eine frische Wunde oder durch kräftiges Abkratzen aller Granulationen, Exstirpation von krebsigem, lupösem, narbigem Gewebe in eine solche verwandelt sein und darf nicht mehr bluten. Die Lappen sollen scharfrandig ohne Fett, langgestreckt, spindelförmig etwas größer als der zudeckende Defekt ausgeschnitten werden, damit diese Wunden sofort wieder durch Naht geschlossen werden können. Die Schnittführung beim Abtrennen der Lappen ist möglichst senkrecht gegen die Kutis gerichtet; sie werden zuerst vollkommen umschnitten, dann am einen schmalen Zipfel von der Fettgewebeunterlage abgeschält. Die Lappen dürfen nicht gequetscht werden, müssen zart mit ihren wunden Flächen gegeneinander geschlagen mit 2 Fingern beim Abziehen gespannt erhalten werden. Sie werden womöglich aus der ganzen Länge des Oberarms, Oberschenkels, Rückens immer vom gleichen Operierten (durch Autoplastik) selbst genommen. Die zarte Bindegewebschichte zwischen Kutis und subkutanem Fett wird mit in den Lappen genommen; bleiben Spuren vom Fettgewebe am Lappen, so schadet das nichts. Die entnommenen Lappen schrumpfen sofort wenigstens um ein Drittel. Diese Lappen werden sofort auf die kräftig von allen Granulationen abgeschabte Wundfläche gelegt, nachdem jede Blutung durch langdauernde Tupferkompression, Torsion der Gefäße, Suspension gestillt, alle Blutgerinnsel abgewischt sind. Die Lappen werden mit Tupfern sanft auf die Wundfläche aufgepreßt. Alle Wund- und Lappenränder sollen sich innig berühren, werden durch einige Nähte aneinander befestigt. Der Verband ist der gleiche wie bei den Thiersch-Transplantationen.

Wie transplantiert Mangold?

Von einer beliebigen Stelle der Körperoberfläche (zweckmäßig von der Innen- oder Außenfläche des Oberarms) wird nach Rasur, gründlicher Desinfektion, mittels eines senkrecht zur Hautfläche gerichteten (sterilen) scharfen Rasiermessers die angespannte Haut in leichten langen Zügen bis in den Papillarkörper abgeschabt. Der dabei erhaltene Blut- und Epithelbrei wird auf dem frischen oder von Granulationen befreiten, nicht mehr blutenden Defekt durch sterilen Spatel unter Druck aufgestrichen. Der Verband besteht in Streifen von sterilisiertem Protektiv, Gaudafil, Guttapercha, Staniol, die eng gitterförmig aufgelegt werden; als Decke kommt darüber sterile Gaze.

Welche Gewebe eignen sich noch zur Transplantation?

Knorpel und Knochen, Sehnen, Faszien, straffes Bindegewebe, vielleich auch noch Nerven.

Was ist hiebei Voraussetzung?

Der Knorpel muß mit seinem Perichondrium, der Knochen samt anhaftendem Periost verpflanzt werden; alle Gewebe müssen lebendfrisch, aseptisch sein. Sie dürfen nur in kleinen Stücken, womöglich nur demselben Individuum entnommen, sollen nicht gequetscht werden.

Vergiftete Wunden.

Durch welche Arten von Gift kann eine Wunde vergiftet werden?

Durch pflanzliche, menschliche, tierische und chemische Gifte.

Was hat man unter allen Umständen bei allen vergifteten Wunden zu beachten?

1. Daß das Gift sich nicht weiter verbreitet, sondern lokalisiert bleibt.

2. Daß das Gift zerstört wird.

3. Daß der Wirkung des Giftes, welches schon in den Kreislauf gelangt ist, durch innere Mittel begegnet wird.

Wie wirkt das aus einer Giftpflanze bereitete Pfeilgift (Curare)?

Es tötet durch Blutzersetzung (Hämolyse) und Herzparalyse.

Welcher Art ist das Leichengift?

Es ist ein putrides Gift, ein Gift mit stinkender, Gase entwickelnder Zersetzung, hervorgerufen durch das Auswachsen saprophytisch lebender Bakterien und deren Ausscheidungsstoffe.

Welches Leichengift ist besonders gefährlich?

Die Bakterien und ihre Ausscheidungsstoffe von Leuten, die an septischen Prozessen gestorben sind, hauptsächlich kurz nach dem Tode. Einige Zeit später ist die Gefahr nicht mehr so groß, da die sich im Kadaver fortgesetzt entwickelnden Fäulnispilze überwiegen und die früheren krankheitserregenden Bakterien vernichten.

In welcher Form äußert sich die Infektion mit Leichengift?

In einer leichteren und einer schwereren tödlichen Form.

Wie verläuft die leichtere Form?

Die leichte Form äußert sich in einem Tuberkel, einer Induration der Haut in Form eines schmerzenden Knotens, der oft Tuberkelknötchen mit Bazillen enthält.

Wie wird der Leichentuberkel behandelt?

Der Leichentuberkel ist eine leicht heilbare Erkrankung; man schneidet ihn am besten aus und kauterisiert dann.

Wie äußert sich die schwere Form?

Kommt Leichengift in eine Wunde, so kann eine schwere Lymphgefäßentzündung (Lymphangitis) entstehen. Die schwerste tödliche Form heißt putride Intoxikation. Sie verläuft unter blau-roter Schwellung hämolytisch ohne Eiterung in wenigen Stunden tödlich; dabei spielen meist hämolytische Streptokokken, auch Mischinfektion mit Ödembazillen eine Rolle.

Wie werden die mit Leichengift infizierten Wunden behandelt?

Diese Wunden müssen einmal stark antiseptisch (z. B. mit Jodtinktur) geätzt, unter Umständen ausgebrannt, dann fortgesetzt mit täglich erneuerten verdünntem Alkoholumschlägen behandelt werden. Die Herzkraft ist anzuregen. Die erkrankten Körperteile sind hochzulagern, bei fortschreitender Lymphangitis mit verdünntem Alkohol-, warmen Bleiwasserumschlägen zu behandeln.

Tierische Gifte.

Wie behandelt man Insektenstiche?

Gegen Insektenstiche wird Salmiakgeist, 5proz. Karbolöl, Bleiwasser, essigsaure Tonerde, Formalin am häufigsten angewendet.

Worin liegt die Hauptschädlichkeit der Insekten?

Darin, daß sie meist Krankheitsvermittler sind. So überbringen z. B. die Fliegen häufig Milzbrandbazillen eines Kadavers auf den Menschen und erzeugen bei ihm einen Furunkel, eine schwere Phlegmone mit septischem Ödem und Lymphangitis. Mücken übertragen die Malariaerreger (Plasmodien), Ratten, Flöhe die Pestbazillen, Läuse den Flecktyphus usw.

Wie wird die Milzbrandphlegmone behandelt?

An der Eintrittsstelle sucht man das Gift womöglich durch subkutane Injektionen von 2proz. Karbolwasser, Umschlägen mit Alkohol dilut. aufzuhalten. Gegen das Ödem wendet man Eis, hohe Lage an, die Extremitäten werden mit häufig erneuerten antiseptischen feuchten Umschlägen (Sublimat 1 : 1000, Bleiwasser und Spiritus) umwickelt.

Schlangen-Bisse.

Wie äußern sich die Folgen eines Kreuzotter-Kupfernatter-Teufelsnatterbisses?

An der Bißstelle, die wie zwei Nadelstiche aussieht, tritt heftig brennender Schmerz auf, desgleichen Rötung und Schwellung mit blauroten Blutunterlaufungen längs der herzwärts ziehenden Lymphgefäße und Blutadern; bleibt die Entzündung lokalisiert, so geht sie in den nächsten Tagen zurück.

Wie wird die Behandlung geleitet?

Es ist gut, über der gebissenen Stelle einen Schröpfkopf zu setzen und dann die zentrale Abschnürung für die nächste Stunde zu machen.

Wann tritt schwere allgemeine Erkrankung nach Schlangenbiß ein?

Hauptsächlich bei elenden schwächlichen Kindern, Greisen, namentlich bei Otterbiß am Rumpf und Kopf.

Wie äußern sich die Symptome des gefährlichen Kreuzotterbisses?

Purulentes Ödem, heftiges Angstgefühl, schneller kleiner Puls, leichte Zyanose, gewöhnlich in 24 Stunden der Tod unter den Erscheinungen der Herzschwäche (etwa $5^0/_0$ Todesfälle).

Wovon hängt der Erfolg der Therapie hauptsächlich ab?

Es kommt darauf an, daß Gegenmaßregeln möglichst rasch ergriffen werden.

Wie wird die Therapie geleitet?

Man macht die zirkuläre Abschnürung für 1 Stunde oberhalb der Bißstelle am Arm oder Bein, setzt Schröpfkopf bei Biß am Rumpf oder Kopf auf, zerstört das Gift in der Wunde mit Glüheisen, schneidet die Bißstelle breit in einer Tiefe von 1 bis 2 cm aus. Man gibt dem Kranken schwere Weine und Alkohol. In neuerer Zeit werden Injektionen von Liqu. Ammon. caustici, 30 Tropfen mit gleich viel Wasser (oder 1 : 4) in die Umgebung der Bißstelle gemacht; oder Kal. permang. 0,5 bis 1,0 : 100,0 mehrmals $\frac{1}{2}$ ccm in in der Nähe der Wunde. Chlorkalklösung 1 : 60, davon 0,5 um die Wunde subkutan eingespritzt oder unterchlorigsaures Natronwasser (Dakin-Carell-Lösung) 10 ccm. Serum nach Calmette (oder Glyzerinabreibung aus der Leber und Gallenblase der betreffenden Schlangenart bereitet), subkutan injiziert, soll noch $1\frac{1}{2}$ Stunden nach dem Bisse wirken.

Wie verhält sich das Gift im Magen und Mund?

Vom Magen und Mund aus ist es nicht resorbierbar, kann daher ohne Gefahr ausgesogen werden; die Mundschleimhaut darf allerdings keine Verletzung haben.

Hundswut, Wasserscheu, Tollwut, Lyssa humana, Rabies.

Was versteht man unter Hundswut?

Eine durch Inokulation des Giftes der Hundswut entstehende Cerebrospinalneurose.

Welcher Natur ist das Gift?

Einen Krankheitserreger hat man noch nicht züchten können; nach Pasteur ist das Gift der Lyssa ein parasitäres.

Wie verbreitet sich das Gift im Körper?

Es ist hauptsächlich in den Speicheldrüsen des tollwütigen Tieres, in der Bißwunde und -narbe lokalisiert und verbreitet sich wahrscheinlich auf dem Weg der nervösen Bahnen zum Zentralnervensystem (Medulla oblongata), vielleicht ähnlich durch Toxinfernwirkung wie beim Tatanus.

Durch welche Tiere können Hundswutbisse verursacht werden?

Durch Hunde, Katzen, Wölfe, Füchse, Pferde, in erster Linie ist die Hundswut eine Erkrankung des Hundegeschlechts.

Welche Arten von Wut unterscheidet man beim Hunde?

1. Die stille Wut.
2. Die rasende Wut.

Wie äußert sich die stille Wut?

In Veränderungen des Temperaments; verschlucken unverdaulicher Gegenstände; schneller Tod durch Lähmung.

Wie ist die rasende Wut charakterisiert?

Der Hund ist scheu und beißt jeden, der ihm zu nahe kommt, er äußert geringe Freßlust, große Unruhe, hat Schlingbeschwerden.

Welchen Befund liefert die Sektion?

Am sezierten Hunde findet man Myelitis (Rückenmarksentzündung, diffuse Entzündung der grauen und weißen Substanz), Entzündungen des Bindegewebes, im Darm Ekchymosen (= unregelmäßige, doch deutlich begrenzte rote oder braunrote Flecke der Schleimhaut, durch ausgetretenes Blut hervorgerufen) infolge der Aufnahme unverdaulicher Gegenstände.

Wie wird die Wut auf den Menschen übertragen?

Beißt ein solcher Hund einen Menschen, so wird mit dem Speichel das Wutgift eingeimpft. Indessen erkrankt nicht jeder gebissene Mensch an Lyssa, nach einigen Beobachtern sogar nur ein gewisser Prozentsatz (zwischen 30 und 5). Wahrscheinlich hängt dies davon ab, ob nach mehrfachen Bissen auch noch infektiöser Speichel mit eingeimpft wird, ähnlich wie der Biß einer Giftschlange ungefährlich sein kann, wenn diese durch mehrfache Bisse in Tuchlappen vorher ihr Gift verloren hat.

Welche Inkubationsdauer hat die Lyssa?

Die Inkubation (die Zeit, welche vom Moment der Ansteckung bis zum Ausbruch der ersten Symptome vergeht) kann bis zu 12 Monaten währen; in der Regel dauert sie von 6 Wochen bis zu 6 Monaten, im Durchschnitt bis zu 72 Tagen.

Welche Stadien unterscheidet man bei einem gebissenen Menschen?

1. Das Stadium melancholicum, Prodromalstadium: Schmerz in der Narbe, Widerwille gegen Flüssigkeiten, psychische Depression, Angstgefühl, an Verfolgungswahn grenzend; nur von kurzer Dauer, es folgt am 2. bis 4. Tage.

2. das Stadium irritationis = Reizstadium: Konvulsionen, Schlingkrämpfe, welche den Patienten am Trinken hindern und durch den Versuch hiezu hervorgerufen werden; die psychische Depression steigert sich ad maximum, absolute Schlaflosigkeit. Dauer bis zu 3 Tagen.

3. 2 bis 3 Tage nach Beginn der Krämpfe folgt das Stadium paralyticum mit Nachlaß der Erscheinungen, aber auch der physischen und psychischen Kräfte; bald darauf der Tod.

Temperatur bei Lyssa?

Gewöhnlich 38,5⁰; in der Irritation bis 40⁰, ähnlich wie im Delirium akutum.

Sektionsbefund?

Akute, diffuse Myelitis der grauen und weißen Substanz.

Prognose?

Bei ausgebrochener Wutkrankheit ist die Prognose schlecht, nur wenige Fälle werden geheilt.

Worin besteht die prophylaktische Therapie?

In einer Schutzimpfung nach Pasteur, die einzig allein ziemlich sicher hilft, wenn sie ähnlich der Tetanusschutzimpfung möglichst bald nach dem Biß ausgeführt wird. An den Universitäten Berlin, Breslau, Frankfurt wird in Instituten für Infektionskrankheiten die Impfung vorgenommen. Dorthin müssen alsbald Gebissene geschickt werden.

Wie wird die Schutzimpfung nach Pasteur ausgeführt?

Das Verfahren nach Pasteur gipfelt bei der langen Dauer der Inkubationszeit in der Immunisierung des Körpers mit systematischer Einverleibung von Wutgift, das allmählich in seiner Virulenz gesteigert wird, während der geimpfte Körper immer mehr Immunkörper bildet. Das Verfahren ist folgendes:

Ein geimpftes Kaninchen verendet an Lyssa; sein Rückenmark wird getrocknet, in sterilisierter Bouillon verrieben und eingespritzt. Die erste dem Patienten einzuverleibende Injektion erfolgt mit 14 Tage lang getrocknetem Rückenmark, die nächste mit 13, dann mit 12, 11 Tage usf. altem Rückenmark, bis endlich eine Emulsion von ganz giftigem, nur 3 Tage lang getrocknetem Mark einverleibt werden kann.

Wie ist die sonstige Therapie?

Sonst ist die Therapie sehr trostlos, daher liegt das Hauptgewicht in der Prophylaxe. In Ländern mit Hundesteuer sind die Wutbisse äußerst selten.

Die Wunde ist auszuschneiden, auszubrennen, am besten ist es, die gebissene Stelle kräftig auszusaugen, vorausgesetzt, daß am Munde des Saugenden keinerlei Einrisse oder Wunden vorhanden sind; an den Extremitäten soll man oberhalb der Bißstelle sofort eine Stunde lang abbinden und ausbluten lassen. Bei ausgebrochener Wut läßt man den Kranken abgesondert in absoluter Ruhe. Bei großer Schmerzhaftigkeit, bedeutender Unruhe gibt man Chloroform, Morphium oder Chloralhydrat.

Inwiefern kann psychische Behandlung nützen?

Wichtig ist die psychische Behandlung. Gebissene Menschen kann man sehr gut durch Zusprache beruhigen; zur Schau getragene Scheu wirkt auf den Kranken unangenehm und aufregend. Auch die prophylaktische Schutzimpfung wirkt nebenher psychisch beruhigend.

Anthrax, Milzbrand.

Wodurch wird Milzbrand verursacht?

Krankheitserreger ist der bacillus anthracis, entdeckt 1849; 5 bis 10 Mikromillimeter lange unbewegliche, kräftige Stäbchen, die oft zu langen Ketten aneinandergereiht sind; sie färben sich mit allen Anilinfarben, auch nach Gram[1]) (= Gram — positiv). Sie

---

[1]) Die Bakterien zerfallen ihrem färberischen Verhalten nach in zwei große Gruppen, in gram-positive und gram-negative, je nachdem sie bei Behandlung mit einem Anilinfarbstoffe und Jod, wobei sich Jod-Anilin Verbindungen bilden, diese so festhalten, daß spätere Entfärbung mit Alkohol erfolgreich ist = Gram-negativ, oder nicht = Gram-positiv Gram-positiv sind: viele saprophylische, nicht pathogene Mikroorganismen, der Staphylococcus pyogenes aureus, citreus und albus, der Streptococcus pyogenes, der Streptococcus erysipelatis, der Fränkel'sche Diplococcus der Pneumonie, der Milzbrandbazillus, Tuberkelbazillus, Tetanusbazillus, Leprabazillus. Gram-negativ sind: der Gonococcus, der Diphtheriebazillus, der Rotzbazillus, der Bazillus des malignen Ödem, der Kommabazillus der Cholera, das Obermeier'sche Spirillum der febris recurrens. Die Methode der Färbung nach Gram kann in Zweifelsfällen zur Differenzierung herangezogen werden.

bilden nur außerhalb des tierischen und menschlichen Körpers auf den verschiedensten Nährböden Dauersporen, die selbst bei Behandlung mit Hitze und Kälte sehr lange lebensfähig bleiben. Dieser Saprophyt (Bakterien, welche sich außerhalb lebender Organismen entwickeln) dringt nicht selten in den Tierkörper ein — fakultativer Parasit —, vermehrt sich darin rapide sowohl im Blute als auch in inneren Organen, besonders in den Nieren, Milz, Leber, Lunge. Die Hauptmasse findet man in den kleineren Blutgefäßen, namentlich den Kapillaren. Die Milz wird gleichmäßig durchsetzt, dunkel gefärbt und breiig erweicht; davon stammt auch die Bezeichnung Milzbrand.

Durch welche Tiere wird hauptsächlich Milzbrand übertragen?

Schaf, Rind, Schwein, Pferd.

Welche Gewerbe sind besonders gefährdet?

Schlächter, Abdecker, Schäfer, Gerber, Bürstenbinder, Hutmacher, Kürschner, Seiler, Lumpensammler, kurz alle, die mit milzbrandkranken Tieren oder deren Produkten zu tun haben können. Auch Ärzte, Tierärzte, Naturforscher sind durch Laboratoriumsarbeiten mit Milzbrandkulturen oft gefährdet.

Woraus wird die Diagnose Milzbrand gestellt?

Aus dem Nachweis der Milzbrandbazillen; sie sind enthalten im Erbrochenen und Stuhl, im Sputum, im Blut und in der pustula maligna anthracis, die sich als lokale Infektion, Milzbrandfurunkel, in der Haut bildet.

In welcher Form tritt der Milzbrand beim Menschen auf?

1. Als Anthrax acutissimus, endet letal innerhalb 24 Stunden·
2. Als Anthrax acutus von längerer Dauer.
3. Als Anthrax subacutus und heißt dann Milzbrandödem.

Auf welchem Wege dringt das Gift des Milzbrandes in den Körper ein?

1. Durch direkte Aufnahme des Giftes an einer verletzten Stelle, Wund-, Haut- oder Impfmilzbrand. Milzbrand kann auch durch den Stich von Insekten, die auf Milzbrandkadavern gesessen haben, übertragen werden. In diesem Falle hat man es mit der pustula maligna zu tun. Zuerst zeigt sich ein roter Fleck mit schwarzem Punkt. Dieser Fleck verwandelt sich in ein Knötchen mit kleiner, rötlicher oder bläulicher Blase, die sich allmählich vergrößert, platzt und verschorft. Um den Schorf entstehen senfkorngroße Bläschen, in der Umgebung entsteht eine starke ödömatöse Schwellung, die sich

rasch ausbreitet. Daran schließt sich Schwellnug der Lymphdrüsen und Lymphgefäße (Lymphangitis). Bei Aufnahme durch die Haut hat der Milzbrand die Tendenz, lokalisiert zu bleiben. Genesung ist nicht selten. Das Fieber kann mäßig hoch bleiben. Steigt das Fieber bis zu 41° C, so ist das ein prognostisch ungünstiges Zeichen: unter Delirien, Gliederschmerzen, Diarrhöen, Herzkollaps tritt der Tod ein.

2. Die zweite Möglichkeit der Übertragung ist der Genuß kranken Fleisches (Anthrax intestinalis); hiebei treten gewöhnlich die schwersten Allgemeinerscheinungen ein. Etwa 8 Stunden nach dem Fleischgenuß stürmisches Erbrechen und Diarrhöen mit Zyanose und raschem Kollaps unter Fieber und Frost.

3. Eine dritte Form entsteht durch die Aufnahme von Bakterien durch die Lungen beim Lumpenhandel, Zupfen von Schafwolle u. dgl.; sie führt ebenfalls zu schweren Allgemeinerscheinungen wie Nr. 2: Fieber, Erbrechen, große Mattigkeit; in 3 bis 6 Tagen meistens (70%) Tod an allgemeiner Infektion, Pneumonie.

Wodurch unterscheidet sich die Pustula maligna von einem gewöhnlichen Furunkel?

Die beiden Erkrankungen sind anfangs einander sehr ähnlich; aber die pustula maligna ist unempfindlich gegen Druck, die dunklere eingesunkene Mitte — der nekrotische Kern — ist unempfindlich gegen Nadelstich; bei Furunkel dagegen besteht große Empfindlichkeit, die Furunkelmitte neigt zu eitriger Einschmelzung, die Pustula maligna zeigt in der Mitte eine blutig seröse später schwarze Blase mit dunkelblauem gangränösem Hof.

Wie wird der Milzbrand behandelt?

Vor allem versuche man Exstirpation der erkrankten Stelle mit dem Glüheisen (Thermokauter) oder Ätzung mit dem Kalistift. Dieser wird mit Watte umwickelt und fest unter stetem Reiben aufgedrückt, bis die Härte des Kerns und seiner Umgebung eingeschmolzen, d. h. nicht mehr fühlbar ist und der Grund rötlich durch die bräunliche Ätzwirkung durchscheint (eine volle Minute reiben). Linderung des Schmerzes am besten durch Eisblase.

Ruhigstellung des betroffenen Gliedes. Sublimat tötet noch in großer Verdünnung die Bazillen des Milzbrandes (Umschläge). Injektionen mit Sublimat sind nicht sehr erfolgreich, weil sich Quecksilberalbuminate bilden; dagegen Einspritzungen von Jodtinktur, noch besser 1 bis 2proz. Karbolwasser in weitem Umkreis um den Karbunkel; dazu kommt noch Exstirpation aller geschwellten Lymphdrüsen der nächsten Etappe (z. B. der Ellenbeuge und der Achselhöhle), gründliches Auswaschen aller Wundnischen mit 5proz. Karbolwasser.

Versuche mit dem Sobernheimschen Serum sind günstig.

Pasteur versuchte bei gefährdeten Tieren Immunität zu erzielen durch Einspritzen von Milzbrandbazillen mit abgeschwächter
Virulenz (Erhitzen der Kulturen auf 42⁰). Die Erfolge sind gut.

Womit hat sich die Prophylaxe des Milzbrandes zu beschäftigen?

Mit der Verbrennung von Tieren, die an Milzbrand verendet
sind, und peinlichste weitgehendste Vernichtung allen milzbrand-
verdächtigen Materials.

Rotz, Wurm, Malleus.

Welche Form haben die Rotzbazillen?

Ihr Bau ist etwas stärker als der von Tuberkelbazillen.

Wo im Tierreich kommen die Rotzbazillen vor?

Ausschließlich bei den Einhufern.

Welche Erscheinungen verursachen die Rotz- oder Wurm-bazillen?

Sie verursachen Erscheinungen wie Gelenkrheumatismus.

In welchen Formen tritt die Infektion auf?

In einer akuten und in einer chronischen Form.

Welche Prognose hat die akute, welche die chronische Form?

Die akute Form hat 97% letale Ausgänge, die chronische
Form 50%.

Wie geschieht die Übertragung von Rotzbazillen auf den Men-schen?

Im allgemeinen ist der Mensch zur Aufnahme von Rotzbazillen
wenig disponiert. Die Übertragung geschieht so, daß Nasensekret
kranker Tiere in Wunden oder in den Mund gelangt.

Welche sind die klinischen Erscheinungen bei der Infektion mit Rotz?

Nach einer Inkubation von 3 bis 5 Tagen treten in der Nähe
der infizierten Wunden Knoten auf, die sich zu Geschwüren ausbilden und immer weiter um sich greifen. Dazu treten Abszesse
an anderen Orten auf, Schwellungen einzelner Gelenke und eitriger
Ausfluß aus der Nase: Milztumor, septisch-pyämischer Zustand, re-
und intermittierendes Fieber, oft Pneumonie, Tod.

Welche Erfolge verspricht die Therapie?

Von der Therapie ist nur etwas zu erwarten, wenn die Knoten gleich erkannt und exstirpiert werden. Die innere Therapie gibt wenig Aussicht auf Heilung.

Aktinomykosis, Strahlenpilzkrankheit,

Wodurch wird die Aktinomykosis verursacht?

Durch Strahlenpilze, gabelig verzweigte, strahlenförmig angeordnete Pilze, welche von Bollinger 1877 entdeckt wurden. Sie wandern durch Lunge, Mund und Intestinaltraktus ein. Beim Rind stellt die Erkrankung eine sarkomartige Geschwulstbildung am Ober- und Unterkiefer mit kolossaler Knochenwucherung dar. Beim Menschen verursacht der Pilz Schwellung der Kiefergegend oder ausgedehnte phlegmonöse Eiterung, metastatische Periostitis und Osteomyelitis der Rippen, schleichende Pleuritis oder chronische Peritonitis.

Wo kommen Strahlenpilze vor?

An den Grannen vieler Getreidearten und Gräser; von da aus gelangt der Pilz, wenn solche Grannen verschluckt werden, in kariöse Zähne, die Schleimhaut des Mundes usw. und bedingt so die Ansteckung.

Wie stellt sich das klinische Bild der Erkrankung an Aktinomykosis dar?

Vor allem bilden sich brettharte Infiltrationen, wulstartige Schwellungen, an einzelnen Stellen erweicht, mit Fisteln versehen; das Ganze ist von lividroter Haut bedeckt. Hauptsächlich finden sich Schwellungen der Kiefergegend usw.

Wie wird die Diagnose gestellt?

Aus der Neigung zum Weiterschreiten, zu Erweichung und Fistelbildung. Eiter oder Auswurf enthalten gelbweiße Körnchen, die aus Aktinomycesdrusen bestehen, Pilzgeflechte mit radiär auslaufenden kolbigen Verdickungen.

Therapie der Aktinomykosis?

Möglichst frühzeitige chirurgische Eingriffe und gründliche Exstirpation aller Herde; sind bereits Metastasen da, so ist die Prognose sehr schlecht auch bei chirurgischer Auskratzung.

Maul- und Klauenseuche.

Welches ist der Erreger?

Er ist noch nicht mit Sicherheit festgestellt.

Wie wird Maul- und Klauenseuche auf den Menschen übertragen?

Im ganzen selten, wird sie unter mildem Verlaufe übertragen durch den Genuß von Fleisch kranker Kühe; die Übertragung kann auch durch Wunden erfolgen.

Welches sind die klinischen Erscheinungen der Infektion mit Maul- und Klauenseuche?

Zuerst tritt Stomatitis auf, später ein Ausschlag wie Pemphigus über den ganzen Körper.

Welche Therapie ist einzuschlagen?

Die Behandlung besteht in, Ausspülen des Mundes mit antiseptischen Wässern, Bleiwasserumschläge, antiseptische Salben für die Pusteln am Körper.

Wundbehandlung.

Was verstehen wir unter antiseptischer Wundbehandlung?

Die fäulniswidrige Wundbehandlung. Der Deutsch-Österreicher Semmelweiß in Ofen-Pest später in Wien hat schon in den vierziger Jahren des vorigen Jahrhunderts eindringlich gelehrt und praktisch bewiesen, daß die Kontaktinfektion, die Berührung mit ungewaschenen Händen die Ursache des Wochenbettfiebers, des Wundfiebers ist.

Die Erfahrung hat ferner gelehrt, daß einerseits alle Zersetzungsvorgänge in der Wunde, die Fäulnis toter Gewebsteile und der Wundsekrete durch Infektion (Einwanderung von Bakterien von außen) veranlaßt wird, anderseits, daß dann diese Wundsekrete schwere Störungen und Schädigungen örtlicher und allgemeiner Natur hervorzurufen geeignet sind. So ging seit langem das Streben darauf, diese Zersetzungsvorgänge in der Wunde zu verhüten. Da wir alle fauligen Zersetzungsprodukte als septische Stoffe bezeichnen, so wird diese Wundbehandlung als antiseptische Methode bezeichnet. Sie hat zum Ziel, daß die normalen Wundsekrete sich nicht ansammeln, sich nicht zersetzen und nicht zur Resorption gelangen können, sodaß ein reaktionsloser Verlauf der Wundheilung zu erreichen ist.

Fußend auf der Entdeckung der kleinsten einzelligen pflanzlichen Lebewesen durch Schwann und Schleiden, sowie auf den Versuchen Pasteurs über die Zersetzung, Gärung tierischer Flüssigkeiten durch Spaltpilze, versuchte zuerst 1867 der englische Chirurg Lister die Wundzersetzung durch ein antiseptisches Mittel, die Karbolsäure, zu verhindern, schützte die Wunde durch Auflegen von Karbolgaze vor dem Eindringen der Spaltpilze (Bakterien) und suchte die Krankheitserreger, wenn sie bereits in die Wunde gelangt waren, durch 1- bis 5proz. Karbolwasser zu vernichten. In seinem Vaterlande begegnete Lister wenig Verständnis. Da war es die deutsche Chirurgie, die zuerst die Listersche Methode nachgeprüft und das ursprünglich doch nur empirische Verfahren auf feste wissenschaftliche Grundlagen gestellt hat. Hauptsächlich v. Bergmann und seine Schüler bauten dieses antiseptische Operationsverfahren weiter aus durch Anwendung des $^1/_{10}{}^0/_0$ Sublimatwassers, der 10proz. Sublimatgaze in den achtziger Jahren des vergangenen Jahrhunderts. Weiterhin wurden zu diesem Zwecke bei Operationen die Hände und Instrumente nach gründlicher Seifenwaschung mit Karbolsäure benetzt, die Verbandstoffe mit Karbol, später mit Sublimat durchtränkt zur Beseitigung der Kontaktinfektion; es wurde während der Operation die Luft mittels eines Sprays mit Karbolnebel erfüllt, um auch die Bakterien der Luft auszuschalten (nach Lister). Später allerdings lernte man, daß die Luftinfektion unwesentlich ist, daß Karbol und Sublimat auch starke Gifte für die Körperzellen sind.

Haben nur zersetzte Wundprodukte entzündungs- und fiebererregende (phlogogene und pyrogene) Eigenschaften?

Nein; auch die chemische Zersetzung der Eiweißkörper ohne Zutun organischer Wesen (Bakterien) vermag in dieser Richtung zu wirken; doch sind die Erscheinungen hiebei, wenn auch mitunter lokal und allgemein heftiger, meist nur von kurzer Dauer und geringerem Einfluß.

Auf welche Weise suchte man den Zielen der antiseptischen Wundbehandlung näherzukommen?

1. durch offene Wundbehandlung.
2. durch den antiseptischen Okklusionsverband.

Welche Erfahrungen veranlaßten die offene Wundbehandlung?

Je günstiger der Abfluß der Wundsekrete gleich nach ihrer Bildung sich gestaltete, desto geringer war die Gefahr einer Ansammlung, Zersetzung und Resorption. Deshalb legte man die ganze Wundfläche möglichst breit frei. Weiter wurde zum Ausbau dieser

Methode die Erfahrung herangezogen, daß tierische Substanz desto leichter vor Fäulnis bewahrt bleibt, je mehr sie der Einwirkung der atmosphärischen Luft und dem Lichte ausgesetzt wird, weil sie an der Luft austrocknet oder wenigstens das Wundsekret eingedickt wird und dadurch die faulige Zersetzung vermieden werden kann.

Wie wurde die offene Wundbehandlung durchgeführt?

Beide Zwecke verfolgten die offene Wundbehandlung, z. B. nach Amputationen verwertet: Die Wunde wurde breit offengehalten und auf jede Bedeckung verzichtet. Jeden Tag wurde mit Wasser abgespült und die etwaigen Verklebungen zur Verhütung von Ansammlung der Wundsekrete mit dem Finger gelöst (alte Methode). Zuerst konsequent durchgeführt anfangs des Jahrhunderts von dem Wiener Chirurgen Vinzenz v. Kern, wurde sie später wieder aufgenommen von Bartscher, Burrow u a. Im Weltkrieg hat sie zufriedenstellende Erfolge gezeitigt. Allerdings hat man das Lösen der Verklebungen wegen der Infektionsgefahr einer frischblutenden Wunde aufgegeben, die Eiterkrustenbildung durch zeitweise Berieselungen, nächtlich feucht-ant'septische Umschläge zu beheben verstanden.

Was versteht man unter antiseptischem Okklusionsverband?

Dasselbe Ziel, Verhinderung der Ansammlung, Zersetzung und Resorption der Wundsekrete, wurde später auf ganz verschiedenem Wege zu erreichen gesucht.

Bei möglichst sorgfältiger Vereinigung der Wundflächen suchte man die Wunde so weit als möglich vor Berührung mit unreinem Stoffen, Staub und damit vor Fäulniskeimen zu bewahren und die Bedingungen für eine Zersetzung innerhalb des Verbandes aufzuheben.

Zu diesem Zwecke wurde angewendet 1. sorgfältige Reinigung der Wunde und Vernichtung der organischen Keime dadurch, daß man sie mit chemischen Substanzen in Berührung brachte, die ihre Lebens- und Entwicklungsfähigkeit zu vernichten geeignet waren (Desinfektionsmittel), also antiseptische Eigenschaften hatten.

2. Drainage der Wunde; sie bezweckt durch eingelegte Gummiröhren für rasche Abfuhr der Wundsekrete zu sorgen und dadurch das Wundgebiet, namentlich bei Höhlenwunden, möglichst trocken zu halten. Um die Mitte des 18. Jahrhunderts verwandte der englische Chirurg Bell zu diesem Zwecke Bleiröhren, der Franzose Cassaignac gebrauchte Kautschukröhrchen; eingelegte Leinwandstreifen zur Ableitung der Wundsekrete werden schon von Abulkasis (arabischer Chirurg und Schriftsteller, gest. 1106) erwähnt.

3. Genaue Vereinigung und Kompression; sie wird durch Verband und geeignete Bindengänge erzielt; die Wunde selbst wird mit antiseptischen Verbandstoffen bedeckt, welche die Aufgabe haben, die Wundabsonderung gut aufzusaugen, durch beigegebene antiseptische Stoffe vor Zersetzung zu bewahren und Schädlichkeiten von außen abzuhalten.

Wer hat die Methode des antiseptischen Okklusionsverbandes eingeführt und ausgebaut?

Ebenffalls der Chirurg Jos. Lister (Professor der Chirurgie in London), nach dem das antiseptische Verfahren in der Wundbehandlung auch benannt wird.

Lister legte auf die frisch operierte Wunde einen dünnen schmalen Streifen feinsten Seidengewebes (Silk protektiv), der wasserdicht und glatt gemacht vorher in Karbolwasser desinfiziert war. Darüber kamen in weiter Ausdehnung Grüllgaze, dann 7 Lagen glatter Gaze, die alle mit Karbol und Terpentinharz imprägniert waren. Zwischen die oberste und vorletzte Gazelage wurde ein wasserdichter Wachstuchstoff (Makintosh); das Ganze wurde mit Karbol-Terpentinbinden angewickelt.

Wie suchte man den Listerschen Verband zu vereinfachen und zu vervollkommnen?

Durch Herstellung von sogenannten Dauerverbänden (Sublimatverband von v. Bergmann, Nußbaum). Die Wundränder wurden durch antiseptische Sublimatseide, Katgut (resorbierbar) möglichst miteinander in Berührung gebracht, darüber kamen dicke Polsterverbände aus gut aufsaugendem Material, das mit einem Antiseptikum versetzt war (Karbol, Jodoform, Sublimat usw.); darüber etwas Watte und Bindeneinwicklung.

Welche Verbesserung erfuhr hierauf die Wundbehandlung?

P. v. Bruns (Professor in Tübingen) legte bei der antiseptischen Wundbehandlung hauptsächlich Wert auf die Austrocknung. Die Erfahrung lehrt, daß organische Keime zu ihrer Entwicklung Feuchtigkeit benötigen, ohne eine solche aber selbst auf geeignetem Nährboden (Wundsekrete) nicht zu vegetieren vermögen. Deshalb hat Bruns Dauerverbände hergestellt, bei denen er die undurchdringliche Hülle wegließ, um eine Verdunstung der flüssigen Bestandteile und dadurch Trockenwerden des Verbandes zn ermöglichen. Er hatte auf die Wunde eine dünne Lage antiseptischer Gaze gedeckt mit entfetteter Watte. Diese nach ihm benannte Watte ist hygroskopisch und saugt Flüssigkeit leicht auf.

Welche Substanzen wurden zum Desinfizieren benutzt?

Zuerst Karbolsäure 2 bis 5% (Lister). Da bald die schädlichen Nebenwirkungen zutage traten (Ätzwirkung, bei Resorption Vergiftungserscheinungen), suchte man nach anderen Mitteln: z. B. Salizylsäure (Thiersch), Thymol (Billroth), Sublimat (v. Bergmann), Jodoform (v. Mosetig), Wismutoxyd, Quecksilberoxyzyanat (Kocher)

Hat die antiseptische Wundbehandlung dauernd ihren Platz behaupten können?

Nein, denn man machte die Erfahrung, daß die meisten und gerade die wirksamsten Antiseptika unerwünschte Nebenerscheinungen haben, die teils durch Ätzwirkung, teils durch Vergiftungserscheinungen Gewebe und Leben bedrohen.

Die antiseptische Wundbehandlung wurde durch die von v. Bergmann eingeführte aseptische Wundbehandlung fast vollständig verdrängt.

Welche Grundsätze verfolgt die aseptische Wundbehandlung?

Sie verzichtet auf die Anwendung von antiseptischen Mitteln und wendet an deren Stelle die mechanische Reinigung und die physikalische Sterilisation an. (Im praktischen Leben hatte man längst den Nutzen der physikalischen Sterilisation kennengelernt und verwertet beim Konservieren von Fleisch, Obst usw. Zu diesem Zwecke tötete man die Keime durch Erhitzen ab, anderseits wurden die aufzubewahrenden Gefäße sorglich verschlossen, so daß ein neues Eindringen von Fäulniserregern ausgeschlossen war.)

Wie heißt man diese Richtung der Neuzeit?

Die Asepsis; ihre Ausführung die Aseptik, die aseptische Wundbehandlung.

Wo findet die aseptische Wundbehandlung vor allem Anwendung?

Bei Operationen, bei denen wir in der Lage sind, allen Bedingungen vorzubeugen, durch welche eine Infektion in die zu setzende Wunde hineingetragen werden könnte.

Was ist dazu notwendig?

Keimfreimachung des Operationsfeldes, Keimfreimachung der Hände des Chirurgen und aller bei der Operation gebrauchten und mit der Wunde in Berührung kommenden Utensilien (Instrumente, Verbandstoffe, Nahtmaterial usw.).

Wie wird das Operationsfeld keimfrei gemacht?

Zuerst rasieren; dann Reinigung mit Warmwasser und Seife (ev. Äther. Benzin, Alkohol); dann ein Anstrich mit Jodtinktur. Grossich hat gezeigt, daß trockenes Rasieren, dann Reinigen mit Benzin, alsdann ein ausgedehnter, ausgiebiger einmaliger Anstrich mit 5—10% Jodtinktur die Haut des Operationsfeldes sicherer desinfiziert als alles Waschen und Bürsten. Das Jod schlägt sich, alle Stoffe fixierend, in den tiefen Epidermisschichten sofort nieder.

Die Jodtinktur hat auf der Haut desinfizierende und gerbende Wirkung; auf eine Wunde gebracht entwickelt sie chemotaktische (anziehende) Wirkung auf die Leukozyten und Gewebszellen, wodurch der Heilungsprozeß begünstigt wird.

Wie werden die Hände des Operateurs keimfrei gemacht?

Nach Fürbringer: Waschen der Hände, Vorderarme und Ellenbogen mit heißem Wasser, Seife und Bürste 10 Minuten lang; hierauf Waschung in 70 bis 80$_0$/^{0} Alkohol mit Bürste oder Gaze; zum Schluß Bearbeiten der Hände mit Sublimat 1 : 1000.

Nach neueren Erfahrungen kann dies Verfahrre vereinfacht werden: Warmwasserseifenwaschung der Hände und Vorderarme mit gut schäumender Waschseife (Schmierseife) unter Benützung einer weichen frischgekochten Bürste für 5 Minuten, Kürzen und Reinigen der Nägel, Desinfektion der Hände für 5 Minuten in Alkohol dilutus. Durch zu langes, scharfes Bürsten leiden die Hände Schaden.

Wie weit wird hiedurch Keimfreiheit der Hände erzielt?

Die tieferen Schichten der Haut, die noch Bakterien beherbergen, bleiben dadurch unbeeinflußt. Aus diesen können mit der Zeit Bakterien an die Oberfläche gelangen, so daß öftere Desinfizierung der Hände notwendig wird.

Nach Ahlfeld: Von der Erkenntnis ausgehend, daß die tieferen Schichten doch nicht erreicht werden können, verzichtet Ahlfeld auf die umständliche Fürbringersche Methode und unterzieht ausschließlich die oberen Schichten einer energischen Behandlung: 5 Minuten langes Waschen mit 96proz. Alkohol.

Wie suchte man der Unmöglichkeit, die Hände keimfrei zu bekommen, beizukommen?

Durch Benützung von durchlässigen (Zwirn-)Handschuhen (v. Mikulicz) oder Gummihandschuhen (Zoege-Manteuffel), die durch Hitze zuverlässig sterilisiert werden können. Sie werden trocken über die eingepuderten Hände gezogen. Außerdem empfiehlt es sich, die Wunden nicht mit den Fingern, sondern nur mit natürlich sterilisierten Instrumenten zu berühren.

Wie werden Operationsmäntel, Tücher, Verbandstoffe usw. sterilisiert?

Durch kochendes Wasser, strömenden und gespannten Wasserdampf, trockene Hitze, am besten in geeigneten Apparaten (Blechtrommeln, Dampfkesseln, Autoklaven usw.).

Wie werden die Glas-, Metallinstrumente sterilisiert?

Durch Kochen (10 Minuten) in 1proz. Sodalösung, weil hierin die Instrumente nicht rosten und am besten von allenfalls anhaftenden Fett- und Schmutzteilchen befreit werden. Die ausgekochten Instrumente werden trocken verwendet. Messer kommen in Alkohol, da sie durch Kochen und Erhitzen die Schneide einbüßen. Andere Instrumente aus Holz, Bein usw., die das Kochen nicht aushalten, werden mindestens $\frac{1}{4}$ Stunde lang in 3proz. Karbol- oder Lysoformwasser gelegt.

Wie wird das Nahtmaterial sterilisiert?

Dieses ist heutzutage keimfrei fertig zu beziehen, entweder trocken in keimfreier staubdichter Packung, vorher in strömendem Wasserdampf unter mehr als einem Atmosphärendruck sterilisiert, außerdem noch mit Jod, Kumol usw. antiseptisch durchtränkt; oder in Glasröhren keimfrei mit Alkohol, Jod, Benzin usw. aufbewahrt.

Nähseide kann durch Kochen ($\frac{1}{4}$ Stunde) in $1^0/_{00}$ Sublimatwasser sofort jederzeit frisch steril hergestellt werden.

Welche Maßnahmen sind für die Durchführung der aseptischen Wundbehandlung noch notwendig?

Der Gebrauch der Mundmasken (v. Mikulicz) während der Operation, um das Hineingelangen von Keimen in die Wunde durch die Atemluft z. B. beim Husten, Sprechen zu verhüten.

Ausführung der septischen und aseptischen Operationen in getrennten Operationssälen.

Grundsätzlich Vermeidung der Berührung von fauligen eitrigen Gegenständen, Leichen usw. überhaupt.

Welche Hilfsmittel unterstützen das Streben nach aseptischen Verhältnissen noch wesentlich?

1. Glatte Schnitte, um ein glattes Aneinanderlegen der Wundflächen zu ermöglichen, da aseptische Operationswunden unbedenklich genäht werden können. Genaue Diagnose und günstigster Zugang zum Operationsgebiet zur Gestaltung einfachster Wundverhältnisse.

2. Schnelles, aber sicheres Operieren, um durch Abkürzen der Zeit die Wahrscheinlichkeit einer Außeninfektion zu verringern.

3. Gute und saubere Blutstillung ohne Quetschung des Gewebes, ev. 1 bis 2 Tage lang Drainage, um Ansammlung von Blut in der Wundhöhle zu verhindern; Drainage ist auch sonst noch angezeigt bei nicht einwandfrei reinen Wunden oder solchen mit stark gequetschten Partien. Fingerloses Operieren, möglichst wenig Fingerberührung der Wunde, nur mit Instrumenten arbeiten.

4. Gute Disziplin aller bei der Operation beschäftigten Personen.

5. Gute Bettlagerung der Kranken, Hochlagerung des operierten Körperteils, Diät.

6. Schmerzbekämpfung, um die für den Kranken nötige Ruhe zu gewährleisten; Ruhe ist zum Wundheilen nötig.

Ist bei aller Sorgfalt absolute Sterilität möglich?

Nein, weil aus den Hautdrüsen immer wieder Keime einwandern können; aber die Erfahrung lehrt, daß wir bei günstigen Außenverhältnissen ohne jede Infektionsgefahr mit fast absoluter Sicherheit Operationen ausführen können, weil das gesunde Blut mit einer geringen Menge Keime fertig wird (Phagozytose, natürliche Schutzstoffe), und weil die von den Hautdrüsen während der Operation noch zuwandernden Keime gewöhnlich nicht virulent sind.

Das Resultat davon?

Ein reaktionsloser, aseptischer Wundverlauf und Heilung in kürzester Zeit.

Was sollte bei jeder Wunde angestrebt werden?

Die Heilung per primam ohne Störung der natürlichen Gewebsregeneration und -reparation des Körpers selbst.

Was setzt die Heilung per primam voraus?

Jede Blutung muß genau gestillt, die Wundränder müssen genau vereinigt, das vereinigte Gewebe lebensfähig und gut ernährt sein, die Wunde muß unbedingt rein bleiben; gequetschte, blutunterlaufene, mit Gewebstrümmern ausgefüllte, verunreinigte, mit der äußeren Haut eingestülpte Wundränder heilen nicht.

Welches ist die häufigst vorkommende Infektion bei Wunden?

Die Kontaktinfektion: Durch Berührung der Wunde mit unreinen Instrumenten, Händen usw. Auf diesem Wege entstehen die meisten septischen Erkrankungen.

Schon Ignaz Semmelweiß, Professor der Chirurgie, Lehrer der Hebammeschule in Ofen-Pest, später in Wien, erkannte diese Infektionsquelle und ihm gebührt das Verdienst als Erster dagegen angekämpft zu haben. 1847 stellt er seine bekannteTheorie von der Entstehung des Kindbettfiebers durch Resorption zersetzter tierischer Stoffe auf, verlangte zur Prophylaxis des Kindbettfiebers Händedesinfektion vor jeder Untersuchung der Schwangeren, Kreißenden und Wöchnerinnen und wurde dadurch trotz anfänglichen heftigen Widerstandes von seiten seiner Fachkollegen (Siebold, Scanzoni u. a.) ein Wohltäter der Menschheit in des Wortes edelster Bedeutung. Er ist der eigentliche Begründer der antiseptischen und aseptischen Wundbehandlung,

Welches sind die allgemeinen Aufgaben einer jeden Wundbehandlung?

In erster Linie muß der gute, rasche Abfluß der Wundflüssigkeit nach dem tiefsten Punkt hin gewährleistet sein und stets freibleiben. Es dürfen in einer Wunde keine Nischen oder tote Hohlräume entstehen, im Gegenteil muß man Kontrainzisionen machen, um für den Abfluß des Wundsekretes zu sorgen (gute Wunddrainage auf dem kürzesten Wege nach außen). Dann muß für die Wunde unbedingte Ruhe durch Schienung, Hochlagerung bewahrt werden, alle mechanischen und chemischen Reize müssen von der Wunde ferngehalten und Kontaktinfektion von außen abgehalten werden nach dem Grundsatz Listers: »Man lasse die Wunde allein«.

Was muß der Behandlung einer frischen Schnitt- oder Rißwunde vorausgehen?

Die peinliche Reinigung der Umgebung, damit nicht schädliche Keime von der benachbarten Haut in die Wunde gelangen und sie infizieren können.

Wie wird diese Behandlung ausgeführt?

Rasieren; Abwaschen mit Spiritus und dann mit Sublimat 1 : 1000, Lysoform oder Kresolseifenlösung; man kann auch die Umgebung der Wunde mittels aseptischer Gaze mit Benzol oder Benzin reinigen und dann in weitem Umkreis mit einem Anstrich von 5—10 proz. Jodtinktur versehen. Gequetschte Wundränder werden mit sterilisierten Instrumenten zugeschnitten, geglättet, größere blutende Gefäße aseptisch unterbunden, die Hautränder nach aseptischer Naht etwa durchschnittener Sehnen oder Nerven (Funktionsprüfung!) durch einige aseptische Situationsnähte einander genähert. Auf die Wunde selbst kommen zum Schlusse einige Lagen trockener aseptischer sterilisierter Gaze, die allenfalls mit einem antiseptischen Bismut- oder Jodpräparat (Bismuth. subgallicum, Airol, Vioform, Jodoform) imprägniert ist, als Schutzdecke über das Ganze zum Aufsaugen der Wundflüssigkeit Zellstoff, weiße, entfettete Watte. Durch mäßig festes Anwickeln dieses Schutzverbandes, Hochlagerung stehen kleinere Blutungen. Für Ruhigstellung jeder größeren Wunde sorgt eine gepolsterte Schiene (Papphülse), die in die äußere Bindenlage mit eingewickelt wird.

Wie wird eine schon infizierte Wunde behandelt?

Man wird dafür Sorge tragen, daß die natürlichen Schutzkräfte des Körpers zur Überwindung und Beseitigung der Infektion in jeder Weise gesteigert werden. Diesen Kampf der Körperzellen gegen die eingedrungenen Bakterien unterstützt man durch die antiseptische Wundbehandlung: einen feuchten antiseptischen Umschlag (z. B. mit 60 proz. Alkohol), der das Wundsekret desinfiziert und zugleich hyperämisierend wirkt, durch Hochlagerung, die den Rückfluß des Blutes beschleunigt, durch Offenhalten der Wunde, um den Abfluß der schädlichen Wundausscheidung (Eiterabfluß) zu gewährleisten. Der feuchte Verband muß täglich gewechselt werden, darf nur wenig oder besser gar nicht mit einem undurchlässigen Stoff (Billrothbattist) oder gelber nicht entfetteter Watte bedeckt sein, weil in der feuchten Wärme die Keime besser gedeihen.

Welche Wundbehandlungsmethoden unterscheidet man auch heute?

1. Die offene Wundbehandlungsmethode.
2. Die Okklusionsmethode, den aseptischen oder antiseptischen Schutz-Deckverband.

Was erstrebt die offene Wundbehandlung (offene Wundbehandlung heutzutage)?

Sie sucht die Sekretbildung durch Verdunstung an der Luft und Einwirkung des Tageslichtes, besonders durch Sonnenbestrahlung zu vermindern, das Wundsekret einzudicken, dadurch das Wachstum der Spaltpilze zu hemmen, die Wunde zur Bildung von jungem Bindegewebe (Granulation) anzuregen, ferner den Abfluß des Wundsekretes (Eiters) zu erleichtern. Die Wunde selbst wird nur durch eine einfache Mullgazeschicht und Drahtnetz gegen äußere Verunreinigung (durch Fliegen usw.) geschützt, ruhig auf eine Schiene weich und hoch gelagert, das ablaufende Wundsekret in einem untergestellten Napf aufgefangen und dort durch Karbollösung usw. sofort desinfiziert. Diese Methode hat bei Verbandmangel namentlich im Kriege sich ausgezeichnet bewährt.

Welche Nachteile und Vorteile hat diese Methode?

Sie verzichtet dabei in vielen Fällen auf den primären Wundverschluß. Die Verwundeten sind nicht sofort transportfähig. Wunden, namentlich infizierte, heilen mit ihr sicherer von innen heraus, allerdings mit langsamer, ausgedehnter Vernarbung. Luft und Sonne regen die natürlichen Heilkräfte stark an.

Was ist die Heilung unter dem trockenen Schorf?

Eine aseptische Heilmethode, die unter dem trockenen Deckgazeverband sowohl, als auch bei der offenen Wundbehandlung eintritt, wenn die Wunde von vornherein rein ist oder sich bereits gereinigt hat. Das Wundsekret (flüssiges Eiweiß) trocknet vollkommen aseptisch ein zu einer festen Borke, unter der die zarte Überhäutung, Narbenbildung, erfolgt. Allerdings sind dicke Krusten einer in der Mitte und Tiefe noch granulierenden Wunde durch häufige Berieselung zu vermeiden. Diese Krusten sind gefährlich, da unter ihnen Eiterverhaltung eintreten und zur sekundären Infektion (Erysipel bei Wundknochenfisteln) führen kann. Nur eine ganz glatte, nicht mehr entzündete Wunde wird unter dem trockenen Schorf rasch vernarben. Die Trockenheit begünstigt die Asepsis.

Wo wird die Tamponade angewendet?

Bei Höhlenwunden und Körperhöhlen hauptsächlich zur Blutstillung (z. B. Gebärmutter). Zur Ableitung von Wundsekreten aus Wundwinkeln, Höhlenwunden verwendet man nur locker und zart bis zum tiefsten Punkt eingeführte schmale, womöglich gesäumte oder schlauchförmige Gazestreifen (Dochte), die antiseptisch (mit Airol, Vioform, Bismutsubgallat, Salol, Jodoform) imprägniert und sterilisiert sind. Sie dienen zum Ansaugen der Wundflüssigkeit ebenso wie Glas- oder Gummiröhren, Gaudafildrainagen oder Katgut- oder Seidenfadenbündel (kapillare Drainage).

Wie wird die Tamponade ausgeführt?

Ein glattes stumpfes Instrument, das sich nach vorn etwas verjüngt (z. B. Metallbougie, eine gekrümmte Schere, Myrtenblatt-, aber keine Knopfsonde), leitet einen schmalen, trockenen Gazestreifen, der nicht auffasert, antiseptisch imprägniert und sterilisiert ist, bis zum Grunde der Höhle, drückt ihn dort fest an und schiebt schichtenweise die weitere Länge des Streifens zur gleichen Stelle in die Tiefe, bis die ganze Höhle trichterförmig ausgefüllt, aber nicht an ihrem Eingang wie mit einem Pfropfen verstopft ist. In letzterem Falle würde sich die Wundflüssigkeit hinter dem Tampon stauen und zersetzen. Jedes Streifenende muß aus der Wunde herausschauen. Als Dauerantiseptikum, das auch mehrere Tage in der Wundhöhle bleiben kann, eignet sich am besten sterile Jodoformgaze, die zugleich blutstillend wirkt.

Die Gaze kann auch zur Blutstillung mit Ferripyrinpulver (einer Doppelverbindung zwischen Antipyrin und Ferrisesquichlorat) imprägniert sein, aber nicht mit Eisenchlorid, das ätzt und leicht verjauchenden Schorf bildet.

Es gibt auch eigene sondenförmige Tamponträger, die am konischen Ende eingekerbt sind, um den Gazestreifen an die tiefste Stelle der Wunde sicher zu führen und dort beim Zurückführen auch zu belassen. Geknöpfte Sonden nehmen den Tampon sehr leicht aus der Wunde beim Zurückziehen wieder mit.

Was versteht man unter permanenter Irrigation?

Vorrichtung zur ausgiebigen Bespülung von Wunden, Körperhöhlen usw. mit einem schwachen antiseptischen Wasserstrahl.

Wo ist diese besonders zu empfehlen?

Sie ist namentlich in Verbindung mit der offenen Wundbehandlung bei infizierten Wunden verwendbar (Berieselung mit warmer 0,9proz. physiologischer Kochsalzlösung, 1proz. Salizyl-Borsäurewasser, 0,5proz. Lösung von unterchlorigsaurem Natron (nach Dakin-Carell).

Welche Abart dieser Behandlung gibt es noch?

Die Behandlung mit dem kontinuierlichen Wasserbade.

Was versteht man unter Okklusionsverband?

Ein Okklusionsverband ist ein zur einfachen Verschließung oder Bedeckung dienender Verband, z. B. für das Auge, für Wunden zum Abschluß gegen Schädlichkeiten von außen (Schutz-Deckverband).

Wie wird der Schutzverband auf der Wunde befestigt?

Der feucht antiseptische Umschlag wird mit einem dreieckigen Tuch um den Körper angeschlungen oder mit Bindengängen, die den Körper von der Peripherie nach dem Rumpf (Herz) zu stetig einwickeln, befestigt; der trockene Verband wird entweder in gleicher Weise oder mit Heftpflasterstreifen festgemacht. Als flüssiges Heftpflaster verwendet man sehr häufig einen Anstrich von Terpentinharz, Kolophonium, Mastix, das in Benzol, Alkohol, Schwefeläther gelöst ist. Über die Wunde und den Harzanstrich wird, nachdem letzterer durch Verdunstung gut klebend geworden ist, ein Gazeschleier straff ausgespannt. Das Harz muß säurefrei sein, darf nicht in Chloroform gelöst werden, damit es nicht durch Verätzung Ekzem verursacht; es wirkt auch antiseptisch, doch darf die Wunde damit nicht zugeklebt werden wegen der Sekretverhaltung.

Kollodium empfiehlt sich nur im Notfall als Klebemittel, weil es ätzt, ein die Hautverdunstung behinderndes Deckhäutchen bildet.

Worauf zielt die antiseptische und aseptische Wundbehandlung ab?

Sie sucht das Einwandern von Bakterien in die Wunde zu verhindern durch:

1. Vollständige Desinfektion der Wundumgebung.
2. Vollständige Desinfektion aller Apparate, die mit der Wunde in Berührung kommen.

Womit werden die Gefäße unterbunden?

Mit antiseptisch und aseptisch präparierten Katgut- oder Seiden- oder Zwirnsfäden.

Welches ist die Haupteigenschaft des Katgut?

Es wird von den Körpersäften aufgelöst. Diese Ligatur kann also in das Körpergewebe versenkt werden, wenn sie aseptisch ist, reizt das Gewebe weniger wie Seide oder Zwirn, die nicht resorbiert werden, aber einheilen können, wenn sie aseptisch sind und bleiben.

Wo ist das Katgut von Vorteil?

Bei großen Wunden, in denen viele Unterbindungen gemacht werden müssen, wenn man eine prima reunio unter allen Umständen anstreben und jeden Entzündungsreiz soweit als möglich ausschalten will; aber auch bei wichtigen Unterbindungen bereits septisch infizierter Kranker (z. B. Oberschenkelamputationen wegen Sepsis), weil sich um die Katgutligaturknoten erfahrungsgemäß seltener Bakterien, die bereits im Blute zirkulieren, ansedeln, als um den nicht resorbierbaren Seidenknoten; bei diesen gibt es häufiger kleine Erweichungsabszesse und tödliche Nachblutung.

Wie wird das Katgut antiseptisch präpariert?

Der Dünndarm wird frischgeschlachteten Schafen möglichst rein (aseptisch) entnommen, seine Schleimhaut entfernt. Die gereinigte Darmhaut (serosa mit muscularis) wird durch antiseptische Lösungen zubereitet, das hieraus gewonnene Rohkatgut aseptisch getrocknet. Dieses wird mit Kaliseife gewaschen, 1 bis 2 Tage in eine Sublimatlösung 1 : 1000 oder Formalinlösung gelegt und in absolutem Alkohol aufbewahrt. Vor dem Gebrauch kann man es auch noch 48 Stunden in $1^0/_{00}$ Jodbenzin legen.

Es gibt auch trocken präpariertes Jodkatgut, Kumolkatgut, auch Wachholderöl ist verwendbar.

Schlecht aus faulen Därmen vorbereitetes Katgut kann durch Milzbrand-, Tetanus-, Gasödembazillen lebensgefährlich werden.

Welches ist der Ersatz für Katgut?

Die Seide und Zwirn.

Wie werden diese präpariert?

Sie werden in Wasser 1 Stunde lang gekocht und in Alkohol aufbewahrt. Es empfiehlt sich, sie noch einmal vor Gebrauch einige Minuten in $1^0/_{00}$ Sublimatwasser aufzukochen.

Was benutzt man am besten zum Aufsaugen von Wundprodukten?

Sterile oder antiseptische Gaze, Holzwolle und Sägemehl, die in Gazekissen eingenäht und sterilisiert sind; Torf und Moos in derselben Zubereitung, auch Zellstoffwatte als äußerste Deckschicht des Wundverbandes.

Was versteht man unter Drainage?

Das Einlegen von Röhrchen aus Metall, Glas oder Gummi mit kleinen seitlichen Öffnungen in Wundnischen, Knochenhöhlen, Abszesse, Phlegmonen am tiefsten Punkt zur Ermöglichung eines freien Abflusses der Wundsekrete. Auch dochtförmige Gazestreifen, mit Gaudafil umwickelt gegen die Wundverklebung, sind verwendbar.

Wie müssen die Drainageröhren aus Gummi beschaffen sein?

Man muß Material mit möglichst weitem Lumen anwenden, bei dem aber auch die Wandungen nicht zu dünn sein dürfen, damit die Drainagen nicht verstopft und zusammengedrückt werden können.

Wie muß die Drainage während des Heilverlaufes beim Verbandwechsel behandelt werden?

Jede Drainage muß bei jedem Verbandwechsel geprüft werden, ob sie gut sitzt, sich nicht in die Wunde verschlüpft. Bei großen tiefen Wundhöhlen (z. B. Pleuraempyem) näht man deshalb die Drainagen an die äußere Haut mit Seide an oder fixiert sie außen durch eine quergesteckte, mit Gaze umwickelte Sicherheitsnadel. Gazedochte müssen weit aus der Wunde herausschauen, werden ebenfalls fixiert. Mehrfach der Länge nach zusammengefaltete Gazestreifen sind deshalb gefährlich, weil ein Teil in der Wunde zurückbleiben kann (z. B. in der Achselhöhle bei Mammaamputation, in der Lebernische bei Gallenblasenexstirpation, im iugulum bei Kropfoperationen).

Ein Ausspülen der Drainage sowie einer Wunde überhaupt ist für gewöhnlich unnötig, reizt und schädigt die Wunde, desinfiziert sie keineswegs. Nur Verstopfung der Drainage ist mit einer vorsichtig eingeführten Sonde, kurzen Spülung zu beheben; dabei ist jede Blutung zu vermeiden.

Nimmt bei den folgenden Verbandwechseln die Wundsekretion stetig ab, ist der Kranke entfiebert, bilden sich frischrote Granulationen, so ist das Drainrohr rasch zu kürzen oder bald ganz wegzulassen. ebenso jeder Gazedocht. Eine Ausnahme bilden nur starre Höhlenwunden (Empyem der Highmorshöhle, der Pleura, alte Knochenschußkanäle); diese müssen längere Zeit offen erhalten werden, denn die äußere Haut, Schleimhaut hat das Bestreben, den Wundkanal von außen zu verengern, während die starre Innenwand zu Sekretverhaltungen die Veranlassung geben kann.

Wie kann man die Drainage ersetzen?

Durch große Lücken zwischen den lockeren Hautnähten, Umkrempelung eines Wundrandes und Befestigung mit einer Katgutnaht. Auch lang gelassene Katgutfäden von versenkten Nähten dienen als Kapillardrainage.

Welche Nachteile bringt die Behandlung mit Karbolsäure?

Die Karbolsäure wirkt ätzend und veranlaßt leicht Vergiftungen, sie wird von großen Wundflächen leicht resorbiert; auf der äußeren Haut verursacht sie Dermatitis, Ekzem.

Wo hat man besonders Karbolvergiftung zu gewärtigen?

Bei großen Wundhöhlen, tiefen Abszeßnischen. Man soll deshalb Wunden nie mit einem starken Antiseptikum, überhaupt möglichst wenig auswaschen, höchstens mit physiologischer $9^0/_{00}$ Kochsalzlösung oder Alkoholtupfern reinigen. Gefährlich können schon werden feuchte Umschläge mit 1- bis 2proz. Karbolwasser, unter denen sich nach einigen Stunden bereits trockener schwarzer Brand entwickeln kann, namentlich wenn der Umschlag wasserdicht abgedeckt war.

Wie äußert sich die Karbolvergiftung?

Der Harn hat olivgrüne bis schwarzbraune Farbe, zuweilen erst nach längerem Stehen an der Luft; Appetitlosigkeit, Brechneigung, Schwindel, nervöse Unruhe stellen sich ein. Bemerkt sei noch, daß sich dieselbe Farbenerscheinung bei Resorption von Hydrochinon und nach Eingabe von Fol. Uvae ursi. zeigt.

Wie wird die Karbolsäure im Urin nachgewiesen?

Mit Eisenchlorid gibt der Karbolharn eine Blauviolettfärbung. Die deutlichste Phenolreaktion ist aber diejenige mit Bromwasser, nach dessen Zusatz ein gelber Niederschlag von Tribromphenol entsteht.

Welche Antiseptika wirken noch besonders giftig?

In größerer Menge bei längerer Anwendung wirken sehr gefährlich toxisch: Sublimat und Jodoform. Ersteres durch blutige Diarrhöäen, Darmgeschwüre, letzteres durch manikalische Störnngen, Herzkollaps. Auch hier ist der Urin bei Intoxikationsverdacht zu untersuchen.

Antiseptika.

Was sind Antiseptika?

Chemische Stoffe, welche die Entwicklung der niedersten Tier- und Pflanzenorganismen — der Krankheitserreger — Bakterien — innerhalb und außerhalb des Körpers hemmen oder sie töten und damit die Infektions-, septischen und zymotischen (Gärungs-) Krankheiten verhüten oder hemmen, ohne die Körpergewebe wesentlich zu schädigen. Ihre Bedeutung liegt hauptsächlich in ihrer äußeren Anwendung, da sie mit sehr wenigen Ausnahmen (z. B. Chinin und Chininabkömmlinge, Salvarsan, die Anilinfarbstoffe) innerlich vom Organismus nicht in der genügenden Menge und Konzentration für eine erfolgreiche Anwendung vertragen werden.

Welcher Wert ist der keimtötenden und entwicklungshemmenden Kraft der Antiseptika bei der Wundbehandlung beizumessen?

Eine Abtötung der Keime in der Wunde findet nur in beschränktem Maße statt, der Hauptwert des antiseptischen Verbandes liegt jedenfalls in der keimhemmenden Wirkung des Antiseptikums, in der guten Ableitung und Aufsaugung der Wundausscheidungen.

Welches sind ältere und neuere Antiseptika?

Z. B. Acetum pyrolignosum; Acidum benzoicum, — boricum, — carbolicum, — salicylicum; Airol; Alcohol; Alumen; Alumin. acet.; Aqua chorata; Argentum lact., — nitricum; Aristol; Arsen; Bismutverbindungen; Calcaria chlorata; Camphora; Carbo (pulverisiert); Chinin; Chinosol; Chloroformwasser; Collargol; Creolin; Cupr. sulfuric.; Europhen; Eucalyptol; Ferrum sulfuric.; Formalin; Hydrargyrum chlorat. und bichlorat (Sublimat); Hydrochinon; Hydrogenium peroxydatum; Jod; Jodoform; Kal. chloric.,— permanganic., nitr.; Kaliseife; Kreosot, Lysol; Naphthol, Nosophen; Ozon; Plumb. acet; Protargol; Resorcin, Salol; Sozojodol, Tannin und andere Gerbstoff haltige Mittel, Terpentinöl, Thymol, Zucker, Anilinfarbstoffe, Chininabkömmlinge.

Welche Mittel wirken antiseptisch durch feinste Verteilung und Zerstäubung in der Luft?

Acid. sulfuros. (schweflige Säure — SO_2); Dämpfe des brennenden Schwefels ca. 4 g auf 1 cbm Luft. Calcaria chlorata: durch Übergießen mit Säuren wird Chlor (zum Zerstören übler Gerüche und Miasmen) frei; Formalin, aber nur bei Anwesenheit von Wasserdampf; und andere. (Siehe auch Seite 107.)

Anwendung der Borsäure?

Borsäure ist ein schwaches, aber gegen Krankheitskeime sehr wirksames Antiseptikum, das die Körperzellen wenig schädigt, nur milde reizt. Seine weiß glänzenden Kristallschuppen sind löslich in heißem Wasser bis zu höchstens 3%; durch Zusatz von Alkohol oder Glyzerin kann man mehr Borsäure in Lösung halten. Es wird benutzt bei Wunden, zum Gurgeln bei Anginen, Tonsillitis usw. (Borsalbe 1 : 10, Borlint).

Anwendung der Salizylsäure?

Salizylsäure, der vorigen in Wirkung sehr ähnlich, bildet weiße Kristallnadeln, ist in kaltem Wasser 1 : 600, in warmem Wasser 1 : 300 löslich. 1 g Salizylsäure + 6 g Borsäure + 700 Wasser gibt eine vorzügliche nicht giftige Lösung, sehr geeignet für Irrigationen, permanente Bäder (z. B. bei Verbrennungen), zu Blasenspülungen. Die farblose Lösung kann man der Unterscheidung wegen schön lila färben mit einigen Tropfen Eisenchloridlösung.

Salizylsäure ist auch ein Epidermis lockerndes Mittel gegen Hühneraugen, Warzen, Schwielen usw., namentlich in konzentrierter Form gedeckt mit Guttapercha, auch gelöst in Kollodium.

Sie eignet sich wie Borsäure zu antiseptischen Salben (1%).

Anwendung von Thymol?

Thymol in Wasser nur schwer löslich 1 : 1000; mit Alkoholzusatz kann man auch Lösungen 1 : 500 herstellen; es ist nicht giftig, weshalb man das Thymolöl (1 : 100) bei ausgedehnten Brandwunden verwendet; es eignet sich auch als leichtes Antiseptikum.

Anwendung von Chlorzink?

Chlorzink wird als kräftiges, verschorfendes Antiseptikum in 10 proz. wässeriger Lösung verwendet, um septische, diphtheritische Belege auf Wunden zu vernichten. Die verätzten Schleimhautflächen stoßen sich rasch ab unter Bildung guter Granulationen,

Anwendung von Alumin. acetic.?

Wässerige, essigsaure Tonerdelösung, offizinell 8 proz. als Liqu. Aluminii acetici, wovon man eine 2 proz. Lösung anwendet, ist ein vorzügliches Verbandwasser und eine vorzügliche Spülflüssigkeit. Zweckmäßiger aber ist Aluminium acetico-tartarikum, Alsol, ein ungiftiges, gut wirkendes Antiseptikum, zur Wundbehandlung 1 bis 2%; macht keine Flecken, greift Gummischläuche nicht an (Liquor Alsoli, in neuester Zeit auch in fester Form als Tabletten gebräuchlich).

Wie wird Bleiessig verwendet?

Als leichtes Antiseptikum verdünnt mit Wasser zu kalten und warmen Umschlägen auf Quetschwunden mit Blutergüssen, Gelenkschwellungen.

Die Burrowsche Lösung ist eine Mischung von essigsaurer Tonerde mit Bleiessig, ein ganz vorzügliches Antiseptikum mit adstringierender, entzündungswidriger Wirkung; ähnlich das Goulardsche Wasser: eine Mischung von Bleiessig, Wasser und Alkohol zu gleichen Teilen.

Welche Wirkung hat der Alkohol äußerlich auf Wunden?

Eine stark antiseptische, entzündungswidrige; feuchtwarme, mit mehrfach durchlochtem, wasserdichtem Stoff (Billroth-Battist) bedeckte Umschläge mit 60 proz. Alkohol (oder billiger und ebenso wirksam mit Alkohol dilutus) wirken auch hyperämisierend und schon dadurch entzündungshemmend. Sie müssen täglich gewechselt werden, an den Rändern der aufliegenden Gaze ist die Haut einzufetten, damit durch den Alkohol keine Brandblasen entstehen. Diese Alkoholverbände sind auch feuergefährlich.

Anwendung von Kreolin?

Mit Vorteil verwendbar bei stinkenden septischen Wunden, auch bei Mundfäule in Lösungen von 1 bis 2%, wirkt gut desodorisierend, ist ungiftig.

Wie verwendet man Chlorkalk?

Als kräftiges Antiseptikum in Lösung mit Wasser verdünnt, ganz ähnlich wie Kreolin, da es zugleich jeden schlechten Geruch nimmt, z. B.: Zu Umschlägen auf überriechende Beingeschwüre usw. Man stellt aus ihm frische, unterchlorigsaure Natronlösung her, die in verdünnter Lösung, z. B. zu 0,5%, als ein sehr kräftiges Antiseptikum bei septischen Wunden (z. B. Gasbrand) im Kriege sich außerordentlich bewährt hat, ohne die Wunde zu reizen, die Körperzellen zu schädigen. Nach Carell-Dakin gibt man zu 130 g Chlorkalk 10 l Wasser, unter mehrfachem Umschütteln läßt man dies Gemisch mehrere Stunden stehen, dann absitzen. Das Filtrat, das etwa 0,5 proz. unterchlorigsaures Natron und 0,9 proz. Chlornatrium (also physiologische Kochsalzlösung) enthält, wird mit 30 g Borsäure neutralisiert; als Indikator dienen einige Tropfen einer alkoholischen Lösung von Phenolphthalein, das durch Farbenwechsel die Abstumpfung des freien Chlors andeutet (siehe Fessler, Münch. med. Wochenschrift Sommer 1922 und Sommer 1916).

Was ist Jodoform und wie wirkt es?

Eine organische Jodverbindung mit Kohlenwasserstoff, die 96% Jod enthält und unter dem Einfluß der Wundsekrete andauernd geringe Mengen Jod abgibt. Diese wirken bakterienhemmend, zerstören deren giftige Ausscheidungen und reizen das Körpergewebe zu gesunder Granulation, Bildung von jungem Bindegewebe. Es wird aber auch leicht von einer frischen Wunde resorbiert, kann dann schon in geringer Menge (Maximaldosis 0,6 g) sehr bedenkliche Intoxikationserscheinungen, Delirien, Herzkollaps verursachen. Es eignet sich besonders als Dauerantiseptikum, eingerieben in Gaze, bei stinkenden, faulenden, auch tuberkulösen Wunden besonders zur Tamponade. Wird Jodoformgaze viel und häufig in Wunden verwendet, so daß es feucht mit den Haurändern andauernd in Berührung kommt, so macht es namentlich bei blonden Menschen hartnäckige Bläschen-Eiter-Ekzeme und Erytheme, die sich wochenlang über den ganzen Körper verbreiten können. Es gibt Menschen, deren Idiosynkrasie gegen dies Mittel so groß ist, daß sie schon bei Aufenthalt in einem Jodoformraum sofort einen Bläschenausschlag oder Nesselsucht bekommen.

Wie wird Jodoform äußerlich angewendet?

Die Anwendung des Jodoforms besteht in leichter Einpuderung namentlich bei Wunden am Mastdarm, Mund usw. und bei Quetschwunden oder als Jodoformgaze zur Stillung parenchymatöser Blutungen, zur Tamponade und Ausfüllung von Wundhöhlen; nicht geeignet für Gehirnwunden.

Anwendung von Lysol und Kresolseifengeist?

In Lösung von 1 bis 2%; ebenso starke antiseptische Kraft wie das Kreolin und Karbol. Lysol ist der Patentname einer Seifenmischung mit Kresolen.

Eigenschaften und Anwendung des Sublimats = Hydrarg. bichlorat.

Sublimat ist das stärkste Antiseptikum, in einer Lösung 1:300000 hemmt es noch das Wachstum der Milzbrandbazillen. Es ist sehr giftig und verursacht Stomatitis, geschwürigen Zerfall im Darm bis zu blutigen Diarrhöen; es verätzt die Wunden und Haut wie Karbol; wirkt 250 mal stärker als Karbol. In sehr kalkhaltigem Wasser zersetzt es sich, man hat daher Pastillen aus 1 g Sublimat und 1 g Kochsalz hergestellt, die sich leicht und klar in Wasser lösen. Zur Kenntlichmachung der giftigen Lösung ist Fuchsin beigemischt. Alles Metall wird in Sublimat durch einen Beschlag von metallischem Quecksilber sofort angegriffen. — Wegen der Giftigkeit,

Ätzwirkung auf Haut und Wunden, Koagulierung von Eiweiß, Ekzembildung ist man von der Anwendung (nach v. Bergmann) zurückgekommen, verwendet es nur mehr zur Händedesinfektion.

Weniger ätzend sind die blauen Pastillen Kochers von Hydrargyrum oxyzyanatum. Instrumente können längere Zeit ohne Schaden zu nehmen in einer $1^0/_{00}$-Lösung lieben bleiben.

Verwendung des Naphthalinum?

Es ist nur in Äther und Alkohol löslich und wird hauptsächlich zu antiseptischen Salben in der Dermatologie verwendet.

Bismutum?

Zahlreiche Wismutverbindungen sind schon seit langer Zeit als Antiseptika in Gebrauch:

1. Bismutum subnitr., in Wasser unlöslich, innerlich und äußerlich angewendet; z. B. bei Ulcus ventriculi.

2. Bismutum subgallicum, bekannt unter dem Patentnamen Dermatol, geruchlos, ungiftig, ein vortreffliches Antiseptikum, innerlich und äußerlich angewendet; es wirkt als austrocknendes, adstringierendes Pulver besonders zur Verhütung von Verbandekzem als Deckmittel auf die frische Wundnaht gestreut oder mit etwas Wasser als Paste aufgestrichen. Ähnlich wirken Bolus und Zinkoxyd, werden auch häufig mit dem ersten als Wundstreupulver gemischt.

3. Bismutum subsalizylikum, innerlich wie Bismutum subnitr. angewendet.

Formalin und seine Anwendung?

Formalin = Formaldehydum solutum, klare, farblose Flüssigkeit von stechendem Geruch. Das Formaldehydgas ebenso wie die Lösungen wirken kräftig bakterizid, sind für höhere Lebewesen verhältnismäßig ungiftig, aber doch etwas ätzend und brennend; groß ist die desodorisierende Wirkung. Formalinpastillen geben beim Erhitzen reines Formaldehydgas ab, welches sich zur Wohnungsdesinfektion vorzüglich eignet. Die wirksame Vergasung erfolgt in geeigneten Lampen bei Anwesenheit von Wasserdampf.

1 bis $1\frac{1}{2}$ Eßlöffel Formalin auf 1 l Wasser dient zum Waschen der Hände, Desinfizieren der Instrumente, Aufwaschen von Fußböden, Desinfektion von Wäsche, Kämmen, Bürsten, Fäkalien und Urin. Mit Seife gemischt verliert es den stechenden Geruch, ätzt weniger, wird 1- bis 2prozentig zur Händedesinfektion verwendet; bekannt unter dem Patentnamen: Lysoform.

Eigenschaften des Hydrogen. peroxid. purissimum und seine Anwendung?

Ist eine farblose Flüssigkeit von zusammenziehendem Geschmack, ein ausgezeichnetes Antiseptikum, blutstillend und ungiftig. Die Wirkung beruht auf dem Freiwerden von Sauerstoff aus den Lösungen. Das beste Präparat ist das Hydrogen. peroxidatum 100% Merck = Perhydrol. Es wirkt aber nur momentan, solange Sauerstoff abgegeben wird. Oxygen in statu nascendi verätzt die Oberfläche der Wunden.

Welche Antiseptica haben eine führende Rolle in der neueren und neuesten Zeit sich errungen?

In neuerer Zeit fanden einige Anilinfarben (Pyoktanin Scharlachrot, Trypaflavin, Brillantgrün, Methylenblau usw., gewonnen durch Destillation des Steinkohlenteers) und verschiedene Chininabkömmlinge (Optochin, Eukupin und vor allem Vuzin) als Antiseptika in der Wundbehandlung ausgedehnte Anwendung. Von den früher genannten Antisepticis unterscheiden sich diese wesentlich dadurch, daß sie bei stark desinfizierender Wirkung auf das Körpergewebe so gut wie keinerlei schädigenden Einfluß ausüben und vielfach auch deshalb zu Einspritzungen in die Blutbahn und Körpergewebe mit Erfolg benützt werden. Störend für die allgemeine Anwendung der Anilinfarben wirkt nur ihre starke Färbekraft. Die früher besprochenen Antiseptika konnte man nur an der Oberfläche zu Spül- und Verbandzwecken benutzen.

Von den Vertretern der ersten Gruppe, der Anilinfarben, wird das Trypaflavin als ungiftiges, geruch- und reizloses, stark bakterizides Desinfektionsmittel geschätzt auch wegen seiner besonders praktischen, vielfachen Anwendungsform als Streupuder, Wundgaze und vor allem auch zur intravenösen Injektion bei allen Formen von Sepsis, Pyelitis, Cystitis, Influenza-Pneumonie usw.

Von den Vertretern der zweiten Gruppe (Chininabkömmlinge) ist das Vuzin, zu den höheren Homologen der Hydrochininreihe gehörend, ausgezeichnet durch hohe Desinfektionskraft, die im Gegensatz zu den bisher bekannten antiseptischen Mitteln ebenfalls keine ins Gewicht fallende Gewebsschädigung verursachen. Als Tiefenantiseptikum kann man es in das Gewebe (Muskeln, Gelenke) gefahrlos zur Desinfektion einspritzen.

Fieber; Bakterien und Infektion.

Was versteht man unter Fieber?

Unter Fieber versteht man eine Reihe von Symptomen, die auf einer Störung in der Wärmeregulierung beruhen. Es ist eine Antwort, Reaktion auf fremdartige chemische Stoffe oder kleinste einzellige Lebewesen (Krankheitskeime), die in den Zellverband unseres Organismus eingedrungen sind. Es ist als eine Abwehrmaßnahme des Körpers gegen die eindringenden lebenden, organisierten Krankheitserreger, aber auch gegen reizende fremdartige chemische Stoffe (auch Ausscheidungen der Bakterien) aufzufassen.

Das Fieber einer Infektionskrankheit wird verursacht durch ein Contagium animatum nach der Lehre des Holländers Loewenhoek.

Pasteur erklärte Entzündung und Fieber als die spezifische Reaktion auf die spezifische Leistung eines in unseren Körper eingedrungenen Lebewesens. Durch ihre chemischen Ausscheidungsprodukte und die Zersetzung der Körperzellen und Körpersäfte selbst bilden sich schädliche chemische Stoffe (Toxine, Ptomaine — Eiweißzersetzungsprodukte) in unserem Körper. Diese chemischen, dem menschlichen und tierischen Körper schädlichen Stoffe, und die Krankheitskeime üben einen abnormen Reiz auf das Körpergewebe aus, der durch Entzündung mit Fieber beantwortet wird nach den Kardinalerscheinungen der Entzündung selbst (so eingeteilt bereits seit uralten Zeiten schon von Galenus, 131 bis 201 n. Chr.):

1. Rubor — Röte; Hyperämie nicht allein der äußeren Haut, sondern auch oft der Gefäße unter der Haut, der inneren Organe.

2. Calor — Erhöhung der Temperatur.

3. Dolor.

4. Tumor (Anschwellung in unmittelbarer Nähe der Wunde infolge seröser Durchtränkung des Gewebes (Exsudat, Ödem).

5. Functio laesa, nicht allein der Bewegung sondern auch der Tätigkeit einzelner Organe, des Herzens, der Blutgefäße usw., so daß die Anschwellung, Stase, eigentlich unter den Begriff Functio laesa fällt, ebenso die Gefäßerweiterung, Hyperämie.

Welches ist die sinnfälligste Erscheinung beim Fieber?

Die Erhöhung der Körpertemperatur, die wieder mit der Erhöhung der Bluttemperatur zusammenhängt.

Wie kommt eine Erhöhung der Körpertemperatur zustande?

Eine solche kann zustandekommen durch Verminderung der Wärmeabgabe bei gleichbleibender Wärmeproduktion oder durch erhöhte Wärmeproduktion bei gleichbleibender Wärmeabgabe. Die Kohlensäureabgabe ist während des Fiebers gesteigert, ebenso die Aufnahme des Sauerstoffes. Daraus ergibt sich, daß die Oxydation im Körper beträchtlich erhöht ist. Im Harn tritt Vermehrung der stickstoffhaltigen Stoffe auf (vermehrter Eiweißzerfall). Aus der gesteigerten Oxydation und dem gesteigerten Stoffwechsel erhellt, daß es sich im Fieber um eine erhöhte Wärmeproduktion handelt, also nicht um eine Wärmestauung im Körper (wie z. B. beim Hitzschlag).

Wie bezeichnet man die verschiedenen Temperaturen?

Kollapstemperatur . . . . unter 36⁰.
Regelrechte Temperatur . . . . . . 36 bis 37,5⁰.
Subfebrile Temperatur . . . . 37,5 bis 38⁰.
Leichtes Fieber . . . . 38 bis 38,5⁰.
Mäßiges Fieber . . . . 38,5 bis 39,2⁰.
Beträchtliches Fieber . . . . 39,5 bis 40,5⁰.
Hyperpyretische Temperatur . . . . 41,5⁰.

Welche Fiebertypen unterscheidet man?

Febris continua, die Tagesdifferenz beträgt nicht mehr als 1⁰.
Febris remittens, die Tagesdifferenz beträgt nicht mehr als 1,5⁰.
Febris intermittens, im Verlaufe des Tages wechseln hohe Fiebertemperaturen mit fieberlosen Intervallen ab.

Welches sind die Begleitsymptome des Fiebers?

Verdauung: Appetitlosigkeit, Übelkeit, Erbrechen, gesteigerter Durst, gestörte Salzsäurebildung, gehemmte Peristaltik.

Nervensystem: Beteiligt sich beim Fieber regelmäßig; bei leichtem Fieber gestörtes Sensorium, Unruhe, gestörter Schlaf; bei stärkerem die vorstehenden Symptome verstärkt, Bewußtseinsstörungen, Apathie, Delirien, Haluzinationen, Krämpfe, im letzten Stadium Somnolenz, Koma (Betäubungszustand).

Zirkulatorischer Apparat: Gesicht gerötet, Puls beschleunigt, voll, aber weich; die Höhe der Pulsfrequenz hängt ab von der Höhe der Temperatur; der Steigerung um 1⁰ entsprechen eine Vermehrung von etwa 8 bis 9 Pulsschlägen in der Minute.

Respiration: Beschleunigt.

Urin: Vermindert, hochgestellt.

Fieberfrost: Der Fieberfrost ist zurückzuführen auf tetanische Kontraktion der Muskulatur der Hautarterien. Im Innern steigt die Körpertemperatur plötzlich sehr hoch (Lähmung der Arterienmuskulatur), während die Wärmeabgabe durch die Kontraktion der Hautgefäße gehindert wird; dadurch hat der Fiebernde das Gefühl intensiver Kälte.

Wovon ist der Fiebertypus abhängig?

Die Art des Fiebers ist abhängig von der Art der Infektion; sehr viele akut-fieberhafte Krankheiten haben charakteristische Kurven, so daß schon aus der Fieberkurve die Diagnose gestellt werden kann. Weiter ist ausschlaggebend das Alter des Kranken und der Allgemeinzustand. In der Jugend starke Reaktion und starkes Fieber, im Alter umgekehrt; entkräftete Menschen sind nicht mehr imstande, mit Fieber zu reagieren; deshalb enden oft nach völliger Entkräftigung hochfieberhafte Krankheiten mit normaler oder subnormaler Temperatur.

Welche Vorteile bietet die genaue Beobachtung des Fiebers?

Die Erkenntnis des Fiebertypus und die Berücksichtigung der allgemeinen und der speziellen Symptome lassen es bald gelingen, zur Diagnose zu kommen. Weitere genaue Beobachtung läßt oft sichere Schlüsse für Prognose und Indikationsstellung (Anzeige des therapeutischen Handelns) zu.

Ist die Bekämpfung des Fiebers in allen Fällen angezeigt?

Nein!

Das Fieber unterstützt die Körperzellen gewaltig in ihrem Kampfe gegen die Infektionserreger. Daher ist das künstliche Herabdrücken des Fiebers durch Darreichung chemischer Präparate wie Kairin, Antifebrin, Antipyrin keineswegs immer angezeigt, sogar oft bedenklich. Auch ist die unzeitige Anwendung von Fiebermitteln geeignet die Stellung der Diagnose zu erschweren. Am unschädlichsten und besten ist die Anwendung der Hydrotherapie, namentlich wenn es sich um exzessive Temperaturen handelt; außerdem Natrium salicyl, auch Chin. sulfur, die zunächst spezifisch gegen bestimmte Krankheitserreger und damit auch gegen das Fieber wirken.

Wodurch wird das Fieber hauptsächlich veranlaßt?

Der Hauptsache nach ist das Fieber die Folge einer Infektion — Wirkung der eingedrungenen pathogenen Bakterien und deren Gifte —, toxisches Fieber. Daneben gibt es auch Fieber, denen keine Infektion zugrunde liegt, so bei Resorption von Blutergüssen und Wundsekreten (posthämorrhagisches und Resorptionsfieber), ferner bei schweren Anämien und Leukämien (Vermehrung der weißen Blutzellen) sowie bei Basedowscher Krankheit (durch Bildung giftiger Stoffwechselprodukte).

Welche Mikroorganismen kommen hier in Betracht?

Schimmel-, Spalt-, Hefepilze und Protozoen.

Welche Pilze sind von untergeordneter Bedeutung?

Die Hefe- und die Schimmelpilze; letztere besonders bei Vergiftung mit altem Roquefortkäse.

Wo kommen Protozoen als Krankheitskeime vor?

Im Blute von Menschen, die an Malaria erkrankt sind; Amöben im Stuhl Dysenteriekranker usw.

Was sind Spaltpilze, Bakterien?

Bakterien ist der generelle Name für überall verbreitete niederste Glieder des Pflanzenkreises (Spaltpilze Schizomyzeten), die namentlich bei Infektionskrankheiten eine Rolle spielen. Es sind einzellige, kernlose, farblose Lebewesen, nur bei sehr starker Vergrößerung sichtbar. Sie werden voneinander unterschieden und getrennt durch ihre verschiedenen Formen, durch ihr verschiedenes Verhalten gegen Farbstoffe, durch ihr charakteristisches Verhalten und Wachstum auf verschiedenen Nährböden, ferner durch das Tierexperiment. Die Bakterien werden überall angetroffen; ein großer Teil des Verdauungsvorgangs wäre ohne Bakterien unmöglich (Fermentwirkung dieser Lebewesen).

Sie sind zunächst nicht pathogen, erst wenn sie sich ganz bestimmten Lebensbedingungen, die der Körper liefert, angepaßt haben, kann sich die Eigenschaft der Bakterien ändern, können sie überwuchern, besondere Gifte ausscheiden und damit eine Schädigung — eine Infektion — verursachen, virulent werden.

Welches sind die allgemeinen Lebensbedingungen der Bakterien?

Die Nährböden der Bakterien können nur aus gelösten oder von ihnen auflösbaren Stoffen bestehen. Sie müssen wasserreich sein, unentbehrlich sind noch Salze, ferner eine Kohlenstoff- und eine Stickstoffquelle. Die Mehrzahl der genauer bekannten, besonders alle pathogenen Arten sind angewiesen auf eiweißhaltige und schwach alkalische Nährböden, doch darf die Alkaleszenz nicht von freiem Alkali, sondern muß am besten von Karbonaten herrühren. Notwendig ist eine bestimmte Temperatur und die Anwesenheit von Sauerstoff. Im einzelnen sind die Ansprüche der Bakterien an die Zusammensetzung des Nährbodens äußerst verschieden.

Was versteht man in der Entwicklung von Bakterien unter Temperaturoptimum?

Die Spaltpilze gedeihen, wie alle Organismen, bei einer bestimmten Temperatur am besten; man bezeichnet diese als Optimum. Durch Erhitzen auf 60^0 C verlieren viele Bakterien ihre Virulenz, ohne selbst zugrunde zu gehen, erlangen die Virulenz sofort wieder, wenn sie durch den Tierkörper geschickt worden sind. Viele Immunisierungsversuche beruhen auf Impfung mit derartig abgeschwächten Bakterienkulturen.

Sind alle Bakterien unbedingt an Luftzutritt gebunden?

Einige gedeihen nicht nur bei Luftzutritt (Sauerstoffanwesenheit) sondern auch bei Luftabschluß — fakultative Anaerobier; einige gedeihen nur bei Luftabschluß — obligate Anaerobier, z. B. Ödem-, Tetanus-, Rauschbrandbazillen.

Welche Bakterien unterscheidet man nach ihrer Lebensweise?

1. Solche, die mit Vorliebe im lebenden höheren Organismus gedeihen.

2. Solche, die auch außerhalb des lebenden Organismus gedeihen, z. B. die fäulniserregenden = saprophytische.

3. Solche, welche für beide Lebensweisen in gleicher Weise befähigt sind = fakultativ parasitische oder fakultativ saprophytische. z. B. Milzbrand.

Wie vermehren sich die Bazillen?

Es gibt verschiedene Wuchsformen: Ein Teil vermehrt sich durch sukzessive Zweiteilung dadurch, daß die Mutterzelle durch Spaltung in zwei oder mehrere Tochterzellen zerfällt — Wuchsformen.

Ein anderer durch Sporenbildung, das Zeichen einer echten Fruchtbildung, indem sich aus dem Mutterbakterium ein stark lichtbrechender Körper absondert, frei wird, die Spore als Dauerform, aus der bei günstigen Bedingungen (Wärme, Feuchtigkeit, Nährstoff) sich ein neues Individuum von der Form des ausgebildeten Bakteriums auswächst. Dauerformen heißen sie, weil sie äußeren Einflüssen, Hitze, Kälte, Wasserentziehung, antiseptischen Stoffen sehr großen Widerstand entgegensetzen können, so daß sie zu den dauerhaftesten Organismen gehören. Solche Dauerformen erzeugen die Bazillen des Milzbrandes, des Starrkrampfes. Milzbrandsporen vertragen 150⁰ trockene Hitze; sie und auch die Milzbrandbazillen können stundenlang konzentrierter Karbolsäure ausgesetzt werden und nach dem Abwaschen wieder auskeimen. Mehrtägige jedesmal halbstündige Einwirkung strömenden Wasserdampfes von 100⁰ oder dreistündige Einwirkung trockener Hitze von 110⁰ tötet sie erst.

Im Gegensatz hiezu gehen die Wuchsformen schon bei mäßiger Hitze zugrunde.

Ist die Virulenz der Bakterien immer gleich?

Nein; die Virulenz derselben Art ist sehr großen Schwankungen unterworfen. So kann man die Virulenz durch Kultivieren bei hoher Temperatur abschwächen (Milzbrand); ebenso durch Zusatz von desinfizierenden Stoffen oder durch Verimpfen auf Tiere anderer Art (z. B. Schweinerotlauf auf Kaninchen) oder durch Einwirkung des Sonnenlichtes (Milzbrand), durch langsames Austrocknen (Hundswut) usw. Umgekehrt nimmt die Virulenz zu durch Verimpfung von Tier zu Tier derselben Gattung.

In welchen Formen treten die Bakterien auf?

1. Als Kugelformen oder Mikrokokken, entweder in Ketten geordnet (Streptokokken) oder in Häufchen — Staphylokokken — oder zu zweien — Diplokokken.

2. Stäbchenbazillen oder Stäbchenbakterien, kürzere oder längere Stäbchen von zylindrischer Gestalt (z. B. Tuberkelbazillen), oft mit lebhafter durch Geißelfäden hervorgerufener Eigenbewegung ausgestattet; gekrümmt heißen sie Kommaformen oder Vibrionen, zu langen Fäden ausgewachsen Leptothrixformen.

3. Spirillen = Schraubenbakterien, haben ebenfalls Eigenbewegung.

In welche zwei große Klassen teilt man die Bakterien ein?

In pathogene (krankheitserzeugende) und nichtpathogene.

Diese letzteren entwickeln sich nicht im lebenden Organismus, sie leben auf abgestorbenem Material, daher Saprophyten (Fäulnispilze) genannt. Sie entwickeln sich in dem betreffenden animalischen Substrat und regen durch ihre Vermehrung Zersetzungsvorgänge an, die schließlich zu denjenigen Prozessen führen, die wir Gärung und Fäulnis nennen.

Wie entsteht Fäulnis?

Es sind gewisse Bedingungen erforderlich: Geeignetes Nährmaterial, ein entsprechender Feuchtigkeitsgrad, erhöhte Temperatur usw.

Wo finden sich solche Fäulniskeime?

Sie leben auf und im Erdboden, Staub, sind in der Luft suspendiert; von dort gelangen sie entweder direkt in die Wunde beziehungsweise auf abgestorbenes Material (Wundprodukte) oder auf andere Körper, die wieder mit der Wunde in Berührung kommen (Kontaktinfektion).

Wer hat sich besonders um das Studium der Fäulniserreger verdient gemacht?

Pasteur; ihm gelang es auch als erstem, aus den zahlreichen Pilzformen im Gewebe septisch infizierter Tiere einen Pilz »Vibrion septique« zu züchten, der eingeimpft beim Versuchstier für sich Septikämie hervorruft; er soll nach R. Koch identisch sein mit dem Bazillus des malignen Ödems.

Außerdem Schwann; er lehrte zuerst, daß Fäulnis und Gärung von der Gegenwart organisierter Fermente abhängen.

Welche Bakterien nennt man pathogene?

Pathogene Bakterien sind solche, welche immer wieder, wenn rein gezüchtet und dem Organismus zugeführt, dasselbe Krankheitsbild erzeugen.

Bakterien mit allgemein-pathogenen septischen Eigenschaften sind diejenigen, die auf unseren Organismus derartige Reize durch ihr Wachstum und ihre Ausscheidungsstoffe ausüben, daß dieser mit den allgemeinen Erscheinungen der Entzündung, wie Fieber, Leukozytose, Exsudat, Eiterung antworten muß.

Davon sind zu trennen Bakterien, durch die außer dem allgemeinen Bilde der Entzündung einzelne Symptome besonders (spezifisch) vorgekehrt werden, so daß der Krankheitsverlauf spezifisch charakterisiert ist, z. B. der Tetanus durch die Functio laesa. Es kann aber auch ein und derselbe Infektionserreger sehr verschiedene Entzündungsprozesse hervorrufen, z. B. der Tuberkelbazillus.

Welche Namen sind für immer mit dem für Pathologen und Chirurgen so wichtigen Studium der Mikroorganismen, namentlich der Schizomyzeten verknüpft?

In Frankreich Pasteur, seine Schüler und Davaine; in Deutschland Billroth, Hallier, Klebs, R. Koch und seine Schule; Metschnikoff in Paris usw.

Welches sind die Haupterfolge des Studiums dieser Männer?

Die Isolierung, Züchtung bestimmter Arten aus der ungeheuren Menge von kleinsten Lebewesen in Reinkulturen; ihr Nachweis in der mikroskopischen Präparaten mittels Färbung; das Studium ihrer Lebensbedingungen; der Nachweis, daß neben den Fäulnisprozessen der toten Gewebe eine ganze Reihe von pathologischen Vorgängen auf das Eindringen und die Vermehrung spezifischer Organismen zurückzuführen sind; die Kenntnis darüber, daß gewisse Arten Entzündung und Eiterung, andere Gangrän (Brand) erzeugen, daß die meisten lokalen und allgemeinen Komplikationen der Wunden, die meisten akuten und chronischen Krankheiten auf bakterieller Grundlage entstehen; der Beweis dafür, daß sich mit der Anzahl der Übertragungen die Virulenz der septischen Bakterien im Blute septisch infizierter Tiere steigert (Davaine); die Möglichkeit, die septische Wirksamkeit gewisser Organismen durch einen ganz bestimmten Züchtungsmodus abzuschwächen, künstliche Immunisierung durch Abschwächung (Pasteur) usw.

Welche Rolle spielen die Bakterien im allgemeinen in Wunden?

Alle Zersetzungsvorgänge in Wunden mit ihren Folgeerscheinungen (Sepsis, Eiterung) werden veranlaßt durch organisierte Keime (Krankheitserreger), die mit wenigen Ausnahmen von außen in den Organismus gelangen.

Befinden sich im Körpergewebe gesunder Menschen Mikroorganismen?

Normalerweise wahrscheinlich nicht; sie können erst von außen in die Gewebe eindringen, wenn das Epithel der Haut oder Schleimhaut verletzt ist; dabei ist die Größe der Eintrittspforte nicht maßgebend; mikroskopisch kleine Öffnungen, die sich der Wahrnehmung entziehen, können schon als Eintrittspforten dienen (Spalträume zwischen den Epi- und Endothelzellen).

Welche verschiedenen Krankheitsbilder haben wir bei der Wechselwirkung zwischen Bakterien und Organismus zu unterscheiden?

Infektion, Invasion und Intoxikation.

Was versteht man unter Infektion?

Aufnahme von kleinsten einzelligen pflanzlichen Lebewesen (Krankheitserregern — Mikroorganismen), so daß sie auf den Organismus einen Reiz ausüben, der sich in Form eines entzündlichen Prozesses ausdrückt. Erst wenn sie sich bestimmten Lebensbedingungen im Warmblüter angepaßt haben, können sie eine Schädigung — Infektion — verursachen.

Was versteht man unter Invasion?

Werden Spaltpilze, die Krankheiten hervorrufen können, bei einem Menschen gefunden, ohne daß dieser erkrankt ist, ist er also einfach Träger der Infektionsstoffes, so spricht man von Invasion, z. B. Tuberkelbazillen und Diphtheriebazillen im Munde Gesunder, Pneumoniekokken in den Atmungswegen, Träger von Cholera und Typhusbazillen, Staphylokokken und Streptokokken auf Haut und Schleimhaut usw. Treten aber krankhafte Veränderungen ein, so spricht man von Infektion.

Was versteht man unter Intoxikation?

Eine Erkrankung des Organismus durch chemische Stoffe, die giftigen Produkte von Mikroorganismen, die im lebenden Zustand den Organismus selbst nicht bewohnt haben, z. B. Wurstvergiftung — Botulismus —, verursacht durch den B. botulinus, der in den Nahrungsmitteln nachgewiesen ist und diese durch seine Ausscheidungsstoffe vergiftet hat; oder wenn gewisse Bakterien von der Eintrittspforte aus, an der sie in ihrer Vegetation liegen bleiben, mit ihren schädlichen Ausscheidungen den ganzen Organismus oder auf weite Entfernung hin gewisse Organteile vergiften (z. B. die Giftwirkung des Tetanusbazillus auf das Gehirn von einer kleinen Zehenwunde aus).

Durch welche kleinste Lebewesen (Mikroorganismen) wird eine Infektion veranlaßt?

Hauptsächlich durch die Spaltpilze (Schizomyzeten = Bakterien).

Welche Krankheitssymptome rufen die Krankheitserreger im allgemeinen hervor?

1. Einen Reiz an der Eintrittspforte, örtliche Wirkung z. B., Entzündungsprozesse mit serösen und hämorrhagischen Exsudaten, eitrige Katarrhe, Nekrose (Zerfall), Hämorrhagien (Blutungen). Hervorgerufen werden diese Erscheinungen entweder durch das Wachstum der Bakterien selbst oder durch ihre Sekretionsprodukte (Toxine) oder durch ihre Zerfallsprodukte (Endotoxine). Zu bemerken ist noch, daß trotz starker Allgemeinwirkung der Reiz an der Eintrittspforte minimal sein kann wie bei Tetanus.

2. In der Regel entsteht Fieber; es wird hervorgerufen durch fiebererregende Stoffe (Pyrotoxine).

3. Haben die pathogenen Bakterien die Fähigkeit, spezifische Krankheitssymptome zu erzeugen, wobei streng auseinanderzuhalten ist:

a) Der Infektionserreger kann sich selbst im Körper in den Säften verbreiten durch die Gewebsspalten auf dem Blut- und Lymphwege — Propagation und Resorption der Bakterien — Bakteriämie.

b) Er lokalisiert sein Wachstum an einer Stelle und schickt nur seine produzierten Giftstoffe in das Innere des Körpers — Resorption von Toxinen — Toxinämie.

Es handelt sich also in diesen beiden Fällen um eine Infektion des Gesamtorganismus, entweder um eine pyogene Allgemeininfektion durch Eitererreger oder durch Verbreitung von Bakteriengiftstoffen hervorgerufen.

Erzeugen die Krankheitserreger immer dieselbe Wirkung?

Nein, da sie nicht immer im Vollbesitz ihrer pathogenen Eigenschaften sind; aber auch bei gleicher Virulenz wird das Krankheitsbild auch sonst noch durch die verschiedensten Umstände beeinflußt.

Muß immer eine Infektion entstehen, wenn pathogene Mikroorganismen in den Körper eindringen?

Nein; der Zustand hängt von einer Reihe von Umständen ab.

Welche Umstände sind von Einfluß auf die Entstehung einer Infektion?

1. Die Virulenz; stark virulenten Bakterien kann durch verschiedene Verfahren ihre Virulenz ganz oder teilweise genommen werden und wirken dann nur in abgeschwächtem Maße z. B. durch längeres Kultivieren auf künstlichen Nährböden während mehrerer Generationen; durch wiederholtes Eintrocknen verlieren Bakterien ebenfalls ihre Virulenz. Gesteigert wird diese durch fortgesetzte Überimpfung von Warmblütern auf Warmblüter, durch Zusatz von Blutbestandteilen zum künstlichen Nährboden.

2. Die Menge der Bakterien.

3. Die Art und Weise, wie sie in den Körper gelangen, ob sie z. B. auf die Wunde leicht auffallen oder durch irgendeinen Druck in die Gewebe gepreßt werden.

4. Die persönliche Disposition, d. h. die durch die Eigenart des Individuums bedingte Neigung zu gewissen Krankheiten. Auch die zeitliche und örtliche Disposition spielt eine Rolle. Hugo Scholz sagte: »Was wir Infektion nennen, ist sicher von Bedeutung, aber von ebenso großer Bedeutung ist auch die Konstitution.« Danach ist die Pneumonie ursprünglich eine Erkältung. Durch die Erkältung ist der Boden geschaffen worden, auf dem sich die Kokken entwickeln konnten, erst dann haben die Bakterien Gelegenheit zum Wachsen, wenn der Körper krank ist, seine Bluteiweißstoffe nicht genügend Abwehrkraft besitzen. Eine Zeitlang wurde die ganze Pathogenese nur rein bakteriell aufgefaßt; das ist jedenfalls zu weit gegangen.

5. Die Immunität, Unempfindlichkeit gegen gewisse Krankheiten; diese kann angeboren sein (Unempfindlichkeit gewisser Tiere gegen Menschenkrankheiten und umgekehrt) oder natürlich erworben sein, z. B. Überstehen von Pocken. Die Immunität kann aber auch auf künstlichem Wege geschaffen sein (Impfung, Serumprophylaxe und -therapie). (Siehe auch den Abschnitt über die Bedingungen, welche die durch verschiedene Bakterien verursachten Entzündungsprozesse beeinflussen — S. 125.)

Werden Infektionen des Körpers stets nur durch eine Bakterienart hervorgerufen?

Nein; es können gleichzeitig oder nacheinander mehrere Arten eindringen, wodurch die Wirkung auf den Körper verstärkt oder vielgestaltiger werden kann (Mischinfektion). Auch kann die eine Art gegen die andere den Kampf aufnehmen, vernichtend wirken und dadurch direkt zur Heilung beitragen.

Sind die Krankheitserscheinungen, die ein und derselbe Infektionserreger hervorruft, bei allen befallenen Tieren die gleichen?

Nein; sie können bei verschieden empfänglichen Tieren oft ganz verschieden sein; z. B. der Bazillus septicaemiae haemorrhagicae erzeugt bei Kaninchen, Wild und Rind septische Seuchen, bei Kälbern Pleuropneumonie (Rippenfell-, Lungenentzündung), bei Schweinen Seuche mit Hautentzündung, bei Hühnern Hühnercholera mit alleiniger Erkrankung des Darms.

Zeigt sich die pathogene Wirkung immer an der Eingangspforte?

Gewöhnlich ja, aber nicht immer; z. B. bei Tetanus kann die Impfstelle keinerlei oder geringe Veränderung aufweisen; die Lunge kann vom Darm aus mit Tuberkelbazillen infiziert werden, die durch die Darmwand gewandert sind, ohne irgendeine Läsion zu hinterlassen.

Was ist im allgemeinen bestimmend für die Schwere der Infektion?

1. Die Menge der Bakterien.
2. Ihre Virulenz.
3. Die Beschaffenheit des Gewebes.
4. Der Kräftezustand des Körpers; es kommt darauf an, welches Blut mit seinen Schutz- und Abwehrmitteln (Leukozyten, Allexine) der befallene Organismus zur Verfügung stellen kann.

Wovon hängen die Allgemeinwirkungen bei infektiöser Entzündung ab?

1. Von dem Einbruch der Bakterien in die Blut- und Lymphbahnen.
2. Von der Resorption von Toxinen.

Was versteht man unter spezifischer Giftwirkung?

Es sind dies die Wirkungen gewisser Bakterien, die bei verhältnismäßig geringfügiger Wucherung der Keime gewaltige Wirkungen auf den Organismus durch Einverleibung von Giftstoffen hervorrufen, die spezifisch auf einzelne Körperzellen und Organe wirken, z. B. Tetanus auf das Zentralnervensystem; Diphtherie auf Muskeln und Nerven.

Welches sind gewöhnlich die Eintrittspforten für die Infektion?

1. Wunden aller Art.
2. Die Haut; die intakte Haut ist im allgemeinen nicht durchlässig, doch kann unter gewissen Umständen (Druck, Reiben, also durch kleinste Verletzungen oder durch weite Drüseneingänge als

Eintrittspforten) eine Infektion den Haarschaft entlang in die Talgdrüsen (nicht Schweißdrüsen) auch ohne Verletzung stattfinden und dadurch z. B. ein Furunkel erzeugt werden.

3. Schleimhaut; sie ist durchlässig bei Zirkulationsstörungen oder großer Virulenz der Infektionserreger. Ungünstig liegen die Verhältnisse bei den Tonsillen infolge der Epithellücken, die ein Eindringen der Infektionserreger begünstigen; günstige Verhältnisse aber liegen in der Mundhöhle vor infolge des bakterizid wirkenden Speichels und seiner mechanischen Wirkung.

4. Granulierende Wunden bieten im allgemeinen genügenden Schutz gegen Infektion. Eine gut granulierende Wunde läßt sich nicht durch einfaches Aufgießen von Bakterienkulturen infizieren. Die zahlreichen Wanderzellen in ihr wehren die Eindringlinge sofort ab. Doch sind die Granulationen sehr leicht verletzlich; diese zerrissenen Lymph- und Blutgefäße bilden dann ebenfalls geeignete Eingangspforten für sekundäre Infektion.

Welche Arten von Infektion unterscheiden wir?

Kontaktinfektion — wenn die Infektionsstoffe von einem Individuum auf das andere oder durch Gebrauchsgegenstände übertragen werden.

Autoinfektion — wenn der Organismus durch Gelegenheitsursachen, z. B. Erkältung, die Widerstandsfähigkeit gegen die Krankheitserreger, die normalerweise schon vorher im Körper, auf Haut und Schleimhaut waren, verliert.

Hämatogene Infektion — wenn die Infektionsstoffe durch Vermittlung des Blutweges im Körper sich verbreiten.

Sekundärinfektion — wenn die Erkrankung selbst erneute Disposition zu weiterer Ansteckung liefert, indem die kranken Gewebe das Eindringen und Ansiedeln von Bakterien zulassen, die für das gesunde Gewebe völlig unschädlich waren, z. B. Einwandern von Staphylokokken, Streptokokken und Pneumoniekokken bei Typhus abdominalis, Streptokokken bei Tuberkulose (dadurch hektisches Fieber) usw. Auch durch neue, später erfolgende Schädigung, Gewebszerreißung, Blutung einer bereits gut granulierenden Wunde kann wiederholte Einwanderung von Wundinfektionskeimen neues Aufflackern einer bereits überstandenen Entzündung oder überhaupt von vornherein eine später einsetzende neue Entzündung und Infektion bedingen.

Reinfektion nennt man erneute Ansteckung, z. B. mit Syphilis bei solchen, die schon eine syphilitische Infektion überstanden haben.

Entzündung.

Was versteht man unter Entzündung?

Die Reaktion des Gewebes auf eine Schädlichkeit. Die Reaktion kann in den verschiedensten Graden und Formen auftreten. Beispiel: Wenn ein Sandkorn ins Auge fliegt, entsteht sofort lebhafte Röte (Hyperämie), Schmerz, Tränen; wird das Korn sofort entfernt, kehrt in wenigen Minuten alles wieder zur Norm zurück. Die gleichen Erscheinungen bei Drücken, Reiben usw. — entzündlicher Reizzustand.

Treffen aber wiederholte Reize in kurzen Zwischenräumen denselben Bezirk oder wirkt derselbe Reiz genügend lange Zeit ein, wie es geschieht, wenn das Sandkorn im Auge bleibt, dann wird die Reaktion immer intensiver, d. h. es bleibt der Reizzustand, es tritt andauernde Entzündung ein mit bleibenden Veränderungen, die sich nicht mehr so rasch oder überhaupt nicht mehr zurückbilden. Die Entzündung ist also ein verstärkter Reizzustand des Gewebes.

Wovon hängt also der Ausfall und die Stärke der Reaktion ab?

1. Von der Intensität des einwirkenden Reizes (z. B. Hitze, Kälte).

2. Von der Dauer der Einwirkung (lang oder kurz).

3. Von der Empfindlichkeit des Gewebes (Haut, Schleimhaut, Auge usw.).

4. Von der Art der Schädlichkeit.

Welcher Art können die Schädlichkeiten sein?

a) Mechanische (Schlag, Druck, Reibung usw.).

b) Thermische (starke Hitze und Kälte).

c) Chemische (starke Säuren, Alkalien, Desinfektionsmittel usw.).

d) Bakterielle.

Wo treffen wir die gleichen Verhältnisse wie bei der Entzündung?

Bei der Wundheilung (Zirkulationsstörung, Gewebszerfall, Regeneration), s. d. Doch handelt es sich bei reinen einfachen Wunden nicht um eine auf bakterieller Invasion beruhenden Entzündung, sondern um einen entzündlichen Reiz, hervorgerufen durch die Verletzung und die Vorgänge bei der Wundheilung selbst.

Welches sind die klinischen Erscheinungen der Entzündung?

Wie bereits beim Fieber erwähnt folgende: Rubor, Calor, Tumor, Dolor, Functio laesa.

Welche Entzündung beschäftigt den Chirurgen hauptsächlich?

Die durch bakterielle Einwanderung hervorgerufene Wundentzündung.

Welche Arten von Störungen unterscheiden wir bei der durch Infektion hervorgerufenen Wundentzündung?

1. Örtliche.
2. Allgemeine.

Welche Erscheinungen sehen wir bei der örtlichen Störung?

Bei der örtlichen Störung einer Entzündung sehen wir in erster Linie eine aktive Erweiterung der Arterien (= Hyperämie) auftreten, wodurch eben Rubor und Calor entsteht. Im Blutstrom tritt dann eine Verlangsamung ein bis zuu vollständigen Stillstand. Die Leukzyten sammeln sich in den Kapillaren an, bleiben an der Innenwand haften und wandern durch die durchlässig gewordene Wand in die Umgebung nach der Schädlichkeit zu (positive Chemotaxis). Nun tritt auch seröse Flüssigkeit, die zahlreiche Eiterkörperchen (polynukleäre Leukozyten) enthält, in die Umgebung über und durchrtänkt diese. Damit hat die Natur fürs erste ihre besten Schutzkräfte gegen die bakterielle Invasion mobil gemacht (das Serum wirkt bakterizid, die Leukozyten vernichten die eingedrungenen Bakterien = Phagocytose). Gleichzeitig mit diesen Vorgängen setzen bereits degenerative Veränderungen ein: Die Bakterien haben Gewebszellen zum Absterben gebracht (= primärer Zelltod), durch Zirkulationsstörungen und Druck des Exsudates werden oft größere Partien nekrotisch (= sekundärer Zellgewebstod). Kommt es zur Eiterung, so wird ein in den Eiterzellen enthaltenes Ferment frei, welches peptonisierend (verdauend) auf die Gewebe wirkt; die Folge ist das Geschwür. Ergießt sich der Eiter in das Innere des Gewebes, in einen Hohlraum oder erfolgt Einschmelzen des Gewebes, so entsteht ein Abszeß (degenerative Vorgänge).

Diesen Erscheinungen der Zerstörungen stehen solche des Aufbaues gegenüber (regenerative Vorgänge): Es erfolgt durch Zellteilung eine rasche Vermehrung der Bindegewebszellen und der Endothelien der Gefäße. Ein Teil der neugebildeten Bindegewebszellen, Fibroblasten genannt, dient zur Bildung von fibrillärem Bindegewebe, durch Vermehrung der Endothelien der Gefäße werden Kapillaren neugebildet, welche in die Fibrinschichte knospenförmig hineinwachsen und die Ernährung besorgen (siehe auch Wundheilung). Die regenerativen Veränderungen setzen erst dann in vollem Umfange ein, wenn mit der Beseitigung des Entzündungsreizes auch die Folgen der Entzündung (Hyperämie und Exsudation) zurückgetreten oder im Schwinden begriffen sind.

Welcher Unterschied besteht zwischen Exsudat und Transsudat?

Exsudat ist eine seröse Flüssigkeit, welche beim Vorgang der Entzündung aus den Blutgefäßen austritt und aus flüssigen und geformten Bestandteilen (Fibrinfäden mit Eiterzellen) besteht — entzündliche Ausschwitzung; sie ist naturgemäß sehr eiweißreich und hat hohes spez. Gewicht — über 1018.

Transsudat ist auch seröse Flüssigkeit, welche aber durch einfache Filtration (Überdruck infolge Stase) aus dem Blute ausgeschieden wird bei Zirkulationsstörungen (Stauung) und Degeneration der Wandungen (Nierenentzündung, embolischem Infarkt einer verstopften Endarterie). Sie ist bedeutend ärmer an Eiweiß und zelligen Bestandteilen, hat infolgedessen ein niedriges spez. Gewicht 1015 bis 1008.

Welche Arten von Entzündungen unterscheiden wir?

Arten der Entzündung nach:
1. Intensität.
2. Art der Degeneration.
3. Art und Stärke der Regeneration (Granulationsgeschwülste).
4. Zeitdauer: akut und chronisch; akut: stürmisches Auftreten mit starker Hyperämie und Exsudat; chronisch: Hyperämie und Exsudat gering, daher starke Gewebsneubildung, die oft wochen- und monatelang sich bildet.
5. Nach der Stärke der Rückwirkung auf den Allgemeinzustand.
6. Nach Art des Exsudates.

Welche Exsudatformen macht die bakterielle Entzündung?

1. Das seröse Exsudat, der leichteste Grad der Entzündung; die ausgeschiedene Flüssigkeit ist seröser Natur, enthält stets geringe Mengen von Fibrin und Leukozyten. Der Leukozytenemigration folgt durch Lücken und Unterbrechungen der infolge des bakteriellen Entzündungsreizes erweiterten (vasomotorisch gelähmten) Kapillarwand auch das Serum nach, zwischen den Gewebsspalten als Ödem (z. B. unter der Haut), in Hohlräumen ausgeschwitzt vom Endothel als seröses Exsudat (eine dem Hydrops ähnliche Flüssigkeitsansammlung, z. B. in den Pleura-, Peritonealräumen). Dieses Exsudat drückt durch Vermehrung seinerseits wieder auf die Kapillaren, komprimiert sie, so daß ein Stauungszustand, Blutstase entsteht. Diese hat zur Folge, daß auch mehr geformte Blutelemente, schließlich das Blut in seiner Gesamtheit durch die Gefäßwand tritt, und so entsteht

2. das hämorrhagische Exsudat. Dazu kommt noch, daß das Exsudat schon vorher durch hämolytische Wirkung der Bakterien (z. B. Streptokokken, Gasödembazillen) auch blutig gefärbt sein kann.

3. Kroupöse Entzündung, fibrinöses Exsudat. Durch Fermentwirkung bestimmter Bakterien (z. B. Diphtheriebazillen, Pneumokokken) kann das Serum des Exsudats gerinnen und auf den Ge-

weben festhaftende Niederschläge bilden: fibrinöses Exsudat z. B. auf der Pleura, in der Trachea (z. B. bei Kroup), in der Lunge (z. B. bei kroupöser Pneumonie). Die Bakterien fällen das Fibrin aus dem Serum aus.

4. Das diphtheritische Exsudat; es ist charakterisiert durch stärkere Koagulationsnekrose (Nekrose mit nachfolgender Gerinnung). Bei dieser bakteriellen Entzündung spielt weniger der durch die Verletzung, durch die Kompression der Gefäße und Stase bedingte Untergang von Körperzellen als der primäre Zelltod eine Rolle, bedingt durch die Bakteriengifte, durch die immer weiterschreitende Gewebsschädigung. Dadurch entsteht ein Gewebsdefekt, eine Nekrose. Diese Gewebstrümmer bleiben untermischt mit Fibrin, absterbenden Leukozyten an der Entzündungsstelle liegen, werden, wie schon erwähnt, durch die Wanderzellen oder Autolyse fortgeschafft (Halsdiphtherie, Munddiphtherie, Gasbrand, purulentes Ödem). Gleichzeitig mit der serösen Durchtränkung des Gewebes und der massenhaften Einwanderung von polynukleären Leukozyten (Wanderzellen) beginnen sich junge Bindegewebszellen zu bilden, die aktive Beweglichkeit haben (also den Wanderzellen zuzurechnen sind) und teilweise in noch höherem Maße befähigt sind, Gewebstrümmer und Bakterien einzuschließen und zu vernichten. Leukozyten und Bindegewebszellen zusammen besorgen also die Aufräumungsarbeiten.

5. Eitriges Exsudat mit gelblicher Verfärbung der ausgeschwitzten Flüssigkeit.

Was ist Eiter?

Ein gelblich verfärbtes flüssiges Exsudat von alkalischer Reaktion mit sehr hohem spez. Gewicht, enthält auch anorganische Stoffe. Er gerinnt für gewöhnlich nicht, weil er gerinnungshemmende Stoffe enthält; überwiegt bei ihm die seröse Beschaffenheit, so kann er allerdings dem Körper entnommen gerinnen. Der Eiter ist charakterisiert durch die Anwesenheit polynukleärer Leukozyten, die sich in einem zerfallenden Stadium befinden oder schon zerfallen sind, unter dem Mikroskop gekörnt, unregelmäßig und undeutlich umrandet erscheinen; oft ist das Protoplasma um die mehrfachen Zellkerne herum bereits aufgelöst, ihre Aufnahmefähigkeit für Farbstoff herabgesetzt. Aus der verschiedenen Farbe, dem Geruch des Eiters kann man oft schon die Diagnose stellen (der Eiter des Bazillus pyoceaneus färbt die Verbandstoffe grünlichblau, verbreitet einen stinkenden Geruch, genau wie die Agarkultur des Spaltpilzes selbst; der des Staphylococcus aureus ist rahmiggelb, riecht säuerlich; Pneumokokken liefern dünnflüssigen Eiter; Streptokokken dünnflüssigen gelben Eiter usw.). Eiter wird nicht häufig resorbiert wegen der mit Fibrin beschlagenen Abszeßmenbran (pyogenen Membran) und des Granulationswalles um den Abszeß. Doch sieht man, daß nach mehrfachen Punktionen eines Abszesses die Eitermenge geringer bleibt und von dem jungen Bindegewebe seiner Wandung eine innere Vernarbung des Abszesses ausgeht. Auch Abszeßfisteln heilen auf diesem Wege aus.

Manchmal hat man es mit einer Eiterung zu tun, die nicht einen reinen Eiter zeigt, z. B. die bröckelige, gelbkörnige Ausscheidung aus Aktinomykosefisteln, das zellreiche, käsige mit Serum untermischte Exsudat bei Tuberkulose; erst später wird es ungewandelt und schmilzt eitrig ein; zunächst handelt es sich nur um eine Entzündung ohne Zugrundegehen von Leukozyten, ähnlich bei Lues das Gumma; daher rechnet man diese Formen auch zu den entzündlichen Granulationsgeschwülsten, bei ihnen herrscht von den fünf Kardinalpunkten der Entzündung der Tumor vor. Ein ähnliches Bild ruft die amöboide Dysenterie hervor, sie führt zum Abszeß, der nur eine Gewebsnekrose darstellt. Auch bei der Holzphlegmone, beim purulenten Ödem, bei manchen Furunkeln überwiegt die Nekrose des Zellgewebes; die Bildung des flüssigen Eiters tritt in den Hintergrund, ist gering.

Welche Bedingungen beeinflussen die verschiedenen durch Bakterien hervorgerufenen Entzündungsprozesse?

Von Einfluß sind hiebei:

1. Die Infektionsstelle: Z. B. der Diphtheriebazillus ruft in der Trachea vom Menschen und Meerschweinchen fibrinöse, subkutan injiziert serös hämorrhagische Entzündung hervor.

2. Die Menge der Infektionserreger: Kleine Mengen — eitrige Entzündung; große — serös hämorrhagische Entzündung; letztere ist dann auch ein Zeichen für ungünstigen Verlauf entsprechend der größeren Menge der in unseren Zellverband eingebrochenen Krankheitskeime.

3. Virulenz der Erreger: a) Vollvirulente — serös hämorrhagische Entzündung mit rasch tödlichem Verlauf der Krankheit. Hieher gehören z. B. die blitzartig in wenigen Stunden ad exitum führenden Formen der Blutvergiftung ohne Eiterung, nur durch blaurote Schwellung, gelbbraune Ödeme charakterisiert (Streptokokkensepsis, Gasödem).

b) Abgeschwächte Krankheitskeime — eitrige Entzündung; z. B. leichte, günstig verlaufende Fälle von Streptokokken- oder Gasödeminfektion können sehr wohl mit eitrig serösem Exsudat einhergehen und in Genesung enden; die Art des Exsudates, der Verlauf der Erkrankung bei dem gleichen in anderen Fällen rasch tötenden Infektionserreger läßt also unter Umständen eine günstige Prognose aufkommen.

4. Die Resistenz (persönliche Immunität, Giftfestigkeit — erworben oder angeboren) der Spezies bzw. des Individuums. Angeboren: Verschieden bei verschiedenen Warmblütern (z. B. der Mensch neigt viel mehr zur Eiterbildung als das Kaninchen bei Staphylokokkenimpfung). Erworben: Durch Schutzimpfung (z. B. gegen schwarze Blattern, Diphtherie, Tetanus). (Siehe auch: Immunität.)

Impft man leicht empfänglichen und nicht empfänglichen Menschen denselben Infektionserreger (z. B. Kuhpocken) ein, so bekommen die ersten ausgedehnte, serös hämorrhagische, ödematöse, die letzteren umschriebene kleine eitrige Entzündungen (oberflächliche Pusteln).

Wodurch wird demnach der Charakter der bakteriellen Entzündung bedingt?

Durch die Art des Exsudates; er ist verschieden schwer, je nachdem dieses serös hämorrhagisch (bzw. fibrinös) oder eitrig ist. Ersteres bedingt meist ungünstigen Verlauf. Dabei ist aber noch die Frage offen, ob die lokale eitrige Entzündung die Ursache für günstigen Verlauf ist oder ob sie nur ein Symptom genügender Widerstandskraft eines gesunden Körpers ist.

Bildung von Granulationsgewebe, kräftige Anlockung von Lymphzellen (Leukozytenwall um den Infektions-, Eiterherd), Anschwellen der benachbarten Lymphdrüsenpakete als nächste Bildungsstätten der Leukozyten und als Aufsaugungsorgane gegenüber den virulenten Keimen sind zweifellos die wichtigsten Schutzvorrichtungen des Organismus gegenüber der Verbreitung lokal vorhandener Infektionserreger (Beweis: Auf gut granulierende Wunden gebrachte Infektionserreger verursachen keine Infektion, weil sie von den zahlreich in den vielen Blut- und Lymphgefäßsprossen dort vorhandenen Leukozyten sofort abgefangen werden).

Wie entsteht eitrige Entzündung?

Dem Tierkörper einverleibte Leibesbestandteile von Bakterien rufen an der Injektionsstelle eitrige Entzündung hervor durch positiv chemotaktische Wirkung auf die Leukozyten — Anlockung der Lymphzellen, aus denen sich die Eiterkörperchen bilden. Die Lymphzellen wandern dahin, wo der bakterielle Entzündungsreiz am positivsten ist (Emigration der Leukozyten). Beweis: Hans Buchner, München, schob Bakterienextrakte enthaltende Glasröhrchen einem Tier unter die Haut ein und beobachtete die Einwanderung von Leukozyten in die Röhrchen.

Bakterienproteine entstehen beim Zerfall virulenter Keime. Vollvirulente zerfallen im infizierten Organismus nicht, werden nicht von den Leukozyten und den Eiweißstoffen des Organismus angegriffen, gegen sie sind nicht genügende Schutzstoffe (Alexine) in unserem Blute vorhanden, es folgt keine positive Chemotaxis, die Leukozyten bleiben fern, es folgt keine Beschränkung der Infektion durch einen Leukozytenwall, keine Eiterung; die Infektion wird rasch eine allgemeine, die Infektionserreger brechen hämolytisch wirkend und Metastasen bildend rasch und allgemein in die Gesamtblutbahn ein unter Auslösung eines Schüttelfrostes, hohem Anstieg der Körperwärme und folgendem Herzkollaps.

Was versteht man unter Leukozytose, Hyperleukozytose?

Eine starke Vermehrung der weißen Blutkörperchen (durch Zählungen nachweisbar z. B. im Beginn der Perityphlitis acuta) und ihr vermehrtes Zuwandern zur primären Infektionsstelle, zum Entzündungsherd. Sie ist zurückzuführen auf reichliche Vermehrung der Lymphzellen in ihren Bildungsstätten (Milz, Knochenmark usw.). Dieser Vorgang kann in höherem oder geringerem Grade bei jeder Infektion beobachtet werden, gilt, wenn er kräftig einsetzt, als günstiges Symptom (z. B. bei Pneumonie), ist aber auch als rapides Ansteigen der Leukozytenzahl ein Beweis der Infektionsschwere, der Gefahr im Verzug (z. B. bei Perforationsperityphlitis). Diagnostisch ist dieser Vorgang auch verwertet worden, um das Vorhandensein eines Infektionsherdes im Körper, einer okkulten Eiterung, zu erweisen.

Ist jede Eiterung durch Mikroorganismen hervorgerufen?

Nein, es gibt auch aseptische, bakterienfreie Eiterung, die durch scharfe, reizende Stoffe, z. B. Terpentinöl, Crotonöl, hervorgerufen wird. Doch hat diese Eiterung nicht den progredienten Charakter wie die durch ein Contagium vivum animatum (durch Infektion) verursachte.

Welches sind die gefährlichsten Eiterkokken?

1. Der Staphylococcus pyogenes aureus, verflüssigt in Reinkultur die Nährgelatine, erzeugt hiebei einen goldgelben Farbstoff. Er verursacht Tieren injiziert Abszesse und phlegmonöse Entzündung des Zellgewebes mit Eiterung.

2. Der Staphylococcus albus; die Kulturen haben weiße, glänzende Farbe; verflüssigt auch die Gelatine. Ist etwas seltener als der aureus; bewirkt ebenfalls Abszedierung. Beide können sehr virulent werden.

3. und 4. Ebenfalls seltener sind der Staphylococcus flavus und citreus; beide haben geringe Virulenz; letzterer ausgezeichnet durch sein zitronengelbes Pigment. Sie verflüssigen die Gelatine nicht.

5. Bacillus pyocyaneus, der Bazillus des grünen und blauen Eiters und

6. Bacillus pyogenes foetidus; wächst rasch senkrecht in die Tiefe; beide verflüssigen die Gelatine, machen stinkende, sehr virulent werdende Eiterung.

Welche Bakterien können unter Umständen ebenfalls sehr pyogene Fähigkeiten besitzen?

Der Diplococcus pneumoniae, der Erreger der kroupösen Pneumonie vermag ebenfalls Eiterungen, Phlegmone, Abszesse usw. zu veranlassen. Gefährlich kann auch der Gonococcus, der Erreger des Trippers, werden. Eiterungen kann auch der Typhusbazillus hervorrufen; er findet sich in den Ausscheidungen der Typhuskranken, kommt außerhalb der Organismen im Wasser und Boden vor, wenn diese durch Typhusstühle verunreinigt sind. Das Bacterium coli, das in keinem menschlichen oder tierischen gesunden Darm zu normalen Zeiten vermißt wird und dort bei der Verdauung eine große Rolle spielt, kann unter Umständen zum Erreger der mannigfachsten gefährlichen Krankheiten wie Peritonitis, Cystitis, Pyelonephritis, Perinephritis usw. werden.

Ferner die verschiedenen Streptokokkenarten der Phlegmone, des Erysipels, der Diphtherie, die durch Fortzüchtung im tierischen und menschlichen Körper hochvirulent werden können.

Wie lassen sich die Staphylokokken und Streptokokken im mikroskopischen Bilde unterscheiden?

Die Staphylokokken liegen meist in Haufen, bisweilen traubenartig aneinandergelagert beisammen; die Streptokokken sind reihenweise aneinandergefügt und bilden Ketten.

Furunkel und Karbunkel.

Welches sind Beispiele eines akut entzündlichen Prozesses?

1. Der Furunkel, Entzündung einer Talgdrüse.
2. Der Karbunkel, ein Konglomerat von Furunkeln.

Was versteht man unter einem Furunkel?

Eine akute, von einer Talgdrüse (nicht Schweißdrüse) ausgehende Eiterung, hervorgerufen durch Einwanderung von Eiterkokken (Staphylococcus aureus et albus, Milzbrandbazillen) in den Drüsenausführungsgang längs der Haarscheide, in kleinste Verletzungen der Haut (Rhagaden, Stichwunden). Deshalb bleiben auch Hand- und Fußsohle stets frei.

Wie weit breitet sich ein Furunkel aus?

Beim Furunkel greift die Entzündung der das Haar fixierenden Bindegewebskapsel auf die Wand der Talgdrüse über.

Was ist charakteristisch für den Furunkel?

Die Nekrose der Haarscheide und der Bindegewebskapsel.

Wie stellt sich der klinische Verlauf des Furunkels dar?

Im allerersten Stadium, wenige Stunden nach der Infektion, ein kleines, mit klarer Flüssigkeit (Serum) gefülltes juckendes Bläschen mit rotem entzündlich infiltrierten harten Hof um einen Haarbalg herum. Weiterhin ein erbsen- bis bohnengroßer Knoten in der Haut, rot gefärbt, ziemlich empfindlich. Am 3. oder 4. Tage entwickelt sich auf der Höhe der Geschwulst ein kleiner weißer Punkt, ein größeres Bläschen, das einen serös-eitrigen Inhalt hat. Es stirbt keilförmig in die Tiefe greifend eine kleine Partie des Unterhautzellgewebes samt Talgdrüse ab und wird im günstigen Fall als nekrotischer Pfropf abgestoßen. Schmerz und lokale Reaktion lassen dann augenblicklich nach, Geschwulst und Rötung gehen zurück; es schließt sich der spontan gebildete Durchbruch mit einer punktförmigen, kaum sichtbaren Narbe.

Spielt sich der Verlauf des Furunkels immer in dieser harmlosen Form ab?

Nein. Spontan oder durch ungeeignete Behandlung (Unsauberkeit, unnötiges Drücken und Quetschen) können Komplikationen zum Teil schwerer Natur eintreten. Der Infiltrationsprozeß und der Gewebstod (Nekrose) greifen infolge des bakteriellen Virus und der Bakterienwucherung in der Tiefe um sich. Es kann dann weiterhin:

1. ein Karbunkel entstehen dadurch, daß die eitrige Entzündung in der Haut infiltrierend sich weiter ausbreitet, wodurch in der Umgebung zahlreiche kleine Abszesse im Zellgewebe mit Nekrose entstehen.

2. Es können die Eitererreger in die nächstgelegenen Lymphgefäße einwandern und diese in den Entzündungsbezirk einbeziehen (Lymphangitis). Die Entzündung kann bis zu den nächsten größeren Lymphdrüsenpaketen fortschreiten, auch diese mit ergreifen (Lymphadenitis); dieser Vorgang heißt lymphogene Ausbreitung.

3. Können die Eitererreger in die Blutbahn einbrechen (hämatogene Ausbreitung) und durch Verschleppung auf diesem Wege Neuansiedlung und Abszesse in den verschiedensten Organen entstehen.

4. Kann sich in ganz schweren Fällen eine Thrombophlebitis (eitrige Erweichung eines Venenpfropfes) entwickeln mit schnell sich

130

ausbreitender Allgemeininfektion durch Loslösung von Thromben und Verschleppung von eitrigem Material im ganzen Körper. (Siehe Thrombose und Embolie.)

Wo bleiben losgerissene Stücke eines vereiterten Venenpfropfes stecken?

Von den Venen gelangen sie in das rechte Herz, von da in die Lungenarterie, bleiben dort als Lungenembolus in einem größeren Arterienhauptast oder im Kapillargebiet stecken und erzeugen also sofort Erstickung oder neue Entzündungsherde in der Lunge, d.h. Abszesse und allgemeine Sepsis. Sie können auch nach Überwindung des kleinen Kreislaufs in den Körperkreislauf gelangen und Nierenabszesse (Abluminurie) verursachen.

Warum sind die Furunkel des Gesichtes besonders gefährlich?

Weil bei ihnen die Talgdrüsen tiefer in die Cutis gelagert sind und die nachbarlichen großen Venen (facialis, temporalis, jugularis, maxillaris interna) in erhöhtem Maß ausgedehnt septisch thrombosiert werden können; dann ist die Gefahr einer raschen allgemeinen Infektion (Sinusthrombose mit Somnolenz, Koma unter hohem terminalen Fieber, Schüttelfrost) sehr groß.

Welche Krankheit bedingt große Neigung zu Furunkelbildung?

Diabetes (Zuckerharnruhr); daher bei Furunkulosis (multiples Auftreten von Furunkeln am ganzen Körper) stets den Urin auf Zucker untersuchen und dann antidiabetische Diät einleiten. Auch bei Nephritikern und bei allen Stoffwechselkrankheiten sind Furunkel sehr zu beachten.

Behandlung des Furunkels im allgemeinen?

Konservativ; Saugung sowie Stauung nach Bier; ferner Behandlung mit verdünnten feuchtwarmen Alkoholverbänden, Kataplasmen mit Kamillen, Leinsamen mit Salizyl, Bor, Ichthyol gemischt. Alles unnötige Drücken und Quetschen namentlich im Gesicht ruft stärkere Entzündung hervor, kann Thromben lösen; auch an eine einfache Inzision hat sich schon öfters schwere Allgemeininfektion durch Eröffnen von Blut- und Lymphbahnen, in welche Eitererreger eindringen, angeschlossen. Frühzeitig muß die Verschleppung des Eiters in benachbarte Talgdrüsenausführungsgänge verhindert werden, was durch Einreiben der Umgebung mit Vaselin oder Zinksalbe geschieht.

Wann ist die operative Behandlung angezeigt?

Wenn sich ein weitverbreiteter Karbunkel mit mehreren Durchbruchsöffnungen entwickelt hat, dann frühzeitige kreuzweise Spaltung des kranken Gewebes bis in das Gesunde hinein; Exstirpation des nekrotischen Gewebes mit Aufklappen der Haut. Multiple Furunkel bei Zuckerkranken sollen frühzeitig mit dem Thermokauter (Brenneisen) gestichelt und gespalten werden, um dadurch die Entzündung zum Stillstand zu bringen. Karbunkel bei Zuckerkranken werden am besten exzidiert; die Prognose ist aber immer dubiös, oft sogar infaust.

Weiterhin ist noch die operative Behandlung angezeigt beim lokalen und allgemeinen Fortschreiten, Fieber, zunehmender Schwellung, schweren Allgemeinerscheinungen.

Was versteht man unter Follikulitis?

Einen Zustand, der charakterisiert ist durch massenhafte Eruption von großen und kleinen Furunkeln durch Wochen und Monate hindurch. Kommt bei Eiterinfektion durch schmutzige Verbände in der Umgebung größerer Eiterherde, bei chronischem Magen- und Darmkatarrh, schlechter Ernährung, besonders aber bei Diabetes mellitus vor, daher bei Furunkulose stets Harnuntersuchung!

Was versteht man unter Hordeolum?

Kleiner Furunkel am Lidrande, der harmlos verläuft, entsteht durch Verstopfung und Entzündung der Meibom'schen Drüsen dortselbst.

Was versteht man unter einem Karbunkel?

Ein Konglomerat von nebeneinanderliegenden, ohne besonderes Fieber und Allgemeinerscheinungen verlaufenden Furunkeln mit bienenwabenähnlichen mehrfachen Durchbrüchen und ausgedehnter Zellgewebsnekrose, die bis zum Knochen greifen kann. Der Karbunkel entsteht meist durch Ausbreitung der Infektion in der bretthart infiltrierten Haut und ihrem unterliegenden Gewebe aus dem Furunkel.

Wo beobachtet man am häufigsten Karbunkel?

Am Nacken und Rücken; sie zeigen meist einen langsamen Heilungsverlauf.

Was versteht man unter einem bösartigen Karbunkel?

Bösartig sind die Karbunkel, die mit ausgedehnter und tiefgreifender, brettharter Infiltration der Weichteile unter blauroter bis schwarzbrauner Hautverfärbung, unter Schüttelfrost auftreten, dann heftige Schmerzen verursachen, Fieber und bald darauf Kollaps erzeugen, ohne daß es zur eitrigen Einschmelzung kommt.

Wovon hängt die Schnelligkeit der Entwicklung des bösartigen Karbunkels ab?

Die Entwicklung geht in manchen Fällen langsam, in anderen schnell vor sich und hängt von der Beschaffenheit des Gewebes (Arteriosklerose, Diabetes mellitus, Nephritis, Myodegeneratio cordis) ab.

Wann ist bei Karbunkel Gefahr vorhanden?

Fast immer fiebert der mit einem Karbunkel behaftete Kranke; solange jedoch der Puls nicht klein und frequent ist, ist keine unmittelbare Lebensgefahr vorhanden.

Therapie des Karbunkels?

Kreuzschnitte, die in der gesunden Haut beginnend über das kranke Gewebe hinweggehen und wieder in das Gesunde hineinreichen. Zwischen die Wundränder, aus denen sämtliches nekrotische Gewebe exzidiert ist, stopft man locker antiseptische Gazestreifen. Verbände mit Alkohol dilutus nach Salzwedel; Saugbehandlung nach Bier.

Durch welche Behandlung kann selbst in schweren Fällen noch Erfolg erzielt werden?

Die totale Exstirpation ist selbst in schweren Fällen von Erfolg, hat jedoch seine großen Schwierigkeiten wegen des allgemeinen Kräfteverlustes (Schockwirkung der Operation und der Blutung).

Bei welchen Krankheiten pflegen ebenfalls Furunkel und Karbunkel aufzutreten?

Bei Milzbrand und Rotz.

Durch Eiterung hervorgerufene Entzündungen.

Was ist eine Phlegmone?

Eine Entzündung des Unterhautbindegewebes mit Neigung zur Eiterung unter Gewebsnekrose und Ausbreitung.

Welche Arten von Phlegmone unterscheiden wir?

1. Die akute, septische Phlegmone = Panphlegmone = akut purulentes Ödem (nach Pirogoff) = malignes Ödem, meist durch hämolytische Streptokokken, obwohl auch gemischt mit Staphylokokken, erzeugt. Oft entstanden bei kleiner, nicht beachteter Wunde, häufig auch bei komplizierten Knochenbrüchen. Im Verlauf von 24 Stunden große Schwellung, große Schmerzhaftigkeit, intensiver

Schüttelfrost, Temperatur 40⁰ und darüber; bei größeren Verletzungen fault das Blut in 24 Stunden. Die Haut ist rötlich mit einem Stich ins Gelbliche. Bei Inzision fließt Ödenflüssigkeit, trübes Serum ab.

2. Panphlegmone gangraena acutissima, oft von gasbildenden Bakterien als Gasbrand oder Gasphlegmone verursacht; doch kommen auch hier sekundäre Mischinfektionen mit Streptokokken, Staphylokokken zur Beobachtung.

3. Die relativ gutartige diffuse Phlegmone, durch Streptokokken verursacht.

Therapie des akut-purulenten Ödems?

Man macht möglichst viele, lange Inzisionen, mindestens bis zur Faszie, bei komplizierten Knochenbrüchen bis zum Knochen, hebt die gebrochenen Knochenenden auseinander, drainiert breit und weit nach hinten und unten. Ist eine Extremität betroffen, so wird diese eleviert und absolut ruhig gestellt. Anzuwenden sind häufig zu wechselnde Umschläge mit einer leichten antiseptischen Lösung (0,5 proz. unterchlorigsaures Natron oder verdünnten Alkohol); vor Nachlaß der Herzkraft ist hohe Amputation sofort auszuführen (im Gesunden) in schweren Fällen, namentlich bei komplizierten Frakturen.

Mit welchen klinischen Erscheinungen tritt die Panphlegmone gangraena acutissima auf?

Nach kleinen Verletzungen, häufig namentlich nach Explosionen, schweren Quetschungen, Frost und Fieber bis 40 und 41⁰; der Kranke hat furchtbare Angst (motorische Unruhe); der verletzte Teil ist bretthart geschwollen (Holzphlegmone), ist weiß und bläulich verfärbt, sieht wie poliert aus und zeigt Marmorkälte; man fühlt daran leichtes Knistern, das sog. Emphysem unter der Haut, das Gewebe gibt beim Beklopfen Schachtelton; dieses Emphysem wird durch die gaserzeugenden Bazillen verursacht; in weiterem Verlaufe wird die Epidermis in Blasen mit stinkendem, gelbbraunem Inhalt abgehoben; der Puls ist klein und schnell, der Blutdruck sinkt, auch die Körpertemperatur. Die Urinsekretion ist fast unterdrückt, die Stimme rauh und heiser; der Schweiß kalt; blutiges oder braunschwarzes Erbrechen und Diarrhöen treten auf.

Wie wird die Therapie dieser Phlegmone geleitet?

An der Stelle der stärksten Schmerzhaftigkeit und Spannung ausgiebige Inzisionen, die einen guten Abfluß des Eiters garantieren mit Aufklappen der Muskelbäuche am gefäßlosen einem (unteren) Ende und antiseptische Behandlung. Gasphlegmone bei komplizierten Frakturen indiziert Amputation, wobei zu berücksichtigen

134

ist, daß nicht immer im Gesunden sehr hoch oben, sondern noch im Bereich der ödematösen, gasig aufgetriebenen Weichteile abgesetzt zu werden braucht.

Wann ist der Zeitpunkt zum Einschneiden gekommen?

Es darf mit Zuwarten keine Zeit versäumt werden; wenn starker Schmerz bei Druck oder Berührung besteht und die benachbarten Lymphdrüsen geschwollen sind, hat man sofort Entlastungsschnitte in das infiltrierte gespannte Gewebe zu machen.

Was versteht man unter Phlegmone diffusa seu progrediens?

Diese einfache, relativ gutartige Phlegmone ist eine Entzündung des Unterhautbindegewebes mit Ausgang in Eiterung. Der Krankheitsprozeß sitzt im Unterhautzellgewebe über der allgemeinen Faszie, kann aber auch zwischen den einzelnen Muskellagen und längs der Sehnenscheiden bis zu den Zwischenknochenbändern in die Tiefe wandern. Der primäre Erreger der progredienten Phlegmone ist ein Streptokokkus, der dem Erysipel-Streptokokkus nahe verwandt oder eine Abart von ihm ist. Im weiteren Verlauf der Phlegmone kommt es oft zu Mischinfektionen mit Staphylokokken, Pyoceaneus usw.

Welches sind ihre klinischen Erscheinungen?

Neben hohem Fieber, bedeutender Störung des Allgemeinbefindens durch Kopfschmerz, Appetitmangel bestehen örtlich alle Zeichen hochgradiger Entzündung mit sehr starkem Druckschmerz, Störungen der Bewegungen, Infiltration, flammender Hautröte, doch fehlen die vorstehenden Symptome des malignen Pirogoffschen Ödems wie Bretthärte, weiße oder blaue Verfärbung, Ödem und Gasblasen.

Welche Therapie muß bei dieser Phlegmone eingeleitet werden?

Man muß sobald als möglich inzidieren, um das Gewebe von der Spannung zu befreien und damit der Gefahr der Gangrän vorbeugen. Schreitet die Phlegmone fort, so macht man mehrere Inzisionen. Diese Inzisionen sollen vorerst nur Haut und Unterhautbindegewebe, nicht auch sofort die Faszie durchtrennen, solange der Prozeß nur in jenen spielt. Nach der Inzision legt man in die Wunde eine dünne, lockere Schicht von Jodoformgaze oder Gummiröhren, darüber eine feuchte, warme, antiseptische Kompresse, ohne wasserdichte Deckung, welche 1- bis 2mal täglich erneuert wird; hiebei wird jedesmal gleichzeitig die Wunde gut irrigiert; auch warme protrahierte, schwach antiseptische Bäder sind angezeigt.

Welches ist die gefährlichere Form?

Die tiefe, subfasziale Phlegmone, welche namentlich bei komplizierten Frakturen, wie Schußverletzungen, häufig eintritt. Diese Phlegmonen dehnen sich nach der Fläche in der Tiefe längs des Periostschlauches und des Ligamentum interosseum und den Sehnenscheiden weit gegen den Rumpf hin aus. Sie machen oft septische Thrombosen in den Venen, sind daher wegen der Metastasen und der Emboliegefahr sehr bedenklich, erfordern deshalb nicht selten vorbeugende hohe Absetzung der Gliedmaßen im Gesunden.

Welche Krankheit entsteht, wenn Eitererreger in die Lymphe eintreten?

Die Entzündungen der Lymphgefäße — Lymphangitis.

Welches sind hiebei die durch die Invasion der Eitererreger verursachten Entzündungsvorgänge im Lymphgefäßesystem?

Treten von einer infizierten Wunde aus phlogogene (entzündungserregende) Substanzen in die Lymphe über, so bedingen sie eine Degeneration der Intima, gleichzeitig tritt eine Entzündung des die Lymphgefäße umgebenden Gewebes ein. (Die Lymphgefäße sind im wesentlichen ebenso gebaut wie die Blutgefäße, nur haben sie sehr muskelarme Wandungen.) Die oberflächlich gelegenen Lymphgefäße erscheinen dann als rötliche Streifen — Perilymphangitis. Durch Infiltration ihrer Wandung, Hyperämie der Kapillaren und Auswanderung der Blutkörperchen sind sie selbst im Zustand der Entzündung. In den Lymphdrüsen werden die Eitererreger aufgehalten, die Drüsen schwellen an, es kommt zur Adenitis, auch zur zentralen Einschmelzung der angehäuften Leukozyten, d. h. zu Lymphdrüsenabszessen (z. B. weicher Bubo beim Ulcus molle), mitunter auch zu chronischen Lymphdrüsenentzündungen mit bleibender Vergrößerung und Verhärtung (Infiltration des Drüsengewebes selbst, z. B. indolente Bubonen bei Lues).

Wie behandelt man die Lymphangitis?

Vor allem muß die Eingangspforte des Giftes freigelegt werden, damit die septischen infizierenden Stoffe vom Körper dort wieder ausgestoßen werden können. Eine kleinste Eiterpustel, eitrige Follikulitis, eine Paronychia (Entzündung bzw. Vereiterung der den Nagelsatz bildenden Hautpartie), ein Panaritium (Nagelgliedentzündung, überhaupt jede phlegmonöse Entzündung an den Fingern) als Ausgangspunkt der Lymphangitis muß breit geöffnet, antiseptisch feucht mit Alkohol verbunden werden. Diese Stelle ist unbedingt durch Schienung ruhig zuhalten, Arbeit muß ausgesetzt werden bei einer derartigen scheinbar kleinen Entzündung. Bei Extremitäten empfiehlt sich Hochlagerung. Kalte oder feuchtwarme adstringierende Umschläge mit Alkohol, Bleiessig sind längs der roten Lymphgefäßhautstreifen zu machen; auch graue Salbe kann man verwenden. Der Allgemeinzustand, die Herz- und die Nierentätigkeit sind zu heben, um das Gift durch Diaphorese und Diurese möglichst rasch auszuscheiden.

Was versteht man unter Panaritium?

Eine häufig vorkommende Phlegmone des Fingers im Unterhautzellgewebe und Periost, auch Sehnenscheide als:

1. Zellgewebsphlegmone; die Entzündung dringt von einer kleinsten Infektionsstelle der Haut keilförmig in das Zellgewebe der Fingerbeere als Nekrose ein.

2. Sehnenscheideneiterung; die Ausbreitung erfolgt meist an der Beuge- aber auch Streckfläche und geht über die Phalangen hinweg längs um oder in der Sehnenscheide. Die Sehne kann nekrotisch werden, namentlich wenn diese Phlegmone im Zellgewebe um die Sehnenscheide herum nicht frühzeitig und breit genug gespalten worden ist. Primär ist die Sehnenscheide hiebei nicht zu öffnen.

3. Eitrige Periostitis der Phalanx; die Schwellung erstreckt sich meist nur auf eine Phalanx, die Infektion greift aber auf das Periost über und führt zur Nekrose des Knochens. Die Paronychia, das Panaritium sub unque sind besondere Formen von Infektion am Nagelfalz und -bett.

Was versteht man unter Erysipel (Wundrose)?

Eine akut fieberhafte, von mehr oder weniger schweren Allgemeinerscheinungen begleitete kontagiöse Hautentzündung. Sie wird hervorgerufen durch den von Fehleisen entdeckten Streptococcus pyogenes, der Rhagaden (kleine Spalten in der Haut), Schrunden, Fisteln der Haut und der Schleimhaut als Eingangspforte benützend, sich in den Lymphspalten der Haut ansiedelt und von dort auf dem Lymphwege und unter der Kutis sich verbreitet = ektogene Wundrose. Sie hat die Neigung, sich schnell über große Hautpartien zu verbreiten, schließt sich oft an Wundinfektion mit kleinen Eingangspforten in den Hautlymphspalten, an Knochenfisteln nach komplizierten Frakturen, an kleine Schleimhauteinrisse der Nase, der Genitalien usw. an.

In welchen Formen tritt das Erysipel auf?

Je nach der Intensität der Entzündung und dem anatomischen Bau (schlechte Ernährung) verschiedener Hautbezirke in verschiedenen Formen:

In einfachster Form tritt es als einfache Rötung und Schwellung mit geringer, seröser Exsudation, aber starker Empfindlichkeit auf. Wird die Ansammlung des serösen Exsudates stärker, so dringt dieses in die tieferen Schichten der Epidermis und hebt die Hornschicht in Blasen ab — Erysipelas bullosum. Sehr schwere Formen stellen jene Fälle dar, in denen infolge hochgradiger Virulenz der Bakterien und schlechter Ernährung der Haut ganze Bezirke der (oberflächlichen) Nekrose verfallen — Erysipelas gangraenosum (Augenlider, Streckfläche der Extremitäten).

In welcher Form ist die Krankheit am gefährlichsten?

Am gefährlichsten ist diejenige Form, bei der auch das Bindegewebe der Haut, der Körperräume und die serösen Häute mit ergriffen werden. Sie geht oft von kleinen Schleimhautverletzungen der Nase, der Genitalien aus und führt durch Meningitis bzw. Parametritis, Peritonitis (beim Puerperalfieber) zum Tode. Dabei entsteht auch metastatische, septische Eiterung.

Welche Wirkung übt bisweilen das Erysipel auf oberflächliche Karzinome, Sarkome aus?

Kriecht über ein oberflächliches Karzinom oder Sarkom ein Erysipel hinweg, so können lokale Besserungen bzw. teilweise Heilungen dieser bösartigen Neubildungen eintreten (nach Emmerich, München).

Welches ist die Inkubationsdauer des Erysipels?

Die Inkubationszeit, d. h. das Latenzstadium vom Eindringen des Erregers bis zum Erscheinen des klinischen Bildes hat nach Versuchen mit Injektion von Streptokokken-Reinkultur eine Dauer von 8 Stunden bis zu 8 Tagen; damit stimmt auch die klinische Erfahrung in chirurgischen Lazaretten durch Übertragung von Wunde zu Wunde infolge unreiner Behandlung (Erysipelas epi- und endemicum) überein. Die Krankheitsdauer ist im Mittel nach großen statistischen Berechnungen 12 Tage.

Wie ist der klinische Verlauf des Erysipels?

Es beginnt mit Schüttelfrost, schwerem Fieber und Erbrechen; dann stellen sich nach kurzem vorausgehenden Unwohlsein Kopfschmerzen ein; es folgt jähes Ansteigen der Temperatur bis 41°C, darauf anhaltend hohes Fieber. Wenige Stunden nachher ist die Eintrittspforte der Infektion stark gerötet, etwas geschwollen und schmerzt bei der leisesten Berührung. Diese Hauthyperämie breitet sich als flammende Röte in Fackelform über große Flächen der Gliedmaßen aus. Mit jeder neuen Ausbreitung steigt die Fiebertemperatur wieder zackenförmig empor. Die zuerst ergriffenen Hautflächen blassen und schwellen ab, werden schlaff und runzelig unter Schuppung der Epidermis, und so kann das Erysipel (namentlich bei Kindern z. B· von der Nabelwunde aus) über den ganzen Körper wandern (Erysipelas migrans). Plötzlich steht es dann still, die Temperatur wird fast völlig normal; da erfolgt unter neuem Anstieg der Temperatur an irgendeiner Körperstelle, nicht immer an der ersten Eingangspforte, ein Nachschub. Diese Rezidive können sich mehrmals wiederholen, sind aber trotz dieser peinlichen Wiederholung meist günstig zu beurteilen.

Wann spricht man von Erysipelas crustosum?

Wenn sich auf den Blasen der entzündeten Haut — ein Zustand, der bei den meisten sehr heftigen Erysipelen eintritt — in der Folgezeit Krusten bilden durch Flüssigkeitsverdunstung und Eintrocknen.

Welche besondere Neigung charakterisiert das Erysipel?

Es erfolgt selten Immunität, daher eine ausgesprochene Neigung zu Rezidiven, so daß man oft von einem habituellen Erysipel sprechen kann. Diese rezidivierenden Erysipele besitzen die Fähigkeit, Bindegewebshyperplasien (Vermehrung der Gewebselemente) mit Erweiterung der Lymphbahnen (Lymphstauung), d. i. Elephantiasis, zu erzeugen.

Worin besteht die große Gefahr des Erysipels?

1. In der hartnäckigen Längendauer namentlich bei alten Leuten, kleinen Kindern und Kranken, die bereits durch chronische Krankheiten sehr erschöpft sind (z. B. das Erysipelas terminale bei septisch Oberschenkelamputierten, bei Phthisikern, ausgehend von einem brandigen Dekubitus).

2. In der Schwächung des Herzmuskels durch das spezifische Streptokokkengift, namentlich bei Erysipel, das mit sehr hohem Fieber einhergeht.

3. Im Übergreifen des Erysipels auf innere seröse Körperräume (Meningen, Peritoneum).

Welche Lokalisation des Erysipels ist besonders gefürchtet?

Das Kopferysipel wegen der damit verbundenen schweren Hirnerscheinungen, nicht selten mit letalem Ausgang. Durch Weiterwanderung in Lymph- und Venenbahnen erfolgt eine Beteiligung der Hirnhäute an den entzündlichen Vorgängen. Die Folge sind furibunde Delirien, Somnolenz (schlafsüchtiger Zustand), häufig auch psychische Störungen. Auch hat man bei schwerem Kopferysipel vorübergehende Geistesstörung mit Verfolgungswahnvorstellungen beobachtet, die zum Selbstmord treiben können. Diese

Zustände können übrigens bei allen septischen, akuten Infektionskrankheiten mit hohem Fieber vorkommen. Es sind schon Kranke mit komplizierten Unterschenkelfrakturen in diesen Delirien zum Fenster hinausgesprungen. Auch der Alkoholentzug spielt bei Potatoren, wenn sie derart fieberhaft erkranken, eine auslösende Rolle. Deshalb sind große Dosen von Kognak, Digitalis mit Opium das beste Gegenmittel, schwächen die Herzkraft weniger als andere Schlafmittel (Morphium, Chloral, Sulfonal).

Treten zum Erysipel Erbrechen, Sopor (Betäubungszustand), Konvulsionen und Lähmungen, so ist an eine Mitbeteiligung der Hirnhaut zu denken (meningitische Reizerscheinung). Die Prognose ist eine schlechte wegen nachfolgender lokaler Cerebrospinalmeningitis purulenta.

Welches sind die Erscheinungen beim Verschwinden des Erysipels?

Hört ein Erysipel auf, so schuppt sich die Haut ab, die Haare fallen oft aus.

Welches ist der Ausgangspunkt eines jeden Erysipels?

Für jedes Erysipel ist als Ausgangspunkt eine Wunde der äußeren Haut oder Schleimhaut anzunehmen.

Die Prognose des Erysipels?

Ist im großen und ganzen nicht günstig. Je länger ein Erysipel dauert, desto ungünstiger wird die Prognose. Die Mortalität beträgt zwischen 8 und 11%.

Todesursache des Erysipels?

Bei langdauerndem Erysipel tritt der Tod entweder durch Ermattung des Herzmuskels oder durch Verfettung der Endothelien der Gefäße, auch durch eitrige Metastasen in serösen Körperräumen, inneren lebenswichtigen Organen ein.

Therapie des Erysipels?

Für die Therapie ist eine große Zahl von Mitteln empfohlen, ein Beweis, daß ihr Nutzen nicht feststeht. Das Wichtigtes ist die Prophylaxe und eine richtige, stets reine gewissenhafte Behandlung aller, auch der kleinsten Wunden schon vor Ausbruch eines Wundrotlaufes. Ist z. B. in einer chirurgischen Abteilung eines Lazarettes ein Fall von Wundrotlauf erkannt, so muß sofort der Kranke mit allem, was um ihn herum ist, auch mit seinem Pflegepersonal, auf die Isolierstation kommen; dort muß er gesondert verbunden und behandelt werden, oder der ganze infizierte Abteilungsraum selbst samt dem Pflegepersonal wuß vom übrigen

Verkehr abgeschlossen werden. Die Behandlung teilt sich in eine lokale und allgemeine. Bei leichten Fällen, namentlich im Gesicht, sind feuchtwarme Umschläge einer leichten antiseptischen Lösung angezeigt; gegen starke lästige Hautspannung kann man Aufstriche von antiseptischen, adstringierenden Salben, mit Lanolin auch graue Salbe, Ichthyolsalbe, Karbol- und Thymolöl versuchen. Besonders entspannend wirkt Thiol. Eine geradezu spezifische Wirkung namentlich am Kopf haben warme Salizylsäureumschläge (konzentriert 1 : 300), denen man einen Eßlöffel Ichthyolammonium beimischt. Sie werden täglich dreimal gewechselt und weit hinaus über die rote Begrenzung der ergriffenen Haut angewendet. Die Kopfhaare werden vorher vorsichtig abrasiert oder schonender ganz kurz geschnitten. Ichthyolammonium kann man vorher in die Haut noch sanft einreiben. Über den ganzen Umschlag wird dicht und breit Billrothbatist gebreitet. Am Rumpf und den Gliedmaßen wirken in vielen Fällen kupierend einmalige rasche Bepinselungen mit konzentrierter Karbollösung (in Alkohol) ebenfalls weit über die Rotlaufgrenze hinaus. Dadurch tritt eine oberflächliche Verätzung der Haut ein, die sich alsbald in Weißfärbung bekundet. Das überschüssige Karbol wird sofort wieder mit Alkohol abgewaschen. Hautnischen z. B. am Skrotum, die Schleimhautgrenzen sind dabei schonend zu behandeln und mit Ichthyol-Salizylsalbe zu schützen. Über die mit Karbol verätzte Hautfläche kommen alsdann häufig gewechselte 60proz. Spiritus oder Ichthyol-Salizylumschläge, mit Billrothbatist gedeckt.

Dabei sei nochmals hingewiesen auf die Feuersgefahr bei Alkoholverbänden; auch muß berücksichtigt werden, daß Ichthyol untilgbare Wäscheflecken hinterläßt.

Wie wird die innere Behandlung geleitet?

Die Erysipelkranken müssen roborierend, herzkräftigend ernährt werden; man gibt ein Kampfer-, auch Digitalispräparat. Abnorm hohe Temperaturzacken lassen sich vorteilhaft antiseptisch mit Chinin beeinflussen, kurz vor dem Anstieg der Temperatur gereicht.

Was ist ein Erysipeloid?

Eine rotlaufähnliche, oft periodisch mit leichtem Fieber an der Nase, an den Fingern und Handrücken mit umschriebener Röte auftretende Krankheit. Ihre Ursache liegt in äußerer Verunreinigung kleiner Hautrisse, Schrunden durch septische Abfallstoffe usw. Es soll hervorgerufen werden von einem sehr kleinen, stäbchenförmigen Bazillus.

Behandlung des Erysipeloids?

Hiegegen ist das einmalige Aufpinseln von Jodtinktur, auch Anwendung leicht antiseptischer Umschläge wirksam.

Septische Fieber — Sepsis, Septikämie (Septhämie) und Pyämie.

Worum handelt es sich bei diesen Erkrankungen?

Um die allgemeinen Störungen bei Wundentzündungen, die durch bakterielle Einwanderung hervorgerufen sind.

Wann treten Allgemeinstörungen auf?

Wenn die Eitererreger den lokal abgegrenzten Bezirk verlassen und auf dem Wege der Lymph- und Blutbahn in das Innere des Körpers eindringen, oder wenn sie auch nur ihre produzierten Gifte in den Kreislauf schicken.

Was versteht man unter Septikämie bzw. Pyämie?

Septikämie ist eine fieberhafte infektiöse Allgemeinerkrankung, hervorgerufen entweder 1. durch Aufnahme von Fäulnisprodukten in die Körpersäfte (putride Intoxikation, Toxinämie) oder

2. durch Aufnahme pathogener septischer Mikroorganismen, hauptsächlich von Streptokokken und Staphylokokken oder bei Mischinfektion auch von Gasödembazillen (eigentliche Septikämie des Blutes — Bakteriämie). Bei ihr handelt es sich dann um ein massenhaftes, mehr kontinuierliches Kreisen von Bakterien im Blut, im Gegensatz zur Pyämie, die verursacht wird durch schubweises Eindringen der Bakterien in verschiedene Körperstellen, wodurch immer neue Entzündungs- und Eiterherde entstehen (Metastasen).

Wie entsteht Sepsis?

Sie tritt in der Mehrzahl der Fälle bei frischen Wunden auf durch die Aufnahme fauler Wundprodukte, aber auch durch sekundäre Allgemeininfektion, ausgehend von chronisch eiternden Wunden, bei denen durch unzweckmäßige unruhige Behandlung (z. B. schlechten oder zu früh einsetzenden Transport komplizierter Frakturen, schlechte Schienung) auch durch unzeitgemäße, unrichtige operative Eingriffe (Drainierung von komplizierten eiternden Frakturen, blutige Ausräumung von Furunkeln) neuen Blutungen und damit der Aufnahme hochvirulenter Infektionserreger in die Blutbahn Tür und Tor geöffnet wird. In diesen Fällen wird durch einen groben, rücksichtslosen Eingriff der den primären Infektionsherd isolierende Gefäß-Leukozytenwall, die Bindegewebskapsel des Abszesses, zerstört.

Wie gelangen bei Infektionskrankheiten (Tetanus, Diphtherie, Typhus usw.) die Bakterien ins Blut?

Entweder dringen sie von der Ursprungsstelle in die Lymphgefäße und von dort in das Blut ein (indirekter Weg), oder sie wandern direkt durch die schon brüchigen Wandungen der Kapillaren oder kleiner Venen ein (direkter Weg). Hiedurch entstehen Thromben und durch diese metastatische Verschleppungen auf embolischem Wege, da der septische Thrombus durch die Bakterien erweicht wird und zerfällt. Die Bakterien können sich im Blute selbst vermehren und vermögen sich, wenn mit dem Kreislauf verschleppt, an beliebigen Stellen des Körpers anzusiedeln und dort neue Entzündungen hervorzurufen (Organnekrosen = Abszesse). Jeder Einbruch der septisch putriden Zersetzungsstoffe und der diese erzeugenden Bakterien in das Blut erfolgt meist unter Schüttelfrost und folgendem Temperaturanstieg; dieser kann sich immer wieder mit Schüttelfrost öfters wiederholen.

Wie ist der Befund bei der Autopsie einer septikämischen Leiche?

Man findet immer Gastro-Enteritis mit charakteristischen Tromben in der Schleimhaut und Blutungen in das submuköse Gewebe (Petechien). Die septikämische Leiche geht leicht in Fäulnis über, ihr Muskelfleisch sieht bräunlich aus, ist erweicht. Seröse, trübe, blutig gefärbte Exsudate finden sich meist in Pleura, Perikard, Gelenken. Ekchymosen (deutlich begrenzte, etwas prominierende, durch Bluterguß hervorgerufene rote oder braunrote Flecke der Haut) sind für die septischen Prozesse charakteristisch. Ferner sieht man Milzschwellung, enorm große, weiche, zunderartig zerfallende, mit Bakterien reicherfüllte Milz; trübe Schwellung, kapillare Blutungen des Nierenparenchyms usw.

Welches ist der klinische Verlauf bei Septikämie?

1. Die Wunde hat ihre frischrote Farbe verloren. In manchen Fällen ist sie graugelb, mißfarben belegt, blutet leicht, eitert wenig, entleert oft nur etwas übel- oder fade riechendes Serum. Die Septikämie kann durch obenerwähnte Ursachen zu jeder Zeit die Wunde befallen: Man nimmt dann an der Wundumgebung Rötung, Schwellung und leichte Entzündung wahr; häufig stinkt die Wunde infolge von Fäulnis ganz penetrant.

2. Diese lokalen Erscheinungen treten in Begleitung von Allgemeinverschlechterung des Kranken ein: Er ist matt, abgeschlagen, appetitlos, hat Brechreiz, Durchfall, seine Haut ist trocken, heiß, welk, blutarm, Zunge und Lippen sind trocken, rissig, blutleer, belegt. Es besteht quälender, heftiger Durst, heisere Stimme. Auffallend ist oft ein Zustand von Euphorie, der in einem merkwürdigen Gegensatz zur Schwere der Erkrankung steht.

Verhalten des Fiebers bei Septikämie?

Das septikämische Fieber beginnt meist mit intensivem Schüttelfrost. Da es sich hier um kontinuierliches Kreisen der Eitererreger und ihrer Gifte im Blute handelt, pflegt demgemäß eine ständig hohe Temperatur die Norm zu sein (febris continua), oder es macht bedeutende Remissionen in der Nacht gegen den Morgen, wiederum mit stärkerem Anstieg gegen Mittag des folgenden Tages (stark zackenförmige Kurvenform mit steilen hohen Spitzen am Nachmittag). Mit dem Fieber ist meist Kopfschmerz, unklares, benommenes Sensorium, Apathie usw. verbunden (typhoider Zustand). Das Fieber kann auch manchmal fehlen bei hoher Pulszahl (von übelster Vorbedeutung), wie überhaupt bei Sepsis die Höhe des Fiebers kein Maßstab für die Schwere der Erkrankung ist.

Wie verhält sich der Puls bei Septikämie?

Der Puls ist anfangs frequent aber voll, mit der Verschlechterung des Befindens wird er kleiner und frequenter. Tritt diese Pulsform schon frühe ein, so ist dies ein Zeichen, daß es sich um einen sehr schweren, rasch tödlich verlaufenden Fall handelt.

Findet man den kleinen schnellen Puls bei gleichzeitiger anderer Entzündungserscheinung einer Wunde, Verletzung, so ziehe man die Möglichkeit einer allgemeinen Infektion in den Bereich der Differentialdiagnose (z. B. bei Bauchfellentzündung, Perityphlitis). Nur bei Gasphlegmone kann der Puls sogar verlangsamt, die Temperatur subfebril, auch febril sein.

Wie sind die Allgemeinerscheinungen bei Septikämie?

Da es sich hier um einen gleichmäßig andauernden Prozeß handelt, der sich über den ganzen Körper erstreckt, so tritt die Beeinflussung aller Organe mehr hervor: Leber (Ikterus), Niere (Albuminurie), Exantheme, Blutungen usw.

Welche klinischen Erscheinungen leiten das Ende des Septikämie ein?

Gegen das Ende hin oder schon gleich nach dem ersten Schüttelfrost erhält die Haut einen Stich ins Gelbliche durch die hämolytische Wirkung der Bakterien (besonders Streptokokken oder Gasödembazillen), häufig zeigen sich Exantheme (oberflächliche Entzündung der Haut). Gleichzeitig werden die gastroenteritischen Erscheinungen heftiger, mit Erbrechen und reichlichen Durchfällen (auch mit Blut gemischt und fäkulent stinkend). Leicht bekommen septikämische Kranke Dekubitus (Druckbrand) vor dem Ende am Kreuzbein, Ferse, Schultern; man legt sie daher schon frühzeitig am besten auf Wasserkissen, kräftigt die Haut durch Abtupfen mit Tannin-Salizylspiritus, Hirschunschlitt. Allmählich werden die Kranken benommen, der Tod erfolgt durch Herzlähmung.

Dauer der Krankheit?

Kurze Dauer; die Krankheit kann rasch, oft nach wenigen Tagen zum Tode führen. Es gibt aber auch Formen von Sepsis, die sich über Wochen hinziehen und dann in Genesung ausgehen (chronische Pyämie, immer mit neuen Nachschüben von metastatischen Abszessen). ·

Wo kommen septikämische Fieber häufig vor?

Bei Kranken mit ·Harninfiltration durch forcierte Katheterisierung (Eindringen von Harn in Wunden), bei vernachlässigten komplizierten Frakturen.

Welches Verhalten hat man einzuschlagen, wenn nach einer Verwundung Fieber auftritt?

Jedes Fieber infolge von Verwundung hat man zunächst als septisches zu betrachten und dementsprechend zu behandeln durch Offenhalten der Wunde, Alkoholumschläge, ruhige Hochlagerung. Geht es nach einigen Tagen vorüber ohne Schaden für den Organismus, so hat eben dieser die eingedrungenen Infektionserreger noch überwinden können.

Wie muß eine septische Wunde behandelt werden?

Sie muß stets vollkommen geöffnet werden, unter Umständen sind die Nähte zu entfernen. Anzuwenden ist an der Wunde: Warme Irrigation mit leicht antiseptischen Mitteln (0,5 proz. unterchlorigsaure Natronlösung), bei Höhlenwunden muß genau dräniert werden. Dann behandelt man die Wunden mit feuchten antiseptischen Umschlägen (mit Alkohol dilut., oder 0,5 proz. unterchlorigsaurer Natronlösung), welche täglich ein- bis zweimal gewechselt werden. Auch die permanente Irrigation ist von großem Vorteil. Etwa auftretende Abszesse müssen gespalten werden. Noch mehr als beim Erysipel muß auf Kräfteerhaltung, Unterstützung des Herzens geachtet werden, besonders mit Kampfer, Digitalis; nur bei Gasödem muß mit Digitalispräparaten sehr vorsichtig vorgegangen werden, weil das Gift des Gasödems den Puls ohnedies verlangsamt. Blutwarme subkutane und intravenöse Zucker- (2%), Kochsalz- (0,9%) Infusionen, letztere nach Ringer auch gemischt mit 0,02 proz. Kalziumchlorat, 0,02- bis 0,04 proz. Kal. chlorat. und 0,01 bis 0,03 proz. Natr. bicarbonicum.

Adrenalin (5 bis 10 Tropfen einer 1°/₀₀ Lösung, Coffein citric. oder Coffein natr. salicyl 0,02 beigemischt) beeinflussen die Herztätigkeit günstig. Die Kochsalzinfusionen auch in Form des warmen Tröpfcheneinlaufs fördern außerdem noch die Giftausscheidung durch Niere und Haut. Auch diaphoretische Mittel, Schwitzkuren nach Billroth wirken in dieser Richtung. Sind Gliedmaßen Ausgangspunkt der Sepsis, so kommt nur noch rechtzeitige hohe Amputation bei Nachlaß der Herzkraft in Frage.

Welche Mittel werden gegen septische Erkrankungen noch empfohlen?

Das Collargol = Argentum colloidale nach Credé, metallisch glänzende, leicht bröckelnde, schwarze kleine Pastillen, die 87% reines Silber enthalten. Es ist ungiftig und reizlos, seine Lösung bzw. seine molekulare Verteilung in Wasser unbegrenzt haltbar und beim Kochen unzersetzlich. Der Erfolg liegt sowohl in der bakteriziden Wirkung, indem die feinen Silbermoleküle die Bakterien einhüllen und unbeweglich machen, als auch in seiner hemmenden Kraft, indem es eine anhaltende Leukozytose hervorruft.

Wie wird Collargol angewendet?

1. Es wird in Substanz oder Lösung in Wunden, Quetschwunden, septischen Wunden usw. eingebracht.

2. Eine 2proz. Lösung wird intravenös eingespritzt bei allgemeiner Sepsis, schwerer Phlegmone, Pyämie, Puerperalfieber, septischer Osteomyelitits, schweren Erysipeln, Peritonitis, Milzbrand, Diphtherie, septischer Appendizitis usw.

Technik der venösen Einspritzung?

Am besten wird die Einspritzung in eine der Ellenbogenbeugevenen vorgenommen, zunächst in die Vena mediana, welche die Basilica mit der Cephalica verbindet. Der Oberarm wird mäßig stark umschnürt, der Arm wird in Streckstellung auf sicherer Unterlage festgehalten. Die Einstichstelle wird mit Jodtinktur, Spiritus oder Äther desinfiziert, die prallgefüllte Vene zwischen zwei Fingern fixiert und die Nadel parallel dem Venenverlauf möglichst flach eingestochen. Erst dann wird die nicht ganz mit Collargollösung gefüllte Spritze aufgesetzt und etwas Blut angesogen, um sicher zu sein, daß nicht die hintere Venenwand mit angestochen ist. Luftblasen darf die Spritze oder Kanüle nicht enthalten. Langsam und mit Pausen einspritzen. Es werden injiziert entweder 5 bis 15 ccm einer 2proz. Lösung oder 3 bis 9 ccm einer 5proz. Lösung. Die Einspritzung kann wiederholt werden nach 24 Stunden, wenn keine Besserung, Temperaturabfall eingetreten ist. In ähnlicher Weise wird auch Natr. salicylic., Chinin sulfuric. 1% zu 1 bis 5 ccm versucht; ebenso Trypaflavin und ähnliche Farbstoffpräparate; auch Streptokokkenserum oder Autovaccine, gewonnen aus Reinkulturen des betreffenden Sepsisfalles selbst.

Was ist Pyämie?

Ist eine besondere, meist langsamere, über Wochen hin ausgedehnte Form der Sepsis, bei der Staphylokokken schubweise in die Blutbahn gelangen und metastatische Abszesse verursachen. Sie geht meist aus von eitrig zerfallenden Venenthromben im Bereich des primären Sepsisherdes, macht Abszesse in Leber, Lunge, Gehirn, Knochenmark, Gelenken.

Unter welchem klinischen Bilde entsteht die Pyämie?

Ein ursprünglich ausgiebig gespaltener Eiterherd (z. B. Furunkel, Osteomyelitis) hat einige Zeit gute Heilungstendenz gezeigt. Plötzlich, meist nach grober Tamponade, Sondierung, Gelenkbewegungen, Korrektion von Kontrakturen (z. B. des vorher septisch entzündeten Kniegelenks, von schlecht stehenden komplizierten Frakturen), nach unsauberer, ungeschickter Ausräumung von Knochensequestern, typischer Resektionen septisch infizierter Gelenke tritt erneut hohes Fieber auf und Unbehagen. Daher der alte Grundsatz: »Quieta non movere.«

Plötzlich tritt Schüttelfrost auf, gefolgt von trockener Hitze, dann reichlicher Schweißausbruch. Zur Gewißheit wird der Verdacht auf Pyämie, wenn ein neuer beginnender Abszeß, irgendwo eine Gelenkschwellung angeblich mit rheumatischen Schmerzen, nachzuweisen ist. So zeigen sich auch Lungenmetastasen an durch stechende Rückenschmerzen, Husten und blutigen Auswurf, Endo- und Perikarditis durch Verbreiterung der Herzdämpfung, unklare Herztöne, Atemnot, Reibegeräusche, septische Nierenerkrankungen durch Eiweißausscheidung usw.

Wie ist der Befund bei der Autopsie?

Zahlreiche metastatische Abszesse in den verschiedensten Organen, in der Umgebung des primären Infektionsherdes zahlreiche entzündete, geschwollene Venen mit erweichten Thromben, die je nach ihrem Alter fester oder loser der Gefäßwand anhaften.

Wie verhält sich Fieber und Puls bei Pyämie (Metastasenbildung)?

Dem schubweisen Vordringen der Bakterien entsprechen schubweise exazerbierte Allgemeinerscheinungen, vor allem das Verhalten des Fiebers. Solange die Schutzkräfte des Körpers siegreich bleiben, sistiert das Vordringen der Bakterien, das Fieber sinkt ab. Wenn die Infektion wieder die Oberhand gewinnt, dringen die Bakterien wieder in neue Bezirke vor. Dieser Vorgang ist von einem neuen jähen Fieberanstieg begleitet, der von einem Schüttelfrost eingeleitet wird. Dadurch erhält die Fieberkurve charakteristischerweise etwas ganz Unregelmäßiges: Bald hohe Temperaturen, bald Absturz, Remissionen von 2 bis 3⁰ täglich, sie wird zackenförmig mit jähem Anstieg und Abfall (steile Fieberkurve). Der Puls hält, solange der Körper sich noch zu wehren vermag, Schritt mit der Temperatur; wenn die Widerstandskraft des Körpers erlischt, bleibt der Puls dauernd hoch und schlecht, während das Fieber manchmal bis zur subnormalen Temperatur sinkt: Der geschwächte Körper kann sich zu einer kräftigen Reaktion nicht mehr aufraffen. Diese Erscheinung ist von übelster Vorbedeutung. Die Vorgänge können sich in kurzer Zeit abspielen, sich aber auch über Wochen und Monate erstrecken mit Wiederholungen und Remissionen, dann aber auch zuweilen einen gutartigen Charakter zeigen.

Welche Erscheinungen treten bei Pyämie von längerer Dauer auf?

Der Kranke bekommt eine gelbe, trockene Haut, wird ikterisch, magert stark ab, bekommt Dekubitus und geht allmählich an Entkräftung zugrunde, wenn Metastasen nicht eine andere Todesursache veranlassen (z. B. Lungen-, Leberabszesse, embolische Nephritis usw.).

Prognose der Pyämie?

Die Prognose ist zwar nicht absolut letal, aber ungünstig.

Behandlung der Pyämie?

Die spezielle Therapie befaßt sich mit dem frühzeitigen möglichst schonungsvollen aber gründlichen Öffnen aller septischen Herde, jeder neue Abszeß wird gut drainiert.

Von einer allgemeinen spezifischen Therapie ist nicht viel zu erwarten; sehr oft liegt die einzige Möglichkeit einer Rettung darin, die ganze Extremität zu amputieren. Im Beginn kann eine Mischung von 1 Teil Jodoform, 2 Teilen Äther und 5 Teilen Alkohol versucht werden. Diese Lösung wird eingespritzt, namentlich bei komplizierten Knochenbrüchen, wobei das Jodoform die Bildung von Ptomainen verhindert. (Ptomaine sind basische Erzeugnisse gewisser Spaltpilze, die sie aus faulenden organischen Substanzen darstellen, sie gehören zur Gruppe der Alkaloide.) Am meisten Aussicht hat noch die Behandlung mit Collargol (siehe dieses), Trypaflavin und ähnlich wirkenden Farbstoffpräparaten.

Was versteht man unter Septiko-Pyämie?

Mischformen von septischem Fieber, bei denen die Neigung zu Nachschüben nach fieberfreien Intervallen in Form von metastatischen Eiterungen sehr groß ist.

Schutzvorrichtungen und Kampf des normalen Körpers gegen die Infektion.

Wie äußert sich der Kampf der Bakterien gegen den Organismus (Zusammenfassung)?

1. Die eingedrungenen Bakterien können an Ort und Stelle verbleiben und dort Entzündung, Eiterung und Nekrose (örtlichen Gewebstod) hervorrufen und oft nur örtliche Erscheinungen zeigen.

2. Ein anderer Teil bleibt an Ort und Stelle, schickt aber seine giftigen Stoffwechselprodukte (Toxine) in den Kreislauf und ruft dadurch schwere Allgemeinerscheinungen hervor (z. B. Tetanus, Diphtherie).

3. Wieder andere Bakterien dringen auf dem Wege der Lymph- und Blutbahnen in das Körperinnere ein und entfalten die verschiedensten Wirkungen dadurch, daß sie entweder:

    a) die Gefäße verstopfen und so mechanisch zum Verschluß bringen (Milzbrand) oder

    b) daß sie im strömenden Blute zugrunde gehen und dadurch Gifte frei werden lassen, die in ihrer Leibessubstanz selbst enthalten sind (Endotoxine) oder

    c) dadurch, daß sie sich stets an neuen Körperstellen ansiedeln und dort wiederum Entzündung und Eiterung hervorrufen — Metastasen, Pyämie.

Welches sind die Schutzmittel des Körpers gegen die Infektion (Zusammenfassung)?

1. Angeborene Immunität (angeborene Giftfestigkeit bedingt die Vernichtung der Infektionserreger).

2. Phagozytose (Umklammerung der Infektionserreger durch das lebendige Protoplasma der Leukozyten).

3. Bakterizidie unseres Blutplasmas, unserer Körpergefäße:

    a) Vorbereitende Tätigkeit, Opsonisierung für die Phagozytose;

    b) vorbereitende für die Bakterizidie.

Wie äußert sich die Wirkung dieser Schutzvorrichtungen gegen die Infektion?

Sind Bakterien in den Körper eingedrungen, so vermag dieser durch Bildung von Schutzstoffen zu antworten, die teils gegen die Bakterien selbst, teils gegen die von ihnen gebildeten Giftstoffe wirksam sind. Als solche Schutzstoffe sind zu nennen:

1. Normales Blut (Serum) eines Tieres ist in der Lage, künstlich eingebrachte Bakterien zu vernichten — bakterizide Wirkung des

Serums (Nutall und Buchner). Diese Wirksamkeit des Serums ist an zwei verschiedene Substanzen geknüpft, die aus dem Blutkörperchen stammen und Alexine heißen: Die eine Substanz — Komplement genannt — ist in jedem Serum von vornherein enthalten, sie wird durch Erwärmen auf 55⁰ zerstört und geht auch im Serum außerhalb des Körpers bald zugrunde. Die andere Substanz aber — Ambozeptor genannt — wird erst als Reaktion des Körpers auf einen eingedrungenen Giftstoff neu gebildet, ist hitzebeständig und entfaltet spezifische Wirkungen, z. B. der Ambozeptor des Choleraserums wirkt nur auf Cholerabazillen, der des Typhusserums nur auf Typhusbazillen, dagegen hat Choleraserum auf Typhusbazillen keinen Einfluß. Man hat sich die Tätigkeit dieser beiden Stoffe so vorzustellen, daß der Ambozeptor die Vereinigung von Komplement und Bakterien vermittelt (daher Ambozeptor = nach beiden Seiten greifend), wodurch das Bakterium vernichtet wird. Dies ist also nur möglich, wenn das Komplement im Serum noch wirksam ist — noch nicht inaktiviert ist. Der Ambozeptor allein vermag keine bakterizide Wirkung auszuüben. Das Wesen der Immunität beruht auf der Bildung solcher Ambozeptoren (Ehrlich).

2. Nach Metschnikoff werden die eingedrungenen Bakterien durch chemotaktische Wirkung von den weißen Blutkörperchen angezogen und verdaut. Diesen Vorgang nennt man Phagozytose, die Neigung der Leukozyten, die Blutbakterien oder ihre Zerfallsprodukte anzuziehen, heißt positive Chemotaxis. An der Vernichtung beteiligen sich sowohl die ein- als mehrkernigen (weißen) Körperchen; zu den letzteren gehören viele Endothelzellen, die Pulpazellen des Milz- und Knochenmarkes, Bindegewebs- und Nervenzellen.

3. Nach Wright beherbergt das Serum auch Substanzen, welche die Bakterien schädigen, um sie zu einer leichteren Beute der Freßzellen (Phagozytose) zu machen; er nennt diese Substanzen Opsonine. Durch künstliche Immunisierung kann durch erneute Bildung von Immunkörpern eine Vermehrung der Opsonine herbeigeführt werden.

Was enthält das Blut nach einer künstlichen (durch Impfung von abgeschwächten Bakterienkulturen u. dgl. erreichten) oder natürlichen (infolge Überstehens einer Krankheit eingetretenen) Immunisierung?

Das Blut enthält dann keine Giftstoffe mehr, sondern

1. eine wirksame Substanz, das Antitoxin, das spezifisch jede Krankheit beeinflußt, z. B. das Serum der Diphtheriekranken enthält nur Antitoxine, die gegen das Diphtheriegift wirksam sind, Tetanusserum beeinflußt nur Tetanusgifte, Diphtherieserum ist aber gegen Tetanusgifte unwirksam. Das Antitoxin entsteht als Reak-

tionsprodukt des Körpers gegenüber dem schädlichen Gifte. Das Antitoxin bindet das Toxin. Im kranken Organismus wird weit mehr Antitoxin gebildet, als zur Bindung des Toxins notwendig ist (siehe Seitenkettentheorie Ehrlichs). Dieser Überschuß, der durch wiederholte Einspritzungen von Toxinen weiter gesteigert werden kann, hält sich lange und bildet den Hauptbestandteil der Heilsera.

2. Agglutinine (Gruber, Durham). Es sind dies Stoffe im Blut immunisierter Tiere, welche befähigt sind, Bakterien der spezifischen Art auszufällen.

Diese Eigenschaft, Bakterien in Haufen zusammenzuballen und dadurch unschädlich zu machen, wird auch diagnostisch verwertet (hauptsächlich zum Nachweis von Typhus und Cholera). Zu diesem Zwecke muß das zu untersuchende Serum noch in großer Verdünnung die Wirkung des Agglutinierens zeigen, da in unverdünntem oder schwach verdünntem Zustand fast jedes Serum die gleichen Eigenschaften zeigt.

3. Endlich beherbergt das Serum noch die weniger widerstandsfähigen Lysine. Es sind dies Körper, welche die Bakterien aufzulösen vermögen, wie man dies bei Pest-, Typhus- und Choleraserum gesehen hat.

Muß nach der Aufnahme von Krankheitserregern stets eine Krankheit eintreten?

Nein; trotz der Aufnahme von Krankheitserregern und der innigsten Berührung mit ansteckenden Krankheiten bleiben viele Menschen gesund; man nennt diesen Zustand natürliche Immunität.

Was versteht man unter Disposition?

Im Gegensatz zur Immunität den Zustand gesteigerter Empfänglichkeit für eine Krankheit.

Welche Arten von Immunität unterscheidet man?

Eine angeborene und eine erworbene.

Auf welche Weise kann Immunität erworben werden?

1. Durch aktive und
2. durch passive Immunisierung.

Worin besteht die aktive Immunisierung?

Die aktive (nach Behring isopathische) Immunisierung besteht darin, daß dem Menschen abgetötete oder abgeschwächte Erreger einverleibt werden, so daß der Körper selbst zur Produktion von Immunstoffen angeregt wird. Bis diese Bildung möglich ist, bedarf der Körper einer gewissen (längeren) Zeit und einer wiederholten Einverleibung der Erreger (2- bis 3 mal in 8 tägigen Zwischenräumen). Dafür erstreckt sich auch der entstehende Impfschutz auf Monate und Jahre hinaus, ist stabil und läßt sich durch Blutentziehung nicht beseitigen — prophylaktische Wirkung (Typhus, Cholera). Die Injektion selbst erzeugt nur schwache örtliche und allgemeine Reaktion — Rötung, Schwellung und Druckempfindlichkeit der Injektionsstelle, Erhöhung der Körpertemperatur, Kopfschmerz. Alle Erscheinungen gehen in 1 bis 2 Tagen vorüber.

Woraus bestehen die Impfstoffe zur aktiven Immunisierung?

Aus einer Aufschwemmung von Bazillen in physiologischer Kochsalzlösung, die durch einstündiges Erhitzen auf 53 bis 55⁰ abgetötet sind.

Welche Art von Immunität ist noch zur aktiven Immunität zu zählen?

Die vielfach beim Menschen vorkommende Immunität, welche nach Überstehen gewisser Krankheiten entsteht (Behringsches Gesetz; hierher gehören: Pocken, Scharlach, Masern, Typhus, Cholera).

Was versteht man unter passiver Immunisierung?

Die Einverleibung von fertiggebildeten Schutzstoffen (Antitoxinen), welche in dem Serum von Tieren enthalten sind, die durch wiederholte Einführung von Bazillengiften vorbehandelt wurden. Dieser Impfschutz verschwindet allerdings nach wenigen Wochen wieder, tritt aber sofort in Wirkung und wird deshalb besonders therapeutisch bei Diphtherie, Tetanus und Bazillenruhr angewendet — Heilwirkung; daher Heilserum oder antitoxisches Serum genannt (Behring, Kitasato).

Wie erklärt man sich die Wirkung der das Antitoxin enthaltenden Heilsera?

Durch die Ehrlichsche Seitenkettentheorie (Hypothese). Man hat sich das Zellprotoplasma nach Art des Benzolkerns aus Ring und Seitenketten gebaut vorzustellen. Diese Seitenketten haben Fortsätze, welche die Toxine anziehen und absaugen. Dieser Reiz erzeugt aber einen Überschuß von Seitenketten (Rezeptoren), die abgestoßen werden. Diese spontan abgestoßenen sind nun freischwimmend geworden und stellen die Antitoxine dar. Im freischwebenden Zustand haben sie aber noch dieselbe chemische Verwandtschaft wie die festsitzenden Seitenketten und fangen daher, während sie im Blute kreisen, eine entsprechende Menge des Giftes (Toxins) ab. Dadurch wirken sie eben als Antitoxine und schützen die Körperzellen vor Giftwirkung. Diese Antitoxine kann man aus dem Serum eines anderen mit Bazillengiften vorbehandelten Tieres — bei Diphtherie aus Pferdeserum — entnehmen, indem man es dem zu behandelnden Organismus einspritzt und damit die Giftwirkung im zu behandelnden Körper absättigt.

Tetanus — Wundstarrkrampf.

Was ist Tetanus?

Eine Infektionskrankheit mit heftigen Krämpfen aller (willkürlich bewegten) Muskeln, die vom zerebrospinalen Nervensystem versorgt werden. Nicolaier hat 1884 entdeckt, daß in der gedüngten Erde (Gartenerde) tetanuserregende Bazillen sich finden. Der Bazillus hat eine feine, schlanke Form und bildet endständige Sporen, wodurch er dann sein charakteristisches nagel- oder notenförmiges Aussehen bekommt. Im Körper des Befallenen findet er sich in den Geweben rings um den Infektionsort, dringt aber nie in die Tiefe ein, sondern bildet in kurzer Zeit Ptomaine, welche die Vergiftung des zentralen Nervensystems verursachen.

Im Zentralnervensystem ist er schwer nachweisbar, läßt sich schwer aus dem Körpergewebe züchten, auch nicht leicht aus der Gartenerde, wohl aber dadurch nachweisen, daß eine Spur der infizierenden Gartenerde Mäusen unter eine Hauttasche verimpft, diese in wenigen Tagen unter tetanischen Erscheinungen tötet. Aus dem Blutserum der getöteten Maus läßt er sich dann bei Bluttemperatur anaerobisch auf Agarplatten rein kultivieren. Die kleinen grauen stippchenförmigen Kulturen verbreiten einen aashaften Geruch.

Inkubationszeit des Tetanus?

Am häufigsten tritt der Tetanus am 3. oder 4. Tage oft nach kleinen oberflächlichen Verletzungen der Finger, Zehen auf, die keine oder geringe Eiterung zeigen. Der äußerste Termin, nach dem das Auftreten von Tetanus beobachtet wurde, war der 15. Tag. Er wird aber auch bei stark zerrissenen Weichteil-Muskelwunden (Querschlägerverwundungen), verschmutzten komplizierten Frakturen, Schußwunden mit eingetriebenem Papierpfropfen, Kleiderfetzen, nach Operationen mit nicht sterilem Katgut, Injektionen von nicht steriler Gelatine, nach verschmutzten Phimosenoperationen beobachtet. Auch Fälle von Frakturkorrektionen nach fast abgeschlossener Eiterung, Granatsplitterentfernung aus bereits seit Monaten verheilten Körpergegenden haben schon sog. Spättetanus zur Folge gehabt. Es handelt sich da um Mobilisierung ruhender

Keime. In allen diesen verdächtigen Fällen, in denen Tetanus nachfolgen kann, empfiehlt es sich dringend auf Grund der Kriegserfahrungen, sofort nach der Verletzung oder Operation eine Schutzimpfung vorzunehmen.

Welches sind die klinischen Erscheinungen des Tetanus?

Der Tetanus tritt häufig im Anfang als Kinnbackenkrampf (Trismus) auf, indem zuerst die Kaumuskeln tetanisch werden, die Kranken ganz plötzlich über Nacht nicht mehr ordentlich kauen können; in anderen Fällen werden zuerst die mimischen Muskeln ergriffen, dadurch erhält das Gesicht etwas Starres, Maskenartiges, auch einen an verzogenes Lachen (sardonisches Lachen) erinnernden Zug. In einer dritten Form spürt der Kranke zuerst rheumatisch ziehende Schmerzen und Schwerbeweglichkeit des verletzten Körperteils. Dann tritt eine Starre im Nacken ein, wodurch der Kopf nach rückwärts gezogen wird. Weiterhin folgt der allgemeine Tetanus, kontinuierlicher tonischer Krampf, oft mit konvulsivischen Zuckungen des ganzen Körpers verbunden — tetanische Stöße. Der Krampf der Rückenmuskulatur geht mit einem starken Opisthotonus einher, so daß der Rumpf nach hinten überstreckt wird und der Unglückliche nur mit Hinterhaupt und Ferse die Unterlagen berührt; er liegt wie ein gespannter Bogen auf der Matratze. Jedes Geräusch, leichte Erschütterungen lösen sofort sehr schmerzhafte Muskelkrämpfe unter Stöhnen aus.

Die Temperatur ist anfangs normal, wird in schweren Fällen fieberhaft, bleibt dann andauernd hoch und erreicht ante mortem eine Steigerung bis zu 43⁰. Wegen Urinverhaltung muß katheterisiert werden.

Das Sensorium bleibt meist ungetrübt erhalten bis zum Tode.

Welche Besondersheiten kann der Tetanus zeigen, wenn die Infektion von einer Kopfwunde ausgeht?

In die Reflexkrämpfe kann auch die Schlundmuskulatur einbezogen werden, wodurch die Krankheit an die allgemein bekannte Hundswut erinnert; die Ähnlichkeit hat zu dem Namen Tetanus hydrophobicus geführt; oder es schließt sich häufig eine Fazialislähmung an, Kopftetanus, übrigens die einzige Form, die mit einer Lähmung einhergeht.

Prognose des Tetanus?

Akuter Tetanus ist tödlich, chronischer heilbar; überlebt der Kranke den 16. Tag, so sind für ihn Aussichten vorhanden, die Krankheit zu überstehen.

Im allgemeinen ist die Prognose ungünstig, doch können Fälle von längerer Dauer (protrahierte Form) in vollkommene Heilung übergehen. Die Krämpfe werden schwächer, dauern kürzer an, hören zuletzt ganz auf; wahrscheinlich haftet in diesen Fällen das Gift mit geringerer Virulenz im Körper, ist weniger zäh und innig im Zentralnervensystem verankert, so daß es leichter durch die allmählich bei der längeren Dauer im Blute des Erkrankten sich anhäufenden Schutzstoffe neutralisiert wird.

Therapie des Tetanus?

Vor allem ist es nötig, die Muskelkrämpfe zu beheben bzw. zu mildern; man hält deshalb den Kranken fortwährend in leichter Narkose durch andauernde Darreichung von einschläfernden Mitteln. Da hat sich am besten Chloral per os oder Klysma bewährt. Außerdem muß in der Umgebung die allergrößte Ruhe in dunkel verhängtem Zimmer herrschen.

Die Wunde eines Tetanuskranken muß möglichst antiseptisch behandelt werden; sehr wirksam ist eine 5proz. Höllensteinlösung, auch unterchlorigsaures Natron (0,5%) in Umschlägen, Irrigationen, Bädern haben sich bewährt. Jede Wunde, in welche Erde gekommen ist, ist gründlichst antiseptisch zu reinigen und weit offen zu behandeln, da die Tetanusbazillen bei Anwesenheit von Sauerstoff nicht gut gedeihen.

Welches ist die neueste Therapie?

Die Heil- und Schutzimpfung durch die von Fizzoni und Behring angegebene Injektion von Antitoxin, welches aus dem Serum immun gemachter Tiere (Pferde) erhalten wird (siehe Artikel über Immunität und Serum). Die genaue Gebrauchsanweisung liegt jeder Serumpackung bei.

Anfangs hoffte man durch diese Maßnahme schon ausgebrochenen Tetanus heilen zu können. Es wurde zu diesem Zwecke auch ein sehr hochwertiges Serum hergestellt, das wiederholt unter die Haut injiziert wurde. Aber nur in manchen, nicht sehr heftigen Fällen von Tetanus gelingt die Heilung. Dagegen hat der Weltkrieg bewiesen, daß ein auf gleiche Weise hergestelltes Schutzserum mit geringer Immunisierungskraft, möglichst bald nach der Verletzung (namentlich nach Granatschüssen) eingespritzt, tatsächlich fast in allen Fällen den Ausbruch des Starrkrampfes verhütet hat. Die Schutzimpfung (20 AE = 20 Antitoxineinheiten in 5 ccm) bei stumpfrandigen verschmutzten Verletzungen, namentlich in Fällen, wie sie oben bereits angeführt sind, ist deshalb als obligatorisch für den Arzt zu erachten.

Was versteht man .im allgemeinen unter Serumtherapie?

Wird eine Infektionskrankheit vom Tier- oder Menschenkörper überstanden, so hat sein Blut gegen die Folgen der Erkrankung (Toxine = Ausscheidungsprodukte der eingedrungenen virulenten Bazillen) Antitoxine gebildet, die den Körper von der Krankheit befreit haben und ihn im allgemeinen auch fernerhin gegen die gleiche Infektion für eine mehr oder minder lange Zeit zu schützen vermögen. Diese Antitoxine befinden sich im Serum als chemisch nicht nachweisbare Eiweißstoffe (Fermente), deren Anwesenheit im Blut nur an bestimmter biologischer Reaktion (z. B. Agglutinierungsvermögen) kenntlich ist. Darauf ist ein neues Heilprinzip gegründet. Durch wiederholte Impfung geeigneter Tiere mit virulenten Bakterien in steigender Dosis ruft man die Bildung zahlreicher Antitoxine im Blute dieser Tierkörper hervor. Werden nun diese Antitoxine mit dem Tierserum anderen Tieren und Menschen, die an der gleichen Infektion wie das Versuchstier leiden, eingespritzt, so sind sie befähigt, als Schutzstoffe zu wirken, die im Blute des behandelten Tieres kreisenden Toxine abzufangen und unschädlich zu machen, sogar eine weitere Antitoxinbildung im Blute des Geimpften anzuregen und Heilung von dieser Infektion herbeizuführen oder gegen den Ausbruch dieser Infektionskrankheit zu schützen. Um diese Antitoxine einverleiben zu können, muß man frisch bereitete Sera benützen, welche eben die jeweiligen Schutzstoffe enthalten (siehe auch Artikel: Künstliche Immunität und Serum).

Wie wird die Tetanusantitoxinimpfung gemacht?

Eine sterile 5 bis 10 ccm fassende Spritze, luftblasenfrei mit dem Serum direkt aus dem Originalglas gefüllt, wird auf die Kanüle gesetzt, die steril in der Weichen- oder Brustgegend tief in das Unterhautgewebe eingeführt ist. Nach der Injektion kommt über die betreffende Hautstelle ein Alkoholumschlag. Injektionen in den Arm oder das Bein rufen zu leicht lokale starke Reizung (Abszeß oder Exanthem) hervor.

Was ist Tetanie?

Eine Krankheit, die man besonders nach Exstirpation von Kröpfen beobachtet, namentlich, wenn die ganze Schilddrüse samt den parathyreoidealen Drüsen (Epithelkörpern) entfernt worden ist. Sie beginnt damit, daß die Kranken die Extremitäten, namentlich die Arme, nicht mehr beugen oder strecken können. gleichzeitig treten Kontraktionen der Gesichtsmuskeln auf mit Verzerrung des Gesichtes, der Arme, die Finger stehen in Beugung, das Gesicht steht starr seitlich verzogen, der Hals verbogen nach der Seite gedreht fest. Das Leiden ist zentralen Ursprungs.

Gangraena nosocomialis (Hospitalbrand).

Was versteht man unter Gangraena nosocomialis?

Eine besondere Form der Sepsis mit diphtheritischem Zerfall der Wunden; entstand früher vielfach in chirurgischen Spitälern endemisch durch unreine Behandlung, Infektion von Operationswunden, ist durch die Antiseptik und Aseptik äußerst selten geworden.

Welche Formen unterscheidet man?

Drei Formen: 1. Die krupöse,
2. die ulzeröse,
3. die pulpöse.

Welches sind die klinischen Erscheinungen der krupösen Form?

Die krupöse Form ist die leichteste. Aus dem Eiter fällt ein Fibrinniederschlag, der sich mit dem Tupfer leicht entfernen läßt.

Welches sind die klinischen Erscheinungen der pulpösen Form?

Bei der pulpösen oder diphtheritischen Form entwickelt sich auf der Wunde eine Nekrose so, daß sich ein grauer, ganz dicker, filziger Belag bildet, der sich nicht entfernen läßt, ohne daß man die Granulationen unter Blutung mit fortnimmt. Der Belag verbreitet sich sehr rasch nicht nur nach der Oberfläche sondern auch nach der Tiefe zu und kann auf Gefäße usw. übergreifen. Diese Form ist häufig von Hämorrhagien begleitet, d. h. es treten Blutungen auf, die durch Arrosion infolge des diphtheritischen Zerfalls der Gefäße hervorgerufen werden.

Welches sind die Erscheinungen der ulzerösen Form?

Es treten eine Anzahl Geschwüre auf, die konfluieren und ausgedehnte Gangrän bilden; auch diese haben die Neigung, sich unter Blutung auszubreiten.

Sind diese Formen immer scharf getrennt voneinander?

Alle Formen, namentlich die 2. und 3., können miteinander vorkommen.

Häufigkeit des Hospitalbrandes?

Die pulpöse und ulzeröse Form waren früher so häufig, daß vor der Einführung der antiseptischen Heilmethode 80% aller Verletzten an Nosokomialgangrän litten.

Wie beginnt der Hospitalbrand?

Mit Fieber und Schüttelfrost; das Fieber bleibt, solange die Gangrän fortschreitet; später wird die Temperatur remittierend, (Tagesdifferenz von mehr als 1^0).

Kontagiosität der Krankheit?

Die Nosokomialgangrän ist sehr leicht übertragbar und war in der vorantiseptischen Zeit in den Hospitälern gar nicht auszurotten, weil man die Ursache nicht kannte. Die Noxe besteht meist aus Streptokokken, aber auch Staphylokokken und Stäbchenformen. (Vergleiche die Studien von Semmelweiß über das Puerperalfieber im Kapitel Antiseptik.)

In welchem Stadium der Wundheilung trat Nosokomialgangrän auf?

In jedem Stadium, vorzüglich aber an granulierenden Wunden.

Wovon hängt die Prognose ab?

Besonders von der Konstitution des Kranken.

Wie groß war die Mortalität?

Im Frieden ca. 6%; im Krimkrieg betrug sie 60%.

Welche Form war die schlimmste?

Die pulpöse, weil rasch Verjauchung eintrat.

Wie ist die Therapie?

Peinlich antiseptisch durchgeführte Wundbehandlung, gewissenhafte Reinlichkeit; der Kranke muß unbedingt isoliert werden; der Krankensaal ist zu desinfizieren. Die befallenen Wunden müssen nach den früher angegebenen Grundsätzen streng antiseptisch behandelt, diphtheritische Belage am besten mit dem Platinbrenner vernichtet werden; auch Verätzung mit 10proz. Chlorzinklösung, konzentrierter Karbolsäure, Argentum nitricum-Stift haben sich bewährt.

Delirium tremens traumaticum, maniakalische Bewustseinsstörung nach Verletzungen.

In welchem Zusammenhang stehen Verletzungen und Delirium tremens?

Delirium tremens bricht häufig im Anschluß an schwere Verletzungen, namentlich bei Alkoholikern aus. Es spielt aber dabei die Intoxikation mit Gewebszerfalls-, Blutferment-, auch septischen Stoffen eine Rolle.

Welches sind die klinischen Erscheinungen des Delirium tremens?

Als Vorläufer zeigen sich unklare zittrige Schrift und Sprache, hastig unruhiges Benehmen, Zittern der vorgestreckten Hände und Zunge; charakteristisch ist der vomitus matutinus, morgendliches Erbrechen reichlicher, alkalisch reagierender Flüssigkeiten, bekanntlich ein Symptom beim chronischen Magenkatarrh der Säufer, und Schlaflosigkeit. Mit dem Ausbruch des Deliriums zeigt sich zuerst Geschwätzigkeit, Witzelsucht, Ideenflucht, dann herrschen wirre Reden mit Verfolgungsideen, Wahnvorstellungen vor, weil der Ideenkreis des Deliranten von Gesichts- und Gehörshalluzinationen beherrscht wird. Der Kranke sieht Ratten, Mäuse, Spinnen auf seiner Bettdecke, nach denen er ruhelos greift. Der Potator ist außerordentlich reizbar und zum Widerspruch geneigt, bekommt bei Widerstand Tobsuchtsanfälle, will aus dem Bett, mit gebrochenem Bein zum Fenster hinaus. Diese Anfälle wechseln mit klaren Intervallen ab, in denen der Kranke gutmütig, ruhig, sogar apathisch ist. In manchen Fällen kann rasch Kollaps eintreten, der in Tod ausgeht.

Der Delirant zeigt völlige Anästhesie; daher muß jeder seinen eigenen Wächter haben.

Welches sind die Erscheinungen bei der Autopsie?

Man findet bei der Sektion die Erscheinungen von Magenkatarrh, Fettleber, Nierenschrumpfung, Myodegeneratio cordis, oft beginnende Sepsis der Wunde mit Blutextravasaten.

Wie groß ist die Mortalität?

Die Mortalität beträgt bei Fällen ohne Verletzung 37%, mit Verletzung 50%, bei Blutverlust 75%.

Was ist wichtig für die Therapie des Delirium tremens?

Der Kranke muß gut ernährt werden und seine gewohnte Menge Alkohol zu sich nehmen. Mit Erfolg ist bei Deliranten die Billrothsche Mixtur angewendet worden. Sie besteht aus: 1 Eigelb + 35 g Arrak + 140 g Wasser + 70 g Zucker. Der Kranke muß unbedingt schlafen; es hat sich gerade hier Opium (0,06 bis 0,1) als bestes Schlafmittel bewährt, dem man zur Hebung der Herzkraft 0,01 fol. pulv. Digital. beigibt. Bei Nahrungsverweigerung ist Ernährung durch Klysma nötig. Der Kranke muß wegen der Dekubitus-, Verletzungs-, Selbstmordgefahren seinen eigenen Wärter haben. Die Pflege muß auch für peinlichste Reinlichkeit und Antiseptik aller Wunden sorgen, da der Kranke im Anfall oft Kot und Urin unter sich gehen läßt.

Sonnenbrand, Gletscherbrand, Erythema solare, Sonnenstich, Hitzschlag, Insolatio, Siriasis.

Was versteht man unter Insolation?

Die Folgen der zu starken Sonnenbestrahlung auf unseren Organismus, besonders der äußeren Haut, d. h. den betroffenen Stellen wird zuviel Blut zugeführt. Es kommt zu allen Erscheinungen der Entzündung vom Erythema (solare) bis zum Ekzema bullosum, sogar zur oberflächlichen Abstoßung der Epidermis und Kutis. An der Konjunktiva kommt es ebenfalls zu Entzündung, Hyperämie, Ödem, Hypersekretion, Leukozytose und Eiterabsonderung. Auch Hämorrhagien, Petechien, Ekchymosen kommen vor. Bei starker Bestrahlung des Schädels kann es sogar zu Blutüberfüllung der Meningen mit maniakalischen Erscheinungen, Erbrechen, Schwindelanfällen, Diarrhöen, ähnlich wie bei Verbrennungen I. und II. Grades, von denen sich die Insolation überhaupt wenig unterscheidet, kommen. Auch die Körpertemperatur kann über 38⁰ steigen.

Welche Erscheinungen zeigen sich bei chronischen Insulten durch Sonnenhitze?

Nahezu bei allen Arbeitern, die im Sommer im Freien zu tun haben, sieht man vermehrte Pigmentierung. Es kann auch vorübergehend zu Störung des Sensorium kommen.

Therapie des Sonnenstiches?

Zuerst muß der Kranke der Sonnenbestrahlung entzogen werden; dann macht man auf die geröteten Hautflächen kalte Umschläge, am besten mit adstringierendem Bleiwasser; später fettet man die Stellen mit einer antiseptischen Salbe (Bor, Zink, Wismut) ein. Bei starker Steigerung des Blutdruckes, Zeichen von Gehirnhyperämie, kann ein Aderlaß von 200 bis 300 g aus einer Kubitalvene unter mäßiger Abschnürung des Oberarms nützen; außerdem ableitende Medikation auf Darm und Niere, kühle Bäder, reichliche Wasserzufuhr (Limonade, Mineralwässer, leichten Tee).

Wann tritt Hitzschlag ein?

Hitzschlag erfolgt ganz plötzlich auch ohne Sonnenbestrahlung bei hoher Außentemperatur, bei bedecktem Himmel und Windstille, aber auch in geschlossenen, überhitzten und überfüllten Räumen (Konzertsälen, Maschinenräumen) durch Wärmestauung in unserem Körper infolge mangelhafter Wasserverdunstung. Er ist viel bedrohlicher als der Sonnenstich, ist von vornherein eine allgemeine Erkrankung, der Sonnenstich dagegen im Anfang zunächst eine lokale Erscheinung.

Welche Anzeichen gehen dem Hitzschlage voraus?

Schwindel, Unruhe, Kopfschmerz, Müdigkeit, Abnahme der Redelust, Munterkeit.

Wann muß therapeutisch eingegriffen werden?

Möglichst bald; schon wenn sich diese Vorboten einstellen.

Welche Erscheinungen treten auf, wenn nicht sofort therapeutisch eingegriffen wird?

Es tritt Zyanose (bläuliches Aussehen der Haut und Schleimhäute infolge venöser Hyperämie), rascher Puls und jagende Respiration ein, Irrereden, Schlaganfall, Kollaps und rascher Tod; die Temperatur im Mastdarm kann über 43° betragen.

Welche krankhafte Veränderungen ergibt der Sektionsbefund?

Gehirnödem, hochgradige Hyperämie aller Organe, Todesursache ist Herzparalyse.

Mortalität?

66%.

Wie ist die Prophylaxe?

Zeigen sich in einer marschierenden Truppe bedrohliche Erscheinungen von Übelbefinden, Brechreiz, Mattigkeit, Schwindelanfällen, so muß sofort gerastet, Wasser zum Trinken und Abwaschen gereicht werden. Die Rast muß häufig an schattigen Plätzen wiederholt werden, es darf nur in offenen Reihen und mit offenem Halskragen, nur ohne Gepäck marschiert werden; in geschlossenen Räumen muß sofort für Ventilation gesorgt werden, beengende Umgebung, enge Kleidung müssen entfernt werden.

Worin besteht die Therapie bei ausgesprochenem Hitzschlag?

Ist der Kranke bereits benommen oder bewußtlos, so muß er kühl, mit erhobenem Kopf auf den Rücken gelagert werden, Gaffer sind fernzuhalten, Wertgegenstände und Ausweise sind zu verwahren, anliegende Kleidung ist zu lockern. Kalte Umschläge, Übergießungen auf Kopf und Brust können helfen. Die oberen Luftwege sind freizuhalten, die Zunge ist vorzuholen (mit dem hakenförmigen Fingergriff zur Zungenwurzel nach vorn nach Bergmann), unter Umständen ist die künstliche Atmung nach Sylvester einzuleiten. Auch Klopfen und Abklatschen der Herzgegend mit naßkalten Tüchern (zur Herzmassage) kann sehr zweckmäßig als äußeres Reizmittel angewendet werden.

Schluckt der Kranke noch, so flöße man ihm vorsichtig Limonade, Mineralwasser, Tee ein; außerdem kommen subkutane und intravenöse Kochsalzinfusion (0,9%), Kochsalzeinläufe (1%) vor allem zur Anwendung. Auch subkutane Kampfer-, Digalen-, Koffeineinspritzungen wirken gegen die drohende Herzparalyse vortrefflich.

Unfälle durch Elektrizität.

Wie kommen Unfälle durch Elektrizität zustande?

Entweder durch Blitzschlag oder Berührung des menschlichen Körpers mit einem Apparat, Draht, in dem starker elektrischer Strom hochgespannt kreist.

Wie wirkt ein Schwachstrom?

Er ruft außer der bekannten prickelnden Empfindung des elektrischen Stromes keinerlei Schädigungen hervor.

Wie wirkt der Starkstrom?

60 bis 100 Volt und darüber gespannter Strom vermag je nach Umständen mehr oder minder starke Schädigungen zu erzeugen, unter Umständen sogar zu töten.

Was ist wesentlich für die Gefährlichkeit des Starkstromes?

1. Die Eintrittsstelle am menschlichen Körper: Kopf, Hals und Herzgegend sind am meisten gefährdet.

2. Die Berührung mit feuchter, weicher, schwitzender Haut, nasser Kleidung, vermittels Metallgegenständen ist gefährlicher als mit trockener, schwieliger Haut, trockener dicker Bekleidung.

3. Große psychische Erregbarkeit, unbeachtete ahnungslose Berührung der Starkstromleitung ist ebenfalls gefährlicher als absichtliche Berührung.

4. Berührung einer Hochspannleitung bei Isolierung der Hände mit dicken Woll- oder Gummihandschuhen, bei Isolierung der Füße durch trockene Holz-, Stroh-, Gummischuhe, also unter Ausschluß der Erdleitung nach dem feuchten Fußboden, ist weniger gefährlich.

Worin gipfelt die Therapie?

1. In der Befreiung des Verunglückten aus dem Bereich des kreisenden Starkstromes

    a) durch sofortige (etwa telephonisch vermittelte) Abstellung der elektrischen Zentrale, oder

    b) durch Kappung des zuleitenden Kabels vor der Unglücksstelle mittelst isolierter Kneipzangen (auch die Hände durch Gummi- oder trockene Wollhandschuhe noch eigens isoliert!); oder

    c) durch Kurzschluß mittels übergeworfenen Drahtes vor der Unglücksstelle, oder

    d) durch Erdleitung des Kabels eben dort mittelst Drahtleitung, durch eine eiserne Säule oder Röhre zur Erde; oder

e) durch Befreiung der Umklammerung des Verunglückten am Drahte selbst durch einen vorsichtig, mit Handschuhen, Holz-, Strohschuhen, Gummitüchern usw. isolierten Helfer.

2. In augenblicklich an dem befreiten Verunglückten vorzunehmender künstlicher Atmung bei erhöhter Kopflage, unter Umständen Lumbalpunktion, um den Hirndruck wegen drohenden Gehirnödems herabzusetzen, und Herzmassage.

Der elektrische Unfall ist in der ersten Viertelstunde ein Scheintod, das Herz arbeitet in Flimmerbewegungen noch eine Zeitlang weiter. Rettung ist durch rasches Zugreifen möglich, auch muß die Freiheit der oberen Luftwege sofort kontrolliert werden.

Wie werden Wunden, die durch den elektrischen Strom verursacht sind, behandelt?

An der Ein- und Austrittsstelle des Blitzstrahles sowie des elektrischen Hochspannstromes am menschlichen Körper entstehen Gewebszerreißungen, Löcher und tiefgehende schwarze Hautverbrennungen 1. bis 3. Grades, sogar Knochennekrosen, die Explosions-, Schußwunden aus nächster Nähe nicht unähnlich sehen. In der Umgebung finden sich ausgedehnte Blutunterlaufungen, sog. Blitzfiguren, die durch Elektrolyse zu erklären sind, in stark geschwollener, gestauter Haut. Diese Schwellungen, Suffusionen, gehen durch Hochlagerung, warme Alkohol- Bleiwasserumschläge oft rasch zurück, das gestaute blaurote Gewebe erholt sich in großer Ausdehnung, so daß nicht an Inzisionen oder rasche Amputation gedacht werden darf, nur an trockene anti- und aseptische Wundbehandlung wie bei frischen Verbrennungen.

Wie behandelt man den vom Blitz Getroffenen?

Man legt den Verunglückten auf den Rücken, bei erhobenem Kopf, prüft Puls und Atmung, die Freiheit der oberen Luftwege, macht wenn nötig sofort die künstliche Atmung, Herzmassage. Der Körper wird auch nach anderen Verletzungen abgesucht.

Welche schädlichen Wirkungen können Röntgenstrahlen verursachen?

Langdauernde Einwirkungen von Röntgenstrahlen oder wiederholte Bestrahlungen können Verbrennungen 1., 2. und 3. Grades verursachen, die oft erst nach Wochen offenkundig werden.

Wodurch zeichnen sich diese Verbrennungen aus?

Sie heilen äußerst langsam und schwer. Karzinome mit großer Neigung zu tödlichen Metastasen können sich daraus entwickeln.

Wie werden Röntgengeschwüre behandelt?

Mit feuchtwarmen antiseptischen Umschlägen, Höllenstein-Peru-balsamsalbe, unter Umständen Exzision und Plastik; bei Karzinom-verdacht möglichst bald gründliche Exstirpation, hohe Amputation

Verbrennung (Combustio).

Welche Arten von Verbrennung unterscheidet man?
1. Verbrennungen an offener Flamme.
2. An heißen glühenden Körpern.
3. Durch heiße tropfbar flüssige Körper.
4. Durch überhitzte Gase und Dämpfe.

Welche Verbrennungen sind prognostisch die schlimmsten?

Die Einwirkungen heißer Dämpfe und Gase, weil bei diesen auch die Erstickung und Vergiftung durch Aspiration mitwirkt.

Wonach richtet sich die Schwere der Verbrennung mit tropfbar flüssigen Substanzen?

Die Verbrennung mit tropfbar flüssigen Substanzen ist um so schlimmer, je dichter die Flüssigkeit ist (je größer ihr spezifisches Gewicht ist), weil in dichteren Flüssigkeiten die Hitze länger anhält; außerdem spielt bei heißen Flüssigkeiten auch ihr Zurückhalten und Weiterverbreiten in der Kleidung und die dadurch bedingte Dauer-wirkung der Hitze eine wichtige Rolle. Am schlimmsten wirken siedendes Öl und heiße Lauge, dann siedende Milch und Fleisch-brühe, heißes Wasser.

Welche Wirkung haben feste glühende Körper?

Sie haben nur lokale verbrennende Wirkung.

Was versteht man unter Verätzung?

Eine Verbrennung durch chemische Stoffe: Säuren und Alkalien.

Wieviel Grade der Verbrennung unterscheidet man?

Man nimmt drei Grade an:
1. Rötung, Erythem = Hyperämie, eine starke einfache Ent-zündung der Haut.
2. Blasenbildung = Entzündung mit Exsudation unter Ab-hebung der Oberhaut, des Stratum corneum bis zum Rete Malpighii mit starker Entzündung (Schwellung und Hyperämie) des Papillar-körpers; auch Blutaustritte, kapillare Thromben in diesem spielen dabei eine Rolle.

3. Verschorfung = Nekrose = Zugrundegehen des betreffenden Gewebes, z. B. der Cutis.

Wodurch ist der 1. Grad ausgezeichnet?

Durch starke Rötung, Schwellung und bedeutende Schmerzhaftigkeit, soweit die Hitze auf die Haut eingewirkt hat. Hieher gehört z. B. auch der Sonnenbrand. Während der Heilung erfolgt Abschuppung der Epidermis. Die Rötung wird verursacht durch Lähmung der Gefäßmuskulatur und dadurch bedingten stärkeren Blutzufluß, wie bei jeder Entzündung; hier Entzündung durch thermischen Reiz.

Therapie des 1. Grades?

Beim 1. Grad ist die Hauptsache die Beseitigung der Schmerzen, was bei kleineren Flächen durch Hochlagerung und Anwendung von Kälte (Eisbeutel, kalte und zugleich adstringierende Bleiwasserumschläge) geschieht. Aufpinseln von Kokain (2%) hat guten Erfolg (Vorsicht wegen Vergiftungsgefahr!); auch Lösungen oder Salben mit Tropakokain, Novokain, Anästhesin, Alypin wirken schmerzstillend. Vermehrt werden die Schmerzen durch Luftzutritt, es ist daher gut den antiseptischen feuchten oder Salbenverband mit Gaze durch wasserdichten Stoff abzuschließen. Hiezu ist am geeignetsten Thymolöl, Kalkwasser mit Olivenöl oder Leinöl oder Mandelöl zu gleichen Teilen, auch Ichthyol, Thiol mit Lanolin, oder Applikation eines Streupulvers mit Bismut. subnitricum oder subgallicum, Zinkoxyd, Bolus oder Reisstärke gemischt; oder Anwendung der Brandbinde von Bardeleben. Werden Gazestreifen aufgelegt, so entfernt man beim Verbandwechsel niemals ohne Not die auf der verbrannten Fläche anklebende unterste Schicht, da die Ablösung mit Schmerzen verbunden ist. Zuführungen reichlicher Flüssigkeitsmengen in Form von Tee, Limonade oder Wassereinläufe und Kochsalzinfusionen sind angezeigt.

Wodurch zeichnet sich der 2. Grad der Verbrennung aus?

Durch Blasenbildungen. Die Folge des gesteigerten thermischen Entzündungsreizes ist an verschiedenen Stellen der verbrannten Hautfläche eine größere Hyperämie mit vermehrtem Blutandrang, verstärktem Austritt von Blutplasma (Serum), von weißen Blutkörperchen, auch die dadurch verursachte Anstauung des Blutflusses vermehrt die Ausschwitzung (zur Exsudation tritt auch noch Transsudation hinzu). Diese Flüssigkeit hebt die Epidernis in Form von verschieden großen Blasen ab. Ihr Inhalt kann gerinnen und Gallerte bilden, ist sehr zahlreich an Wanderzellen, klargelb oder auch weißlich getrübt, gleich der Lymphe, aber nicht eitrig.

Wann erfolgt Eiterung der Brandwunden?

Mit der Zeit können sich in diesen Blasen, namentlich wenn sie gesprengt sind, von außen her Bakterien ansiedeln, sogar zur Eiterbildung als Gewebsreaktion führen, dann haben wir es mit eitrigen Brandwunden, Brandgeschwüren zu tun, die sogar zu septischen Entzündungen (Erysipel, Lymphangitis, Phlegmone) mit Fieber führen können. Eine eitrig entzündete Brandwunde ist also nur die Folge einer sekundären Infektion; an und für sich von Anfang an ist die Brandwunde nie eiternd, auch nicht septisch.

Therapie des 2. Grades?

1. Um eine sekundäre Infektion zu verhüten, behandelt man eine Brandwunde von vornherein trocken aseptisch, um durch Aufsaugung und Austrocknung des transsudierten Serums (Brandwassers) das Hinzukommen und Aufkeimen von Bakterien zu vermeiden.

2. Fügt man der sterilen trockenen Verbandgaze auch noch ein austrocknendes, möglichst ungiftiges Antiseptikum (wegen Resorptionsgefahr) hinzu, um das Wundsekret beim Austritt sofort zu desinfizieren.

3. Aus dem gleichen Grunde trägt man die Brandblasen nicht ab, höchstens entlastet man ihre Spannung, wenn sie. sehr groß und prall sind, durch Ankneipen mit desinfizierter Schere; denn sie schützen durch Luftabschluß vor neuen Schmerzen, Blutungen und Verschmutzung des sehr verwundbaren Papillarkörpers.

4. Deshalb muß auch beim ersten Verband einer Brandwunde auf peinlichste anti- und aseptische Reinigung der umgebenden Haut wie bei jeder frischen Wunde gesehen werden. Es ist nicht gerade notwendig, wie manche Chirurgen vorschlagen, die Haut von allen Verbrennungsresten, Brandblasen, Haaren durch Rasieren und Scheuern grobmechanisch zu befreien; dazu wäre unter Umständen Narkose nötig, auch ist wegen der vielen freiliegenden Nervenenden dies bei ausgedehnt Verletzten, deren Herz ohnedies unter dem Verbrennungsschock bereits leidet, ein sehr bedenklicher Eingriff, öffnet auch eine Menge Lymphspalten und Gefäßkapillaren wieder zur sekundären Infektion. Es genügt zur Reinigung meist, die Haare büschelförmig kurz abzuschneiden, Verbrennungsschorfe, grobe Verunreinigungen sorgfältig und möglichst schonend mit sterilen Tupfern und desinfizierten Pinzetten wegzunehmen und die Hautumgebung von der Wunde weg mit Alkohol, Benzin, Benzol, dünner Jodtinktur abzuwischen. Abspülungen sind meist überflüssig, wenn nötig mit warmer 0,9proz. Lösung von Kochsalz, 0,5proz. unterchlorigsaurem Natron, 1proz. Salizylborwasser vorzunehmen, aber nicht im Strahl, das wäre zu schmerzhaft. Auf die Brandfläche kommt dann trockene sterile Gaze mit Bismutgallatpulver oder eine Wismutbrandbinde;

darüber eine dicke Schichte weißer chirurgischer Verbandwatte nach
Bruns oder Zellstoff, Holzwolle oder Mooskissen, Moospappe. Auch
aseptische Gaze mit Thymolöl, Borvaselin, sehr verdünnte Argent.
nitric.-Lösung (0,05 : 30,0), namentlich aber auch die von Bergmann empfohlene Strahlsche Salbe (Leinöl mit Kalkwasser zu
gleichen Teilen) ist ausgezeichnet. Das Auflegen von Jodoformgaze
ist empfohlen worden, doch nur mit Vorsicht bei ausgedehnten
Verbrennungen, weil die Intoxikationsgefahr zu groß ist. Das gleiche
gilt für Karbol- und Sublimatgaze, welche noch dazu ätzend wirken.

Klebt der Verband beim Wechseln in den untersten Schichten
irgendwo an, so wird er dort belassen, ringsum zugeschnitten, um
Schmerzen, Luftzutritt, Blutung, sekundäre Infektion zu vermeiden,
neue antiseptische Gaze wird trocken darüber gedeckt. Überhaupt
werden in den ersten Tagen wegen der meist großen Hypersekretion
von Lymphe nur die äußeren Verbandschichten öfters erneuert.
Bei manchen Fällen von Verbrennungen, namentlich 2. aber auch
3. Grades, zeigt es sich im Verlaufe der Heilung, daß die eine oder
andere verbrannte Hautstelle unter trockenem Schorf, ja unter
dem erst aufgelegten Verbandgazestück tadellos heilt, während
manche Hautstellen, ganz ungleichmäßig verteilt, dauernd stärker
absondern und eitern. Das rührt meistens von einer sekundären
Autoinfektion des Gewebes, ausgehend von den Talg- und Schweißdrüsen, her. In diesen Fällen muß man trachten, die Eiterstellen
durch geeignete Verbandweise zu isolieren, indem man sie öfters
mit einer antiseptischen Salbe verbindet, während man die anderen
unter dem alten Verbandteil, den man umschnitten hat, eintrocknen läßt.

Im Gesichte wendet man am besten trockenen, antiseptischen
Gazeverband (mit Bismut-, Vioform-Airolgaze oder Leinöl-Kalk-
wasser) an, aus dem man Augen-, Nase- und Mundöffnung aus-
schneidet.

Handelt es sich um sehr ausgedehnte Verbrennungen am Kopf,
Rumpf (z. B. bei rückschlagender Flamme der Maschinenfeuerung,
Dampfkesselverbrühung durch Explosion), so finden sich meist
Verbrennungen 1. und 2. Grades nebeneinander, letztere besonders
an Prominenzen wie Ohren, Nase oder da, wo Kleider enge anliegen,
z. B. am Hals. Da leisten große Flächen von Billrothbatist oder
dünnem Gummistoff, vorher mit 1⁰/₀₀ Sublimatwasser gereinigt,
auf die man Ichthyol, Thiol, Borvaselin oder einfach gelbes Vaselin
aufstreicht, als unterste Verbandschicht übergelegt, gute Dienste.
Darüber kommt Zellstoff zum Aufsaugen des abfließenden Wundsekretes. Der Verband wird täglich erneuert, schmerzt wenig beim
Abnehmen. Noch besser ist es, wenn man den Verunglückten in ein
permanentes Wasserbad von 34⁰ C legen kann, dem man essigsaure
Tonerde oder Borsäure als ungiftiges Antiseptikum zufügt.

Wodurch ist der 3. Grad ausgezeichnet?

Beim 3. Grad findet eine Verbrennung oder Koagulation aller Eiweißkörper des Körpergewebes bis in tiefe Schichten hinein statt, so daß seine Ernährung nicht mehr stattfindet. Die Gefäße sind thrombosiert, das Gewebe ist abgestorben; beim Einschneiden fließt kein Blut. Durch Reparationsentzündung, Auswandern von Leukozyten und Autolyse des abgestorbenen Gewebes selbst bildet sich eine Demarkationslinie um die nekrotischen Teile, die sich allmählich ablösen.

Therapie des 3. Grades?

Wie beim 2. Grade so ist auch hier jeder Infektion durch antiseptische, trockene Verbände vorzubeugen, denn die Gefahr des feuchten Brandes, der Gangrän und damit der Sepsis ist bei dem nekrotischen Gewebe groß. Die nekrotischen Teile sind zu entfernen, aber nur bis zur Demarkationslinie. Die natürliche Abstoßung ist, wenn sie bereits eingeleitet ist, durch oft gewechselte feuchtantiseptische Verbände mit Alkohol oder unterchlorigsaurem Natronwasser (0,5%) zu unterstützen, es darf ihr aber etwa durch zu früh oder zu hoch vorgenommene Amputation nicht vorgegriffen werden; denn von verbrannten Teilen, Hautinseln erholt sich mitten in Geschwürsflächen oft noch recht viel; und das ist für die abschließende Überhäutung oft recht wichtig. Beginnt sich ein Demarkationsgraben mit frischroten Granulationen zu bilden, so wird die Abstoßung durch warme Salizylborsäurebäder für kurze Zeit beim Verbandwechsel oft recht gut unterstützt. Dem halbstündigen antiseptischen Bad folgt dann wieder ein antiseptischer Verband trocken oder feucht mit Alkohol, später auch mit antiseptischer Salbe. Der Ernährungszustand ist zu heben durch kräftige aber reizlose Diät: Milch, Eier, Fleischspeisen, Wein. Zur Schmerzstillung eignen sich Opiate, Chloralhydrat, Morphium in Tropfen, aber nie subkutan wegen der großen Gefahr des Morphinismus, gerade bei diesen schmerzhaften, langdauernden, chirurgischen Krankheiten. Bei drohendem Kollaps ist das Herz immer unter Kampfer zu halten, Kochsalzinfusionen sind zu machen, Vorsicht ist in der Darreichung von Alkohol, Morphium zu beobachten.

Welche Form hat die Verbrennung mit Flüssigkeiten?

Die Verbrennungsfläche gleicht in ihrer Form dem Laufe und den Spritzern der heißen Flüssigkeit, ist dort am tiefsten, wo sich z. B. im Zentrum ihre größte Menge angesammelt oder in enganliegender Kleidung am längsten verhalten hat.

Was tritt bei der Vernarbung von Verbrennungen häufig auf?

Es kommt infolge Hautmangels oft zu starkem Narbenzug an der benachbarten Haut und dadurch zu unregelmäßigen strahligen

Narben oder zum Zug am untenliegenden Gewebe an Sehnen, benachbarten Gelenken, d. h. zu Kontrakturen in starker Beugung und zu Ankylosen (Verwachsung und Steifigkeit der Gelenke meist in Winkelstellung). Diese kontrakturierten Narben sind sehr fest, gehen sehr tief, sind fast unmöglich zu lockern. Oft kommt es, wenn die Haut des Kranken dazu neigt, zu wulstigen, harten, gefäßreichen Verdickungen in der Haut selbst, förmlichen Hautfibromen, sog. Keloiden.

Was ist ein Narbenkeloid?

Es ist ein flacher, scharf begrenzter, derb-elastischer, weißlich oder rötlich gefärbter, in einer Narbe sich entwickelnder Wulst, der aus gutartigem Bindegewebe besteht. Hat der Kranke Neigung zur Keloidbildung, so entsteht es nach Exzision der hypertrophierten Narbe leicht wieder, namentlich wenn die Operationswunde nicht ganz glatt per primam intentionem heilt. Narbenstränge und Verwachsungen müssen lange Zeit mit Massage, unter Umständen durch plastische Operationen behandelt werden.

Wodurch kann man der großen Neigung der Brandwunden zu Kontrakturen und Keloiden während der Heilung vorbeugen?

Durch frühzeitige Transplantationen von Haut, sobald frische Granulationen sich bilden: entweder von feinen Läppchen des Papillarkörpers (nach Thiersch) oder frei übergepflanzten Hautlappen (nach Krause) oder gestielt aus der Nachbarschaft; immer vom gleichen Individuum.

Was entwickelt sich nicht selten auf dem Boden alter Brandnarbengeschwüre?

Ein Hautkrebs.

Wovon ist die Prognose der Verbrennung abhängig?

Wohl von dem Grade, besonders aber von der Ausdehnung der Verbrennung. Vollkommene Verkohlung eines kleinen Körperabschnittes wird besser ertragen als eine ausgedehnte Verbrennung leichteren Grades. Verbrennungen 1. Grades, die sich über $\frac{1}{3}$ bis $\frac{1}{2}$ der Körperoberfläche erstrecken, verlaufen namentlich bei Kindern, Greisen, schwächlichen Personen fast immer rasch tödlich.

Welches ist die Todesursache nach ausgedehnter Verbrennung?

Nach Sonnenburg: Herzparalyse infolge Schockwirkung und Unterdrückung der Hautatmung, Ansammlung von Ausscheidungsstoffen im Körper (einer Art Intoxikation).

Nach Ponfik: Das Zugrundegehen der roten Blutkörperchen bis zu 54%.

Nach anderen: Eindickung des Blutes und dadurch schwere Schädigung der Ernährung der Zentralorgane; oder: Bildung giftiger Spaltungsprodukte aus dem verbrannten und koagulierten Eiweiß.

Welches sind die klinischen Erscheinungen bei ausgedehnten Verbrennungen?

Anfangs intensiver Schmerz, großer Durst, der durch leichte, kühlende Getränke zu stillen ist. Eine gewisse Unruhe, Delirien, braunschwarzes Erbrechen, Zyanose oft schon nach 2 Stunden; Kleinwerden des Pulses, auch die Atmung wird oberflächlich, die Körpertemperatur sinkt, das Erbrechen dauert an, es treten Krämpfe ein und nach 6 bis 24 Stunden der Tod. Manche Verbrannte werden auch rasch apathisch und somnolent.

Der Sektionsbefund bei starken Verbrennungen?

Bei der Sektion findet man im Dünndarm, wenn der Tod nach einigen Tagen erst erfolgt ist, besonders im Duodenum, Geschwüre, in manchen Fällen Lungenödem (Flüssigkeitserguß — Transsudation von Blutserum — in die Lungenalveolen infolge Herzschwäche).

Erfrierung (Congelatio).

Wieviel Grade unterscheidet man?

3 bis 5 Grade, einen Grad mehr wie bei der Verbrennung, weil man zwischen der Blasenbildung und vollkommenen Verschorfung einen Grad der zyanotischen Stauung einschiebt, aus dem sich das halbtote Gewebe bei richtiger Behandlung wieder erholen kann.

Wie wirkt die Kälte auf das Blut ein?

Die Kälte kontrahiert zuerst die Gefäße, daher die Anämie; erfrierende Finger werden zunächst runzlig-weiß; dann folgt Lähmung der Vasomotoren, infolgedessen Dilatation der Gefäße und tiefe Rötung der Haut. Bei Temperatur ab 5° unter Null gefriert das Blut zuerst, beim Auftauen, namentlich wenn die Erwärmung zu rasch, nahe dem Ofen, mit warmem Bade geschieht, zerfallen dann die roten Blutkörperchen, gleichwie die Pflanzenzellen erst platzen und zugrunde gehen, wenn nach dem Frühreif sofort die Sonne zu wirken beginnt. Daher kann man mit Reif bedeckte Pflanzen noch retten, wenn man sie mit kaltem Wasser abspritzt und zudeckt.

Außer den Blutkörperchen zerfallen die kontraktilen Elemente der Muskeln, ihre erstarrten Eiweißzellen bersten ebenfalls.

Bis zu welchen Körpertemperaturen kann sich das Leben noch erhalten?

Warmblütige Tiere leben noch bei einer Rektumtemperatur von 18°, Menschen bei einer solchen von 22°. Im Schnee verschüttet kann man mehrere Stunden hohe Kältegrade ertragen, schon deshalb, weil der lockere, lufthaltige Schnee die Wärmeausstrahlung vermindert und noch eine Spur von Atmung zuläßt.

Was versteht man unter Frostasphyxie?

Es kommt manchmal eine allgemeine Frostasphyxie, d. h. Mangel an Atmung bei noch vorhandener Herzbewegung (tiefe Ohnmacht, Scheintod) vor; sie ist besonders bei Verunglückten, die vor der Erstarrung viel Alkohol genossen haben, beobachtet worden. Alkoholiker werden bei Kälte leichter matt und schlafsüchtig. Die Erstarrung geht hiebei so vor sich, daß das Blut von der Peripherie nach den inneren Organen gedrängt wird und in diesen Hyperämie veranlaßt; das Herz arbeitet dabei noch weiter.

Welches sind die Symptome bei beginnender Erstarrung?

Ganz kleiner oder nicht fühlbarer Puls, eine Temperatur von 24° und darüber im Rektum, 6 bis 8 Respirationen in der Minute.

Behandlung bei allgemeiner Erstarrung?

Die Verunglückten darf man beim Transport nur vorsichtig bewegen, da die Glieder brechen können. (Billroth beobachtete in seiner Studentenzeit einen erfrorenen Handwerksburschen, dem auf dem Transport die Füße aus dem Gelenk gerissen waren.) Man bringt sie nicht sofort in warme Räume. Bekannt ist, daß die Mönche am Großen St. Bernhard die im Schneesturm Verunglückten zuerst im Keller des Hospitzes langsam auftauen lassen. Man reibt die Erfrorenen zunächst mit Schnee und kaltem Wasser ab, macht Umschläge mit kalten Tüchern, bringt sie in ein Vollbad von 16 bis 18° C, injiziert ihnen subkutan in das Unterhautfettgewebe des Bauches mehrere Gramm (20) Äther oder Kampferöl, spritzt laues Wasser in den Mastdarm. In dem Bade läßt man sie mit wollenen Tüchern leicht frottieren; erst später, wenn das Auftauen begonnen hat, gießt man langsam warmes Wasser hinzu. Puls und Atmung sind während der ganzen Behandlung fortwährend zu beobachten; setzt die Atmung aus, so ist die künstliche zunächst nach Schüller am Brustkorb, später nach Sylvester an den aufgetauten Armen vorzunehmen. Natürlich müssen vorher der Mund aufgesperrt, die Zunge vorgeholt sein.

Welches sind die Symptome des 1. Grades der Erfrierung?

Der 1. Grad besteht in Rötung und Schwellung. Die Farbe ist nicht wie bei der Verbrennung eine hellrote, sondern eine bläuliche infolge der hier viel stärkeren venösen Stauung. (Zyanose durch Kohlensäureüberladung des Blutes.)

Welches ist die lokale Behandlung des 1. Grades bei umschriebener Erfrierung?

Man übt auf die erfrorene Stelle einen intensiven Reiz aus, indem man 5 proz. Jodtinktur oder Frostkollodium (Jod rein 5 g, Äther 30 g, Glyzerin 10 g, Kollodium 100 g 1 bis 2 mal täglich),- namentlich bei chronischen Erfrierungen aufpinselt. Sehr gut sind auch Ichthyol-Lanolinsalben. Viel benützt wird Kampfer 2 g, Terpentinöl und Steinöl ad 10 g. Bei heftigeren Erfrierungen kann man Opiumtinktur, bei Frostbeulen Kantharidentinktur, auch Tannin-Kampfersalbe verwenden. Außerdem gibt man häufig Bäder mit verdünntem Chlorkalk. Bei einfachen Erfrierungen Zitronensaftumschläge versuchen. Bei etwa auftretenden Eite-- rungen Höllensteinsalben 1 : 30, Perubalsam, Jodtinktur.

Was versteht man unter Frostbeulen = Perniones?

Umschriebene blaurote, abwechselnd stark juckende und schmerzende geschwollene Stellen der Haut und des Unterhautzellgewebes namentlich an Prominenzen (Nase, Ohren, Kleinfinger-, Kleinzehenseite), die aufspringen und zu Geschwürsbildung führen können. Sie entstehen bei zarter Haut blutarmer Menschen durch wiederholte Erfrierungen 1. Grades namentlich dann, wenn sie mit feuchten, frisch gewaschenen Händen bei großer Kälte rasch ins Freie treten, wenn sie zu enge Fußbekleidung tragen, so daß durch mangelhaften Blutumlauf leicht Stase (Stauung) und damit die erste Vorbedingung zur Erfrierung entsteht; aber auch dann, wenn man mit kältestarren Gliedern zu rasch und zu nahe an den geheizten Ofen herantritt.

Therapie der Pernionen?

Weite, wollene Handschuhe, häufige kalte Abreibungen, die Geschwüre erfordern adstringierende Salben.

Nach Abheilen der Frostbeulen im Sommer bleibt eine Verdickung des Zellgewebes mit Gefäßstauung, schlechte Funktion der Vasomotoren zurück, so daß im folgenden Winter sofort wieder dieselben Stellen erfrieren, wenn man nicht durch Massage, Baden, Besonnung, Einfetten (Lanolin, Glyzerin) den Blutkreislauf während des Sommers vorbauend unterstützt und gekräftigt hat.

Welches sind die Symptome des 2. Grades?

Die Blasen entstehen bisweilen erst einige Tage nach der Erfrierung. Ihr Inhalt ist trüb, sanguinolent.

Worin besteht die Therapie des 2. Grades?

Die Blasen schneidet man höchstens am Rande wie bei der Verbrennung etwas ein und behandelt sie mit antiseptisch trokkenem Verband, pinselt die zyanotisch geschwellte Umgebung der Anreizung wegen ab und zu mit 5proz. Jodtinktur ein.

Was ist für die Therapie des 3. und 4. Grades der Erfrierung wichtig?

Im Anfang kann man nie genau konstatieren, wie weit die Erfrierung gegangen ist, wieviel von dem zyanotisch geschwollenen Gewebe wirklich tot ist; deshalb ist mit jedem chirurgischen Eingriff einige Tage zu warten. Die erfrorenen Extremitäten muß man nach vorheriger gründlicher Desinfektion (durch Rasur, Alkohol-Ätherreinigung, Bepinselung mit Jodtinktur, trockenem, antiseptischem Verband, mit antiseptischer Bismutsubgallatgaze) senkrecht elevieren, um den venösen Rückfluß zu beschleunigen, den arteriellen zu verlangsamen, und durch seitlich beigelegte Wärmeflaschen gut einwärmen. Doch darf man mit einer dringend nötigen Amputation auch nicht so lange warten wie bei Verbrennungen, weil das gestaute zyanotische blutreiche Gewebe hier viel rascher feuchtbrandig (gangränös) zerfällt als dort, keine Neigung zum Eintrocknen (Mumifizieren) hat und deshalb leicht zu fortschreitender Sepsis Anlaß geben kann. Die Amputation muß dann entfernt von der nekrotischen Stelle im gesunden Gewebe mit gut ernährter Lappenbildung vorgenommen werden. Die Demarkation und Granulationsbildung geht hier oft so langsam vor sich, daß sie nicht immer ganz abgewartet werden kann, namentlich wenn die Ernährung daniederliegt, Kräfteverfall, Dekubitus, Herzschwäche, Anstieg der Temperatur drohend zum Eingriff mahnen.

Verletzung durch ätzende Stoffe (Caustica).

Welches ist die Wirkung der ätzenden Stoffe auf das Körpergewebe?

Eine Koagulation der Eiweißstoffe durch Wasserentziehung, bei längerer Einwirkung eine vollständige Verkohlung, Verbrennung (Oxydation) der organischen Substanzen. Die Wirkung ist bei den verschiedenen Chemikalien keineswegs gleich, z. B. bei konzentrierter Schwefelsäure sehr rasch und heftig, bei Ätzkali sehr langsam aber tiefgehend. Die Wirkung ist immer auf den Umkreis beschränkt, auf dem das Ätzmittel aufliegt oder über den es ausgeflossen ist, also lochförmig rund oder streifenförmig begrenzt.

Was versteht man unter Eschara = Schorf?

Abgesehen von dem trockenen Wundschorf, der bei der aseptischen Wundheilung sich aus geronnenem Blutserum, Fibrin, Leukozyten als Schutzdecke über der heilenden Wunde bildet, unterscheidet man noch eine Mortifikation (Absterben) von Körpergewebe als Folge einer Verbrennung oder Verätzung. Dieses tote Gewebe reicht als Brand- oder Ätzschorf tief je nach Dauer und Grad der Gewebsschädigung durch Hitze oder chemische Wirkung des Ätzstoffes in das Körpergewebe herein und muß sich erst langsam durch die reparative Entzündung von dem noch lebensfähigen Gewebe trennen.

Wirkung der Schwefelsäure?

Sie setzt einen braunschwarzen, mehr trockenen Schorf.

Wirkung der Salpetersäure?

Sie verursacht einen gelben, mehr feuchten Schorf.

Wirkung der Salzsäure?

Einen grünweißen schmierigen Schorf.

Wirkung des Ätzkali?

Einen schmierigen weißen Schorf, der hie und da halb flüssig bleibt.

Wie werden die Ätzwunden behandelt?

Bei diesen Verletzungen muß man womöglich gleich nach der Einwirkung zuerst die Säure neutralisieren durch Kreide, Natron oder Magnesia, auch Seifenlösung, Lösung von Soda, Mineralwasser; bei Verätzungen mit Alkalien durch Essig, Zitronensaft, auch Öl usw. Ist kein Neutralisierungsmittel zur Hand, so hilft man sich durch ausgiebiges Abspülen mit Wasser, physiologischer Kochsalzlösung oder einem leichten Antiseptikum; auch reines Öl kann im Notfall verwendet werden. Später behandelt man sie antiseptisch wie eine Verbrennung.

Thrombus und Embolus. Thrombose und Embolie.

Was ist ein Thrombus?

Ein Blutpfropf, der innerhalb eines Gefäßes (Vene oder Arterie) entstanden ist.

Er ist nicht aus Fibrin aufgebaut, sondern systematisch organisiert, aufgebaut aus Blutplättchen und einem Netz aller Arten von Blutkörperchen. Es handelt sich nicht um eine intravaskuläre Gerinnung mitten im fließenden Blut; es ist vielmehr die Gefäßwand bei diesem Vorgang beteiligt, die an der Gefäßverstopfungsstelle etwas ulzeriert ist. Dieser Prozeß muß von der Gerinnung (Ausscheidungsvorgänge aus dem Blute beim Austritt aus der lebenden Gefäßwand) grundsätzlich unterschieden werden.

Eine Vorbedingung ist oft die Herabsetzung der Geschwindigkeit des Blutstromes; namentlich begünstigen die Thrombose Veränderungen der Strömungsgeschwindigkeit bald nach der einen, bald nach der anderen Richtung, Wirbelbewegungen wie z. B. im Aneurysma, wo doch die Blutzirkulation außerordentlich rasch vor sich geht. Dabei werden die korpuskulären Elemente an den Rand des Blutstromes zur Gefäßwand hingeschleudert. Ferner wirken begünstigend zur Entstehung der Thrombose Druck auf die Venen, Verletzungen, Hämatome, Frakturen, Erschlaffung, Nachlaß der Herzkraft (durch Herzmuskelschwäche und andere Schädigungen des Herzens).

Es muß aber zum Zustandekommen des Thrombus auch eine serologische Veränderung in der Zusammensetzung des Blutes eintreten, die den Ausfall des Fibrins bedingt: Fibrin wird jedoch nicht ausgeschieden, sondern das Maßgebende zum Aufbau sind die Blutplättchen. Es wäre wohl möglich, daß die roten Blutkörperchen bei einer bestimmten Blutveränderung eine Umgestaltung ihrer Form erleiden.

Die Ursache der meisten Thrombosen ist eine mangelhafte Blutstillung, wodurch der Blutdruck sinkt, die Geschwindigkeit herabgesetzt wird und ein Zerfall von Gewebe zustandekommt. Durch die Endothelzerfallsprodukte werden toxische Stoffe frei, die thrombogen wirken. Sicher wirkt auch eine gewisse Disposition zur Thrombosenbildung im Organismus mit. — Die Thrombose ist also kein intravasculärer Gerinnungsvorgang.

Wenn sich in dem Thrombus infektiöses Material ablagert, kann es zu einer Entzündung des Thrombus und der umgebenden‘ schon durch kleine Intima-Ulzerationen veränderten Gefäßwand, dann zur eiterigen Einschmelzung des Thrombus selbst kommen.

Werden die Thromben nicht organisiert, so flattern sie an der Gefäßwand hin und her, können durch den Blutstrom bei jeder Gelegenheit, äußeren Bewegungen, Reiben, Abschnürung, Massage, losgerissen werden und verursachen dann als Embolus die Verstopfung eines Gefäßbezirkes in anderen Organen (z. B. ein Thrombus wird von einer kleinen Extremitäten- oder Beckenvene aus durch die Vena cava inferior zum rechten Vorhof und Ventrikel verschleppt und dann als arterieller Embolus durch eine Lungenschlagader in die Lunge hineingeschleudert).

Zur Entstehung von Thromben ist ein entzündlicher Vorgang, wie man früher meinte, nicht nötig. Es besteht auch noch heute bei vielen Chirurgen die Auffassung, daß eine Entzündung zur Thrombenbildung unbedingt notwendig ist. Das ist aber nicht richtig. Es können sich allerdings bei Entzündungen, in entzündeten Venen Thromben bilden. Bei diesen Entzündungsthromben ist erfahrungsgemäß die Gefahr der Embolie sehr gering.

Bei Geburten dagegen, bei denen keine Infektion, wohl aber eine größere Blutung stattgefunden hat, ist auch ohne Fieber, ohne Entzündung die Gefahr der Embolie größer, weil die Thromben weniger gut anhaften an der Gefäßwand. Hier kommen auch Veränderungen der Blutzusammensetzung (chronische Anämie) in Frage.

Wann gerinnt das Blut?

Sobald es die Gefäßwand verlassen hat oder das Endothel der Intima verletzt ist. Das normale Sekret der Intima allein erhält das Blut flüssig. Die verletzten Endothelzellen liefern ein Ferment, Thrombokinase, das den Gerinnungsprozeß in Gang bringt durch Freiwerden des Thrombogens und Fibrinogens aus dem Blutplasma und den Blutzellen.

Welche Arten von Thromben gibt es der Herkunft nach?

Im allgemeinen arterielle, venöse und kapillare Thromben, welch letztere bei diffuser Schädlichkeit wie Verbrennung usw. entstehen.

Im besonderen unterscheiden wir noch wandständige und Obturationsthromben (das Gefäßlumen vollständig verstopfende). Der wandständige kommt bei seitlichen Gefäßverletzungen vor und besteht in einem Blutgerinnsel, das den Schlitz des Gefäßes verlegt, aber nicht das ganze Gefäßlumen verstopft. Ein obturierender Thrombus bildet sich bei Verletzung größerer Gefäße und bei Unterbindungen.

Welche Thromben unterscheiden wir der Zusammensetzung nach?

Rote und weiße bis graurötliche; letztere, wenn die Thrombusbildung bei strömendem Blute erfolgt, wo nicht die ganze Blutmasse gerinnt, sondern nur einzelne Blutbestandteile, hauptsächlich Blutplättchen und farblose Blutzellen nebst einer wechselnden Anzahl roter Blutzellen sich beteiligen. Der rote Thrombus dagegen entsteht im bewegungslosen, stehenden Blute, also bei vollständigem Verschluß des Gefäßes, er hat rote Farbe wie das Blut, da er alle Bestandteile des Blutes enthält.

Was versteht man unter marantischen Thromben?

Weiche dunkelrote große Thromben, die der Gefäßwand locker aufsitzen und sich infolge schwacher Herzkraft in den großen Venen

(Vena cava), auch im rechten Ventrikel, oft kurz vor dem Tode bilden. Sie kommen hauptsächlich im Verlauf chronischer Krankheiten, bei Wöchnerinnen in den großen Venen des sich zurückbildenden Uterus, auch bei Sepsis vor, geben Veranlassung zur Lungenembolie, eben weil sie sehr locker sitzen und leicht losgerissen und verschleppt werden können.

Was sind traumatische Thromben?

Um Hämatome, in verletzten Venen bei Wöchnerinnen, bei chronischer Phlebitis, bei komplizierten Frakturen (z. B. am Schenkelhals, Oberarmkopf alter Leute) kommt es nicht selten zu ausgedehnten Blutgerinnungen in den Venen, die zu Embolien durch Bewegungen, Streichen, Massieren Anlaß geben könnten. Daher ist bei Verdacht irgendwelcher Thrombenbildung absolute Ruhe nötig.

Was verstehen wir unter einem organisierten Thrombus?

Der anfangs locker sitzende Thrombus tritt allmählich in Beziehung zur Gefäßwand, er verwächst mit ihr. Allmählich geht die rote Farbe in eine grauweiße über, schließlich wandelt er sich in derbes Bindegewebe um: das nennen wir Organisieren des Thrombus.

Welches Schicksal kann ein Thrombus sonst noch haben?

Ein weiterer günstiger Ausgang ist auch noch die Schrumpfung und Verkalkung (Venensteine — Phlebolith), am häufigsten in varikösen Erweiterungen der Unterextremitäten vorkommend; ein ungünstiger Ausgang ist die einfache oder rote und die puriforme oder gelbe Erweichung.

Wann tritt Zerfall, Erweichung eines Thrombus ein?

Wenn aus dem Blut in ihn Bakterien eingewandert sind, dort sich vermehren und damit seinen Zerfall bedingen; die Thromben sehen dann braungrau aus, zerbröckeln leicht, enthalten Eiterherde. Dieser Vorgang spielt sich bei der Sepsis ab. Die losgerissenen Thrombusbröckelchen werden mit dem Blutstrom in die Kapillaren verschleppt und veranlassen von da aus die Bildung septischer Metastasen (Lungen-, Nierenabszesse usw.).

Welches sind die Vorläufer und Erscheinungen der Thrombose?

Im allgemeinen äußert sich die Thrombose auch ohne Komplikationen in leichten Temperatursteigerungen, Schmerzen, Kribbeln; Anschwellung, livider Verfärbung bei venöser Stauung. Bei arteriellen Thromben in peripherem Kältegefühl und sensiblen Störungen.

Nach einer blutigen Operation mit zahlreichen Unterbindungen, Einrichtung einer komplizierten Fraktur, im Puerperium: zunehmende ziehende Schmerzen in der Wundumgebung bei kleinem, schwachem Puls, vielleicht subfebriler Temperatur, Druckempfindlichkeit der benachbarten größeren Venen, die als Stränge immer deutlicher fühlbar werden. Weiße pralle Schwellung der Haut mit Venenzeichnung in ihr. Diese Erscheinung ergibt sich daraus, daß sich gerinnselartige Gebilde an der Innenwand mehrerer Gefäße festlegen und sie dadurch zum Verschluß bringen. Als unmittelbare weitere Folge schwillt dann die Extremität hochgradig an. Diese bekommt ziemlich rasch, in wenigen Stunden oft, eine ganz weiße anämische Farbe. Auch die Haut kann sich unter dem Druck des Serumtranssudates so anspannen, daß sie anämisch wird. Das Blut kann nicht mehr in dem betreffenden Gefäßbezirk eindringen, und so scheinen die unter der Haut liegenden, prall gefüllten Gefäße durch.

Bei älteren Leuten mit arteriosklerotischen Gefäßen kann häufig wiederkehrendes Eingeschlafensein der Gliedmaßen, namentlich der Beine, eintreten, dann folgen angeblich rheumatische Schmerzen, die reißend von oben nach unten ziehen, Blaß- und Kaltwerden des Beines, leichte und rasche Ermüdbarkeit der Muskeln schon nach kurzen Spaziergängen; beim Erheben vom Sitzen Schmerzgefühl und Funktionslosigkeit, Kältegefühl in den Beinen. Diese Erscheinungen rühren von der mangelhaften Durchblutung der Muskeln und Nerven her, weil das Hauptgefäß durch die Endarteriitis (Entzündung und damit Veränderung der Tunica intima der Arterien) und beginnende Thrombose nicht mehr gut wegsam ist. Es erklären sich daraus auch die spastisch tetanischen Muskelkontraktionen, Wadenkrämpfe, akute Pylorusstenose, blitzartige Schmerzen, eine Art von Kolikschmerzen, hervorgerufen durch plötzliche Muskelkontraktionen.

Ist Thrombose eingetreten, so erscheinen ohne Temperatursteigerung oder nur bei leicht erhöhter, subfebriler Temperatur der befallene Körperteil, die Beckengegend, die untere Extremität blaß, kühl, etwas zyanotisch gefärbt, sie ist etwas angeschwollen, schwerbeweglich. Jede Bewegung, namentlich der Versuch zum aktiven Erheben des Oberschenkels, Bewegung der Zehen verursachen heftige Schmerzen; das Gefühl wird pelzig stumpf. Mit der Zeit nimmt die Schwellung zu, die Haut wird prall elastisch gespannt, die Extremität sieht, wie bereits oben erklärt worden ist, blutleer, wächsern aus. Bekannt ist das Bild der Phlegmasia alba dolens in puerperio.

Welche therapeutische Maßnahmen sind bei Thrombose zu ergreifen?

Warme, weiche, ruhige Hochlagerung des erkrankten Körperteils, Ausschaltung jeder Bewegung und Einreibung. Für größte Sorgfalt in der Pflege gegen Dekubitus (am Kreuzbein, an der Ferse Roßhaar-, weiche Watte-, Lederringunterlagen, Hirsespreusäcke) ist zu sorgen. Feuchtwarme Umschläge mit Bleiwasserspiritus haben sich bewährt. Die krankhafte Schwellung dauert wochen-, monatelang, bis sich neue Wege zum Rücklauf des Blutes durch erweiterte Gefäße ausgebildet haben. Erst nach Monaten, wenn der Thrombus sich organisiert hat, kann man gegen die Überreste der Schwellung mit vorsichtigen Bewegungen, Bädern, Massage und Einwicklung mit Flanell-Trikotbinden vorgehen.

Was verstehen wir unter Embolus?

Wird von einem erweichten Thrombus ein Stückchen des geronnenen Blutes oder auch ein anderer Zellkomplex, z. B. ein Bakterienhäufchen, Teilchen einer Geschwulst usw., losgerissen und bleibt an irgendeiner Stelle des großen Kreislaufes in einer kleinen Arterie oder einem Kapillargefäß stecken, so nennen wir diesen hereingetriebenen Pfropf Embolus, den ganzen Vorgang Embolie.

Welche Krankheitsbilder können durch die Embolie entstehen?

Hier kommt es vor allem darauf an, ob der Embolus von einem nicht infektiösen oder von infiziertem Material stammt.

Wird ein nicht infektiöser Embolus im Venensystem losgerissen, so wird er, da die Venen gegen das Herz zu immer weiter werden, auf diesem Wege zunächst kein Hindernis finden, er wird schließlich die Hohlvene, den rechten Vorhof, die rechte Herzkammer und die Lungenschlagader, die venöses Blut führt, passieren, bis er in den sich immer mehr verengenden Lungenarterien irgendwo in der Lunge stecken bleibt. Kommt ein solcher Embolus aus dem arteriellen System (großer Kreislauf), so wird er solange fortgetrieben, bis er in irgendeiner kleinen, für ihn nicht mehr passierbaren Arterie festgehalten wird (Niere, Milz, Hirn usw.). Bei vollständiger Verstopfung ist die nächste Folge die, daß der Organbezirk, der von dem betreffenden Gefäße versorgt ist, von der Blutzufuhr abgesperrt wird. Wird der Organbezirk aber von mehreren Arterien zugleich gespeist, so bildet sich ein Kollateralkreislauf aus, und der Schaden ist nicht so groß. Handelt es sich um eine Endarterie, so ist bei völligem Verschluß das abgesperrte Gebiet dem Untergange verfallen; es entsteht der sog. Infarkt.

Werden aber mit dem Embolus zugleich krankheit-, insbesonders eitererregende Mikroben mitgeschleppt (z. B. bei infektiösen Klappenerkrankungen), so werden sich am Ort der Ansiedlung neue Abszesse bilden (metastatische Abszesse).

Durch Verschleppung von Fett entsteht die Fettembolie, hauptsächlich bei Zertrümmerung des Knochenmarkes bei schweren Frakturen und Zerreißung von Venen. Akute Fettembolie kann aber auch durch Zerreißung eines Gefäßes allein oder lymphogen durch Resorption entstehen. Es wurde schon nachgewiesen, daß eine Fett-

embolie vom linken Herzen in das Gehirn gelangt war. Hiedurch
können die Kapillaren der Lungen oder des Gehirns hochgradig mit
Fett angefüllt und rascher Tod verursacht werden.

Durch Verschleppung von Krebs- oder Sarkomkeimen können
multiple Krebse oder Sarkome im Körper entstehen usw.

Wie bildet sich ein Infarkt aus?

Das durch eine verstopfte Endarterie vollständig von der Blutzufuhr abgesperrte Gebiet verfällt dem Absterben: Zunächst kommt
es zur Gerinnung des Eiweißes (Koagulationsnekrose), die Zellkerne
sind im histologischen Präparat nicht mehr färbbar; in einem späteren Stadium tritt körniger Zerfall der Zelle ein, weiterhin wandelt
sich der infarzierte Bezirk in Narbengewebe um, wie ja überall im Organismus an Stelle zugrunde gegangenen Organgewebes (Parenchyms)
Bindegewebe entsteht. Der anämische Bezirk erscheint an der
Oberfläche eines Organs (Lunge, Niere, Milz usw.) naturgemäß als
Kreis, auf dem Durchschnitt als Dreieck entsprechend der keil-
oder fächerförmigen Ausbreitung einer Endarterie. Die Farbe ist
blaß (anämischer Infarkt), mit einer Randzone kollateraler Hyperämie. Tritt von dieser Randzone als Ort höheren Blutdruckes
Blut in den anämischen Bezirk hinüber, so verfällt es dort dem
Untergang, und der Infarkt nimmt die Farbe des zugrunde gehen-
den Blutfarbstoffes an (hämorrhagischer Infarkt).

Was versteht man unter Lungenembolie?

Die schon oben erwähnte Verschleppung eines Venenthrombus
durch den kleinen Kreislauf in die Lungenarterien. Es handelt sich
meist um frische Thromben nach Verletzungen, nach Geburten,
von denen sich durch irgendeine leichte Bewegung ein der Venenwand locker anhaftendes Stück loslöst und beim Steckenbleiben
unter blitzartigem, plötzlichem Schmerz Angstgefühl, größte Atemnot, Zyanose verursacht. Entweder erholt sich der Kranke allmählich wieder oder er geht rasch asphyktisch zugrunde. Oft
wiederholt sich nach einigen Stunden oder Tagen, während der
Kranke viel Hustenreiz, Bronchialerscheinungen, Bluthusten aus
dem Lungeninfarkt hatte, der Anfall, so daß der Kranke erst im
2. oder 3. Anfall infolge Nachlasses der Herzkraft zugrunde geht.
Die Gefahr der Lungenembolie ist niemals von der Größe des Embolus abhängig, nicht der Ausfall einer großen Respirationsfläche,
sondern die Größe des Ausfalles in der Blutgefäßbahn ist für die
Schwere der Embolie maßgebend; denn ein Tier kann im Versuch
noch mit $^3/_{10}$ seiner Lungenfläche lebend erhalten werden.

Auf der anderen Seite kommen oft Kranke mit einem sehr
kleinen Embolus zum Exitus. Der Reiz der Intima durch den
infolge der Embolie veränderten Blutlauf und Blutdruck ruft in

solchen Fällen einen Reflex hervor, der den Herztod zur Folge hat mit Herzstillstand in Diastole.

Handelt es sich um eine kleine und schwache Embolie, so ist unter Umständen ein gesundes Herz, wenn seine Kraft groß genug ist, in der Lage, diesen Widerstand im Blutfluß zu überwinden. Außerdem tritt auch in diesem Falle nach einiger Zeit der Tod ein durch Herzlähmung unter Flimmerbewegungen der Herzmuskulatur.

Mit der Möglichkeit einer Embolie muß der Chirurg bei jedem einzelnen Falle rechnen. Vor jeder Operation, namentlich am Knochen, bei Versorgung einer komplizierten Fraktur, Gefäßunterbindungen, Unterleibs-, Mastdarm-, Beckenoperationen muß er sich daher immer fragen: Ist die Herzkraft auch ausreichend genug? Sogenannte kleine, oberflächliche Operationen gibt es nicht! Jede blutige Operation kann die Gefahr einer Embolie in sich bergen.

Woran erkennt man den Eintritt einer thrombotischen Lungenembolie?

An den heftigen, beengenden Brustschmerzen, plötzlich auftretendem Lufthunger. Der Kranke wird zyanotisch, richtet sich gewaltsam im Bett auf, ringt schreiend nach Luft, sinkt ermattet zurück, wird blaß und pulslos.

Was kann man bei Eintritt einer Lungenembolie tun?

Den Kranken mit der Brust hochlagern, kalte Umschläge auf die Brust legen, Kampfer injizieren in die Bauchdecken. Erhält sich der Puls gut, so soll man zur Beruhigung auch etwas Morphium oder Pantopon, Kodein geben. Ein geübter Chirurg kann es wagen, die Operation nach Trendelenburg auszuführen: durch schnellen Brustschnitt mit Rippenresektion den Herzbeutel aufklappen, die Arteria pulmonalis inzidieren und mit Polypenzange aus ihr den Embolus herausholen. Die Operation ist schon einige Male ausgeführt worden, doch hat nur eine Patientin von Riedel in Jena den Eingriff einige Tage überlebt.

Mehr Aussicht auf Erfolg hat die Prophylaxe: Oft und fleißig tiefe Atemzüge ausführen lassen, damit bei Patienten mit Thrombose das Blut im rechten Herzen rasch zirkuliert.

Besondere Vorsicht ist bei Patienten mit komplizierten Frakturen, nach sehr blutigen Operationen bei Anämischen, im Puerperium notwendig. Alle Bewegungen, Transporte, Umlagerungen, Einreibungen sind bei diesen Kranken vorsichtig auszuführen. Arteriosklerotiker, namentlich mit schwachem Herzen, Herzklappenfehler, neigen zu Thrombose und Embolie.

Bei der puerperalen thrombophlebitischen (Venenentzündung) Pyämie hat sich nach Bardeleben die rechtzeitig und frühzeitig

ausgeführte Unterbindung der benachbarten abführenden Becken-
venen als das wirksamste Mittel bewährt.

Wodurch entsteht Luftembolie?

Durch Eindringen einer größeren Menge von Luft in die Blutbahn durch geöffnete Venen, und zwar 1. durch den Zug der Lunge
bei einer tiefen Inspiration an dem ganzen peripheren Venensystem
(z. B. besonders am Hals während einer Strumaoperation). Die erweiterte Lunge wirkt mit einer kolossalen Saugkraft auf die Venen;
2. durch die elastische Kraft der Lunge selbst, wenn gerade eine
gerissene Vene während einer Operation klaffend geöffnet ist.

Wann kann Luftembolie vorkommen?

Die Gefahr ist bei allen Lungeneingriffen vorhanden, bei Punktion oder Läsion der Arteria pulmonalis, auch bei Halsoperationen,
bei denen viele Venen freigelegt und, weil sie sehr dünnwandig sind,
leicht verletzt werden, so bei Strumaexstirpation.

Warum ist die Luftembolie meist tödlich?

Weil in ganz kurzer Zeit in den kleinsten Blutgefäßen der Lunge
eine große Menge von Luftbläschen sich anhäufen, die den Durchtritt des Blutes durch den kleinen Kreislauf in den Ventrikel verhindern. Doch würde sich dadurch allein noch nicht der schlag-
artig plötzlich erfolgende Tod erklären lassen, denn es gibt Fälle,
in denen $^{7}/_{10}$ der ganzen Lungenbahn ausgeschaltet. werden kann
(also viel mehr, als durch die aspirierte Luft unwegsam gemacht
wird), ohne daß der Tod eintritt; also kann nicht der Verlust an
Atemgewebe die Todesursache sein. Es übt vielmehr außerdem noch
die plötzlich einströmende Luft einen ganz intensiven Reiz auf die
Gefäße und das Herz aus. Reflektorisch tritt infolge dieses Reizes
der Herztod durch Schockwirkung auf die Herznervenganglien in
der Herzmuskelwand selbst ein. Die Lungenblutgefäße haben auch
Vasomotoren in ihrer Wandung, aber in geringerer Stärke als die
Körperblutgefäße. Infolge davon ist das Anpassungsvermögen der
Lungenblutgefäße an die durch den Lufteintritt gestörten Strömungs-
verhältnisse eine sehr geringe. Unter diesem durch die eintretende
Luft erzeugten Reflex ist nun der rechte Ventrikel mit seiner schwachen Muskulatur nicht imstande, bei der sich wenig ändernden
Kontraktion der Lungenblutgefäße das Blut aus dem rechten Ven-
trikel in genügend großer Menge weiterzubefördern und erlahmt ganz
plötzlich.

Was kann man zur Verhütung der Luftembolie tun?

Es ist gut, eine pulmonale Drucksteigerung durch Überdruckatmung eintreten zu lassen, Hals-, Struma-, Lungenoperationen mit

Überdrucknarkose durch den Rot-Draeger-Apparat mit komprimiertem Sauerstoff aus einer Sauerstoffbombe und dicht anschließender Gummimaske auszuführen. Durch die Kompression der Lungengefäße beim Überdruckverfahren kann die Gefahr der Luftembolie vermindert, aber nicht ganz sicher vermieden werden.

Droht Luftaspiration an einer angerissenen Vene am Halse, empfiehlt es sich, den Venenriß sofort mit dem Finger zuzudrücken, den Kopf tiefer zu legen und künstliche Atmung mit Herzmassage auszuführen.

Woran erkennt man den Eintritt der Luftembolie?

An dem saugenden Geräusch, mit dem die Luft in die angerissene Vene dringt, an dem asphyktisch zyanotischen Aussehen des Kranken, Lufthunger, Pulslosigkeit.

Wie unterscheidet man Thrombose und Embolie im allgemeinen?

Einen Hinweis gibt der Umstand, daß der Gefäßverschluß durch Embolie plötzlich entstehen muß, die Thrombose hingegen allmählich eintreten kann. Der Unterschied wird besonders hervorstechend, wenn das Gehirn das befallene Organ ist.

Folgezustände der Verletzungen der Gefäße.

Wie heilt die angeschnittene Arterie?

Es kann in seltenen Fällen eine direkte Verheilung ohne Zwischensubstanz eintreten, ausgehend vom Endothel. Auf direkter Verklebung des Endothels beruht die Technik der Gefäßnaht, bei der die verwundeten Gefäßwände nach außen gestülpt und flach aufeinander (Endothelschicht gegen Endothelschicht) genäht werden. Sonst bildet sich bei Gefäßverletzungen ein wandständiger Thrombus, der sich organisiert und später bindegewebig umwandelt.

Wie geht die Heilung bei Unterbindung vor sich?

In der unterbundenen Arterie gerinnt das Blut bis zum nächstabgehenden Seitenast. Dieser Thrombus besteht fast ausschließlich aus roten Blutkörperchen (der frische oder rote Thrombus). Einige Tage später zerfallen diese roten Blutkörperchen schollig, an ihre Stelle treten weiße durch Einwanderung. Die Intima ist gefältelt und an der adventitia und muscularis eingerollt. Auch in dem umgebenden Bindegewebe treten neue Wander- und jugendliche Bindegewebszellen auf; nach 14 Tagen ist keine Spur dieser ausgewanderten weißen und zerfallenen roten Blutkörperchen mehr vorhanden: der Thrombus hat sich organisiert zu jugendlichem

Bindegewebe; nach weiterem Verlaufe ist ein fester Bindegewebs-
strang aus dem abgebundenen Gefäße geworden.

Wie stellt sich die Blutversorgung in einem Körperteil wieder her, in dem durch Unterbindung des versorgenden Hauptgefäßes die Blutzufuhr und damit die Ernährung gestört ist?

Durch Ausbildung eines sog. Kollateralkreislaufs, d. h. es strömt
eine vermehrte Blutmenge auf Umwegen durch die Seitenzweige,
die durch den vermehrten Blutdruck sich erweiterten, teils bilden
sich auch neue Gefäße heraus aus dem Kapillarnetz. Sehr empfindlich gegen Störung in der Blutzufuhr ist die Gehirnsubstanz, besonders dessen Rinde trotz des Reichtums an Kapillaren. Nach
Unterbindung der Carotis communis auf einer Halsseite erfolgt oft
sehr rasch Anämie, Schwäche, Ohnmacht, Schwindel, Gehirnödem
und einseitige Lähmung, die sich nicht wieder ausgleicht, da die
Gehirnzellen am raschesten der Nekrose anheimfallen.

Oft kann ein reiches Anastomosennetz in anderen Organen eine
Nekrose verhindern. Ein Kollateralkreislauf ist oft ein vollständiger
Ersatz auch für die größten Gefäße (z. B. Ernährung des Beines
nach Exstirpation eines Aneurysmas der Schenkelschlagader
durch die Arteria profunda femoris und die Arteria obturatoria,
glutaea und pudenda), namentlich wenn vor der Exstirpation der
Kollateralkreislauf noch eine Spanne Zeit hatte, sich durch Erweiterung der Anastomosen bereits auszubilden. Am gefährlichsten sind
daher rasch notwendige Unterbindungen sowie rasch und ganz ver-
schließende Embolien. Am schlechtesten sind die Aussichten, wenn
es sich, wie schon erwähnt, um Verschluß einer sog. Endarterie
handelt. Z. B.: Embolie der Arteria centralis retinae bringt unver-
meidlich sofortige Erblindung; die sehr empfindlichen Nervenzellen
verfallen sofort wegen der gestörten Ernährung der Nekrose; ein
Kollateralkreislauf ist überhaupt nicht möglich. Bei Verschluß der
Arteria tibialis an ihrer Teilung in die anterior und posterior kommt
es meist zur Nekrose der Zehen, auch des ganzen Fußes. Ein anämischer keilförmiger Infarkt in der Lunge führt zur Nekrose.

Der Kollateralkreislauf ist also eine Funktion des Anastomosen-
netzes auf dem Haupt- zum Nebengeleise. Er ist eine Folge von
Störungen im Hauptgefäß durch Unterbindung oder Thrombose;
er ist ein Ausgleich des Stromgefälles rein nach den hydrodynamischen
Gesetzen.

Was ist die Folge, wenn die Heilung der angeschnittenen Arterie unrichtig vor sich geht oder gestört wird?

Es entsteht ein Aneurysma. Ist eine Arterie verletzt und hat
sich kein Thrombus oder nur ein unvollkommener gebildet, so bleibt
der Schlitz offen, das Blut tritt in die Umgebung aus, wühlt sich eine

mehr oder minder große Höhle (bis Apfelgröße und oft weit darüber),
die mit dem Blutgefäß kommuniziert und mit der Zeit durch Entzündungsreiz und Fibrinniederschläge mit einer bindegewebigen Mem-
branwand umkleidet wird.

Welche Eigenschaft wird diese Gefäßgeschwulst von der pulsierenden Arterie übernehmen?

Sie wird ebenfalls pulsieren; sie wird, da das Blut innerhalb
der Geschwulst in Wirbelstrom zirkuliert und dadurch ein Sausen
erzeugt, ein der Pulswelle synchron rhythmisches intermittierendes
Sausen fühlen, sehen und hören lassen.

Was muß entstehen, wenn man die zuführende Hauptarterie oberhalb der Geschwulst komprimiert?

Die Pulsation muß verschwinden und der Sack muß an prallelastischer Spannung verlieren.

Wie nennt man ein solches Aneurysma, dessen Umgrenzung anfangs diffus in das benachbarte Gewebe übergeht, teilweise an andere Organe grenzt?

Aneurysma traumaticum seu spurium.

Wie entsteht ein solches Aneurysma spurium?

Durch Verwundung (Loch-, Streifschuß) der Arterie oder durch
allmähliche Usur ihrer Wand. Die häufigste Veranlassung sind
Stichverletzungen, aber auch Schußverletzungen, auch Zerreißung,
starke Zerrung der Gefäßhaut kann Ursache sein. Letzteres ist
namentlich der Fall bei der Art. poplitea durch Sprung über einen
Graben und Zerrung des Kniegelenkes.

Wann spricht man von einem A. verum seu spontaneum?

Wenn bei Entstehung des Aneurysmas eine oder zwei oder
drei Gefäßhäute erhalten blieben und an der Bildung der Aneurysmen-
wand sich beteiligten, wenn also durch Usur nur die Intima aus-
einanderwich, die Adventitia und Muskularis überdehnt wurde.
Durch Usur dieser dünnen Wand kann natürlich ein Aneurysma
spurium entstehen.

Können Aneurysmen auch spontan entstehen?

Ja, bei Erkrankung der Gefäßwand, Arteriosklerose der Intima;
die Arterienwand wird in ihrer Widerstandsfähigkeit geschädigt und
gibt dem Blutdruck nach; dadurch entstehen entweder spindelförmige Erweiterungen (An. cylindriforme) oder sackartige Ausstül-
pungen (An. sacciforme). Durch eine Gelegenheitsursache wie

schweres Heben, Stoß usw. kann die kranke Gefäßwand stellenweise einreißen. Nimmt dann das Blut seinen Weg zwischen die Gefäßhäute, so spricht man von An. dissecans.

Was ist ein A. arteriovenosum?

Wird durch eine Verwundung gleichzeitig eine Arterie und eine Vene verletzt, so können die Wundränder beider miteinander verwachsen und so Kommunikation zwischen beiden Gefäßen entstehen. Das Blut strömt dann aus der unter größerem Druck stehenden Arterie in die schwächere Vene hinüber und baucht diese aus; diese wird dadurch wurstförmig geschlängelt, ihre Wandung stellenweise verdickt.

Welche Eigenschaften wird bei einem A. arteriovenosum die Vene zeigen?

Sie wird ebenfalls pulsieren, das Sausen aber wird in ihr ein kontinuierliches sein.

Sind alle pulsierenden Geschwülste Aneurysmen?

Nein; auch weiche Sarkome, Gehirngeschwülste, Gehirnbrüche bei Defekt der Schädeldecke, Meningokelen, große Kavernome, Angiome können diese Eigenschaft zeigen.

Wie stellt man die Differentialdiagnose?

Man muß sehen, ob die Bewegung eine eigene oder mitgeteilte ist. Kann man die Geschwulst von der Gefäßwand, auf der die Geschwulst aufliegt, wegschieben und pulsiert sie dann nicht mehr, so ist die Bewegung des Pulses nur mitgeteilt, z. B. bei Sarkom. Bestimmte schabende oder blasende Reibegeräusche müssen beim Aneurysma vorhanden sein; bisweilen zeigen sie ein ganz markantes Schwirren. Beim Aneurysma, Gehirnbruch, Kavernom, Angiom, bei der Menningokele kann man die Anschwellung durch Druck verkleinern; sie füllt sich wieder beim Nachlassen des Druckes. Bei zentraler Kompression in der Richtung zum Herzen wird, wenn es sich um ein Aneurysma der Gliedmaßen handelt, die Geschwulst kleiner werden vielleicht sogar verschwinden, bei peripherischer dagegen stark füllen. Dazu kommt eine Verschiedenheit des Pulses zwischen kranker und gesunder Seite peripherisch vom Aneurysma. Zunehmende Nervenstörungen (trophische, motorische und sensible) werden besonders häufig beim Anwachsen des Aneurysmas beobachtet. Eine Extremität kann nach und nach durch Druck und Usur des Aneurysmas atrophieren.

Die Erhebung der Vorgeschichte ist für die Diagnose Aneurysma sehr wichtig: Ätiologie durch Verletzung, Stich, Schuß, komplizierte Fraktur, Arteriosklerose, Lues sprechen sehr für Entstehung eines Aneurysmas.

Wie ist die Prognose beim Aneurysma?

Immer zweifelhaft, ja ungünstig; bei größeren Gefäßen schlecht.

Welche Mittel sind in der Therapie versucht worden?

Einspritzen von verdünnter Eisenchloridlösung, Einführen sehr dünner Metallspiralen in die Aneurysmahöhle durch feinen Einstich in die Wand, Einstechen einer feinen Stecknadel (Akupunktur), um Blutgerinnung zu erzeugen. Doch ist die Verschleppung dieser Gerinnsel als Embolie sehr gefährlich; auch Sepsis des Stichkanals kann folgen, das Aneurysma zur Vereiterung und zum Platzen bringen mit tödlicher Blutung.

Bei der Galvanopunktur hat man die eingestoßenen Nadeln mit dem elektrischen Strom einer Voltaschen Säule in Verbindung gebracht, um die Ausscheidung von Fibrin zu beschleunigen. Das Gerinnsel soll sich an die Innenwandung anlegen und diese verengern, weil man hie und da Spontanheilung auf diesem Wege gesehen hat. Ferner hat man in die Umgebung des Aneurysma Liquor ferri oder Ergotin-Glyzerinlösung (0,03 bis 0,3 Ergotin auf Glyzerin und Wasser ad 5,0), Alkohol in kleinen Mengen (1,0) wiederholt eingespritzt, um die zuführenden Gefäße zu verengern und zu obliterieren.

Die beste unblutige Methode, die bei kleinen Aneurysmen der Gliedmaßen gute Resultate gibt, ist die langdauernde, elastische Kompression mit Gummibinde.

Welches ist die beste Methode?

Seit Einführung der Anti- und Aseptik hat die zentrale und peripherische Unterbindung mit Exstirpation des Aneurysmasackes die beste, schnellste und sicherste Heilung erzielt. Nur zentral zu unterbinden ist nicht zweckmäßig, weil kollateral der Sack bald wieder neugefüllt wird. Die peripherische Ligatur allein hat sehr zweifelhaften Erfolg, weil die Gefahr einer Gangräne zu groß ist, und darf nur angewendet werden, wenn die zentrale Ligatur und die Exstirpation unmöglich ist.

Wichtig ist es, die Ligaturen, namentlich auch der seitlichen Äste am Aneurysmasack möglichst nahe an diesem anzulegen, um die Kollateralen für die Ernährung der peripherischen Körperteile möglichst zu schonen. Venen sollen, wenn möglich, nicht unterbunden werden, namentlich die Hauptvene nicht, denn diese gewährleistet den Rückfluß des Blutes aus der Extremität; außerdem würde Stauung und Gangrän eintreten. Nach der Operation ist der Körperteil hochzulegen und gut einzuwärmen.

Bier hat gezeigt, daß in vielen Fällen von Aneurysma nach Schußverletzung sich die Arterienwand aus dem Sack herauspräparieren und glatt nähen läßt; dadurch ist die Ernährung des peripherischen Körperteils vollauf gesichert. Muß unterbunden werden, so ist es ratsam, die Operation nicht zu frühzeitig vorzunehmen, sondern vorher das Aneurysma mehrere Wochen durch Kompression und Hochlagerung zu behandeln, damit sich ein guter Kollateralkreislauf schon vorbereiten kann.

Verletzungen der Knochen.

Was ist ein Knochenbruch?

Eine Kontinuitätstrennung des Knochens infolge Einwirkung äußerer Gewalt (Zug, Druck, Biegung, Dehnung, Schuß, Hieb, Stich).

Was ist charakteristisch für den Bruch, der durch große Belastung hervorgerufen ist? (Beanspruchung auf Biegungsfestigkeit.)

Jeder Knochen ist elastisch und kann ein gewisses Gewicht ertragen. Wird ein an beiden Enden durch feste Gelenkbänder oder Unterlagen unterstützter und festgehaltener röhrenförmiger Knochen, z. B. das Schienbein, in der Mitte seitlich durchgebogen, so wird er bis zu einem gewissen Grade, der Grenze seiner Elastizität und Biegungsfestigkeit, sich seitlich durchbeugen. Da wo die Ausbiegung am stärksten ist, werden seine kleinsten Teile auf der Bogenhöhe auseinandergezogen, auf der Bogeninnenseite zusammengedrückt, verdichtet. Wird nun die Grenze des Zusammenhaltes der Moleküle an einer schwachen Stelle überschritten, so weichen diese auseinander, es entsteht im Knochen nahe der Bogenhöhe ein schiefer Einriß, der nach der Diagonale des Kräfteparallelogramms um die verdichteten Teile der Bogeninnenseite in doppelt schiefer Richtung sich teilt, so daß an dieser Stelle mit der Basis nach der Bogeninnenseite ein dreieckiger Keil ausgebrochen wird.

Auch die Frakturen platter Knochen, z. B. der Rippen, sind durch Ausbiegung entstanden; ebenso die Fissuren der Tabula interna vitrea cranii durch Biegung, der die elastischere Tabula externa standgehalten hat.

Welches ist der häufigste Bruch?

Der Biegungsbruch, dann der Zerknickungsbruch durch Druck von beiden Seiten bzw. von oben nach unten.

Welche Arten von Brüchen unterscheidet man sonst noch und wie kommen sie zustande (Mechanismus der Entstehung der Knochenbrüche)?

Abknickungsbrüche oder Abquetschungsbrüche, durch Wirkung des Körpergewichtes bei Fixation des peripheren Teiles.

Quetschungsbrüche oder Kompressionsbrüche, hervorgerufen durch Pressung in sich selbst von oben nach unten, am häufigsten an den Wirbeln, aber auch an den säulenknaufähnlichen Enden der Röhrenknochen, so daß z. B. der Tibiaschaft in sein oberes Gelenkende hineingestoßen wird, ebenso am unteren Radius-, oberen Femur-, oberen Humerusende.

Rißbrüche, am häufigsten an der Patella. Sie entstehen durch plötzlichen Zug von Muskeln und Bändern bei gewaltsamer Gelenkbewegung (Distorsion), seltener durch äußere Gewalt, wobei es sich um Überwindung der Zugfestigkeit des Knochens handelt. Hieher gehören auch die Olekranonfraktur, Knöchelbruch, Abreißung der Fortsätze bei Bruch der unteren Radiusepiphyse; es handelt sich fast stets um Querbrüche.

Torsionsbrüche, entstanden durch Einwirkung rotierender Gewalten (Transmissionen) an Röhrenknochen, z. B. Oberarm; aber auch am Femur, an der Tibia durch eine drehende Körperbewegung bei fixiertem Fuß (z. B. Hängenbleiben mit dem Absatz im Trambahngeleis, durch Fall bergabwärts bei gleichzeitiger Wendung des Oberkörpers usw.). Die Bruchlinie setzt sich aus einer geraden und einer Spirallinie zusammen. Die erste Hauptbruchlinie läuft spiralig in der Richtung der drehenden Gewalt um die Knochenröhre herum; in dieser Richtung wird die Knochenröhre schiefspitzig abgebrochen; an einer schmalen Stelle können das obere und untere Ende der Spirale durch zwei parallele Längsfissuren miteinander verbunden sein, so daß außerdem eine rhombische Lamelle aus dieser Spirale ausgebrochen wird.

Der Zertrümmerungsbruch, wobei der Knochen (meist unter schwerer Verletzung der Weichteile) in ganz unregelmäßiger Weise zersplittert oder zermalmt wird.

Die Schußfraktur; hiebei kommt es auf die Art des Geschosses (Schrot, Weichblei-, Hartblei-, Mantelgeschoß), auf die lebendige Kraft, mit der das Geschoß fortgeschleudert wird, auf die Knochenstruktur (ob spongiös oder kompakt), auf die Entfernung, in der der Knochen getroffen wird, usw. an. Siehe auch unter: Zonen der Geschoßwirkung.

Was ist bei Knochenbruchverletzten stets zu beachten?

Der Kranke muß genau untersucht werden, ob nicht außer dem einen Knochenbruch auch noch andere Verletzungen vorliegen.

Wie teilt man die Brüche hinsichtlich des Grades der Kontinuitätstrennung ein?

1. In unvollständige Brüche = Fractura incompleta. Knochenfissur, Knochenaussprengung).

2. In vollständige Brüche, wenn die Kontinuitätstrennung eine vollständige ist (Fractura completa).

Was sind unvollständige Brüche?

a) Infraktionen, häufig bei Kindern, besonders rhachitischen.

b) Lochfrakturen; die Kontinuität ist nicht immer aufgehoben.

c) Fissuren; Risse, Sprünge im Knochen, bei denen der Spalt im Knochen nicht klafft (z. B. Sprünge der inneren Glastafel allein am Schädeldach).

Wie werden die vollständigen Brüche eingeteilt?

In einfache, komplizierte und Splitterbrüche; letztere zerfallen wieder in Komminutivbrüche — Stück- und Splitterbrüche — und in Konquassationsbrüche — Zerquetschungsbrüche; hieher gehören auch die Impressionsfrakturen am Schädeldach: ein mehr oder weniger rundes Stück der platten Schädelknochen ist durch einen lochförmigen Einbruch in die Schädelkapsel verschieden tief eingestanzt.

Welche Brüche unterscheidet man der Richtung nach?

Querbrüche, Schiefbrüche (flötenschnabelförmige), Längsbrüche und Spiralbrüche.

Welche Formen unterscheidet man ferner noch?

T-förmige, V-förmige und Y-förmige Brüche.

Was versteht man unter Dislokation?

Unter Dislokation versteht man die Verschiebung der Knochenbruchenden entweder primär durch die Einwirkung der äußeren Gewalt oder sekundär durch die Kontraktion der Muskeln.

Welche Formen von Dislokation unterscheidet man?

1. Dislocatio ad axin,
2. » ad latus,
3. » ad peripheriam,
4. » ad longitudinem; dabei ist, namentlich wenn es sich um Extremitätenknochen handelt, entweder
    a) eine Verkürzung (durch dislocatio ad longitudinem cum contractione),
    b) selten eine Verlängerung (durch Torsion),
    c) eine seitliche Verkrümmung (durch Torsion oder dislocatio ad latus oder Achsenverschiebung),
    d) eine Einkeilung der Fragmente
zustande gekommen.

Wovon ist die Dislokation abhängig?

Von der Art und Schwere der Verletzung; auch von der Form des Körperteils und seinem Knochenbau, vom Muskelzug und von unzweckmäßigen Bewegungen, schlechtem Transport nach der Verletzung; oft können alle Formen der Dislokation zugleich vertreten sein.

Wann wird die Verschiebung nur eine unbedeutende sein?

Wenn zwei Knochen vorhanden sind und nur einer gebrochen ist; desgleichen, wenn gleichmäßig dicke Muskeln um die Bruchstelle herumliegen und der Knochen durch benachbarte in seiner natürlichen Form geschützt bleibt (z. B. Rippen, Schädel); endlich bei verkeilten Brüchen, die am häufigsten an den Rippen, am Oberarm- und Oberschenkelkopf, an den Wirbelkörpern vorkommen.

Welche Brüche unterscheidet man hinsichtlich ihres Verhaltens zu den bedeckenden Weichteilen?

1. Einfache, subkutane Frakturen.
2. Komplizierte, bei der eine mit der Bruchstelle kommunizierende Verletzung der Weichteile und der äußeren Haut vorhanden ist. Durch sie können äußere Verunreinigungen und damit Infektionserreger, auch wenn die Kommunikation nur mikroskopisch klein und eng ist (z. B. bei Durchstechungsfraktur) an die Bruchstelle gelangen; deshalb ist Sondieren, Tamponieren, Irrigieren einer Wunde, die den Verdacht der Kommunikation erweckt, streng verboten.

Wie entstehen komplizierte Frakturen?

Sie können entstehen von außen nach innen oder von innen nach außen; die letzteren heißen Durchstechungsfrakturen und haben eine weit bessere Prognose als die ersteren, weil die Kommunikation sehr klein und eng ist.

Warum sind weitklaffende offene komplizierte Frakturen durch Verletzung von außen prognostisch ungünstiger?

1. Weil Infektionserreger durch jede ungeschickte Untersuchung leichter durch die weiten Hautwunden zu den Venen und Lymphspalten des Knochenmarkes gelangen, dort sofort eitrige septische Osteomyelitis acuta mit Schüttelfrösten erzeugen können; 2. weil diese Keime sehr häufig bereits durch die verletzende Gewalt von außen in die Knochentrümmerhöhle gepreßt sein können (z. B. Gartenerde, Tuchfetzen usw. durch Granatsplitterverletzung).

Warum brechen kindliche Knochen seltener?

Weil sie weicher, daher elastischer und biegsamer sind; der kindliche Knochen ist bindegewebs- und knorpelreicher, besteht oft noch in knorpeliger Anlage seiner ganzen Form (nur mit Diaphysen- und Epiphysenknochenkernen).

Warum brechen im Greisenalter die Knochen so leicht?

Weil die Knochen poröser, der Markkanal weiter, die Corticalis dünner und die Knochensubstanz spröder ist; z. B. genügt Herumdrehen im Bett zur Fraktur des Oberschenkelhalses, starker Muskelzug beim Hustenanfall, ungeschickte künstliche Atmung kann zu Rippenfrakturen führen usw.; der alternde Knochen enthält mehr Kalk, weniger Bindegewebesubstanz.

Ätiologie der Knochenbrüche.

Welche Knochen weisen die häufigsten Brüche auf?

Die Brüche der Extremitäten machen mehr als $\frac{3}{4}$ der Gesamtfrakturen aus.

Wie ist das Häufigkeitsverhältnis der Brüche der oberen Extremitäten zu denen der unteren Extremitäten?

Die Brüche der oberen Extremitäten sind etwa doppelt so häufig wie die der unteren.

Häufigkeit der Brüche des Vorderarms?

Es kommen auf die Brüche des Vorderarms 18% aller Frakturen, erklärlich aus seiner Funktion bei der Verrichtung von Arbeiten und aus der Abwehr bei Verletzungen.

Häufigkeit der Brüche von Unterarm, Rippen und Clavicula?

Auf jede der drei Knochengattungen entfallen etwa 15% aller Frakturen.

Frakturen im Bereiche der Hand?

11%; selten sind Brüche der Karpalknochen; häufiger die der Metakarpalknochen und der Phalangen.

Humerus?

7%.

Oberschenkel?

6%.

Fußknochen?

3%.

Gesichtsknochen?

2,4%.

Schädelknochen?

1,4%.

Patella?

1,3%.

Sternum?

0,1%.

In welchem Alter kommen die meisten Knochenbrüche vor?
Von 21—30 Jahren.

Verhältnis der Häufigkeit der Knochenbrüche bei Männern und Frauen?
Wie 4,5 : 1.

Welche prädisponierende und Gelegenheitsursachen für Knochenbrüche unterscheiden wir?

1. Örtliche.

    a) Physiologische:

      α) Oberflächliche Lage des Knochens;

      β) große Länge, Schlankheit;

      γ) Funktion;

      δ) Elastizität;

      ε) Festigkeit.

    b) Pathologische:

      Langdauernde Ruhe, z. B. Funktionsausschaltung durch Gipsverbände, Arbeitsunfähigkeit, langes Liegen durch zehrende Krankheiten, Typhus usw.

      Lähmung.

      Knochenentzündungen (Ostitis fibrosa, Osteosarkome, -karzinome, Osteoporose, Aktinomykose).

2. Allgemeine.

    a) Physiologische: Alter;

    b) Pathologische: Gicht, Tabes, Syringomyelie, verschiedene Dyskrasien wie Osteomalazie, Lues, Tuberkulose, auch bei Morphinismus.

Welche Gelegenheitsursache kennen wir noch?

Bruch durch Muskelzug, z. B. Fraktur des Humerus an der Ansatzstelle des Musc. deltoideus bei extremen Wurfbewegungen des Oberarms, Abreißen des Calcaneus bei forcierter Kontraktion des Wadenmuskels, der Patella bei Überstreckung durch heftigen Sprung nach abwärts unter gleichzeitiger Rückwärtsbewegung des Rumpfes.

Welche Brüche unterscheidet man nach dem Ort der Gewalteinwirkung?

Man unterscheidet Brüche, die durch direkte, am Ort der Verletzung einwirkende Gewalt und solche, die durch indirekte Gewalteinwirkung zustande gekommen sind.

Was versteht man unter indirekter Gewalteinwirkung?

Wenn die Gewalt entfernt von der Bruchstelle bei festgehaltenen Gliedmaßen an deren oberem und unterem Ende eingewirkt hat; ein indirekter Bruch zeigt sich dort, wo Stoß und Gegenstoß sich treffen.

Beispiele für indirekte Knochenbrüche?

Schlüsselbeinbrüche durch Fall auf die Schulter, durch Fall auf die Hand (bei einem Kinde); Oberschenkelhalsbrüche durch Fall auf die Füße.

Die Mechanik der indirekten Brüche?

Sie kommen zustande entweder durch übergroße Biegung (Clavikula bei Fall auf die Schulter) oder durch Kompression (Brüche der Wirbelkörper bei Fall aus der Höhe) oder durch Abreißen vom Knochen an der Ansatzstelle durch überdehnte Bänder (Abscherungsfrakturen) oder durch übermäßige Drehung um die Längsachse (Torsionsfrakturen); Keilaussprengung auf der konkaven Seite bei Biegungsbrüchen.

Zu welchen Brüchen werden die Frakturen des Fötus gerechnet?

Ebenfalls zu den indirekten, weil sie meist durch Kunstgriffe bei der Wendung, Extraktion, entstehen.

Wie werden viele Brüche beschaffen sein, die durch direkte Gewalteinwirkung entstanden sind?

Eine große Zahl der direkten Brüche werden kompliziert sein, wenn das am Orte der Gewalt einwirkende, mehr weniger scharfe Instrument mit großer Heftigkeit angegriffen hat (z. B. Beil, Granatsplitter, Wagenrad, Felsblock).

Diagnose der Knochenbrüche.

Wie kann man die Symptome des Knochenbruches einteilen?

In subjektive und objektive.

Wie wird die Diagnose auf Knochenbruch sichergestellt?

1. Durch genaue Vorgeschichte (Anamnese) über den Unfall, seine Art, Befinden des Kranken nach dem Unfall.

2. Der Körper ist genau und überall zu inspizieren, die korrespondierenden Extremitäten sind zu vergleichen; sehr wichtig ist es, manuell ohne zu heftige und schmerzhafte Berührungs- und Bewegungsversuche zu untersuchen und genaue Maße zu nehmen. Nur bei schwieriger Diagnose, wenn das Leben des Kranken von ihrer Sicherstellung abhängt, wäre Narkose anzuwenden. Eine wertvolle Ergänzung der diagnostischen Hilfsmittel ist die Durchleuchtung mit Röntgenstrahlen, welche auch eine gute Kontrolle des Heilerfolges zuläßt; in seltenen Fällen, bei ganz gering verschobenen Frakturen spongiöser Knochen (z. B. Rippen, Schädel) kann auch sie täuschen; sie ist aber, wenn sie leicht erreichbar ist, jeder anderen schmerzbringenden Methode vorzuziehen und möglichst frühzeitig anzuwenden.

Welches sind die subjektiven Symptome, die für die Diagnostizierung eines Knochenbruches dienen können?

Die Extremität ist schwer wie Blei oder taub, gefühllos oder pelzig (lokaler Schock); selten ist Krachen gehört worden. Funktionsstörung ist nicht immer vorhanden, namentlich wenn Einkeilung vorliegt, z. B. kann der Verletzte mit einer verkeilten Schenkelhals-, auch Wadenbeinfraktur noch den Berg hinabgehen, überhaupt dauernd, allerdings unter Schmerzen und hinkend, funktionstätig bleiben und erst durch die Röntgenphotographie die Fraktur erfahren. Sehr charakteristisch ist der Bruchschmerz, der entsprechend der geschwollenen Bruchstelle zirkumskript namentlich durch Druck festgestellt ist.

Welches sind die objektiven Symptome?

Sie sind zuverlässiger und bestehen in 1. Deformität, 2. abnormer Beweglichkeit, 3. Krepitation, 4. Sugillation (Hämatom) und Schwellung, 5. erhöhtem Schmerz auf Druck.

Wie unterscheidet man eine Deformität, die durch Bruch, von einer solchen, die durch eine Luxation entstanden ist?

Die Deformität einer Fraktur läßt sich meist durch Zug und Gegenzug oder durch seitlichen Druck ziemlich ausgleichen. Sie zeigt aktive und passive Beweglichkeit. Die Deformität eines luxierten Gelenkes aber ist durch eine Bewegung schwer oder gar nicht ausgleichbar, außer durch Einrichtung; sie gibt stets bei Bewegungsversuchen elastisch-steifen, spannenden Widerstand; aktive und passive Bewegungsversuche sind hiebei viel schmerzhafter als bei einer Fraktur.

Wie erkennt man die Deformität?

Die Deformität fühlt man bei der Untersuchung durch sanftes Streichen mit den Fingern meist als deutliche Stufe oder Lücke an der schmerzhaften Stelle (z. B. am Schienbein, Rippe, Schädeldach).

Muß immer Deformität bei Frakturen vorhanden sein?

Sie kann in manchen Fällen fehlen oder sehr gering sein, so bei Parierbrüchen der Ulna, bei Rippenbrüchen und bei Einkeilungen, überhaupt bei Brüchen mit keiner oder geringer Dislokation, mit geringer Schwellung, kleinem Bluterguß.

Welcher Umstand macht die Diagnose eines Knochenbruches sicher?

Die abnorme Beweglichkeit an Knochen eines Körperteils an einer Stelle, an der kein Gelenk vorhanden ist.

Kann abnorme Beweglichkeit auch fehlen?

Ja; 1. in denselben Fällen, in denen die Deformation fehlt, z. B. bei verzahnten Brüchen, Einkeilungen usw.; 2. bei unvollkommenen verzahnten Frakturen, Fissuren, Lochfrakturen.

Was versteht man unter Krepitation?

Ein fühl-, in seltenen Fällen auch hörbares rauhes Knarren oder Knacken, welches durch Aneinanderreiben der Bruchflächen bei aktiven und passiven Bewegungsversuchen entsteht.

Wie untersucht man auf Deformität, Dislokation und Krepitation?

Man nimmt, mit Daumen, Zeige- und Mittelfinger jeder Hand durch die Haut sanft zufassend, den Knochen jeder Seite der am meisten schmerzhaften Stelle in die Hand und versucht ihn zu bewegen. Es ist aber nicht ratsam, unter allen Umständen durch zu starke Bewegungsversuche die Bruchstücke aneinander zu reiben und zu rühren: das verursacht Schmerzen, Blutung und stärkere Dislokation. Im Gegenteil, man soll durch gleichmäßigen langsamen Zug und Gegenzug an beiden Knochenenden die verschobenen Bruchstücke ineinander einpassen und nahebringen, dann sofort in dieser möglichst natürlichen Lage und Stellung durch zweckmäß ge, nicht zu feste Bindeneinwicklung von der Peripherie nach dem Zentrum zu und durch seitlich angelegte Schienen fixieren.

Bei welchen pathologischen Zuständen ist ebenfalls Krepitation zu beobachten?

Bei der Palpitation von Blutergüssen am Rande von Hämatomen; sie entsteht durch Verschiebung von Gerinnseln innerhalb der Geschwulstkapsel; doch fühlt sich dieses Knarren mehr wie Schneeballenknistern oder wie das Reiben von steifem, dünnem Leder an (Neuledergeräusch).

Außerdem bemerkt man noch Knarren beim Zufühlen an Tendovaginitis (Sehnenscheidenentzündung); es entsteht dadurch, daß die innere Fläche der Sehnenscheide durch fibrinöse Auflagerungen rauh und uneben wird; an diesen Rauhigkeiten reibt sich die Sehne (besonders an den Daumenstreckern) bei Bewegungsversuchen. Doch ist dieses Geräusch anders, es ist mehr gleitend und leicht knarrend.

Wann fehlt die Krepitation bei Frakturen?

1. Wenn die Dislokation so groß ist, daß keine Berührung der Bruchenden stattfindet; 2. wenn sich Weichteile zwischen diese geschoben haben; 3. wenn der Bluterguß sehr groß ist; 4. wenn seit dem Unfall schon einige Tage verstrichen sind und bereits Schwellung der Knochenhaut eingetreten ist, die an der Bruchstelle bereits Ausschwitzung veranlaßt, Spuren von Kallus gebildet hat.

Welches Hilfsmittel kann man noch zur Bestätigung der Krepitation zu Hilfe nehmen?

In schwierigen Fällen kann man die Krepitation auch durch das Stethoskop hören (z. B. bei Rippenbrüchen).

Was versteht man unter Sugillation?

Flache oder mehr erhabene Blutunterlaufungen unter die äußere Haut und die Weichteile dicht am Knochen über der Bruchstelle ohne bestimmte Abgrenzung.

Kann die Sugillation bei Brüchen auch fehlen?

Äußerst selten; fast bei allen Frakturen ist ein mehr oder minder starkes Blutextravasat vorhanden. Es sitzt aber meist sehr tief und erscheint oft erst nach Tagen, grüngelb durch die Haut durchscheinend, oder gesenkt nach abwärts weit weg von der Bruchstelle (z. B. bei Oberarmkopfbruch nach 8 Tagen am Ellenbogen, an der Hand). Ein solcher Bluterguß ist sogar ein sehr sicheres Anzeichen dafür, daß Knochenhaut und Knochenmark verletzt sind.

Welcher Umstand kann für die Diagnose noch wertvoll werden?

Wichtig sind auch die Bewegungen, die der Kranke noch machen kann; die Kranken scheuen sich meist, die kranke Extremität zu rühren.

Wie hat man sich in Zweifelsfällen zu verhalten?

Man muß in zweifelhaften Fällen den Kranken so behandeln als ob eine Fraktur vorläge, also den verletzten Körperteil ruhig und hoch lagern, die Gliedmaßen schienen.

Heilung von Knochenbrüchen.

Welche Ansichten hat die Wissenschaft im Laufe der Zeit über die Heilungsvorgänge bei Knochenbrüchen aufgestellt?

Man unterscheidet vier Hauptperioden in der Entwicklung der Vorstellung über Heilungsvorgänge bei Knochenbrüchen.

Was nahm man in der 1. Periode an?

Die 1. Periode von Galenus bis ca. 1750 nahm an, daß die Heilung der Knochenbrüche durch einen vom Knochen gelieferten Saft erfolge.

Was lehrte die 2. Periode?

Die 2. Periode lehrte, daß es sich um eine Knochenanbildung (Knochenregeneration) handle, die vom Periost und der Markhaut ausgehe.

Was behauptete man in der 3. Periode?

Die 3. Periode nach Dupuytren glaubte, daß außer dem Periost und der Markhaut auch der Knochen selbst und die umgebenden Weichteile an der Knochenneubildung teilnehmen.

Welches ist die Ansicht der 4. Periode?

Von den Lehrern der 4. Periode nahmen Virchow, Billroth und Volkmann an, daß Periost, Knochenmark und Weichteile an der Kallusbildung (die knollige Neubildung, die an der Bruchstelle entsteht) Anteil nehmen. Andere betonten besonders die aktive Teilnahme des Knochens, wieder andere bezeichneten in erster Linie das Periost als knochenneubildend, während die übrigen die Haupttätigkeit in Periost und Knochenmark verlegten.

Jedenfalls nehmen an der Bildung des Kallus unter verschiedenen Umständen verschiedene Organe, auch umgebendes Bindegewebe durch Proliferation junger Zellen, teil, den Hauptanteil hat aber das Periost. Dieses besteht aus einer fibrösen äußeren und einer inneren zelligen Schicht, den sog. Osteoblasten. Eben diese letztere Schicht wuchert stark und liefert hauptsächlich das erste zellreiche Keimgewebe des Kallus.

Klinisches Bild der Knochenbruchheilung.

Was tritt unmittelbar nach der Fraktur in Erscheinung?

Unmittelbar nach der Fraktur zeigt sich ein großes Blutextravasat, welches direkt unter der zerrissenen Knochenhaut liegt.

Welches ist das Schicksal der Schwellung?

Während der ersten Tage ist eine leicht entzündliche ödematöse Schwellung vorhanden; das Blut wird langsam resorbiert; an seine Stelle tritt ein weiches, zellreiches Gewebe, der sog. primäre Kallus. Dieses wird am Ende der 1. und 2. Woche kleiner und hart. Bei Beginn der 4. Woche ist es noch mehr geschrumpft.

Welche Arten von Kallus unterscheidet man?

Man unterscheidet einen äußeren periostalen und einen inneren, in der Knochenmarkhöhle liegenden endogenen Kallus; außer diesen beiden geht noch der intermediäre Kallus von beiden Knochenenden aus, so daß sogar mit Abschluß der Heilung eine Verlängerung der Knochenröhre um mehrere Zentimeter sich neubilden kann (durch Auseinanderdrängung der beiden Knochenbruchenden z. B. bei der Steinmannschen Nagelextension).

Welche Vorgänge zeigen sich bei der Heilung mikroskopisch betrachtet?

Wenige Stunden nach der Fraktur ist das Periost stark vaskularisiert, in zweiter Linie treten Rundzelleneinwanderungen auf; am 2. oder 3. Tage sind polymorphe Zellen = Osteoblasten zu finden. Später sieht man die Umwandlung in Knochengewebe, die sehr verschieden vor sich gehen kann, hauptsächlich aber werden die Osteoblasten selbst entweder in ihrem ganzen Umfange oder ihre kernhaltigen Anteile zu Knochenkörperchen, um die sich neues Knochengewebe rindenförmig anlagert.

Welche Vorgänge spielen sich im Mark ab?

Im Mark findet man zuerst embryonales Gewebe und dann Osteoblasten.

Wie bildet sich der intermediäre Kallus?

Durch Zelleinwanderung von den Haversschen Kanälchen aus; sie bilden sich zu Osteoblasten um.

Um was handelt es sich also bei der Knochenbruchheilung?

Um eine entzündliche Periostitis und Osteomyelitis.

Welches sind die besten Bedingungen für eine glatte Heilung des Knochenbruchs?

Die Knochenenden müssen genau aneinanderliegen; dann müssen sie hinreichend ernährt sein durch eine gutentwickelte arteria nutritiva. Ferner muß sich eine gewisse Entzündung der Knochenbruchenden ausbilden, das Periost muß durch die Verletzung und den Bluterguß gereizt werden. Der Mensch muß sich in gutem Ernährungszustande befinden, weil bei schlecht ernährten dyskrasischen Kranken (Lues, Potatorium!) eine Heilung sehr schwierig vonstatten geht.

Was entsteht, wenn die Knochenbruchenden nicht genau aneinander liegen?

Man bekommt entweder gar keinen oder nur mangelhaften fibrösknorpelig untermischten Kallus (Pseudarthrose = falsches Gelenk).

Wovon hängt die Prognose bei Knochenbrüchen ab?

Sie hängt hauptsächlich vom Sitz der Bruchverletzung, dann von seiner Art (Splitterbrüche und komplizierte Frakturen sind schwer zu vereinigen) und dem allgemeinen Ernährungszustand, auch dem Alter des Patienten ab. Sie ist besonders bei subkutanen Knochenbrüchen eine günstige und wird nur getrübt bei Mitverletzung wichtiger innerer Organe, so z. B. bei Beckenbrüchen mit Beteiligung der Blase, bei Schädelbrüchen Druck durch subdurales Hämatom, Einsprengungen von Knochensplittern in das Gehirn.

Wovon hängt die Heilungsdauer der Knochenbrüche ab?

Die Heilungsdauer hängt von der Dicke des Knochens und von der Art des Bruches ab (vollständig oder unvollständig), Splitterung, Diastase (Brüche der Patella, des Olekranons) usw. Günstig für rasche Heilung sind Querbrüche, noch günstiger, wenn sie an der Diaphyse sitzen. Bei Kindern und Gesunden heilen sie besser wie bei Erwachsenen und Kranken.

Welche Zeit zur Heilung brauchen im allgemeinen Brüche der Rippen?

3 Wochen.

der Patella?

4 Wochen.

des Vorderarms?

5 Wochen, wenn beide Knochen gebrochen sind.

des Oberarms am oberen Ende?

6 Wochen.

des Humerus in der Mitte?

7 Wochen.

des Unterschenkels?

8 Wochen.

des Oberschenkels?

9 Wochen.

Beckenbrüche?

10—12 Wochen.

Wie geht die Heilung bei alten Leuten vor sich?

Bei alten Leuten kann sich die Heilung, namentlich bei schweren Gelenkbrüchen der unteren Gliedmaßen, mehr oder minder lang verzögern.

Welche Erscheinungen stellen sich im Laufe einer jeden Knochenbruchheilung ein?

Infolge der Resorption des Blutextravasates tritt Urobilin im Harn auf; fast bei jedem subkutanen Bruch tritt leicht subfebrile Temperatursteigerung ein, welche als aseptisches Fermentfieber ebenfalls durch Resorption von Gewebszerfallsprodukten zu erklären ist.

Welche unangenehmen Zufälle können bei und nach Knochenbrüchen eintreten?

1. Nicht selten ist bei Knochenbrüchen Schockwirkung zu bemerken, ebenso Delirium tremens. Mitunter kommen, ausgehend von den zerrissenen Venen des Markes, Fettembolien vor, die durch Verschleppung in das Gehirn oder die Lunge den Tod verursachen können; doch kommt dies nur selten vor. Anzeichen von Embolie in das Gehirn sind Bewußtseinsstörungen, Schwindel; bei Lungenembolien erscheint blutig gestreifter Auswurf mit Fetttröpfchen unter den Zeichen der Atemnot oder Zyanose.

2. Häufiger kann Lungenembolie auf andere Weise vorkommen: Haben sich durch Zerreißung von Gefäßen Blutgerinnsel gebildet und sind Teile davon durch die Blutbahn nach dem Herzen und in die Pulmonalarterien verschleppt worden, so können sie auch den Lungenkreislauf stören (durch Lungeninfarkt), sogar den Tod herbeiführen.

3. Üble Zufälle können auch von seiten der Nerven auftreten: Über Knochen verlaufende Nerven werden primär von spitzwinkelig verlagerten Bruchenden überdehnt und sekundär von Kallusmassen umwuchert und komprimiert; daraus entstehen Schmerzen, Parästhesien und motorische Lähmungen (z. B. des Nerv. radialis bei Bruch des Oberarms in der Mitte).

4. Der Kallus kann ausbleiben oder fibrös weich bleiben infolge akuter und chronischer Dyskrasien (bei Typhus, Diabetes, Skorbut, chronischem Alkoholismus, Syphilis).

Was tritt im Verlauf der Knochenbruchheilung in den Muskeln und Gelenken stets ein?

An den Muskeln Atrophie, an den Gelenken Steifigkeit durch Störung der Funktion und Nichtgebrauch.

Wie kann man diesen Übelständen etwas vorbeugen?

Man läßt die Brüche der Extremitäten nie zu lange, höchstens 4 Wochen, in Gips liegen und massiert dann, damit keine hochgradige Atrophie eintreten kann, und sorgt für frühzeitige Mobilisierung der Gelenke. Mit vorsichtiger Massage soll bei Kontentivverbänden schon nach 3 Wochen begonnen werden. Besser sind oft und leicht zu wechselnde Schienen- und Heftpflasterzugverbände, die eine häufige Inspektion, Massage und Bewegung der Gliedmaßen zulassen.

Wegen Gefahr von Atrophie sowie Kontraktur von Muskeln und Gelenken dürfen Schienen-, namentlich aber Gipsverbände, von vornherein nie zu fest und zu eng angelegt werden; durch nachträgliche Schwellungen, Ödeme, Blutergüsse, namentlich wenn die Verbände feucht waren, kann Dekubitus, Gangrän, ischämische Muskelatrophie verursacht werden. In $\frac{1}{3}$—$\frac{1}{2}$ der Heilzeit muß jeder feste Verband gewechselt werden, um das Resultat zu kontrollieren; da kann man noch manche Stellungskorrektur vornehmen. Bei alten Leuten und Kindern, besonders bei Gelenkbrüchen, soll ein fester Verband nie länger als 7 Tage liegen; zwischenhinein müssen immer durch Bewegen, Streichen Muskeln und Gelenke mobil erhalten werden; außerdem könnte es leicht zu pathologischen Exsudaten und Veränderungen namentlich in den Sehnenscheiden und Gelenken kommen (Arthritis dissecans, deformans). Frakturen am oberen und unteren Humerusende, am Handgelenk soll man überhaupt nicht über 14 Tage starr fixieren, sondern lieber einen kleinen Formfehler, geringe seitliche Dislokation gegen freie Beweglichkeit der Muskeln und Gelenke in Kauf nehmen. Wiederholte Röntgenaufnahmen belehren über den Stand der Gelenkenden. Diese Gelenkbrüche haben überhaupt große Neigung zu Kallusbildung und rascher Konsolidation. Ja, es gibt Chirurgen, die bei Frakturen nur leicht fixierende, rasch abnehmbare Heftpflasterzugverbände (nach Bardenheuer in Köln), Papphülsen oder gar keine Schienen anwenden, um fleißig massieren zu können, bevor Konsolidation eingetreten ist.

Auf der anderen Seite ist es aber ratsam, Unter-, Oberschenkelbrüche selbst nach 8 Wochen noch nicht zu belasten, sondern diese Patienten nach Heilung der Unterextremitätenfraktur noch wenig, und zwar nur an zwei Stöcken oder unter dem Schutze eines druckentlastenden Hülsenapparates oder Gehgipsverbandes mit eisernem Gehbügel unter der freien Fußsohle aufstehen zu lassen. Denn 8 Wochen nach der Heilung sieht man noch seitliche Ausbiegungen durch die Körperlast an der Kallusstelle entstehen.

Erste Hilfeleistung bei Knochenbrüchen.

Auf was hat man beim Transporte Verletzter, die Knochenbrüche an den Extremitäten, namentlich der unteren, haben, zu achten?

Bei Brüchen der unteren Extremität ist zum Transport, wenn irgendmöglich, eine Bahre, Krankentrage zu benützen, keine Droschke usw., um unnötiges Stoßen und Rütteln zu vermeiden.

Wie soll man die Entkleidung des Verletzten vornehmen?

Beim Entkleiden darf man mit der Kleidung des Kranken nicht zu schonend verfahren; Hosen sind unter Umständen an der Naht aufzutrennen. Die allergrößte Schonung aber muß man hiebei der gebrochenen Extremität angedeihen lassen. Die dazu nötigen Handgriffe beim Heben und Halten sind mit dem Pflegepersonal (den Helfern) vorher genau zu verabreden und zu üben.

Welches sind die Handgriffe zum Heben, Halten gebrochener Gliedmaßen?

Am sichersten halten zwei Helfer die Extremität oberhalb und unterhalb des Knochenbruches in der Höhe der nächsten Gelenke fest, sicher und doch langsam und sanft mit beiden Hohlhänden untergreifend. Es werden hiebei die Fingerspitzen nicht in die Weichteile eingedrückt. Durch Zug und Gegenzug der gut haltenden Hände werden die Muskeln in der Nähe des Knochenbruches entspannt, letzterer selbst ruhig und richtig gestellt. Eine mittlere Körperstellung ist hiebei die natürliche Ruhelage. Der Fuß wird, rechtwinkelig gestellt, an Ferse und am äußeren Fußrand von dem am unteren Körperende stehenden Helfer gestützt und in der Körperachse nach unten gezogen; das Knie wird leicht gebeugt, ebenso das Hüftgelenk, so daß große Zehe, Kniescheibe und vorderer Hüftbeinstachel in einer Geraden liegen. Der zweite Helfer hält Kniekehle und Oberschenkel mit Untergriff und zieht nach oben in der Körperachse. Ist nur ein Helfer zur Hand, so nimmt er das Bein von der Außenseite oberhalb und unterhalb des Bruches mit Untergriff.

Der Arm wird rechtwinkelig gebeugt im Ellenbogengelenk, etwas abduziert im Schultergelenk vor die Brust gehalten, so daß der Kranke in seine Hohlhand sieht, in Mittelstellung zwischen Supination und Pronation. In dieser Art wird vom Kleiderabnehmen bis nach Anlage der Schienen ruhig gehalten. Das ist ermüdend; deshalb ist es ratsam, wenn die Helfer dabei ihre Arme beugen, stützen, bequem stehen oder sitzen können. Das Kleiderausziehen ist ein Abstreifen, wobei die gebrochenen Gliedmaßen namentlich am freien Ende keinen Augenblick herabsinkend unterstützungslos sein dürfen. Die haltenden Hohlhände klettern oder gleiten zu diesem Zwecke immer langsam ohne Hände wechseln über die herabgestreiften Ärmel hinweg, Stiefel werden zuerst durch Zug in der Körperachse nach unten an der Ferse gelockert, nicht herabgehebelt, dann nach vorn und oben herausgezogen.

Zu Notschienen eignen sich Pappstreifen, Holzleisten, Strohreisigbündel, Bandeisenstreifen, Drahtleiterschienen, die in den oben angegebenen Mittelstellungen der Gliedmaßenlänge auf der gesunden Seite angepaßt und gut namentlich ober- und unterhalb der Gelenkvorsprünge zur Hohllagerung der Knochenvorsprünge unterpolstert werden. Sie müssen reichlich lang das nächstobere und untere Gelenk mit in den Verband hereinbeziehen, werden an den Beinen innen- und außenseits, am Arm auf der Beuge- und Streckfläche angelegt, nachdem die Extremität vorher von der Peripherie zum Herzen hin locker eingewickelt worden ist.

Für einen Fußbruch überragen die zwei seitlichen Schienen die Ferse unten, reichen aber bis über das Knie; ebenso für den Unterschenkelbruch. Für den Oberschenkelbruch reichen dieselben Schienen innerseits bis zum oberen Drittel am Oberschenkel, außen mindestens bis über den Hüftbeinkamm; denn nur, wenn das Becken mit in den Verband hereinbezogen wird, ist das Hüftgelenk, somit der Oberschenkel einigermaßen fixiert. Das Bein wird alsdann bei Rückenlage des Kranken, im Knie etwas gebeugt, hochgelagert.

Am Arm genügt für den Handgelenkbruch ein Handbrettchen bis fast zum Ellenbogen, das sogar die Finger freilassen kann; für den Unterarm-Ellenbogenbruch eine innere oder auch äußere Schiene, namentlich aber auf der Beugefläche, die bis über die Mitte des Oberarms heraufreichen und auch das Handgelenk fixieren.

Für Oberarmbruch muß der gleiche Verband bis über die Schulter heraufreichen.

Wie bereitet man den Verletzten für einen weiteren Transport vor?

Für einen weiteren Transport muß man einen provisorischen, am besten Schienenverband, der die Extremität ruhigstellt, anlegen. Hiebei ist es schon von Vorteil, bei Brüchen der unteren Extremitäten beide Beine wagrecht nebeneinander gelegt mit Binden oder Tuchstreifen (Taschentüchern, dreieckigen Tüchern, Riemen) an mehreren Stellen so gegenseitig zu befestigen, daß das gesunde Bein dem verletzten als Schiene dient. Dann ist es von Nutzen, einen Sack (ev. die Kleider des Kranken) mit Sand, Moos, Häcksel usw. zu füllen und die kranke Extremität in eine darin gebildete Furche zu legen, auch kann man das so gebildete Kissen jederseits mit Holzleisten stützen. In Mantel, Teppich, Linoleum kann man an beiden Seiten je einen Stab, Bergstock einrollen und so eine feste, weichgepolsterte Rinne für das gebrochene Bein gestalten.

Die gebrochene obere Extremität legt man, wenn keine Schiene erreichbar ist, im Ellenbogen rechtwinkelig gebeugt, mit der Hohlhand gegen die Brust gewendet, seitlich an den Thorax an und befestigt sie an diesem mit Binden, dreieckigen oder viereckigen Tüchern, Handtüchern.

Allgemeine Therapie der Knochenbrüche.

Wie hat man das definitive Lager für den Kranken herzurichten?

Im Bett muß der Kranke wenn möglich eine weiche, flache (Roßhaar-) Matratze erhalten; kleinere, weiche, gute Kissen kommen unter Nacken, Kreuz, Kniekehle und Ferse. Ungünstig als Unterlage sind weiche Federkissen, sehr gut eignen sich Keil- und Ringpolster mit Waschlederbezug, aufgefüllt mit Roßhaaren, Hirsespreu, Seegras.

Welches sind die Aufgaben des therapeutischen Handelns?

Drei Aufgaben:

1. Die Reposition = Einrichtung der Knochenbruchenden.
2. Retention = Erhaltung einer guten, brauchbaren, möglichst normalen Lage der Knochenbruchenden.
3. Üble Zufälle im Heilverlauf zu vermeiden.

Worauf kommt es bei der Einrichtung an?

Eine der natürlichen Stellung möglichst nahekommende Adaption der Bruchenden (Kontrolle durch Vergleich mit der gesunden Seite oder auch durch Röntgenaufnahme) oder wenigstens eine für die spätere Funktion möglichst brauchbare Stellung zu erreichen.

Wie verhält man sich bei starker Spannung der Muskeln?

Starke Muskelspannung läßt gewöhnlich durch gleichmäßigen Zug und Gegenzug in der Mittelstellung nach; leichte Beugung des Knies entspannt die Wadenmuskeln; ebenso entspannt rechtwinkelige Beugung des Ellenbogens alle Armmuskeln. Ist wegen großer Aufregung, schmerzhaften Zuckungen des Patienten trotzdem die Einrichtung unmöglich, so muß man im äußersten Notfalle narkotisieren, dabei aber darauf achten, daß durch die Exzitation die Verletzung nicht schlimmer wird (Blutung, Muskelzerreißung, Durchstechen der Bruchenden durch die Haut). Während des Erregungszustandes muß also die Fraktur sehr fest und sicher gehalten werden.

Wann soll ein Bruch eingerichtet werden?

Je früher man einen Bruch einrichtet, desto besser ist dies.

Welche Ausnahme von dieser allgemeinen Regel ist zulässig resp. angezeigt?

Bei alten dekrepiden Leuten kann es mitunter angezeigt sein, mit der Einrichtung eine Zeitlang, bis sie sich vom Verletzungsschock erholt haben, zu warten. Doch darf dieses Zuwarten sich nicht über mehrere Tage erstrecken, weil dann durch die Muskelkontraktur, Interposition von Weichteilen die Einrichtung oft überhaupt unmöglich wird. Bei schweren Frakturen mit starker Zertrümmerung sind Einrichtungsversuche im Alter oft überhaupt wegen der Emboliegefahr gefährlich. Da muß man vor allem durch gute Ernährung den Kranken am Leben zu erhalten suchen, sogar wegen der Gefahr der hypostatischen Pneumonie in sitzender Stellung außer Bett behandeln und auf ein gutes Form- und Funktionsresultat verzichten.

Wie wird ein Bruch eingerichtet?

Man richtet einen Bruch ein während der Ausübung von Zug und Gegenzug, ersterer ausgeübt an der Peripherie, letzterer in der Nähe des nächst höher gelegenen Gelenkes durch zwei Helfer, während dem man selbst an der Bruchstelle durch sanften Fingerdruck die Knochenstücke in gute Lagerung bringt, gut und weich umpolstert und sofort durch Binde und Schiene in dieser Lage erhält.

In manchen Fällen ist die Einrichtung sehr schwierig. Man begnüge sich in solchen Fällen mit einem einigermaßen guten Resultat und erzwinge die Einrichtung nicht auf Kosten von Zerreißungen; richtiges Maßhalten erweist den Meister, nicht Erzwingen des Ziels durch rohe Gewalt um jeden Preis!

Woraus erkennt man die richtig vollzogene Einrichtung?

Aus der normalen guten Lage der Bruchenden und durch Vornahme von Messungen, wennmöglich auch durch Kontrolle mit Röntgenaufnahme.

Welche Aufgaben hat eine zweckmäßige Retention zu lösen?

a) Zweckmäßige Schienung, ruhige Lagerung.

b) Gleichmäßige Kompression.

c) Permanente Extension (Heftpflasterextension nach Volkmann, Bardenheuer; Schienenextension nach Zuppinger, Bardenheuer, Nagelextension nach Steinmann).

d) Ev. Anwendung von Retentionsapparaten (Extensionsschrauben nach Hackenbruch, Knochenklammern nach Malgaigne und anderen).

Wie behandelt man in der Regel die Knochenbrüche während der ersten Tage?

Durch Schienenverbände unter Auflegen eines Eisbeutels auf die Bruchstelle und Hochlageruug in natürlicher Mittelstellung;

Arm rechtwinkelig im Ellenbogen gebeugt vor der Brust, so daß der Kranke in die Hohlhand sehen kann; Bein im Knie und Hüfte leicht gebeugt, Fuß rechtwinkelig im Fußgelenk aufwärts gestellt, so daß die Fußspitze mit Knie und Hüfte in einer Geraden und höher als das Becken liegt.

Wie bewerkstelligt man eine zweckmäßige Lagerung?

Durch Anwendung von Schienen, namentlich bei Brüchen mit starken Schwellungen; die bekannteste ist die Schiene nach Volkmann, eine Hohlrinnenschiene für Fuß-, Fußgelenk-, Unterschenkelbrüche, Brüche im unteren Drittel des Oberschenkels; außerdem kommen zur Anwendung lange oder kurze Drahtleiterschienen nach Cramer als seitliche innere oder äußere Schiene oder als Stehmodelle, Lagerungsschienen aus mehreren Drahtleiterschienen gebaut.

Für welche Fälle ist der einfache Schienenverband (Lagerungsverband) während der ganzen Heilungsdauer beizubehalten?

Bei Brüchen, die keine Neigung zu Dislokation zeigen und bei Brüchen alter Leute.

Wie erzielt man eine gleichmäßige Kompression?

Durch alle Kontentivschienenverbände nach vorausgehender Bindeneinwicklung.

Womit wurden diese Kontentivverbände (erhärtende feste Verbände) früher angefertigt?

Mit Mehl, Eiweiß und Essig, später Kleister, Dextrin, Leim, Tripolith (Gips und Kohle).

Wie teilt man die Kontentivverbände heutzutage ein?

In schnell und langsam erhärtende.

Welches sind die langsam erhärtenden?

Leim-, Wasserglas- und Wasserglaskreideverbände.

Von wem wurde der Wasserglasverband eingeführt?

1857 von Schraud.

Welche Eigenschaft muß das verwendete Wasserglas haben?

Man darf nur neutrales Wasserglas (Lösung von kieselsaurem Kali) benützen, weil sonst der darin enthaltene Überschuß von Ätzkali zu stark ätzend auf die Haut wirkt. Dieses wird mit Gips, Kreide zu einem dicken Brei angerührt, der auf die Bindenverbände aufgestrichen wird, oder gestärkte (Organdin-)Gazebinden werden in Wasserglas eingetaucht und über den Bindenpappestreifen oder Schusterspanbindenverband der gebrochenen Extremität umgewickelt.

Welches ist der rasch erhärtende Verband?

Der Gipsverband. Die Erhärtung geht rascher vor sich, wenn man die Gipsbinden in sehr warmes Wasser taucht, dem Alaunpulver zugegeben wird. Man stellt sich die Gipsbinden am einfachsten frisch selbst her, indem man in 12—15 cm breite Steifgazestreifen von 3—4 m Länge dünn feinsten frisch gebrannten Alabastergips einstreut und zu lockeren Binden aufrollt. In wenigen Minuten erhärten durch kaltes Wasser die Gipsbinden von Albert.

Langsamer erhärtet gewöhnlicher alter Gips mit Kochsalzwasser.

Steht der Knochenbruch vollkommen richtig, so ist es ratsam, einen sofort erhärtenden Gips zu nehmen; muß nach Anlage des Verbandes noch irgendeine Stellung korrigiert und so erhalten werden, so empfiehlt es sich, langsamer die Erhärtung eintreten zu lassen, so daß man an dem fertigen Verband noch während des Hartwerdens die Korrektion vornehmen und dann nach dem Erstarren beibehalten kann.

Wie weit muß der Verband reichen?

Die beiden in der Nähe der Fraktur gelegenen Gelenke sollen mit in den Verband gelegt werden: besonders bei Oberschenkelbrüchen muß das Becken mit eingegipst werden; nur durch einen Beckengürtelverband mit seitlich eingegipster Schiene ist eine Ruhigstellung der Fraktur zu erreichen.

Auf was hat man bei Gipsverbänden stets zu achten?

Auf gute Unterpolsterung mit Watte, weichen Schutz vor Druck; ferner darauf, daß er nicht zu eng angelegt ist, keine abschnürende Wirkung hat. Vor Anlage der Gipsbinden muß die ganze Extremität von der Peripherie herzwärts mit einer weichen Binde locker gleichmäßig eingewickelt und ober- sowie unterhalb jeden Knochenvorsprungs, auch an der Bruchstelle mit gelber, nicht entfetteter Polsterwatte reichlich umgeben sein.

Wie erkennt man, ob ein Gipsverband zu fest angelegt ist?

Es zeigt sich dieser gefährliche Zustand durch Schwellung und Blaufärbung des Nagelfalzes an Zehen oder Fingern und durch zunehmende Schmerzen an. Sind die Zehen oder Finger bläulich oder gefühllos, so ist höchste Gefahr vorhanden, daher ist stete Kontrolle nötig! Das spannende Gefühl bei zu engem Gipsverband nimmt einige Stunden nach der Anlage des Verbandes mit dem

Austrocknen zu. Es läßt sich oft durch einen langen Einschnitt durch Gips und Binden bis zur Watteunterlage beheben.

Zu welcher Zeit nach der Verletzung pflegt man Gipsverbände anzulegen?

Man wartet zunächst das Zurückgehen der Schwellung 3 bis 4 Tage lang ab, weil früher angelegte Verbände entweder zu leicht abschnüren oder nach Rückgang der Schwellung zu locker werden.

Was versteht man unter einem Extensionsverband?

Einen Verband, bei dem durch Heftpflasterstreifen (v. Volkmann), an die Haut geklebt, durch Klammern (Reh) oder Nägel (Steinmann) am Knochen selbst eine Gewichtsextension nach der Peripherie hin oder durch Schraubenzug (Hackenbruch) im Kontentivverband selbst ein Auseinanderziehen der Bruchenden bewirkt werden soll. Bei den ersten beiden Verfahren leistet den Gegenzug der ruhende Körper des Kranken selbst.

Wo werden hauptsächlich Extensionsverbände bevorzugt?

Besonders bei Frakturen des Ober- und Unterschenkels, auch des Ellenbogens und Oberarms (Heftpflasterextension nach v. Volkmann und Bardenheuer, Nagelextension nach Steinmann, Schraubenextension nach Hackenbruch, Extensionsschiene nach Zuppinger). Bei Frakturen in der Nähe von Gelenken oder in diesen selbst hat der Heftpflasterextensionsverband (nach Bardenheuer) den großen Vorzug, daß er Bewegungen, Extension und Kompression zugleich gewährleistet, die Aufsaugung der Blutergüsse ins Gelenk befördert und Versteifung verhütet.

Die winkelig im Knie durch die Schwere des Unterschenkels selbst nach abwärts ziehende Extensionsschiene nach Zuppinger eignet sich besonders für Frakturen in der Ober- und Unterschenkeldiaphyse: das den Ober- und Unterschenkel von unten her stützende Eisengestell mit Brettunterlage für die im Knie winkelig gestellte Extremität gleitet schlittenförmig durch Rollen auf zwei Schienen. Durch die Neigung des Unterschenkels zum Herabsinken befindet sich die Fraktur von selbst permanent in der richtigen und genügenden Extensionsstellung.

Bei welchen Frakturen werden am meisten Gipsverbände angewendet?

Bei Frakturen mit großer Neigung zur Dislokation, aber erst, wenn die größte Schwellung nach einigen Tagen zurückgegangen ist; außerdem bei Frakturen der unteren Extremitäten in und nach der zweiten Hälfte der Heilzeit von der 3. Woche ab; besonders wenn der Verletzte anfangen soll, Gehversuche zu machen, von der 6. oder

8. Woche ab (als Entlastungsgehgipsverband). Nicht zuträglich ist der Gipsverband bei Gelenkbrüchen, außer wenn er alle 8 Tage gewechselt werden kann, um Versteifungen zu vermeiden.

Für welche Fälle eignet sich besonders der Schienenverband?

Für kleine Kinder, ganz alte. Leute, bei hochgradiger Arterioklerose (Verdickung der Arterienwand infolge von chronischer Entzündung der Tunica intima) und bei Gelenkentzündung; ferner für Gelenkbruch, Brüche mit Wunden, bei denen öfters Nachschau nötig ist.

Was kann helfen, wenn die für eine brauchbare Funktion nötige Reposition mit den genannten Hilfsmitteln nicht zu erreichen ist?

Aseptische Freilegung der Bruchenden zur Bolzung und Verkeilung ineinander oder festes Umwickeln der angefrischten Bruchenden mit Silberdraht nach Anlegen eines frei von einem anderen Körperteil (tibia, costa, fibula) desselben Individuums transplantierten Knochenspans (Autoplastik nach der Wiederherstellungschirurgie Lexers).

Wie behandelt man die Knochenbrüche weiter, nachdem die knöcherne Vereinigung eingetreten ist?

Man hat durch Bäder, Massage, passive und aktive Übungen und Gymnastik die Funktionsfähigkeit wieder anzuregen (medikomechanische Behandlung nach Zander, schwedische Heilgymnastik).

Offene Knochenfrakturen.

Welches ist die weniger gefährliche, nicht selten vorkommende Form der offenen Knochenfrakturen?

Die Durchstechungsfraktur; die gefährlichere ist der Zerschmetterungs-, Zerreißungsbruch mit großer Haut- und Weichteilwunde.

Wann heißt eine Fraktur kompliziert?

Wenn der Knochen zermalmt ist, wobei natürlich auch die Weichteile mehr oder minder in Mitleidenschaft gezogen sind.

Wie behandelt man eine komplizierte Fraktur?

Aseptisch, wenn sie ganz frisch und die äußere Wunde klein ist, oder wenigstens antiseptisch, weil sie vorher beschmutzt worden sein kann. Größere Wunden, Höhlen um den Knochen drainiert man mit Glas- oder Gummiröhren auf dem kürzesten Wege zum tiefsten Punkt nach hinten unten, füllt sie locker mit trockener (sterilisierter) antiseptischer Gaze aus. Antiseptische Gaze (Jodoform-, Wismutgaze) ist deshalb vorzuziehen, weil sich das Wundsekret in ihr nicht so rasch zersetzt wie in aseptischer. Letztere könnte leicht Veranlassung zu einer sekundären Infektion geben. Sind Weichteile zermalmt, so erweitert man die Wunde mit dem Messer, trägt die zerfetzten Weichteile scharfrandig ab, reinigt sie mit Alkoholtupfern und sucht die losen Knochenstückchen zu entfernen; große mit dem Periost zusammenhängende Splitter beläßt man der Regeneration wegen. Das schmutzige Knochenmark wird, indem man die Knochenbruchenden weit zum Klaffen bringt, mit Alkoholtupfer gereinigt. Die Knochenbruchenden schrägt man glatt ab und bringt sie in gehörige gegenseitige gute Berührung. Dann macht man Kontrainzisionen, legt Drainagen nach den tiefsten Punkten durch die Wunde und verkleinert vielleicht die Weichteilwunde von den Enden her durch einige Situationsnähte, stellt nach Anlage eines antiseptisch sterilen trockenen Deckverbandes den verletzten Körperteil durch erhöhte Lagerung auf Schiene oder mit gefenstertem Gipsverband in bequemer natürlicher Stellung ruhig (Oberschenkel und Knie leicht gebeugt, Fuß, Ellenbogen rechtwinkelig gebeugt, Vorderarm in halber Supination, bei gestrecktem Handgelenk, Oberarm eleviert und abduziert).

Wie viele Stadien hat man bei der Heilung zu unterscheiden?

Zwei Stadien: das der Granulation (Bildung jungen Binde- und Knochengewebes unter Abstoßung nekrotischer Massen) und das der Verknöcherung.

Wann soll bei komplizierten Frakturen amputiert werden?

Je nach dem Grade der Zermalmung des Knochens und der Weichteile sowie großen Gefäße führt man die primäre Amputation aus, oder man sucht unter Umständen das Glied zu erhalten und schreitet erst zur sekundären Amputation, wenn Fieber und Verjauchung drohen. Primär wird man nur dann amputieren, wenn alle großen Blutgefäße und Nerven vernichtet und zerrissen sind, wenn die Extremität leblos und kalt, pulslos nur noch durch einen Hautlappen am Rumpfteil hängt oder umgekehrt die Haut in so großer Ausdehnung fehlt, daß das unterliegende Gewebe eintrocknen, narbig schrumpfen und funktionsunfähig bleiben müßte.

Wie behandelt man Splitterfrakturen?

Nur kleine Splitter, welche vollkommen lose an der Bruchstelle liegen, sind sofort zu entfernen. Splitter, welche noch irgendwie mit dem Periost und den Weichteilen zusammenhängen, müssen erhalten bleiben, da sie für die Kallusbildung als osteoplastische Brücken wichtig sind. Durch Nekrose infolge mangelhafter Ernährung oder auch sekundäre Infektion stoßen sich von manchen Knochenbruchenden auch mitten im umgebenden, schon verheilten Kallus noch später Splitter (Sequester) erst im Laufe der Heilung ab.

Man kann auch durch Drahtnähte, besser durch Drahtumwickelung die Knochen- oder Splitterenden in guter Lage aneinandergefügt erhalten. Anti- oder aseptischer Verband, offene Wundbehandlung bei gutem Wundabfluß unterstützen die Wundheilung und Festigung des Knochenbruches.

Wodurch wird die Kallusbildung beeinträchtigt?

Durch schlechten Verband, mangelhafte Anpassung der Knochenbruchenden; ferner bei chronischen Dyskrasien (Diabetes, Skorbut, Syphilis, chronischem Alkoholismus, Rhachitis und schlechter Ernährung).

Was bildet sich in diesen Fällen statt des festen Kallus?

Eine fibröse Verbindung der Bruchenden oder ein falsches Gelenk (Pseudarthrose). Das Günstigste ist, wenn bei anfangs fibröser Zwischenlagerung die Kallusbildung nur mehrere Wochen und Monate (eine Syndesmose, die später doch noch fest wird) verzögert ist.

Wie behandelt man eine solche verzögerte Kallusbildung?

Man legt einen Gipsverband an und läßt den Kranken umhergehen. Außerdem ist noch zu versuchen: 1. das energische Aneinanderreiben der Knochenbruchenden; 2. regelmäßige kräftige Massage der ganzen Frakturgegend; 3. Anwendung der Stauungshyperämie nach Bier (s. Anhang); 4. Einspritzung von frischem Blut in das fibröse Zwischengewebe (10—100 ccm nach Bier), das man einer Hautvene des Kranken selbst entnimmt. Bei Luetikern nützt Einreibung des gebrochenen Gliedes mit grauer Salbe und antiluetische Kur; 6. Gewebsanregung (Reizung) an den Bruchenden durch das Einschlagen von langen Stahlnägeln.

Durch alle diese Maßnahmen wird versucht, mit Erregung einer Entzündung neue Knochenbildung herbeizuführen.

Welche weitere operative Maßnahmen bezwecken diese Knochenanbildung zur Heilung der Pseudarthrose mit mehr Aussicht auf Erfolg?

Handelt es sich um eine Pseudarthrose mit teils fibröser, teils knorpeliger Einlagerung, so muß letztere gründlich und ausgedehnt durch Resektion entfernt werden. Dabei müssen das gesunde Periost und die feste Knochensubstanz möglichst geschont werden. Nach dieser Anfrischung sollen nur. gesunde und harte Knochenflächen aneinander zu liegen kommen. Sie werden am besten durch Einpflanzung (Bolzung) des dünneren Bruchendes in das dickere Ende (Mark- oder Kallushöhle) ineinandergefügt und noch durch Drahtumwicklung, die fast die ganze Frakturstelle umgürtet, fixiert. Außerdem ist die freie Knochentransplantation vom gleichen Individuum mit bestem Erfolg geübt: Der seitlich an die beiden Frakturenden angelegte Knochenspan wird dort noch durch Drahtschlingen an beide Knochenstümpfe als Verbindungs- und Verstärkungsschiene angeschient (nach Lexer). Frei wird transplantiert: z. B. Rippe oder Tibiakante auf Elle; gestielt mit Periostlappen wird treppenförmig die Hälfte des oberen Femurendes der Länge nach ein Stück weit abgemeißelt und zum unteren heruntergeklappt. Wesentlich wichtig ist es, daß die Osteoplastik oder Bolzung erst ausgeführt wird, wenn (namentlich nach Schußfrakturen) keine Knochenfistel mehr vorhanden ist, alle septisch-eitrigen Entzündungserscheinungen abgeklungen sind. Denn finden sich im Operationsgebiet noch virulente, abgekapselte Keime, kommt es infolge nicht aseptischen Operierens zur sekundären Infektion, so wird der ganze Erfolg durch Granulations- und Bindegewebsbildung vernichtet; ja bereits neugebildeter Knochen verfällt der Resorption; daher abwarten und aseptisch operieren.

Eingepflanzte sterile fremdartige Knochen oder Elfenbeinstifte erregen allerdings Gewebsneubildung, werden aber resorbiert oder ausgestoßen, ohne daß genügend neuer Knochen gebildet ist. Es bleibt meist eine Bindegewebsnarbe zurück.

Wann pflegt exzessive Kallusbildung einzutreten?

Bei starker seitlichen Dislokation und starker Splitterung. Da zu starke Kallusbildung drückt und die Funktion des Körperteils stören kann, muß man sie zu verhüten suchen.

Wie kann man exzessive Kallusbildung verhüten?

Durch genaue Adaption der Bruchenden (gute primäre Einrichtung der Fraktur); unter Umständen primäre Knochennaht.

Behandlung des exzessiven Kallus?

Man massiert oder komprimiert oder reseziert den wuchernden Kallus.

Wie behandelt man difforme Knochenbrüche?

So lange der Kallus noch biegsam ist, muß man ihn in der Narkose geradeziehen. Ist er nicht mehr biegsam, muß man den Knochen noch einmal brechen.

Warum ist dies schwer?

Weil sich an der Bruchstelle keine Markröhre, sondern feste, elfenbeinharte Knochenmasse bildet. Man sägt daher den Knochen durch oder meißelt ihn an der Stelle an, wo man brechen will.

Welche Gelenkbrüche unterscheidet man?

1. Intraartikuläre.
2. Gemischte, intra- und extraartikuläre.

Was tritt bei jedem Gelenkbruch auf?

Immer erfolgt eine Blutung in das Gelenk.

Welche Behandlung resultiert daraus?

Man läßt durch Punktion, z. B. bei Patellarfraktur, das Blut abfließen, damit die Gelenkenden wieder aneinander artikulieren können.

Wie heilen manche Gelenkbrüche?

Nicht immer durch Kallus, sondern durch eine starre fibröse Vereinigung. (z. B. fractura colli femoris bei Greisen).

Welches ist das Schicksal von Teilchen, die von den Gelenkknochen abgesprengt sind?

Diese heilen sehr oft nicht mehr an, sondern bilden freie Gelenkkörper (Meniskuslösungen im Knie; Gelenkmäuse).

Wie heilen Schädelfrakturen?

Schädelfrakturen, überhaupt solche der spongiösen Knochen, heilen durch endogene Kallusbildung; beim Schädel ist sehr wenig periostaler Kallus da; den Kallus liefert die Diploe. Große Defekte in den Schädelknochen schließen sich durch einen fibrösen Überzug; es findet hiebei Ersatz durch knöcherne Neubildung nur an den knöchernen Rändern des Defektes statt.

Wie heilen Rippenbrüche?

Durch Verknöcherung.

Wie Knorpelbrüche?

Durch einen fibrösen Kallus.

Übersicht über die häufigsten typischen Knochenbrüche und ihre Behandlung.

Bruch der Klavikula.

Bruch meist im äußeren oder inneren Drittel nahe der Mitte. Der Arm ist herabgesunken, hat eine Verschiebung nach vorn und einwärts erfahren. Notverband mit Achselkissen und zwei Tüchern über Rücken zum andern Ellenbogen, welche den Arm nach rückwärts und außen festhalten. Einrichtung und Behandlung: Kräftiges Rückwärtsziehen der Schulter und Festhalten dieser Stellung durch den Heftpflasterverband nach Sayre oder schiefe Bindengänge von der Achselhöhle über Schulter und Ellenbogen von der kranken zur gesunden Thoraxseite in schiefer und querer Richtung. (Beim Desaultverband folgen diese Gänge abwechselnd aufeinander nach dem Merkwort A Sch E.)

Bruch der Humerusdiaphyse.

Verletzung der Gefäße selten, wohl aber ist der Nerv. radialis (zwischen mittlerem und unterem Drittel) gefährdet, indem er sofort oder allmählich über den stumpfwinkelig nach außen vorragenden spitzen Knochenstücken überdehnt wird und beim nächsten Verbandwechsel die Hand deutlich gelähmt in Pronation herabsinkt.

Therapie: Unterarm rechtwinkelig beugen, gepolsterte Drahtleiterschienen, eine kürzere für die Beugefläche des Unter- und Oberarms innen, eine längere über Schulter-, Ellenbogen- und Handgelenk so anlegen, daß ein permanenter Zug ermöglicht ist; zu diesem Zwecke wird das die Schulter überragende, hohl und frei gebogene obere Ende der äußeren Schiene federnd mit der wohl unterpolsterten Achselhöhle so verbunden, daß ein Zug in dieser nach oben gegen das Schienenende ausgeübt wird. Diese Methode kann auch bei Frakturen am oberen wie am unteren Ende des Humerus verwendet werden. Viel gebraucht ist auch der Triangelverband nach Mitteldorpf: eine über die Fläche dreieckig zusammengebogene Drahtleiterschiene, die an der seitlichen Thoraxwand und in der Achselhöhle befestigt wird und auf welcher der gebrochene Oberarm in stumpfem Winkel aufliegt. An dieses Dreieck kann man noch vom Ellenbogen aus nach vorn und außen eine Verlängerung der Drahtleiter anbringen, so daß der Arm in Abduktion, Elevation, Flexion nach vorn und außen ruhend getragen wird. Er muß bei allen Armschienen in Außenrotation fixiert werden, weil das untere Knochenstück immer Neigung zur Innenrotation hat.

Bruch des Olekranons.

Entsteht meist durch direkte Gewalt, also Fall auf den Ellenbogen, selten durch Muskelzug. Symptome meist einfach, da es sich oft um einen Querbruch handelt, wobei das obere Fragment durch den Musc. triceps in die Höhe gezogen wird. Aktive Streckung des gebeugten Armes unmöglich. Die Kallusbildung bei der Heilung gering.

Therapie: Arm in völlig gestreckter Stellung so verbinden, daß die Fragmente einander möglichst genähert werden. Dies geschieht am besten mit schlingenförmig angelegten Heftpflasterstreifen, unter Umständen wird Punktion des Blutergusses im

Gelenk oder in der Bursa olecrani, auch Knochennaht nötig. Auch Randabsprengungen, sternförmige Brüche ohne bedeutende Dislokation kommen vor. Möglichst frühzeitige Massage.

Bruch beider Unterarmknochen.

Entstehung meist direkt durch Schlag oder Fall. Dislokation (ad axin), abnorme Beweglichkeit und Krepitation meist ausgesprochen (im mittleren Drittel). Da die Funktion des Unterarms durch die Beeinträchtigung der Pronation und Supination bei querer knöcherner Verwachsung im Lig. interosseum sehr gefährdet ist, muß sorgfältig reponiert und retiniert werden. Also: Verband in paralleler Stellung der Knochen in halber Supination (der Verletzte sieht in seine Hand!). Verwendung von breiten Schienen, damit durch zirkuläre Einwicklung die Knochen nicht aneinander gedrückt werden. Gute Polsterung.

Bruch der Ulnadiaphyse.

Entstehung meist direkt durch Aufschlagen des Armes beim Fall oder bei Abwehr eines Schlages (Parierfraktur). Bei der oberflächlichen Lage meist leicht abnorme Beweglichkeit und Krepitation festzustellen; Dislokation bei unverletztem Radius kaum vorhanden.

Behandlung wie die Fraktur beider Vorderarmknochen.

Bruch der unteren Radiusepiphyse.

Sehr häufiger Bruch von großer Wichtigkeit; meist typischer suprakondylärer Quer- oder Schrägbruch, entstanden in Form einer Riß- oder Biegungsfraktur durch Fall auf die Volarseite der Hand; in diesem Falle ist das untere Bruchstück dorsalwärts verschoben, beim (seltenen) Fall auf den Handrücken aber volarwärts. Es kommen aber auch Randabsprengungen der Gelenkfläche in T- oder Y-Form, ferner Kompressionsfrakturen vor, so daß die Diaphyse in das zertrümmerte Gelenkende hineingepreßt erscheint. Bei Inspektion von der Seite typisch bajonettförmige Knickung in Tischgabelform; der Proc. styloidens ulnae häufig abgerissen durch das stärkere Band. Abnorme Beweglichkeit und Krepitation meist nicht ausgeprägt; wichtig ist der Nachweis des Schmerzpunktes. Der Bruchschmerz wird immer geäußert bei Druck auf die Radiusepiphyse 1—3 cm oberhalb der Handgelenkslinie.

Reposition durch Zug und direkten Druck auf die Bruchenden bei forcierter Beugung (z. B. über eine gepolsterte Stuhllehne) der Hand. Im Verband hat die Hand volarwärts und leicht ulnarwärts gebeugt oder gerade gestreckt zu stehen; die Finger sollen nicht fixiert sein, das Ellbogen gelenk kann frei bleiben. Häufiger Verband wechsel, nicht über 3 Wochen Dauer, frühzeitige Massage.

Brüche der Metakarpalknochen und Phalangen.

Entstehung direkt durch Schlag oder Aufschlagen der Hand. Dislokation fehlt oft, dagegen gleich nach der Verletzung Beweglichkeit und Krepitation, namentlich Bruchschmerz ausgesprochen. Für die Phalangen schmale, gepolsterte Schienen in Beugestellung oder Handbrett mit Heftpflasterzug an der Fingerspitze.

Oberschenkelbruch der Femurdiaphyse.

Meist oberhalb der Mitte. Entstehung durch Torsion in Form von Schräg- oder Längsbrüchen, meist aber durch Biegung, auch direkte Gewalt. Diese Brüche sind auch bei Kindern häufig und dann meist Querbrüche (oft als Epiphysenlösung am unteren Ende). Meist typische Dislokation dadurch, daß das obere Bruchstück unter dem Einfluß des Musc. ileopsoas und der Musc. glutaei nach vorn und aufwärts gebeugt wird, wodurch winkeliger Vorsprung nach außen und vorn entsteht. Nachweis der abnormen Beweglichkeit leicht, Krepitation deutlich; fehlt sie, so liegt entweder starke Verschiebung oder Zwischenlagerung bei starkem Bluterguß vor; die Heilung wird dadurch erschwert.

Therapie: Extensionsverband mit permanentem Gewichtszug bis zu 25 Pfund; Gegenzug durch Erhöhung des Fußendes des Bettes mit untergelegten Ziegelsteinen; Fußbänkchen, Querpolster ins Bett zum Anstemmen für das gesunde Bein. Feste, flache Matratze als Unterlage. Bein abduziert, Knie leicht gebeugt durch untergelegtes Kissen. Der Gewichtszug wird durch Flanellbindeneinwicklung mit daran angenähten zwei Leinwandzügen oder durch Heftpflaster-, auch Mastisol-Klebe-Bänder an der Haut, oder endlich durch Steinmannsche Nagel-, Herzsche Klammerextension am unteren Knochenstück selbst ausgeübt.

Schenkelhalsbrüche.

Sind relativ häufig. Die Bruchlinie kann ganz innerhalb der Gelenkkapsel liegen oder ganz außerhalb oder, bei den sog. gemischten Brüchen, teils innerhalb, teils außerhalb der Gelenkkapsel. Geht die Bruchlinie durch den medialen Teil des Schenkelhalses, so daß der Kopf allein abgesprengt ist, haben wir einen intrakapsulären Bruch vor uns; wichtig deshalb, weil die Ernährung nur mehr durch das Ligamentum teres unterhalten wird und infolgedessen sehr gefährdet ist. Die Folge davon ist, daß häufig keine knöcherne Heilung der medialen Brüche eintritt. Ist aber der Kopf und Hals zusammen vom Knochen abgesprengt (nahe am Trochanter maior), so haben wir meist einen gemischten Bruch vor uns, dessen Ernährung weniger gefährdet ist.

Die Schenkelhalsbrüche entstehen indirekt entweder durch Fall auf das Knie (medialer Bruch — seltener) oder durch Fall auf die

Seite bzw. den Trochanter maior (laterale Brüche). Bei den lateralen Brüchen verkeilen sich durch die Kompression oft die Knochenbruchstücke. Bei alten Leuten ist der Schenkelhalsbruch wegen der Sprödigkeit der Knochen häufig.

Charakteristisch ist für Schenkelhalsbrüche Verkürzung und Auswärtsrotation des Beines, Unfähigkeit, das verletzte Bein zu heben, d. h. Beugung im Hüftgelenk auszuführen, und Höherstand des Trochanter, während bei Gesunden die Roser-Nelatonsche Verbindungslinie von Spina anterior sup. zum Tuber ischii am flektierten Oberschenkel gerade die Spitze des Trochanters schneidet. Das Bein liegt meist gestreckt ohne Ab- oder Adduktion, der Fuß ist in Rotation nach außen umgefallen; passive Bewegungen können gewöhnlich bei geringer Schmerzhaftigkeit ohne aktiv spannenden Widerstand nach allen Richtungen versucht werden, wobei oft Krepitation bei nicht zu starker Verschiebung der Bruchstücke zu fühlen ist. Bei Verkeilung der Bruchstücke ineinander fehlt die Krepitation, ebenso bei starker Verkürzung und großem Bluterguß.

Die Therapie besteht in genauer Einrichtung, guter Extension in Streckstellung mit etwas Einwärtsrotation des Beines. (Extensionsverband auf schleifendem Fußbrett und Volkmann-Schiene bei einer Belastung von 12—25 Pfund.) Bei alten Leuten ist die Gesamtpflege und Erhaltung des Körperzustandes wichtig, vor allem aber die Ausbildung einer schlaffen hypostatischen Pneumonie zu verhüten durch häufigen Lagewechsel, Aufsitzen, tiefes Atemholen, Digitalisinfus. Dem Dekubitus an Ferse, Kreuzbein ist durch gepolsterte Hohllagerung, Fetteinreibung, Spirituswaschung vorzubeugen. Bei alten Leuten, denen ein beengender steifer Verband recht unbequem ist, wendet man mit Vorteil Lagerung der beiden Beine nebeneinander auf einem weichgepolsterten Planum duplex inclinatum an, auch dem Zuppinger-Schleifbrett nachgebildete Apparate sind zweckmäßig.

Die Prognose in bezug auf gute Gehfähigkeit ist nur günstig bei lateralen Schenkelhalsbrüchen.

Bruch der Tibiadiaphyse.

Kommt häufig vor; kann direkt durch Schlag, Stoß, Fall, Schuß usw. und indirekt durch Torsion, Biegung erfolgen. Nachweis leichter oder schwieriger, je nachdem die Fibula mitgebrochen ist oder nicht. Bei reinen Querbrüchen ohne Verschiebung der Bruchenden ist wichtig das Knacken bei Bewegungsversuch und vor allem der Bruch- und Stoßschmerz. Schrägbrüche zeigen fast immer leichte Verschiebung, deshalb bei der oberflächlichen Lage des Knochens an einer Stufenbildung leicht zu erkennen. Ist die Fibula mitgebrochen, so liegen die Brüche beider Knochen häufig verschieden hoch.

Therapie: Genaue Einrichtung; Zug an den Malleolen bei rechtwinkelig stehendem Fuß und Gegenzug bei leichtgebeugtem Knie
am Oberschenkel; dann Feststellung durch Gips- oder Schienenverband.

Knöchelbrüche.

Wichtig wegen ihrer großen praktischen Bedeutung als Träger
der Körperlast und wegen der Bewegungsfreiheit im Sprunggelenk,
da das Gelenk mitbeteiligt ist. Entsteht in den meisten Fällen
indirekt durch Abknicken des Fußes nach innen oder außen im
Sinne einer forcierten Pronation und Supination oder auch (selten)
einer gewaltsamen Drehung. Bei den Pronations- und Supinations-
brüchen ist meist als sekundäre Bewegung auch Drehung dabei,
daher wird die Fibula sehr oft etwas höher oben als typische
Torsionsfraktur abgesprengt (s. Feßler, Torsionsfestigkeit der Gelenke; Deutsche Zeitschrift für Chirurgie 1916). Beim Abknicken
nach innen (typischer Knöchelbruch durch forcierte Abduktion —
Pronation) ist die Spitze des inneren Knöchels abgerissen und die
Fibula oberhalb des Malleolus externus eingeknickt — Biegungs-
oder Torsionsbruch (Valgusstellung); bei gewaltsamer Adduktion
(Supination) kann der Malleolus externus abgerissen, der internus
abgeschert werden (Varusstellung) = Doppelknöchelbruch.

Die Therapie erfordert vor allem sehr genaue Einrichtung der
Fragmente, namentlich bei den meist mit Subluxation im Sprung-
gelenke verbundenen doppelten Knöchelbrüchen ist die Neigung zu
Verschiebung des Fußes nach hinten oder außen zu berücksichtigen;
in ganz korrekter Haltung ist der Fuß rechtwinkelig sicher zu lagern
(Blechschiene, Gipsschiene, Gipsverband). Da es sich um einen
Gelenkbruch handelt, häufiger Verbandwechsel und baldige Massage
des Gelenkes und Beginn mit passiven Bewegungen.

Bei Luxationsbruch des Fußes nach außen ist das Sprunggelenk
(nicht der ganze Fuß!) kräftig nach innen zu supinieren, um der
späteren Plattfußbildung vorzubeugen.

Vor und nach Einrichtung eines jeden Knöchelbruches ist
Röntgenbild dringend erwünscht, namentlich bei den Gelenkbrüchen,
wie am Hand-, Ellenbogen-, so besonders am Fußgelenk.

Kniescheibenbrüche.

Sind seltener, ungefähr 2% aller Frakturen. Der Bruch kann
entstehen direkt durch Fall auf das Knie oder indirekt, indem der
Musc. quadriceps versucht, durch äußerste Anspannung in Streckstellung uud Kontraktion den nach hinten gestrekt überfallenden
Körper zu halten, und damit seinen untern Ansatzpunkt an der
Kniescheibe abreißt. Rißbruch, meist Querbruch. Sichere Zeichen
sind: Unvermögen das Bein zu strecken, großer Bluterguß ins Gelenk,

wenn die Kapsel der Kniescheibe mit zerrissen ist, da es sich um einen Gelenkbruch handelt. Man unterscheidet Querbruch, Sternbrüche, Abriß der Sehne, des Bandes, Randfissuren.

Die Behandlung hat in erster Linie das Klaffen (Diastase) der Bruchstücke zu beseitigen, die durch den Zug des Quadriceps und auch den Bluterguß erhalten wird, wenn die Periostkapsel der Patella mit zerrissen ist. Zur Entspannung ist das Bein mit gestrecktem Knie und gebeugter Hüfte auf eine Schiene zu lagern oder in Gips zu fixieren, starker Bluterguß ist durch Punktion zu entfernen; durch schlingenförmig angelegte Heftpflasterstreifen sind die Bruchenden einander möglichst zu nähern. Kompressions- oder Steifverbände sind täglich wegen der Gefahr der Gangrän nachzusehen.

Der drohenden Atrophie des Quadriceps ist sofort durch täglich 1—2malige Massage und Faradisation zu begegnen. Unter Umständen operatives Verfahren (Knochennaht). Der Erfolg hängt von der Art und Schwere der Verletzung, der Art der Behandlung und der Energie des Patienten ab.

Kniegelenkbrüche.

Hier handelt es sich hauptsächlich um Absprengungen vom überknorpelten Femurende und Verletzung der Semilunarknorpel, der Kreuzbänder (Fractura intercondyloidea mit nachfolgendem Schlottergelenk und Erguß).

Absprengungen können entstehen bei leicht gebeugtem Knie durch Aneinanderpressung der Gelenkknochen bei gleichzeitiger Drehung; dadurch Absprengung eines Knorpelstückchens, das einen freibeweglichen Körper im Gelenk bilden kann, eine sog. Gelenkmaus; diese können heftige plötzliche Beschwerden durch Einklemmung veranlassen, sie sind durch Operation zu beseitigen.

Verletzungen des Semilunarknorpels werden hervorgerufen durch starke Drehung des Femurendes bei leicht gebeugtem Knie, durch Kompression des Knies von unten bei Fall auf die Füße; sie bestehen hauptsächlich in einer teilweisen Luxation meist infolge Abrisses der vorderen Insertion. Bei frischen Fällen erheblicher Schmerz, blutiger oder seröser Erguß ins Gelenk und Funktionsstörung infolge Einklemmung des luxierten Knorpels und Unmöglichkeit, das gebeugte Knie wieder zu strecken. Bei alten Fällen anfallsweiser heftiger Schmerz bei jedesmaliger Einklemmung.

Die Behandlung besteht in Reposition und Gipsverband in gestreckter Stellung, sicherer in operativer Fixation oder Exstirpation.

Es sind dies oft schwere Verletzungen, weil sie die Funktion durch immer wiederkehrende Ergüsse, Schlottergelenk, Arthritis deformans dauernd beeinträchtigen. Steife Verbände schaden durch die Gefahr der Ankylose, am besten wirken Kompressionsbinden, Lederschienenstützapparate, Heißluftbäder, Massage, Moorumschläge.

Luxationen.

Was versteht man unter Luxation?

Luxation ist eine dauernde Verschiebung der Gelenkenden, sodaß sie außer gegenseitigen anatomisch richtigen Kontakt stehen bleiben.

Welche Arten von Luxationen unterscheidet man?

1. Traumatische, durch Verletzungen entstanden.
2. Kongenitale, angeborene.
3. Spontane (pathologische), nach Entzündungen usw.; treten auf im Verlaufe chronischer Gelenkentzündungen (chronischen Gelenkrheumatismus) und können vollständige oder unvollständige sein; entstehen entweder durch Überdehnung des Gelenkes infolge zu großen Ergusses oder durch Zerstörung von Kapseln und Gelenkteilen.
4. Habituelle, wenn dasselbe Gelenk bei ganz gewöhnlichen Bewegungen wiederholt plötzlich aus der Pfanne rutscht.

Häufigkeit der Luxationen im Verhältnis zu der der Frakturen?

Auf eine Luxation kommen etwa 8 Frakturen.

Welche Luxationen sind die häufigsten?

Die an den oberen Extremitäten mit 80% im Gegensatz zu denen der unteren Extremitäten mit 18%.

Welche Gelenke des Körpers können luxieren?

Es können alle Gelenke des Körpers luxieren, wohl äußerst selten die Synchondrosen, Symphysen.

Welcher Grundsatz gilt für das leichte Eintreten einer Luxation?

Je größer die Beweglichkeit (Exkursionsfähigkeit) eines Gelenkes ist, desto leichter tritt eine Luxation ein.

Aus welchen Ursachen kann eine Luxation entstehen?

Durch Muskelzug allein, so z. B. sind Luxationen dieser Art am Unterkiefer häufig durch überweites Öffnen des Mundes beim Gähnen; dann durch äußere direkte und indirekte Gewalten, die in seitlicher Richtung während irgendeiner extremen Bewegung das Gelenk treffen. Die Mehrzahl der Luxationen sind durch indirekte Gewalt entstanden.

Was sieht man oft gleichzeitig mit der Luxation eintreten?

Nicht selten kommen Luxationen und Frakturen gleichzeitig vor.

Welche Verschiebungen unterscheidet man nach einer Verrenkung?

Hat eine Verrenkung stattgefunden, so unterscheidet man eine primäre Verschiebung, welche durch das Trauma selbst stattfindet, und eine sekundäre, welche erst nach dem Trauma durch Muskelzug erfolgt.

Welcher Knochen ist als verrenkt anzusehen?

Als verrenkt gilt immer der Knochen, der von der Mittellinie des Stammes am entferntesten liegt (der distale Teil).

Wie werden die Luxationen näher bezeichnet?

Nach der Richtung, nach der die Knochen austreten, z. B. Luxatio anterior, posterior (am Ellenbogen), lateralis, ischiadica, obturatoria am Femur, axillaris, subcoracoidea am Humerus.

Wonach werden die Luxationen am besten bezeichnet?

Nach dem Namen des peripheren Teiles, z. B. Luxatio antibrachii bei Luxation des Ellenbogengelenkes, Luxatio humeri bei Luxation des Schultergelenkes.

Welche Luxationen unterscheidet man der Zeit nach?

Man spricht von einer frischen Luxation, die nur wenige Stunden oder Tage alt ist, noch deutlich entzündliche Schwellung, Bluterguß, keinen Muskelschwund noch zeigt, im Gegensatz zu einer veralteten.

Was findet man bei alten Leuten häufig neben Luxationen?

Absprengungen von Knorpelstücken und Knochenkanten.

Was ist immer bei einer Luxation vorhanden?

Unter allen Umständen muß ein Riß in der Kapsel vorhanden sein, häufig sind die Bänder unter Absprengung von Knochenansatzpunkten mit zerrissen; außer bei kongenitalen, bei denen der Kapselmantel schlauchartig erweitert ist.[1]

Wie verhalten sich die umgebenden Muskeln bei einer Luxation?

Je nach der Verschiebung des Gelenkes ist ein Teil der umgebenden Muskeln erschlafft, der andere gespannt; sie und ihre Sehnen lassen den luxierten Gelenkkopf zwischen ihren Fasern durchtreten.

---

[1] Die Zugfestigkeit der Bänder ist größer als die der Knochen: Siehe R. Fick, Anatomie und Mechanik der Gelenke 1904, Bd. I und Feßler, Deutsche Zeitschrift für Chirurgie 1902.

Welche schweren Verletzungen können bei Luxationen eintreten?

Es können auch Verletzungen der großen Gefäßstämme, ebenso Quetschungen der großen Nervenstämme vorkommen.

Wann spricht man von einer komplizierten Luxation?

Wenn die äußere Haut so perforiert ist, daß eine Kommunikation mit dem Gelenk besteht.

Die Therapie der Luxation?

Heilung durch selbständiges Zurückschnappen des Gelenkkopfes in sein natürliches Lager ist spontan sehr selten, meist sind gewisse Kunstgriffe nötig, die manchmal der Kranke besonders bei habitueller Luxation selbst mit Erfolg ausführen kann, z. B. Reposition der luxierten Kniescheibe.

Was versteht man unter Nearthrose?

Bildung eines neuen Gelenkes an falscher Stelle. Wenn eine Luxation nicht eingerichtet wird, der Gelenkkopf an abnormer Stelle stehen bleibt, so entsteht durch fortgesetzt gesteigerte Bewegungsversuche hier (z. B. am vorderen oder unteren Rand des Schulterblattes, an den Rippen für den dort sitzenden Oberarmkopf) durch Periostwucherung eine Art faserknorpeliger Gelenkpfanne mit fibröser Kapsel, nach Jahr und Tag eine wirkliche neue Gelenkpfanne.

Wie diagnostiziert man eine Luxation?

Subjektive Symptome: Schmerz, das Zerreißen der Kapsel ist gefühlt oder gehört worden; beide haben keinen großen Wert; wichtig sind die objektiven Symptome.

Auf welche Umstände hat man hiebei zu achten?

1. Auf die Form des verletzten Gelenkes im Vergleich zu der gesunden Seite; die Deformität begreift die ganze Umgebung des Gelenkes, nicht dieses allein.

2. Auf den Verlauf der Knochenlängsachse durch die Mitte des Gelenkes oder ob diese Achse außerhalb des Gelenkes vorbeiläuft.

3. Auf Beweglichkeit und Bewegungsmöglichkeit des Gelenkes (Functio laesa).

4. Messungen, die von den Puncta fixa ausgehen, z. B. beim Ellenbogengelenk: Die Lage der Epikondylen zur Spitze des Olekranons; beim Hüftgelenk die Roser-Nelatonsche Linie (von der Spina anterior über die Spitze des Trochanter maior zum Tuber ischii bei flektiertem Oberschenkel).

5. Differentialdiagnostisch ist es wichtig, daß sich die Deformität nicht wie bei den meisten Frakturen durch leichten Druck ausgleichen läßt, um sofort nach Aufhören des Druckes sich wieder einzustellen, sondern sie bleibt, wenn einmal durch Einrichtung beseitigt, für immer gehoben. Differentialdiagnostisch ist ferner von großer Wichtigkeit bei jeder Luxation der spannende, federnde, sehr schmerzhafte Widerstand gegen jede Bewegungsversuche, der bei Frakturen fast immer fehlt.

Wonach richtet sich die Prognose?

Nach der Spanne Zeit, die zwischen der Verletzung und der Luxationsbehandlung verstrichen ist.

Wann nach der Verletzung soll eine Luxation eingerichtet werden?

Die Reposition (Einrichtung) muß sobald als möglich erfolgen, man darf nicht etwa das Zurückgehen der Entzündungserscheinungen, der Schwellung abwarten.

Was ist bei der Reposition vor allem zu beachten?

Die Mechanik der Luxation; denn es gelingt sehr oft am ehesten ohne große Gewalt den Kopf auf dem Weg durch den Kapselriß wieder in die Pfanne zurückzuführen, auf dem er aus ihr herausgeglitten ist; ist z. B. die Luxation des Daumens durch Überstreckung eingetreten, so führt man zur Reduktion den Daumen in extreme Dorsalflexion zurück und führt dann eine Beugung unter starkem Druck auf das Metakarpalende aus; meist schnappt hiebei der Daumen wieder an seine richtige Stelle ein. Auf dieser Überlegung beruhen z. B. auch die Einrichtungsmethoden der Schulterverrenkung nach Kocher, Schinzinger. Hauptsache ist, daß hiebei die Muskelspannung nicht hinderlich ist. Zur Erschlaffung der Muskulatur nimmt man deshalb die Reposition in allgemeiner Narkose vor.

Welche Hindernisse können bei der Reposition eintreten?

Interposition von Kapselteilen oder Sehnen, gleichzeitiges Vorhandensein von Frakturen, große Schmerzen, starke reflektorische Spannung der Muskulatur usw. Es ist deshalb gut, zur Einrichtung die Allgemeinnarkose anzuwenden; in der Narkose sind meist alle Zweifel über die Art der Verletzung leichter zu beheben.

Auf welche Art und Weise wird die Reposition ausgeführt?

Durch seitlichen Druck und Zug; diese sind namentlich anzuwenden am Kniegelenk. Durch Rotations- und Hebelbewegung, besonders für das Schultergelenk und Hüftgelenk brauchbar. Durch

Extension z. B. am Ellenbogen-, Handgelenk, auch am Schultergelenk; häufig ist es von Vorteil, Schlingen von Tüchern und Binden anzulegen, um den Hebel zu verlängern.

Wie muß die Extension ausgeführt werden?

Bei der Extension darf der Zug sich nur allmählich, nicht ruckweise steigern.

Wie bewerkstelligt man die Retention?

Durch fixierende Verbände, welche niemals länger als 8 bis 10 Tage liegen bleiben dürfen.

Wann muß mit Massage, aktiver und passiver Bewegung begonnen werden?

Möglichst bald nach der Einrichtung, sobald es der Schmerz erlaubt, zur Beseitigung der Schwellung, des Blutergusses, zur Verhinderung des Muskelschwundes, der schon wenige Tage nach einer Luxation einsetzt (z. B. am Deltamuskel, am Musc. rectus femoris); bestimmt aber in der 3. Woche.

Wie werden veraltete Luxationen behandelt?

Bei veralteten Luxationen ist die Reposition nicht immer möglich, doch kommt es vor, daß Schulter-, Ellenbogenluxationen noch nach Wochen eingerichtet werden können; ist die Einrichtung ohne Gefahr starker Zerreißung (der Knochen und Gefäße) unmöglich, so macht man die Resektion der Gelenkenden oder bildet die Nearthrose (namentlich an Schulter und Hüfte) durch Massage, Medikomechanik weiter aus; in beiden Fällen kann auf diese Weise noch ein leidlich gutes Resultat erzielt werden.

An welchen Gelenken kommen hauptsächlich angeborene Verrenkungen vor?

Namentlich bei Mädchen am Hüftgelenk, oft doppelseitig; die Neigung zu dieser Luxation ist in einzelnen Familien erblich. Rachitische Dyskrasie, Steisslage des Kindes im Uterus begünstigen ihre Entstehung.

Kann die angeborene Verrenkung eingerichtet werden?

Ja, in der Mehrzahl der Fälle, wenn keine starke Mißbildung des Gelenkkopfes vorliegt.

Welche Komplikationen können bei einer Luxation auftreten?

Offene Weichteilwunden (komplizierte Luxation) und Frakturen der Gelenkenden.

Was versteht man unter habitueller Luxation?

Manchmal zeigen luxierte Gelenke eine große Neigung, bei geringen Anlässen wieder zu luxieren infolge abnorm weiter Kapsel, großen, nicht verheilten Kapselrisses, Schlaffheit der Bänder und Muskeln.

Wie werden die habituellen Luxationen behandelt?

Lassen sich die Luxationen nicht durch Bandagen und Apparate zurückhalten, so käme noch in Betracht Verkleinerung der Kapsel durch Raffnaht, Naht des Kapselrisses, Verpflanzung von Muskelansätzen zum Schutze der Kapsel über die gefährdete Kapselseite hinweg (z. B. des Musc. supraspinatus, der langen Bicepssehne durch den tunellisierten Oberarmkopf hindurch an den Rand der Fossa glenoidalis); oder im schlimmsten Falle Resektion des Gelenkes.

Quetschung der Gelenke.

Auf welche Art können sie zustande kommen?

Direkt und indirekt.

Was findet sich immer bei Gelenkquetschungen?

Bei allen Quetschungen findet ein Bluterguß in das Gelenk statt, sehr oft fühlt man das Schneeballenknirschen.

Therapie der Gelenkquetschungen?

Ruhe, komprimierende Verbände, Massage und frühzeitige Bewegung der Gelenke.

Verstauchung = Distorsion. Subluxation.

Was versteht man unter Verstauchung?

Eine vorübergehende unvollkommene Verschiebung der Gelenkenden mit oder ohne Bandzerreißung; in ersterem Falle mit Austritt von etwas Blut in das Gelenk und die angrenzenden Gewebe. Die normale Stellung tritt von selbst wieder ein.

An welchen Gelenken ist sie am häufigsten?

An allen Gelenken mit freier, sehr stark beanspruchter Beweglichkeit, namentlich am Fuß-, Hand-, Ellenbogen-, Schulter- und Kniegelenk.

Welche Zustände können durch eine Distorsion veranlaßt werden?

Absprengung von kleinen Knochen- und Knorpelstückchen (Ursache von Gelenkmäusen), Überdehnung von benachbarten Muskeln und Sehnen; sehr oft ist damit ein größerer oder kleinerer Bluterguß in und um das Gelenk verbunden; wird er sehr mächtig, spricht man von einem Hämarthros (wie bei Kontusion). Diese Blutergüsse werden oft nach Tagen erst unter der Haut sichtbar.

Im Anschluß an Distorsionen können fungöse Gelenkentzündungen bei Disposition zu Tuberkulose auftreten; das Trauma bildet dann die Gelegenheitsursache zum Ausbruch der lokalen Gelenktuberkulose.

Therapie der Quetschungen und Verstauchungen?

Größere Blutergüsse können durch Punktion mit Troikart entleert und zur raschen Resorption angeregt werden; bei geringerem Hämatom genügt Ruhe durch Lagerungsverbände, Eis, leichte Kompression durch feuchte, warme, Verbände. Mit Beginn der Aufsaugung muß man zur Mobilisierung des Gelenkes Massage und regelmäßige Übung folgen lassen. Bei Entzündungserscheinungen antiphlogistische Behandlung.

Was versteht man unter Subluxation?

Stehen die Gelenkenden noch in einem teilweisen Kontakt, so spricht man von einer unvollständigen Luxation = Subluxation; sind die Gelenkenden völlig auseinander gewichen, so haben wir eine totale Luxation vor uns.

Die wichtigsten Luxationen.

Allgemeine zusammenfassende Vorbemerkungen.

Als luxiert gilt stets der distale Teil, z. B. bei Luxation im Kniegelenk der Unterschenkel.

92% aller Luxationen betreffen die oberen Gliedmaßen, 2% die unteren. Der Humerus ist mit 51%, der Ellbogen mit 27% beteiligt.

Bei Unterkiefer und Wirbeln kommt doppelseitige Luxation vor, sonst meist nur einseitig.

Bei Luxation durch äußere Gewalteinwirkung (selten durch Muskelzug) zerreißen Kapsel und Bänder, die luxierten Gliedmaßen pflegen in typischer Stellung durch die noch erhaltenen Weichteile (namentlich durch Muskelzug) fixiert zu werden. Als Hauptkomplikationen kommen vor gleichzeitiger Bruch von Knochen (meist

Knochenhöcker und Fortsätze an den Apo- und Epiphysen), Schädigung von Nerven und Gefäßen.

Luxation des Unterkiefers.

Sie entsteht durch Hinübergleiten der Gelenkköpfchen des Unterkiefers über das Tuberculum articulare nach vorn bei übertriebener Öffnung des Mundes (Gähnen, Schreien, Erbrechen). Nach der Luxation steht der Mund weit geöffnet fest, die Zahnreihe des Unterkiefers steht stark vor, bei Unmöglichkeit den Mund zu schließen, deutlich zu sprechen, Ausfließen von Speichel. Sie ist meist doppelseitig, hat große Neigung zur Wiederkehr (zu habitueller Luxation). Reposition meist leicht durch Aufsetzen der beiden Daumen auf die hinteren Backenzähne und Verschieben des Unterkiefers nach unten und rückwärts, d. h. der Gelenkköpfchen auf das Tuberculum articulare und in die Gelenkgrube.

Luxation der Clavicula.

Die Luxation des Schlüsselbeins kann erfolgen in ihrer Verbindung mit dem Brustbein (sternales Ende) und in ihrer Verbindung mit dem Akromion (akromiales Ende).

Die Luxatio sternalis entsteht durch gewaltsame Adduktion und Rotation nach außen, meist nach vorn, seltener nach oben, am seltensten nach hinten. Die Diagnose ist bei der oberflächlichen Lage der Verletzung leicht, ebenso die Reposition, schwierig aber die Retention, oft unmöglich; deshalb exakte Verbände mit direktem Druck.

Die Luxatio acromialis entsteht nach oben bei gewaltsamer Anpressung des Akromions, bzw. der Scapula gegen den Thorax bei fixiertem Schlüsselbein, selten nach unten und hinten durch direkten Schlag gegen das Schlüsselbein. Die Diagnose ist leicht. Verwechslung mit Luxatio humeri und Fraktur der Clavicula am akromialen Ende wird vermieden durch genaue Inspektion der Lage des Akromions zur Prominenz der Clavicula und genaues Messen der Länge der Clavicula. Auch hier Reposition leicht, Retention schwierig.

Luxation der Wirbel.

In Betracht kommt vor allem die Halswirbelsäule. Der luxierte Wirbel ist immer der obere. Häufig kompliziert mit Fraktur. Wegen der möglichen Nebenverletzungen (Rückenmark!) immer ein sehr gefährlicher Zustand. Bei Luxationen der Brust- und Lendenwirbelsäule handelt es sich außerdem meist um Fraktur.

Es werden Beugungs- und Rotationsluxation der Halswirbel unterschieden.

15*

228

Die Beugungsluxation entsteht durch sehr heftige Beugung des Kopfes gegen die Brust, besonders wenn von hinten eine schiebende Kraft mithilft, z. B. Auffallen eines Balkens usw.; dadurch klappen die Gelenke nach oben und vorne auf, und der luxierte Wirbel schiebt sich nach vorn. Bei den nun folgenden Streckversuchen verhacken alsdann die Gelenkfortsätze. Der Hals ist stark nach vorn geneigt, der Kopf wird (mit den Händen) vorsichtig steif gerade gehalten.

Rotationsluxation entsteht meist aus indirekten Ursachen (Muskelbewegungen) dadurch, daß zu einer gewaltsamen seitlichen Neigung noch eine Rotation dazukommt; sie ist also eine einseitige Beugungsluxation. Der Kopf ist nach der gesunden Seite geneigt und gedreht. Bei der Einrichtung wird der Kopf noch mehr nach derjenigen Seite geneigt, gegen welche er schon steht, um die Verhackung zu lösen, dann nach rückwärts gedreht.

Die Einrichtung der Beugungsluxation setzt sich aus zwei Teilen zusammen: Erst Einrichtung der einen, dann der anderen Seite.

Luxation des Oberarms.

Sie ist die häufigste aller Luxationen (50%). Da es sich beim Schultergelenk bei kleiner Gelenkpfanne und ausgedehnter Exkursionsmöglichkeit um das freieste Gelenk handelt, so sind auch die Verrenkungen mannigfaltig und leicht möglich. In der Hauptsache kann eine solche nach vorn, nach unten und nach hinten erfolgen:

1. Am häufigsten sind die Luxationen nach vorn (Luxatio praeglenoidalis), wobei der Oberarmkopf gewöhnlich unter dem Schlüsselbein steht. Sie entsteht seltener direkt durch Stoß gegen den Humerus, häufiger indirekt durch Fall auf die Seite bei erhobenem Arm oder durch Fall auf die ausgestreckte Hand oder den Ellenbogen. Die Symptome sind sehr charakteristisch: Die Schulterwölbung ist (trotz Bluterguß) verschwunden (beherzter tiefer Griff mit einigen Fingerspitzen unter das Akromion). Das Akromion springt eckig vor, oft schwer zu erkennen bei sehr starkem Fettpolster; Vorwölbung unter dem Rabenschnabelfortsatz oder dem Schlüsselbein, die sich bei passiven Bewegungen mit dem Oberarm mitbewegt; der Arm steht in federnder Abduktion fast unbeweglich, sehr schmerzhaft fixiert; Oberarm erscheint verlängert, niemals verkürzt. Als Nebenverletzungen Absprengungen von Knochenteilen an der Fossa glenoidalis, am Akromion vorkommend, seltener Gefäßverletzungen, häufiger Nervenverletzungen, da diese einer hochgradigen Spannung ausgesetzt sind.

Einrichtung in 4 Tempis nach Kocher: Arm adduzieren, Ellenbogen beugen und nach außen rotieren, Elevation, dann rasche Einwärtsrotation und Elevation. Führt diese den Gelenkkopf am unteren Pfannenrande aus der sekundären Luxationslage auf dem Wege der primären Luxationsbewegung herumführende Einrichtungsmethode nicht zum Ziel, so ist folgende Anordnung die beste: Wagrechte Rücklagerung des Verletzten auf ebener Erde; unter Umständen tiefe (Äther-)Narkose; ein Gehilfe umfaßt, neben dem Verletzten auf seiner gesunden Seite kniend, quer um dessen Brust und Rücken mit beiden Armen durchgreifend, dessen Oberkörper und sein Schulterblatt mit beiden Händen so fest, daß letzteres sich nicht verrücken kann; der zweite Helfer zieht am gebogenen Ellenbogen bei abduziertem und eleviertem Oberarm unter Umständen mit Hilfe dreier gut gepolsterter Tuchschlingen; der Arzt kniet auf der verletzten Seite und drückt den Gelenkkopf in die Pfanne.

Neigung zu habitueller Luxation.

2. Seltener ist die Luxation nach unten (Luxatio infraglenoidalis oder axillaris): Geringe Auswärtsrotation, aber starke Abduktion und Schulterabflachung — dachartiges Vorspringen des Akromion und Leersein der Gelenkgrube. Der Kopf steht am unteren Rand der Fossa glenoidalis und ist von der Achselhöhle ohne weiteres fühlbar. Reposition durch Zug am Arm und direkten Druck gegen den Kopf von der Achselhöhle her.

3. Noch seltener ist die Luxatio humeri nach hinten (retroglenoidalis oder infraspinata). Sie entsteht durch direkten Druck. Hier ist der Kopf nach rückwärts und median verschoben, das Schultergewölbe breit, starke Einwärtsrotation und Abduktion. Reposition durch direkten Zug am Arm mit Abduktion und direktem Druck.

2—3 Monate nach unterlassener oder mißlungener Einrichtung passen sich die Weichteile meist den veränderten statischen Verhältnissen an, es bildet sich ein neues Gelenk aus — Nearthrose, das natürlich in den allermeisten Fällen eine starke Beeinträchtigung der Funktion darstellt.

Luxation im Ellenbogengelenk.

Hier ist besonders wichtig die Topographie dreier Knochenpunkte unter normalen Verhältnissen, die Lage der Epicondyli zur Olekranonspitze: Bei gestrecktem Ellenbogengelenk liegen die beiden Epikondylen und die Olekranonspitze in einer geraden Linie; bei rechtwinkelig gebeugtem Arm bilden sie ein Dreieck. Für die Diagnose wichtig ist der Nachweis der Lage aller Knochenpunkte für sich und in ihrem gegenseitigen Verhältnis zueinander.

Die Luxationen im Ellenbogengelenk betreffen entweder die Elle und Speiche zugleich, und zwar kann die Verrenkung erfolgen nach hinten, nach vorn und nach der Seite, oder untereinander für sich allein.

a) Luxatio antebrachii posterior: kommt durch Hyperextension und Stoß nach rückwärts zustande (Fall auf hyperextendierten Arm); es liegt dann Bewegungsbeschränkung vor, der Vorderarm ist fixiert und verkürzt, der Vorsprung des Olekranon sofort sichtbar, das Capitulum radii ist direkter Pulpation zugänglich; ein Zug am Vorderarm bringt die Dislokation nicht zum Verschwinden. Komplikation: Bruch des Kronenfortsatzes und sonstige Absprengungen namentlich eines der beiden Epikondylen. Sofortige Reposition nach Roser: Hyperextension, dann Zug und forcierte Beugung. Nach 3 bis 4 Wochen ist die Verrenkung »veraltet«. Es kann in Narkose durch Zug am oberen Ende des Unterarms bei rechtwinkelig gebeugtem Ellenbogen in der Richtung der verlängerten Oberarmachse, (so daß dadurch die Knochenenden möglichst voneinander entfernt, mobilisiert werden, der Musc. triceps gedehnt wird,) die Einrichtung manchmal noch gelingen, außerdem kann nur blutige Reposition oder Resektion die Lage ändern.

Nachbehandlung: Nach kurzer Fixation baldmöglichst Mobilisation und Massage.

b) Luxatio antebrachii anterior ist sehr selten: Der Vorderarm erscheint verlängert, Arm steht in mäßiger Beugung, Bewegungsbehinderung; Reposition durch mäßige Extension und Druck.

c) Nicht selten ist die seitliche Luxation: Luxatio antebrachii lateralis; sie kommt zustande durch seitliche Abknickung im Ellenbogen, wobei die Kapsel in großer Ausdehnung einreißt. Reposition: Hyperextension und seitlicher Druck mit der anderen Hand mit folgendem Zug und Flexion oder Zug in Beugestellung wie bei a).

d) Luxatio antebrachii divergens: Elle nach hinten, Speiche nach vorn, Humerus keilförmig dazwischen. Reposition durch Zug.

e) Isolierte Luxation der Ulna nach hinten, oft mit Bruch des Condylus externus und des Radiusköpfchens. Reposition durch Überstreckung und Zug.

f) Isolierte Luxation des Köpfchens der Speiche kann nach drei Richtungen erfolgen, am häufigsten nach vorn, seltener nach außen, sehr selten nach hinten.

Die Luxation nach vorn entsteht entweder durch Fall auf die pronierte Handfläche oder direkt durch Schlag auf die hintere Ellenbogenfläche bei leicht gebeugtem Arm (bei erschlafftem Seitenband). In diesem Fall ist sie oft kompliziert mit Bruch der Elle im oberen Drittel. Eine Beugung ist unmöglich, da sich das Radiusköpfchen anstemmt, die Radialseite ist um 2 cm verkürzt, der innere Kondylus springt vor. Reposition durch leichte Dorsalflexion, Druck auf das Köpfchen und Verband in spitzwinkeliger Stellung.

Bei der Luxation nach hinten wird der Arm in Beugung stehen, Pronation und Supination behindert sein.

Bei Luxation nach außen aber sind die Bewegungen meist völlig frei. Reposition durch seitlichen Druck.

Diese Verrenkungen des Radiusköpfchens sind sehr schwer reponiert zu erhalten, weil das Halteband des Radius zerrissen, auch der Epicondylus externus meist beschädigt ist.

Verrenkungen im Handgelenk.

Sie sind selten, da der Bandapparat sehr stark und seine Zugfestigkeit größer als die des Knochens (Radius- und Ulnaepiphyse) ist. (Confer: Experimente Feßlers über die Gelenkfestigkeit in Deutscher Zeitschrift für Chirurgie.) Die Verrenkung kommt volar- und dorsalwärts vor, oft mit Bruch der Griffelfortsätze von Elle und Speiche.

Die Gelenkbänder der Knochen überhaupt sind so fest, daß es bei vielen Beanspruchungen der Gliedmaßen auf Zug und Drehung, wenn die Gelenkfestigkeit überstiegen wird, nicht zur Bandzerreißung, sondern zu Rißbrüchen an den Apo- und Epiphysen kommt (z. B. fraktura radii, ulnae, intercondyloidea tibiae am Ansatz der Kreuzbänder im Kniegelenk[1])

Auch im Metakarpus sind die Luxationen selten, am häufigsten ist die Verrenkung des Daumens durch Überstreckung, z. B. nach Fall auf die gespreizte Hand — dorsale Verschiebung unter Einreißen der Kapsel der volaren Seite. Je nach Dislokation der Sesambeinchen unterscheiden wir eine Luxatio incompleta (die Sesambeinchen haben die Gelenkfläche des Metakarpus nicht ganz verlassen), Luxatio completa (die Sesambeinchen sind auf die Dorsalseite getreten) und die Luxatio complexa (die Sesambeinchen haben sich auf der Dorsalseite umgedreht). Reposition durch Überstrekkung des Daumens und direkten Druck gegen die Basis der Phalanx I. nach vorn. Bei veralteter Luxation oft starke Funktionsstörung, welche die Eröffnung des Gelenkes von der Palmarseite notwendig macht, unter Umständen die Resektion des Metakarpalkopfes. Arthritische Veränderungen in der Folge nicht selten.

Phalangen.

Die Luxation der Phalangen ist ebenfalls meist durch Überstreckung entstanden und die Dislokation demgemäß dorsalwärts. Die treppenförmige Dislokation ist deutlich, Reposition durch Druck auf die vorstehende Kante und Beugung leicht möglich.

---

[1] Vgl. Feßler, Festigkeit der menschlichen Gelenke, M. Rieger'sche Universitätsbuchhandlung, München 1894. Dersselbe: Torsionsfestigkeit der Gelenke in Deutsche Zeitschrift für Chirurgie 1906. Ferner Rudolf Fick. Anatomie und Mechanik der Gelenke. Jena 1904 bei Fischer, Band II, Seite 8.

Luxation im Hüftgelenk.

Folgende allgemeine Bemerkungen seien vorausgeschickt:

Bewegt sich der Oberschenkelkopf nach rückwärts, so bewegt sich die vordere Spitze der Fußsohle nach innen, geht der Oberschenkelkopf nach vorn, so geht die Fußspitze nach außen. Also: bei hinterer Luxation besteht Einwärtsrollung, bei der vorderen Auswärtsrollung des Beines.

Jede traumatische Luxation verursacht federnde schmerzhafte Spannung, die Fraktur meist wenig schmerzhafte abnorme Beweglichkeit.

Im Greisenalter ist eine Luxation nicht, ein Schenkelhalsbruch sehr wahrscheinlich.

Besteht am Trochanter eine Sugillation (durch Fall auf die Seite), so ist an einen Schenkelhalsbruch zu denken, ebenso, wenn sich der Trochanter verbreitert anfühlt.

Bei einem Schenkelhalsbruch ist die Form des Gesäßes nicht verändert, bei Luxation nach hinten (Luxatio ischiadica) aber umgebildet (obere Gegend schlaff, eingefallen, untere vorgewölbt).

Die Luxationen des Oberschenkels können erfolgen nach hinten (Luxatio iliaca und ischiadica) und nach vorn (Luxatio suprapubica und obturatoria).

Bei der Luxation nach hinten steht der Kopf auf der Darmbeinschaufel oder auf dem Sitzbein, das Bein ist leicht gebeugt und adduziert, Fuß einwärts rotiert, verkürzt, der Trochanter oberhalb der Roser-Nélatonschen Linie zu fühlen.

Bei der Luxation nach innen steht der Kopf auf dem vorderen Schambeinast oder gegenüber dem Foramen obturatorium, das Bein ist abduziert, nach außen rotiert, gebeugt und verkürzt.

Alle vier Formen erfordern sofortige Reposition, soll nicht die Luxation in kurzer Zeit fixiert und nicht mehr reponibel bleiben, dadurch oft recht beträchtliche Störung entstehen — im besten Falle eine leidlich brauchbare Nearthrose. Die Einrichtung erfordert bei tiefer Rückenlage des Verletzten Beugung des Knies und Beckenfixierung, Zug in Abduktion und forcierte Innenrotation, unter Umständen Abduktion und Außenrotation. Als Nachbehandlung Extensionsverband in leichter Abduktionsstellung.

Luxation im Kniegelenk.

Die Luxatio genu, d. h. Luxation der Tibia gegen den Oberschenkel, ist ziemlich selten (1% aller Luxationen) wegen der straffen Bandverbindungen; tritt fast nur bei sehr schwerer Gewalteinwirkung meist mit Weichteilzerreißung und gleichzeitiger Fraktur der Gelenkenden ein. Am häufigsten ist die Verrenkung nach vorne, seltener die nach hinten. Bei dieser Verletzung, namentlich bei ihrem längerem Bestehen, ist die Kompression der Art. poplitea möglich;

damit entsteht die Gangrän des Unterschenkels. Die Einrichtung ist leicht durch Zug und direkten Druck. Von Subluxation spricht man, wenn die Tibiagelenkfläche nur teilweise an den Femurkondylen vorbeigeschoben ist, dann handelt es sich auch nur um teilweise Zerreißung der Ligamenta cruciata.

Bei Kindern mit schlaffem Bandapparat trifft man öfter habituelle Luxation.

Das Wadenbeinköpfchen luxiert häufig bei Schienbeinbruch.

Kniescheibe.

Die Verrenkung der Kniescheibe ist verhältnismäßig häufig: nach oben, nach innen (seltener), nach unten (sehr selten) und nach außen (am häufigsten). Die Luxation ist unvollständig, wenn die Gelenkflächen noch in einigem Kontakt stehen, vollständig, wenn die Kniescheibe ganz an der Seite des Condylus externus liegt. Auch Drehung der Kniescheibe zu 90⁰ um die Längsachse kommt vor. Oft ist ein Erguß vorhanden. Die Reposition gelingt durch Kniestrecken, Hüftebeugen (um den Quadriceps zu erschlaffen) und direkten Druck auf die Patella. Bei der großen Neigung zu habitueller Luxation, namentlich bei Genu valgum (Bäcker-X-Bein) ist monatelanges Tragen eines Schutzverbandes (lederne Kniekappe) angezeigt.

Verrenkung im Fußgelenk.

Die Beugung und Streckung vollzieht sich im Talokruralgelenk, die Pronation mit Abduktion (innerer Fußrand gesenkt) und Supination mit Abduktion (äußerer Fußrand gesenkt) im Talotarsalgelenk.

1. Die Luxation im Talokruralgelenk kann eintreten nach vorn und nach hinten, in beiden Fällen durch übermäßige Flexion; sie ist meist mit Knöchelbruch kompliziert, immer ist dies der Fall bei seitlicher Luxation. Die Diagnose bereitet keine Schwierigkeit. Reposition durch direkten Druck auf die Tibia nach vorn oder hinten bei gleichzeitiger Flexion in der Richtung, welche zur Entstehung der Luxation führte.

2. Die Luxation im Talotarsalgelenk (Luxatio sub talo — selten) kommt zustande nach innen durch übermäßige Supination, nach außen durch übermäßige Pronation; Diagnose und Reposition kann sehr schwierig sein. Die Reposition wird ausgeführt auf umgekehrtem Wege, wie die Luxation entstanden war; unter Umständen operativer Eingriff.

Bei isolierter Sprungbeinverrenkung (nach vorn oder hinten) vielfach Bruch des Sprungbeinhalses, auch Abbruch eines oder beider Malleolen.

Fußwurzelknochen.

Die Luxation der Fußwurzelknochen besteht in (sehr schmerzhafter) Verschiebung eines oder mehrerer Metatarsalknochen auf die Dorsalfläche des Tarsus, nicht selten in der Form der Subluxation. Diagnose erst nach Abschwellung der Teile möglich oder sofort durch Röntgenuntersuchung. Die Reposition ist ohne operativen Eingriff kaum auszuführen, weil die Gelenkfläche in verschiedenen Ebenen verläuft.

Die Luxation der Metatarsalknochen, d. i. im sog. Lisfrancschen Gelenk, geht oft mit Vergrößerung des Fußgewölbes und Spitzfußstellung einher. Die Reposition meist nur operativ möglich.

Die Diagnose und Reposition der Zehenluxationen (fast nur Dorsalluxationen) ist nicht schwierig.

Knochenkrankheiten.

Entzündungen.

Welche Teile des Knochens können sich entzünden?

Die Knochenhaut — Periostitis;
die Knochensubstanz selbst — Ostitis
und das Knochenmark — Osteomyelitis.
Häufig greifen diese Formen ineinander über.

Welche Organe bilden am meisten Grundlage für eine Entzündung?

Die zell- und blutreichsten Organe.

Welche Teile des Knochens werden deshalb in erster Linie und welche am wenigsten einer Entzündung anheimfallen?

Am ersten und häufigsten wird bei einer Entzündung das Knochenmark beteiligt sein, am wenigsten der harte und gefäßarme Knochen.

Welches sind die Ursachen der Ostitis?

Eine Prädisposition für Ostitis liegt im Wachstum, mit Vorliebe an der Grenze der Epiphyse und Diaphyse nahe der Wachstumsknorpelfuge, weil beide Teile ihre eigene Blutversorgung haben; namentlich bevorzugt ist die Zeit der 1. und 2. Dentition; dann in Kontusionen und chronischen Dyskrasien wie Tuberkulose, Syphilis und Skorbut.

Welche Erscheinungen zeigt die Knochenentzündung (Ostitis)?

Der kranke Knochen zeigt Rötung, welche durch vermehrten Blutzufluß in die Haversschen Kanälchen herbeigeführt ist. Das

Periost läßt sich leicht abheben. Der Knochen zeigt namentlich auch die lakunären Einschmelzungen, welche durch Resorptionsvorgänge entstehen, und Vermehrung seiner Poren.

Welche Ausgänge kann die Ostitis haben?

Die Ostitis kann sehr verschiedene Ausgänge nehmen, entweder:
1. Verheilung, vollständige Restitutio ad integrum;
2. Eiterung mit molekularem Zerfall und Knochennekrose, Caries.
3. Knochenneubildung, Ostitis hypertrophica.

Wie geht die Restitutio ad integrum vor sich?

Um die Osteoblasten lagern sich in den Knochenlakunen neue Kalksalze ab.

Was findet man häufig bei Restitutio ad integrum?

Exostosen = umschriebene, knöcherne Auswüchse durch teilweise vermehrte Tätigkeit des Periosts entstanden, gewöhnlich die Folge von Ostitis ossificans.

Wann spricht man von Osteosklerose oder Eburneatio ossium?

Bei übermäßiger Ablagerung neuer Knochenlamellen an der inneren Fläche der Markräume, wodurch diese verkleinert werden und eine sehr kompakte und harte Knochensubstanz (verdickte Substantia compacta) entsteht.

Bei welchem Heilungsvorgang tritt diese Umlagerung neuer Knochensubstanz naturgemäß erwünschterweise leicht ein?

Bei jeder Frakturheilung.

Wie ist das Verhalten des Knochens bei Eiterung?

Der Knochen zeigt molekularen Zerfall (auch Caries, Knochengeschwür genannt); dabei kann ein Knochenabszeß vorliegen mit Eiterbildung und Auflösung der benachbarten Knochensubstanz durch Granulationsbildung (jugendliches Bindegwebe).

Was versteht man unter Ostitis rareficans?

Eine Form der Knochenentzündung, der ein dem physiologischen Vorgang der Markraumbildung analoger Prozeß zugrunde liegt, nur daß hier der physiologische Vorgang der Markhöhlenerweiterung durch die entzündliche Neigung Steigerung und Beschleunigung erfährt (Überwiegen der Osteoklastenzellen über die Osteoblasten)[1]).

Sie tritt als Ostitis granulosa namentlich in den spongiösen Knochen auf. Die vorhandenen Räume werden durch Granulationsgewebe ausgefüllt.

Welches sind die Symptome der Ostitis?

Die Kranken klagen meist über dumpfen, genau fixierten und zirkumskripten Schmerz, namentlich in der Nacht tobend, klopfend intermittierend; die Extremität ist ihnen häufig schwer wie Blei. Allmählich tritt Schwellung der über der kranken Stelle liegenden Weichteile auf infolge venöser Stauung. Nach Tagen oder Wochen erst fühlt man Fluktuation. Fieber ist nur bei der akuten Form mit sehr hohem Anstieg bei Infektion mit Staphylococcus aureus vorhanden; fehlt oft bei der tuberkulösen und luetischen Form.

Wie ist der Verlauf der Ostitis?

Der Verlauf ist meist chronisch oder auch akut; letztere Form ist verursacht durch Infektion mit hochvirulenten Staphylokokken, die im Blute schon vorher kreisten oder von einer anderen Infektionsstelle (Furunkel, Angina) oft durch ein interkurrentes Trauma in den betroffenen Knochen sich ansiedelten.

Was tritt bei längerem Bestande der Ostitis ein?

Bei längerem Bestande treten oft kalte Abszesse auf. Der Knochen ist an der infizierten Stelle oft so weich, daß man nach Eröffnung des Abszesses mit der Sonde in die rauhe Knochenhöhle hineingelangen kann.

Wie leitet man die Therapie der chronischen Ostitis ein, wenn eine Dyskrasie (Lues, Tuberkulose) die Ursache ist?

Wenn es sich um eine Dyskrasie handelt, so ist neben der Behandlung des Abszesses auch eine allgemeine Behandlung einzuleiten.

Wie leitet man die lokale Behandlung der Ostitis?

Zur lokalen Behandlung gehören absolute Ruhe, Hochlagerung, Blutentziehung, Aufpinselung von Jodtinktur, feuchtwarme, antiseptische Umschläge mit Bleiwasser, möglichst rasches Aufsuchen

---

[1]) Osteoklasten, sogenannt von Kölliker, sind Riesenzellen mit vielen Kernen, die entstanden sind durch einen Teilungsvorgang. Im Knochenmark sind es umgewandelte Osteoblasten (Bildungszellen des Knochengewebes); sie lösen dann das Knochengewebe durch Bildung von sogenannten Resorptionslakunen auf. Sonst finden wir noch Riesenzellen pathologisch bei Sarkomen, im Tuberkel und Granulationsgewebe.

des infizierten Knochenherdes durch genaue Palpation nach dem druckempfindlichsten Punkt am erkrankten Knochen selbst. Oft sitzt unter dieser meist verdickten, entzündlich stark injizierten Stelle schon der Eiter oder kommt aus dem gelbgrau verfärbten rauhen Knochen durch feine Poren zum Vorschein. Auf alle Fälle ist an dieser Stelle mit Meißel der Markraum zu eröffnen, der ebenfalls verfärbt oft schon tote oder eiterig durchsetzte Knochenteile enthält. Bei längerem Bestand ist ein größeres Knochenstück, als Sequester demarkiert, nekrotisch. Der Sequester liegt in einer mit Eiter und Granulationsgewebe erfüllten Knochenhülle von verdicktem, neugebildetem Knochen, einer »Totenlade« mit verdicktem, sehr gefäßreichem Periost.

Wie verläuft die bei Perlmutterarbeitern, Woll- und Roßhaarspinnern vorkommende Ostitis?

Es tritt meist in der Diaphysengegend der Röhrenknochen eine schmerzhafte Entzündung und bedeutende Schwellung des Periostes auf, die aber niemals zu Eiterung führt. Nach Untersuchungen von Gußenbauer enthält der Perlmutterstaub neben den anorganischen auch organische Bestandteile, die durch Inhalation in die Lungen und von da aus in den Kreislauf gelangen und dann eine Verstopfung der Arterien und damit embolische Entzündung des Knochens und sekundär des Periostes hervorrufen. Die Heilung erfolgt spontan nach Aussetzen dieser Arbeit; sie wiederholt sich, sobald die Arbeit wieder aufgenommen wird.

Periostitis = Entzündung der Knochenhaut.

Welche Formen von Periostitis unterscheiden wir?

Eine akute und eine chronische Form; ferner eine entzündlich hypertrophische, Bindegewebe und Knochen bildende, ferner eine eitrige.

Welches sind die Ursachen der Periostitis?

Sie hat dieselben Ursachen wie die Ostitis; sowohl die akute als auch die chronische Form wird verursacht durch Trauma (Verletzung) und durch Dyskrasien.

Welche Erscheinungen zeigt das entzündete Periost?

Das entzündliche Periost zeigt starke Blutfülle, Verdickung, und starke Wucherung der Zellen namentlich auf der dem Knochen zugewendeten Fläche; es handelt sich dabei um eine Emigration weißer Blutkörperchen und jugendlicher Bindegewebszellen. Diese Zellinfiltration lockert auch den Zusammenhang der Knochenhaut mit dem Knochen. Es kann sich eine richtige Umwandlung dieser Wanderzellen in Bindegewebe vollziehen.

Welche Ausgänge hat die Periostitis?

Sie wird entweder durch Resorption rückgängig,

oder führt zur Osteophytenbildung (ein dem Kallus ähnliches, nur locker an der Oberfläche des Knochens haftendes Produkt des Periostes) = Periostitis ossificans, z. B. bei Lues, Rachitis im Spätstadium,

oder führt zur Bildung von fibrösen Schwarten = Periostitis fibrosa,

oder führt zur Eiterung = Periostitis suppurativa.

Welche Ausdehnung kann die Eiterung nehmen?

Die eitrige Form kann eine derartige Ausdehnung erlangen, daß sich eine Phlegmone sämtlicher Weichteile von der Tiefe vordringend bildet; im Anschluß kommt es zum Brand.

Was sind Exostosen?

Auflagerungen, auch hervorragende Fortsätze, die sich infolge von Periostitis am Knochen bilden.

Was versteht man unter Hyperostosen oder Elephantiasis des Knochens?

Eine gleichmäßige Verdickung des ganzen Knochens.

Wie gestaltet sich der Verlauf der akuten Periostitis?

Die akute Periostitis, wenn sie nicht ausschließlich auf ein Trauma allein zurückzuführen ist, verläuft meist unter allgemeinen Fiebererscheinungen, Schmerz, Rötung, entzündlichem Ödem = Pseudoerysipel; Schmerz und Funktionsstörung können bedeutend sein.

Wie ist die Therapie bei der akuten Periostitis?

Antiphlogistische Behandlung mit Eis und Anwendung von Jodtinktur (wie bei Ostitis). Vermutet man auf Grund des umschriebenen, klopfenden, zunehmenden Schmerzes, der ansteigenden Körperwärme, der ödematösen Schwellung einen durch Infektion mit Krankheitserregern erzeugten Abszeß, so muß für das tiefe Gewebe durch einen das Periost spaltenden, druckentlastenden Schnitt eine Entspannung angestrebt werden, um dem Exsudat Abfluß nach außen zu verschaffen, auch wenn noch kein Eiter, sondern nur Blutüberfüllung und seröse Durchtränkung vorhanden ist. Sofort nach der Inzision fällt meist das Fieber, hört meist der Schmerz auf.

Welches ist die Ursache der chronischen Periostitis?

Die chronische Periostitis kommt am häufigsten bei Dyskrasien wie Syphilis, Tuberkulose usw. vor, aber auch bei reinem Trauma.

Welches sind die klinischen Erscheinungen der chronischen Periostitis?

Alle Erscheinungen sind in viel geringerem Grade vorhanden wie bei der akuten Form.

Behandlung der chronischen Form?

Auch hier ist Jodtinktur mit Erfolg anzuwenden, ebenso graue Salbe, abwechselnd mit Kataplasmen, Ruhigstellung, Hochlagerung. Sobald aber Eiter vermutet wird, ist auch hier zu inzidieren.

Akute Osteomyelitis.

Was versteht man unter Osteomyelitis?

Entzündung des Knochens und des Knochenmarks, hauptsächlich Knochenmarksentzündung.

Welche Formen von Osteomyelitis unterscheiden wir?

Eine akute und eine chronische Form.

Welche Knochen befällt die akut-infektiöse Osteomyelitis mit Vorliebe?

Die langen Röhrenknochen und am häufigsten Ober- und Unterschenkel.

Wie entsteht die akut-infektiöse Osteomyelitis?

1. Durch direkte Infektion von der Haut aus bei komplizierten Frakturen.

2. Dadurch, daß durch die Blutbahn im Körper angesiedelte Eitererreger verschleppt werden, so namentlich Staphylokokken, auch Streptokokken aus Furunkeln, Phlegmone usw.; Diplococcus pneumoniae von einem pneumonischen Herd aus; Bact. coli und Typhusbazillen vom Darmkanal aus.

Von welchem Teile des Knochens geht die akute Osteomyelitis aus?

Von dem Teil des Diaphysenmarks, der der Epiphyse zunächst liegt (Metaphyse).

Welches ist der pathologische Befund bei der akuten Osteomyelitis?

Sie zeigt eine starke diffuse Hyperämie und seröse Infiltration des Markes, beginnt meist in der Diaphyse und breitet sich von hier auf die Epiphyse aus; dann folgt eitrige Infiltration des Markes, welches pulpös wird, d. h. weich wie die Milz. In der roten Knochenmasse sind flockige Herde eingesprengt, welche Eiterung zeigen (disseminierte Abszesse). Das Mark zerfällt selten ganz, jedoch kommt auch dies vor und bildet dann die Panphlegmone des Knochens.

Welche Erscheinungen, außer am Marke, treten bei der akuten Osteomyelitis noch auf?

Neben diesen Entzündungen im Mark finden sich ein sehr schmerzhaftes ganz akut unter heftigem Fieber auftretendes Ödem der Haut und entzündliche Infiltration im Periost.

Was ist charakteristisch für die Diagnose?

Im Anfang ist die Diagnose nicht leicht; sie stützt sich auf die lokalisierten heftigen Knochenschmerzen, harte Infiltrationsschwellung, plötzlich hochansteigende Körperwärme, auf das gleichzeitige Vorhandensein eines anderen Infektionsherdes. Besonders charakteristisch ist das Hinzutreten einer Gelenkentzündung, eine akute seröse, mit der Zeit auch eitrige Synovitis. Sie ist entstanden durch Fortleitung der Entzündung aus dem primären Knochenherd. Die Gelenkentzündung hat zuweilen intermittierenden Verlauf, so daß die Kranken bei jeder Überanstrengung oder Reizung des Gelenkes an Hydrops erkranken.

Welchen Einfluß kann die akute Osteomyelitis auf das Wachstum der Knochen haben?

Nach Ablauf der Entzündung bleibt der Knochen entweder im Wachstum zurück oder er wächst mehr als normal.

Wodurch wird die akute Osteomyelitis verursacht?

Osteomyelitis ist eine ausgesprochene Infektionskrankheit, wird verursacht durch Eiterkokken, meist durch Staphylococcus aureus.

An welche Vorgänge pflegt sich die traumatische Osteomyelitis anzuschließen?

Sie ist in der vorantiseptischen Zeit bei Amputationen durch Infektion bei der Operation häufig vorgekommen; jetzt wird sie namentlich noch beobachtet bei verschmutztèn komplizierten Frakturen (Granatsplitterverletzung) durch primäre Infektion.

In welchem Alter tritt die akute Osteomyelitis besonders häufig auf?

Am häufigsten im wachsenden Alter vor und im Beginn der Pubertät, zur Zeit des größten Knochenwachstums. Oft ist ein Trauma die Gelegenheitsursache.

In welchem Umfang pflegt die Osteomyelitis öfter aufzutreten?

Sie tritt nicht selten in mehreren Knochen zugleich auf, namentlich die chronische tuberkulöse Form, mit Vorliebe in den Gesichts-, Hand- und Fußknochen.

Wie gestaltet sich der klinische Verlauf der akuten Osteomyelitis?

Die Kranken bekommen plötzlich Schüttelfrost und hohes Fieber. Das Fieber bleibt kontinuierlich hoch, dazu kommt heftiger Schmerz in der Extremität, die vielleicht kurz vorher ein leichtes Trauma (Prellung, Schlag) erlitten hat und an der Peripherie oft eine unscheinbare eiternde kleine Hautwunde (Furunkel) aufweist. Kinder bewegen die kranke Extremität gar nicht. Der klopfende Schmerz ist so groß, daß er Schlaflosigkeit verursacht. Dieses Stadium dauert ca. 8 Tage ohne besondere Erscheinung, nur mit lokaler Schwellung und Schmerzhaftigkeit vergesellschaftet. Die Kranken nehmen rasch ab, die Haut wird schmutzig-gelb und zeigt häufig leichten Ikterus, dazu kommen Verstopfung oder profuse Diarrhöen — genau wie bei allgemeiner Sepsis. Am Schluß der ersten Woche erweitern sich die Hautvenen in der Gegend des infizierten Knochenteiles, gleichzeitig tritt Ödem, Holzphlegmone der Weichteile, Pseudo-erysipel auf, dann kommt plötzlich deutliche Fluktuation zum Vorschein. Der in großer Menge angesammelte Eiter ist sehr fettreich. Am Übergang vom Gesunden zum Kranken zeigt sich ein ausgesprochener Wall von verdicktem Periost. Die Entzündung der Diaphyse kann sich auf die Epiphyse fortsetzen und diese zur Lösung bringen. Diese Dehiszenz heilt meist wieder glatt an. Auch in das benachbarte Gelenk kann der Eiter mit neuem Temperaturanstieg (Resorptionsfieber) durchbrechen.

Wie ist die Prognose der traumatischen Osteomyelitis?

Günstig, wenn es gelingt, alle Herde möglichst zu eröffnen, ungünstig, wenn es sich um disseminierte Eiterherde im Körper, ausgehend von einem im Körperinnern vorhandenen Eiterherd handelt; bei dieser Form kommt es oft zu akuter Sepsis oder chronischer Pyämie.

Welche Komplikationen können bei der eitrigen Osteomyelitis auftreten?

1. Epiphysenlösung durch eitrige Einschmelzung des Knochens an der Epiphysengrenze.
2. Entzündung des Epiphysenknochenmarkes.
3. Eitrige Gelenkentzündung.
4. Einbruch der ganzen Diaphyse (komplizierte vereiterte Fraktur).

Wie leitet man die Therapie der traumatischen Osteomyelitits?

Die eitrig entzündete Knochenhöhle ist möglichst bald, auch probatorisch vor Abszeßbildung, zu trepanieren, weil es sich oft um eine nekrotisch eitrige Infiltration handelt. Die Kortikallamelle wird mittels Bohrer oder Meißel geöffnet, um dem Eiter Abfluß zu verschaffen. Breite Eröffnung ist nötig, das eitrig zerfallene Knochengewebe ist ohne große Gewalt zu entfernen; dann antiseptische Verbände, Ruhigstellung des Gliedes und Hochlagerung.

Chronische Osteomyelitis.

An welchem Teile der Knochen tritt die chronische Osteomyelitis auf?

Bei den langen Röhrenknochen an der Grenze der Dia- und Epiphyse, außerdem kommt sie auch an platten, spongiösen Knochen vor. Sie ist in der Regel zirkumskript.

Welche Ursache hat die chronische Osteomyelitis?

Häufig Dyskrasien, namentlich Tuberkulose.

Wie lange kann die chronische Osteomyelitis dauern?

Sehr lange, mitunter jahrelang.

Welches sind die subjektiven und objektiven Symptome der chronischen Osteomyelitis?

Zuerst tritt intermittierender Schmerz auf, dann objektiv Anschwellung, langsam zunehmende Verdickung, meist spindelförmige Auftreibung des Knochens. Das Röntgenbild zeigt im Anfang meist verschwommene Knochenzeichnung, Schattenbildung um diese von der blutüberfüllten verdickten Knochenhaut, im späteren Stadium in dem Knochenraum selbst den kalkreichen, aber blutarmen toten Knochen (Sequester) in dunklerer Schattierung mit ausgezackten Rändern.

Was tritt ein, wenn die Periostitis und Osteomyelitis sehr intensiv auftreten?

Die Ernährung des Knochens kann durch Stase vollständig aufgehoben werden und ein Stück des Knochens absterben. Das abgestorbene Stück nennt man Sequester, den ganzen Vorgang Nekrose.

Befällt die zur Sequesterbildung führende Nekrose eine bestimmte Altersklasse oder bestimmte Knochen?

Die Nekrose kann in jedem Lebensalter vorkommen, hauptsächlich befallen werden die längeren Röhrenknochen.

Welches ist das Schicksal des Sequesters?

Der Sequester löst sich allmählich vom lebendigen Knochen ab, erregt Eiterung und durch Reiz auf das Periost Knochenanbildung. Diese schalenförmige Neubildung nennt man Totenlade, weil sie den abgestorbenen Sequester völlig einsargt. Das endliche Schicksal des Sequesters ist Ausstoßung durch eine Knochenfistel oder Resorption; diesen letzteren Heilungsausgang hat Bier besonders durch Freiluft- und Sonnenbehandlung erzielt, ohne daß ein operativer Eingriff nötig geworden ist.

Wie verhält sich hiebei das Periost?

Das Periost und die Totenlade zeigen Fisteln zur Ableitung des Eiters, die man Kloaken nennt.

Was versteht man unter Kortikalnekrose?

Die oberflächliche Nekrose im Gegensatz zur tiefen, der zentralen.

Was ist ein Knochenabszeß?

Der Knochenabszeß stellt eine besondere Form der eitrigen Osteomyelitis dar, eine zirkumskripte (statt der diffusen infiltrierten Vereiterung zwischen den Knochenbälkchen) Eiteransammlung von größerem Umfang in einer Knochenhöhle um den Sequester oder unter dem Periost.

Die Therapie der chronischen Osteomyelitis?

Entfernung des Sequesters durch Aufmeißelung der Totenlade, sobald der Sequester gelöst ist. Im Verlauf von einigen Monaten schließt sich die Höhle durch Granulationen, ebenso auch die Kloake. Durch Sonnen- und Freiluftbehandlung kann der Sequester resorbiert werden, die Osteomyelitis ausheilen, auch durch Stauungsbehandlung nach Bier.

Wie diagnostiziert man einen Sequester?

Mit einer in die Fistel eingeführten Sonde erkennt man an dem Sequester den Klang und die Rauhigkeit des toten Knochens; mit zwei Sonden, die man durch verschiedene Knochenfisteln einführt, kann man oft die Beweglichkeit eines Sequesters, seine Loslösung konstatieren. Die Sonde darf nur mit größter Vorsicht und nach gewissenhafter Desinfektion eingeführt werden, um Verletzungen, Blutung und Allgemeininfektion zu verhüten. Schmerz- und gefahrlos ist die Diagnose im Röntgenbild.

Was ist Phosphornekrose?

Eine Nekrose der Kieferknochen infolge Einwirkung der Phosphordämpfe bei Fabrikarbeitern in Zündholzfabriken, die viel mit weißem Phosphor und dessen Dämpfen zu tun haben. Deshalb ist die Bearbeitung des weißen Phosphors zu Streichhölzchen polizeilich verboten.

Wie heilt die Phosphornekrose?

Bindegewebig, ein Ersatz durch Knochen findet hier nicht statt.

Wie ist die Prognose der Phosphornekrose?

Die Prognose hängt vom Sitz und Ausdehnung der Nekrose ab. Sie hat die Neigung fortzuschreiten, sich nicht abzugrenzen (zu demarkieren), geht in den schlimmen Fällen vom Oberkiefer auf die Basis cranii über und endet mit septisch putrider Meningitis tödlich.

Therapie der Phosphornekrose?

Der nekrotische Knochen muß entfernt werden, man darf nicht bis zur spontanen Ausstoßung warten.

Osteomolazie = Knochenerweichung.

Wodurch ist Osteomalazie charakterisiert?

Dadurch, daß bereits fest gewordene Knochen wieder weich werden.

Welche Unterschiede bestehen zwischen Rachitis und Osteomalazie?

Die Osteomalazie tritt nur bei Erwachsenen auf, die Rachitis beim wachsenden Individuum; Rachitis zeigt hochgradige Veränderung im Periost, Osteomalazie in der Knochensubstanz.

Welche Erscheinungen sind beiden Krankheiten gemeinsam?

Bei beiden werden die Knochen weich und biegsam.

Welches sind die pathologischen Erscheinungen bei Osteomalazie?

Bei Osteomalazie tritt eine Resorption (langsame Entkalkung) der Knochenmasse ein, die sich in rheumatischen Schmerzen offenbart. Im Gehirn lagern sich Salze ab; im Urin ist stets starkes Sediment vorhanden. Muskelkrämpfe treten auf, der Thorax wird faßförmig, die Daumenballen und Zwischenrippenmuskeln atrophieren; die Wirbelsäule biegt sich im Brustteil und Kreuzbein stärker nach hinten aus, die Beckenschaufeln flachen sich ab, die Schoßfuge drückt sich weit nach hinten ein, wird platt.

Als was kann man die Osteomalazie auffassen?

Als Ostitis mit Ausgang in Osteoporose (Schwund der harten Knochensubstanz und Zunahme der Markräume); die Kortikallamelle wird ganz dünn.

Welche Stadien von Osteomalazie unterscheidet man?

1. Osteomalacia cerea, zeigt leicht biegbare Knochen, die im späteren Stadium, der
2. Osteomalacia fracturosa brechen können; darauf folgt
3. Osteomalacia rubra, in der das Mark gleichmäßig gerötet ist.

Welche Ansichten hat man über die Entstehung der Osteomalazie?

Man führt die Osteomalazie auf mangelhafte Ernährung, schlechte Wohnungsverhältnisse zurück; sie ist besonders häufig bei Frauen, die schnell hintereinander entbunden haben.

Welche Knochen werden von der Krankheit befallen?

Es kann sich die Entkalkung über das ganze Skelett ausbreiten; häufig jedoch werden in erster Linie ergriffen das Becken und das Rückgrat; diese zeigen am häufigsten Verunstaltungen. Stets verschont von osteomalazischen Prozessen bleiben die Kopfknochen.

Wie ist der Gang bei Ergriffensein des Beckens?

Ist das Becken ergriffen, so zeigen die Frauen einen eigentümlichen watschelnden Gang.

Wie weit kann die Verbiegung der Knochen fortschreiten?

Die Verbiegungen an den Knochen können so bedeutend werden, daß die Achsen sich hochgradig verringern.

Wodurch wird der Tod bei Osteomalazie veranlaßt?

Der Tod tritt in der Regel ein infolge von Entkräftung, namentlich wenn die Osteomalazie ihren Sitz in den Brustknochen hat und Störungen innerer Organe, des Herzens, veranlaßt.

Therapie der Osteomalazie?

Ist bisher ziemlich trostlos. Man gibt dem Kranken recht viel frische, roborierende Speisen, warme Salzbäder, auch Phosphor in Pillen oder Öl, Lebertran mit Colchicum in folgender Verbindung:

> Rp. Ol. jecoris aselli 100,0
>
> Vin. sem. Colchici 4,0
>
> Ds. Täglich 2—4 Eßlöffel.

Rachitis (englische Krankheit, abgesetzte Glieder, Zweiwuchs, Zahnen durch die Glieder).

Was versteht man unter Rachitis?

Eine Knochenentwicklungskrankheit, welche im wesentlichen in einer Erkrankung des Periosts der Epiphysen besteht und durch

Überproduktion von osteoidem (kompaktem) Knochen gekennzeichnet ist.

In welchen Ländern tritt sie häufig auf?

In England und Holland; ist auch nicht allzu selten in Bayern, als Folge langjähriger mangelhafter Kriegsernährung der Mutter und des Kindes.

In welchem Alter tritt die Krankheit auf?

Mit Vorliebe zwischen erster und zweiter Dentition.

Welches sind die Hauptursachen für Rachitis?

Schlechte Ernährungs- und Wohnungsverhältnisse. Kinder dyskrasischer Eltern neigen viel mehr zur Rachitis als solche gesunder Eltern.

Welches ist das gewöhnliche Begleitsymptom der Rachitis?

Der Verlauf ist gewöhnlich von gastrischen Störungen begleitet.

Welche Stadien unterscheiden wir im Verlaufe der Rachitis?

1. Stadium prodromorum.
2. Stadium der Verkrümmungen.
3. Stadium des Festwerdens der Knochen.

Welches sind die klinischen Symptome im 1. Stadium?

Die Kinder zeigen Mattigkeit und Müdigkeit und wollen sich körperlich nicht bewegen; sie schwitzen stark und haben eine blasse Gesichtsfarbe; später klagen die Kinder sehr über Durst. Die Venen sind stark gefüllt. Der Harn ist stark sedimentiert mit phosphorsaurem Kalk, seine Menge bedeutend vermehrt. Ein seröses Exsudat bildet sich zwischen Periost und Knochen und im Mark.

Welche Erscheinungen zeigt das Stadium der Verkrümmungen?

Es beginnt an der Tibia, dem Femur und tritt zuletzt an den Kopfknochen auf. Gleichzeitig sind die Epiphysen stark aufgetrieben, sowohl an kranken wie an gesunden Knochen, z. B. den Rippen, an denen sich der rachitische Rosenkranz bildet. Im 2. Stadium hat sich das Exsudat in Bindegewebe und Knorpelgewebe umgewandelt.

Welche Veränderungen vollziehen sich im 3. Stadium?

Das 3. Stadium beginnt mit der Wiederherstellung der Festigkeit der weichen Knochen. Die Ernährung bessert sich, das Exsudat schwindet, die Knochen werden hart, sogar bis zur Sklerose. Die Verbiegungen gleichen sich im Lauf der Zeit etwas aus, können aber auch das ganze Leben hindurch bestehen.

Eine große Bedeutung können diese bleibenden Veränderungen am Becken für spätere Geburtsvorgänge bei der Mutter, für die Statik des ganzen Knochengerüstes haben.

Wie steht es mit den geistigen Fähigkeiten Rachitischer?

Mit der Rachitis ist häufig Hydrocephalus (pathologische Flüssigkeitsvermehrung in den Ventrikeln oder im Arachnoidealsack) verbunden; jedoch braucht die Intelligenz nicht immer zurückzubleiben; oft sind rachitische Kinder geistig gut entwickelt.

Welche Formen von Rachitis unterscheiden wir?

Nach der Dauer: eine akute und eine chronische.

Nach der Ausbreitung: eine lokale und eine allgemeine.

Die akute Form tritt sehr selten mit Fieberbewegungen bei ganz kleinen Kindern auf, verläuft rasch; die chronische Form kann sich auf Jahre erstrecken.

Lokal ist die Rachitis, wenn sie sich auf einen Knochen beschränkt, allgemein, wenn fast alle Knochen ergriffen sind.

In welcher Reihenfolge zeigen sich bei Rachitis die Deformitäten?

1. Verschiebungen und Verbiegungen an der Epiphysenlinie: Genu valgum = X-Bein, Knickbein; Pectus carinatum = Hühnerbrust, schiffkielartiges Hervorstehen des Brustbeins oder umgekehrt Trichterbrust mit eingesunkenem Brustbein.

2. Verbiegung in der Diaphyse, Genu varum = Säbelbein.

3. Einknickungen nach Infraktionen am Übergang der Epiphyse in die Diaphyse (z. B. oberhalb des Fußgelenkes an der Tibia).

4. Vollkommene Frakturen, meist aber subperiosteal und rasch mit Verbiegung wieder heilend.

Wie kann man künstlich Rachitis erzeugen?

Künstlich kann Rachitis bei Tieren durch Entziehung von Kalksalzen bei übermäßiger Darreichung von Milchsäure erzeugt werden.

Welche Gesichtspunkte verfolgt die Therapie bei Rachitis?

In erster Linie muß diätetisch vorgegangen werden; den kranken Kindern muß kalk- und phosphorsäurereiche Nahrung, in der bestimmte, für den wachsenden Körper wichtige Albuminosen (Vitamine) enthalten sind, gereicht werden. Diese die Knochen- und Blutbildung unterstützenden Eiweißkörper finden sich hauptsächlich in frischer Milch, die nur bis zu 70^0 erhitzt (pasteurisiert) ist, ferner in jungen, frischen Gemüsen (das eisenhaltige Chlorophyll des Spinats), in Keimlingen. Sie zerfallen rasch bei starker Erhitzung und verlieren damit an Nährkraft. Außerdem gibt man leicht resorbierbare frische tierische Fette, wie Butter, Lebertran. Auch Phosphorlebertran wird verordnet, ferner Eisen (als Eisensirup, Ferrum hydroreductum), Mangan. oxydulat. und Spuren von Arsen mit Hypophosphytsirup können nützlich sein. Bei kleinen Kindern ist durch eine Kur mit S o x h l e t s c h e r Milch, die nur wenige Minuten erhitzt ist, viel zu erreichen. Sehr günstig wirkt:

> Phosphori 0,01
> Ol. jecoris aselli 100,0
> täglich 1—2 Kaffeelöffel, größere Kinder 3—4 Kaffeelöffel.

An Stelle reinen Lebertrans wird oft Lebertranemulsion besser vertragen. Viel empfohlen werden nicht zu warme Salzbäder (mit Seesalz) von 30⁰ C. Aufenthalt an der See oder im Hochgebirg ist sehr vorteilhaft, überhaupt Freiluft und Sonnenbehandlung.

Sobald man bemerkt, daß die Extremitäten anfangen krumm zu werden, darf das Kind nur sehr wenig gehen, unter Umständen nur mit orthopädischen Apparaten (mit Gummizügen), auch korrigierende Schienenhülsen werden während der Nacht angelegt.

Entzündungen der Gelenke.

Wie sind die Gelenke gebaut?

Im Innern der Gelenke befindet sich die Synovialmembran, welche in ihrem histologischen Bau den serösen Häuten am nächsten steht. Die Grundlage bildet sein faseriges, fibröses Gewebe, das auf der Innenfläche besonders dicht gefasert und zellenarm ist, doch fehlt ihr als Bedeckung das Endothel der Serosa. Sie kleidet die Gelenke aus, ist äußerst empfindlich; sie reagiert auf die leiseste Verletzung durch stärkere Injektionen ihrer Kapillaren (Rötung) und vermehrte Absonderung von Synovia (Gelenkschmiere). Sie ist häufig der Sitz von Entzündungen und zeigt dann stets Veränderungen; sie kann primär oder sekundär erkranken (durch Trauma, direkte oder fortgeleitete Infektion).

Welche Veränderung zeigt die Synovialmembran bei Entzündungen?

Sie wird tief rot, verdickt sich, wird rauh, uneben durch Zottenauswüchse, wie eine mit Granulationen bedeckte Abszeßmembran. Die Synovialflüssigkeit wird trübe durch ausgewanderte Leukozyten (z. B. bei Synovitis tuberculosa, fungosa).

Welche Gelenkentzündungen, außer der durch die Entzündung der Synovialmembran (Synovitis) gebildeten, gibt es noch?

Die Arthrititen, welche primär vom Knochen oder Knorpel ausgehen (z. B. Durchbruch eines tuberkulösen Sequesterherdes im Calcaneus, in den Femurkondylen nach dem nächsten Gelenk), oder Arthritis deformans, dissecans, urica.

Welche Arten von Synovitis gibt es?

1. Die akute Gelenkentzündung; sie ist meist eine totale.
2. Die chronische:
   a) destruierende (z. B. dissecans),
   b) deformierende (deformans, urica).

Welche Ursachen kommen für die akute Gelenkentzündung in Betracht?

Sie kann sich unmittelbar an ein Trauma anschließen, ist aber auch häufig nach akuten Dyskrasien, z. B. Scharlach, Ruhr, Typhus, Pyämie und im Gefolge von chronischen Dyskrasien wie Gicht, Tuberkulose, Syphilis usw. zu finden. Viele Gelenkentzündungen sind rheumatischen Ursprungs. Eine Sonderstellung nimmt noch das Tripperknie ein, eine gewöhnlich monartikuläre Gelenkschwellung im Gefolge eines Trippers, die sehr oft durch Hyperämiebehandlung nach Bier (Stauung, Heißluft) wieder ganz gut wird, in seltenen Fällen aber auch zu Vereiterung und Versteifung kommen kann.

Welche Formen von Synovitis unterscheidet man (Einteilung nach Hüter)?

1. Die exsudativen Formen:
   a) Die Synovitis serosa acuta; das Gelenk schwillt allmählich und zeigt die fünf bekannten Entzündungserscheinungen mit serösem Erguß in das Gelenk. Bei längerem Bestehen wird das Serum flockig, und so ergibt sich die zweite Form.
   b) Synovitis sero-fibrinosa, welche ebenso wie 1. auch chronisch werden kann.
2. Entzündungen mit Wucherungen — Synovitis hyperplastica-granulosa.
   a) levis, wenn die Wucherungen nicht bedeutend sind;
   b) granulosa, wenn die ganze Membran in granulierendes Gewebe umgewandelt ist;
   c) tuberosa, wenn die Granulationen vereinzelt als Knollen und Zotten vorkommen.
3. Die eitrige Form: Synovitis purulenta seu suppurativa seu Empyem des Gelenks, zeigt neben Hyperplasie (Vermehrung der Gewebselemente) noch Eiterung.

Untersuchung eines kranken Gelenkes.

Wie untersucht man ein krankes Gelenk?

1. Durch Inspektion,
2. durch Palpation,
3. durch Vornahme genauer Messungen,
4. durch Prüfung der Beweglichkeit, Bewegungsgrenzen, der Schmerzen, abnormen Reibegefühle hierbei.

Was ist vor allem bei der Inspektion zu beachten?

Immer der Vergleich des kranken Gelenkes mit dem gesunden.

Was sucht man durch Inspektion festzustellen?

Man beobachtet die Stellungs- und Formveränderung des Gelenkes; jedes kranke Gelenk strebt eine Mittelstellung zwischen extremer Beugung und extremer Streckung an, weil in dieser Stellung das Gelenk die größte Kapazität hat, die angreifenden Muskel allseitig entspannt sind. Der Kranke ändert diese pathognomische Stellung nicht, weil in dieser mittleren Ruhelage die Spannungsschmerzen des Exsudates am geringsten sind, jede Veränderung durch die anspannenden Muskel oder durch Lösung bereits beginnender Verklebungen, Adhäsionen schmerzhaft empfunden wird. Die Mittelstellung für die Hand ist Streckstellung mit etwas Dorsalflexion in halber Supination, für das Ellbogengelenk Beugung im rechten Winkel mit halber Supination, für das Schultergelenk etwas Beugung und Abduktion nach vorn, für das Tarsusgelenk rechter Winkel, für das Knie Beugung im stumpfen Winkel, für das Hüftgelenk geringe Beugung, Abduktion, Außenrotation; deshalb treten auch bei bestimmten chronischen Gelenkentzündungen (Gonitis tuberculosa, Coxitis) diese Stellungen in Erscheinung.

Dann überzeugt man sich schon durch die einfache Inspektion (nicht durch die oft schmerzhafte Berührung und Bewegung), ob Schwellung vorhanden ist und wie groß diese ist, ob sie mit den Ansatzpunkten der Gelenkekapsel zusammenfällt (wie Synovitis serosa, fibrinosa usw.) oder mit den Epiphysen (fortgeleitete Entzündung bei Osteomyelitis, Synovitis fungosa oder Tumor albus, der Spindelform hat). Dann sieht man, ob die bedeckende Haut stark dilatierte Venen zeigt, ob sie glatt, glänzend, blaß oder anders aussieht, namentlich ob eine Rötung vorhanden ist, endlich ob Fisteln bestehen. (Durchbruch eines tuberkulösen Prozesses durch das Gelenk.)

Was sucht man durch Palpation festzustellen?

Bei der stets erst der Inspektion folgenden Palpation sucht man festzustellen, welchen Grad der Füllung das Gelenk zeigt, ob die Haut darüber ödematös ist, ob Fingerdruck stehen bleibt (Gelenkseiterung), ob abnormes Knarren, Knirschen wie Krepitation, Schneeballenknirschen (bei Blutung) usw. vorhanden ist. Dann konstatiert man durch die aufgelegte Hand die Temperatur im Vergleich zum gesunden Gelenk, die Druckempfindlichkeit (bei Empyem); weiterhin ist die aktive und passive Beweglichkeit zu prüfen.

Was ist außerdem noch bei Beurteilung eines kranken Gelenkes von Wichtigkeit?

Die Aufnahme einer genauen Vorgeschichte und die objektive und subjektive Untersuchung am ganzen Individuum (Status praesens). Bei Erhebung der Krankheitsgeschichte ist vor allem auch auf hereditäre, Unfallseinflüsse, Aufnahme eines Nervenstatus, genaue Lokalisation des Leidens (rechts oder links!), differentialdiagnostische Momente Wert zu legen.

Akute Gelenkentzündungen.

Welche Formen unterscheidet man bei der akuten Gelenkentzündung?

Eine seröse, serofibrinöse und eine eitrige.

Symptome und Verlauf der akuten Gelenkentzündung?

Der Schmerz ist bei Berührung und bei jedem Bewegungsversuch äußerst heftig, die Funktion ist sehr stark oder ganz gestört, auch Geschwulst tritt auf. Fast immer ist Fieber vorhanden. Häufig sind Muskelkrämpfe (namentlich bei kleinen Kindern ist dies ein äußerst wichtiges Symptom). Die Haut in der entzündeten Körpergegend fühlt sich wärmer als gewöhnlich an, stärkere Rötung kann fehlen. Wird der Organismus der veranlassenden Noxe Herr, so kann das seröse Exsudat sich zurückbilden.

An diese fast immer seröse Entzündung kann sich infolge starker Virulenz der ursächlichen Krankheitskeime Übergang des Exsudates in Eiterung anschließen. In diesem Falle steigt das Fieber nach einer mehrtägigen Remission höher an, kann intermittierenden Charakter oder deutlich septische Kurve mit steilem Anstieg auch in umgekehrter Form (morgens höher) annehmen. Die Haut rötet sich mehr mit ödematöser Schwellung der umgebenden Weichteile; oft bildet eine Phlegmone sich aus. Der Gelenkknorpel kann durch Erweichung (Usur) zerstört werden; auch die Gelenkkapsel wird durch Ulzerationen angegriffen, so daß der Eiterprozeß in die umgebenden Weichteile durchbricht; dann kommt es zu ausgedehnter Zerstörung des Binde-, Fettgewebes, der Eiter wandert in den Muskelscheiden weiter.

Wann handelt es sich um ein Empyem des Gelenkes?

Solange der Eiter chronisch oder akut von der Gelenkkapsel eingeschlossen und noch nicht in die Umgebung oder nach außen durchgebrochen ist.

Was ist ein Hydrops articulorum?

Gelenkwassersucht tritt auf, wenn die akut seröse Entzündung in die chronische Form übergeht.

Die Prognose der akuten Gelenkentzündung?

Jede akute Gelenkentzündung ist schwer und gefährlich, in der Prognose dubiös, weil der Kranke pyämisch zugrunde gehen kann, aber auch bei Ausgang in Heilung die Störung in der Gelenkfunktion nicht immer behoben werden, die Restitutio ad integrum nie sicher gewährleistet werden kann.

Wie behandelt man die akute Gelenkentzündung?

Absolut notwendig ist vollkommene Ruhe in Hochlagerung. Man legt einen fixierenden, immobilisierenden Verband an, die untere Extremität lagert man etwas erhöht auf einer Hohlrinne als Schiene (nach Volkmann) mit rechtwinkeliger Stellung des Fußgelenkes, leichter Beugung im Knie- und Hüftgelenk. Oft genügt es, die Extremität nicht in einen völlig und allseitig umgebenden, komprimierenden Verband, sondern in einen einfachen Lagerungsverband, mit einigen dreieckigen Tüchern oder Bindenzügeln ober- und unterhalb des entzündeten Gelenkes befestigt, in eine Rinne zu zu legen. Dabei ist auf die richtige Stellung des Gelenkes zu achten, Ellenbogengelenk gebeugt, Hüft- und Kniegelenk gestreckt bzw. leicht gebeugt, Fußgelenk rechtwinklig mit Fußspitze nach oben gestellt.

Die Behandlung selbst ist antiphlogistisch. Bei großer Schmerzhaftigkeit Eisblase, in manchen Fällen sind lokale Blutentziehungen durch Skarifikationen, Schröpfköpfe, auch feuchtwarme Umschläge, Stauungs- und aktive Hyperämiebehandlung (mit heißer Luft) angezeigt. Geschieht die Blutentziehung durch Blutegel, so ist die Haut vorher mit Äther und Wasser gründlich zu reinigen, nachher sind die Blutegelbißstellen antiseptisch zu behandeln; die Blutegel dürfen in nicht zu geringer Zahl gesetzt werden.

Wenn die Entzündungserscheinungen zurückgehen, namentlich der Schmerz aufgehört hat, so läßt man die Eisblase weg und beginnt vorsichtig mit leichter Massage. Dann legt man Kompressionsverbände an, bei denen man darauf zu achten hat, daß man die großen Gefäße mit Lagerungswatte umgibt, um die Blutzirkulation nicht zu stören, Druckbrand kann leicht durch nachträgliche Schwellung unter festen steifen Verbänden eintreten.

Ebenso ist vor zu starken und zu frühen passiven Bewegungsversuchen (Brisement forcé) zur Lösung von Adhäsionen, Versteifungen (namentlich im Knie) sehr zu warnen, da dadurch schlummernde Entzündungsherde, die bei fortgesetzter Ruhe abgekapselt bleiben und langsam resorbiert werden können, möglicherweise wieder angefacht werden.

Wie muß die weitere Behandlung geführt werden, wenn auf diese Weise die akute Entzündung nicht zurückgeht?

Bildet sich die akute Gelenkentzündung nicht zurück, so ist unter antiseptischen Kautelen eine Gelenkpunktion zu versuchen. Erhält man Eiter, so muß diesem baldmöglichst Abfluß geschafft werden durch die Eröffnung des Gelenkes (Arthrotomie). Es folgt eine antiseptische Spülung mit 2% Karbolwasser, Dakin-Carelllösung von 0,5% unterchlorigsaurem Natronwasser, auch Vuzin oder 10% Jodoformglyzerinemulsion. Bei ganz frischen Eiterungen ist nicht immer sofort eine bleibende Gummidrainage nötig. Doch muß die Inzision und Gegeninzision immer von vorneherein beiderseits am Gelenk so groß angelegt werden, daß stets guter Abfluß stattfinden kann und Raum ist für spätere Einlagen von Gummiröhren. Die schon oben erwähnte Hyperämiebehandlung nach Bier kann nebenher weitergeführt werden mit Stauung oder Heißluft, Diathermie. Wenn das Gelenk antiseptisch ausgespült wird, so muß alles hierbei Eingespritzte wieder abfließen, da sonst Resorption und damit unter Umständen Vergiftung erfolgen kann.

Wie behandelt man frische Gelenkverletzungen?

Frische Gelenkverletzungen werden äußerst vorsichtig, ruhig, konservativ behandelt, nicht sofort sondiert oder drainiert. Immer erinnere man sich wie bei jeder frischen Verwundung an den alten Listergrundsatz »Lasse die Wunde allein« (Let be alone); denn selbst wenn eine gewisse (geringe) Menge pathogener Keime mit der Verletzung (z. B. glattes Kleinkalibergeschoß) mit in den Gelenkraum eingedrungen ist, werden die natürlichen Schutzkräfte des Blutes mit ihnen fertig. Etwas anderes ist es, wenn es sich um sehr verschmutzte, stumpfrandige, zerfetzte, gequetschte Wunden, Trümmerhöhlen mit Knochenverletzung (Knochengrus, komplizierte Gelenkbrüche, steckengebliebene Granatsplitter) handelt; dann schreite man rasch zur Arthrotomie und einmaliger antiseptischer Spülung, bei schweren Gelenkbrüchen zur Resektion, bei schon beginnender Gasbrandphlegmone zur sofortigen Amputation. Ist Fieber vorhanden oder Eiter, so ist die Wunde zu dilatieren, auszuspülen und zu drainieren. Ist hierdurch keine Heilung zu erzielen, so muß man die Gelenke resezieren, ev. ist nur von einer Amputation Heilung zu erwarten. Nebenbei Stauung nach Bier.

Chronische Gelenkentzündungen.

Welches sind die chronischen Gelenkentzündungen?

1. Die deformierende Gelenkentzündung;
2. die destruierende Gelenkentzündung.

Wie teilt man die Arthritis chronica ätiologisch ein?

1. Chronisch rheumatische,
2. Gichtische (urica),
3. Gonorrhoische,
4. Tuberkulöse,
5. Syphilitische,
6. Neuropathische (Arthropathia tabidorum) Gelenkentzündung.

Welche Erscheinung verursacht die Arthritis deformans?

Sie verursacht eine Deformation des Gelenkes mit Mißgestaltung und Verschiebung in ihm, indem die Knorpelflächen abgeschliffen werden; manche Knorpelflächen gehen ganz zu Verlust; die Kapsel wird stark verdickt, die Ligamenta verkalken, verkürzen sich.

Was kommt bei Arthritis deformans nie vor?

Es kommt bei ihr niemals zur Eiterung und Karies, höchstens durch akzidentelle sekundäre Infektion.

Ursache der Arthritis deformans?

Häufige Erkältungen, Traumen, Gonorrhöe, konstitutionelle Anlage (gichtische, arteriosklerotische Diathese) scheinen von Einfluß zu sein.

An welchen Gelenken kann Arthritis deformans vorkommen?

An allen Gelenken; beginnt oft an den Finger- und Zehengelenken, aber auch ganz isoliert an einem traumatisch geschädigten großen Gelenk (Wirbelsäule, Schulter, Knie, Hüfte usw.), besonders sind bei Kindern derartige Schädigungen des Hüftgelenks ohne Tuberkulose in neuester Zeit (Perthes) festgestellt worden. (Arthritis deformans juvenilis.) Sie heilt ohne Operation gut aus. Durch Röntgenbild läßt sich die deforme, unebene Abschleifung des Gelenkkopfes nachweisen und dadurch von Coxitis tuberkulosa unterscheiden.

Was versteht man unter Malum coxae senile?

Malum coxae senile ist eine besondere Form der Arthritis deformans, ein langsamer, schleichender Prozeß, der zuerst und am ausgeprägtesten an der Hüfte, aber auch an den Gelenken des Rumpfes, der Wirbelsäule und den Extremitäten meist erst nach dem 40. Lebensjahre auftritt. Die ersten Beschwerden bestehen in leichter Ermüdbarkeit beim Gehen, ferner Schmerzen im Bereich des Nerv. ischiadicus; bald tritt Hinken ein, Schmerzhaftigkeit bei Ausführung stärkerer Bewegungen. Charakteristisch ist die größere Beschränkung der Beweglichkeit des Gelenkes morgens nach dem Aufstehen, die sich im Lauf des Tages mehr und mehr verliert.

Ist der Prozeß einmal vorgeschritten, so ist die Diagnose nicht schwierig. Die Deformität der Hüfte wird auffallend, die befallene Hüfte springt stark hervor, die Beckenseite des kranken Beines steht höher als die des gesunden, das Bein steht adduziert nach außen rotiert, ist verkürzt. Der Trochanter steht hoch über der Roser-Nélatonschen Linie, die Trochantergegend ist verbreitert, mächtige Knochenwucherungen auf der Vorderseite des Schenkelhalses sind durch Palpation festzustellen. Schon früh ist mangelnde Abduktionsfähigkeit für eine sichere Diagnose verwertbar: wenn man den nackten Patienten hinstellen und die Beine spreizen läßt, so geschieht dieses Spreizen auf Kosten des gesunden Beines, während das kranke Bein mehr oder weniger in Adduktion stehen bleibt. Mit den Veränderungen am Knochen gehen Parästhesien in den Beinen und reißende Schmerzen in Knie und Waden einher; infolge des mangelhaften Gebrauches des Beines kann hochgradige Atrophie in Gesäß und Beinmuskeln eintreten.

Die Therapie kann nur wenig erreichen, meist nur Linderung der Beschwerden bringen; am besten wirken noch gegen die Krankheitsfolgen gut sitzende Stützapparate in Form von Schienenhülsenapparaten.

Welches sind die Symptome der Arthritis deformans?

Die Symptome sind im Anfang die des chronischen Gelenkrheumatismus, oft nur ein kaum nachweisbarer Gelenkerguß, Verdickung der Gelenkkapsel. Das Röntgenbild zeigt aber oft schon Unebenheiten der Gelenkflächen, Kalkeinlagerungen, Osteophyten an den Ansatzpunkten der Bänder. In Erscheinung treten im Anfang von subjektiven Symptomen: freiwilliges Hinken, Ermüdungs-Rheumaschmerzen; von objektiven: Muskelatrophie, aktive und passive Einengung der Bewegungsgrenzen. Mit der Zeit kommt es häufig zu knöcherner Deformierung der Gelenkenden mit Zerstörung des Knorpels und unter Umständen mit Zottenwucherung auf der Synovialis. Bei Bewegung des Gelenkes, namentlich bei Rotation, fühlt man ein rauhes Krepitieren, das auch hie und da als Knacken hörbar ist; die Schmerzen hierbei sind erheblich.

Wie gestaltet sich der weitere Verlauf?

Die Muskeln der befallenen Extremität magern immer mehr wegen Nichtgebrauchs ab, schließlich können die Gelenke zu festen

Ankylosen versteifen. Der Verlauf ist ein äußerst langsamer; die Kranken können trotz ihrer Beschwerden sehr alt werden.

Was hat die Therapie anzustreben?

Die Erhaltung der Beweglichkeit, am besten durch sanfte Massage mit Unterstützung durch Sol- und Moorbäder, mäßige Bewegungsbehandlung, Heißluft-, Sonnenbäder.

Welche Gelenkentzündung tritt namentlich unter dem Bilde der destruierenden Gelenkentzündung in Erscheinung?

Die chronisch fungöse Gelenkentzündung, Fungus articulorum oder Tumor albus. Tumor albus ist eine von alters her gebräuchliche Bezeichnung, die daher rührt, daß die Gelenkgeschwulst ohne akut entzündliche Erscheinungen und Rötung (daher albus) ähnlich einem Sarkom sich darstellt.

Welches ist die häufigste Ursache der destruierenden Entzündung?

Die von der Synovia primär ausgehende oder vom Knochen in das Gelenk brechende Tuberkulose.

Was spricht für Tuberkulose als Ursache?

Allgemeine Anzeichen von Anlage zu dieser Erkrankung auch an anderen Organen des Körpers (z. B. Lunge). Handelt es sich um Tuberkulose eines Gelenkes, so findet man meist noch Anzeichen vorausgegangener Skrophulose, Narben und Reste früherer Erkrankung dieser Art an den Knochen, der Haut usw. Dann kann man auch durch die Anamnese (Mitteilungen des Kranken oder dessen Angehörigen über frühere ähnliche Erkrankungen des Patienten oder seiner Vorfahren, über hereditäre Verhältnisse) Aufschluß erhalten.

Welches ist der Ausgangspunkt der destruierenden Entzündung?

Entweder die Synovialmembran oder der Knochen (Epiphyse); letzteres ist besonders häufig: unter 119 von König beobachteten Fällen 69 mal.

Welche Erscheinungen macht die Synovialtuberkulose.

Beim einfachsten Fall, der Synovialtuberkulose, entsteht auf der Synovialmembran stark wucherndes und doch wieder leicht zerfallendes schwammiges tuberkulöses Granulationsgewebe (ein richtiger Fungus) entweder in Form vieler kleiner Knötchen oder als fibröse Form in isolierten Knoten von derbem Gefüge. Das Gelenk enthält gleichzeitig serös fibrinöses Exsudat in wechselnder Menge, das allmählich entweder ganz fibrinös wird oder sich in dünnflüssigen, flockigen Eiter mit käsigen Massen untermischt scheidet.

Der Verlauf ist schleichend, erstreckt sich meist auf Jahre, hauptsächlich am Knie- und Hüftgelenk, Hand-, Ellbogen- und Schultergelenk. Zuerst zeigt sich leichte Ermüdbarkeit und Schwellung ohne Rötung oft im Anschluß kleiner, mehrfacher Traumen (Erschütterung, Prellung); später stellen sich mehr oder minder heftige rheumatische Schmerzen ein. Die Gelenke stellen sich mit der Zeit in leichte Beugestellung, erscheinen in dieser Kontrakturstellung (größter Kapazität des Gelenkraumes) fixiert (z. B. beim Hüftgelenk, Beugung, Abduktion und Rotation nach außen); jede aktive und passive Veränderung dieser pathognomisch wichtigen Stellung ist äußerst schmerzhaft.

Welche Stadien unterscheidet man, wenn die Entzündung von dem Knochen (Epiphysen) ausgeht?

a) Ein Stadium prodromorum; der tuberkulöse Herd ist noch nicht in das Gelenk durchgebrochen; der Knochenherd selbst ist zirkumskript osteomyelitisch. Die Epiphyse ist etwas aufgetrieben, ihr Periost verdickt, geschwellt. Der Knochen ist druckempfindlich. Ein Röntgenbild zeigt unklare, diffuse Knochenzeichnung, auch in der Mitte der Epiphyse unter Umständen Höhlenbildung mit Sequester. Der Kranke hat Schmerz namentlich nach Bewegungen, ermüdet mit der kranken Extremität leicht.

b) Wenn die käsigen Massen der Sequesterhöhle flüssig werden und nach dem Gelenk durchbrechen, so erfolgt die Beteiligung des Gelenkes unter plötzlich stark zunehmender entzündlicher Schwellung. Meist aber folgt schon vorher eine allmählich stärker werdende Gelenkentzündung durch Schwellung der para- und periartikulären Teile. Die Haut ist blaß, beim Aufschneiden findet man dickes, sulzig infiltriertes para- und periartikuläres Gewebe mit eingelagerter roter Knötchenbildung und weichen, grauroten, fungösen Massen entzündlich veränderten Bindegewebes. Der Knochen ist häufig an seiner Oberfläche oder durch Fisteln, die zu toten sequestrierten Knochensplittern in seinem Innern (Spongiosa oder Markraum) führen, zerstört.

Welches sind die Endstadien des Tumor albus?

Es können sich Kontrakturen ausbilden mit Veröd ung der Gelenkräume, knöchernen Verwachsungen in ihnen nach Resorption und Zerstörung der Knorpelscheiben, Verkürzung der geschwundenen und fibrösnarbig veränderten Muskeln. Osteophytbildung kann auftreten; besonders wichtig ist hierbei das Symptom der Verschiebung der Gelenkenden oder der spontanen Luxation. Diese knöcherne Verwachsung der Gelenkknochen und fibröse Umwandlung der Gelenkumgebung ist noch der günstigste Ausgang, häufiger tritt kariöse Zerstörung der Knochen und eitriger Zerfall des erweichten und fungös gewucherten, mit Tuberkeln durchsetzten Bindegewebes ein. Bei Bewegungsversuchen im zerstörten 'Gelenk fühlt man das Reiben der rauhen Knochenenden. In und unter der Haut des schwammig aufgetriebenen Gelenkes bilden sich Erweichungsherde (periartikuläre Abszesse), Fisteln, welche in die fungös entarteten Sehnenscheiden, Gelenkausbuchtungen führen, der ganze Tumor zerfällt durch sekundäre Eiterinfektion fistulös, dabei kommt der Kranke durch hektisches, septisches Fieber langsam und stetig immer mehr herunter und geht oft von einem intermediär florid gewordenen alten Lungenherde, durch neue miliare Aussaat von dem Fungus aus (Miliartuberkulose der Meningen, des Peritoneums, tuberkulöse Darmgeschwüre) rasch zugrunde.

Welche Wege hat die Therapie einzuschlagen?

Vor allem ist für Ernährung und gute äußere Verhältnisse zu sorgen, Freiluft- und Sonnenbehandlung wirken hier oft Wunder, Milch, Kefir, Lebertran üben günstigen Einfluß. Karbolinjektionen intraartikulär nach Hüter, Injektionen einer sterilisierten Mischung von Jodoform und Glyzerin (1 : 10) 4—6—8 g in mehrwöchentlichen Zwischenräumen je nach dem Alter, Injektionen von Perubalsam, Zimtsäure, wirken örtlich reizend und begünstigen die Umwandlung in festes fibröses Narbengewebe, wenn noch keine sekundäre eitrige Infektion vorliegt. Man erhält durch diese Injektionen aber keine Heilung der Knochenherde, die durch Sequestration oder Exkochleation ausheilen müssen.

Wie hat man bei Knochenprozessen zu verfahren, wo ein Sequester vorhanden ist?

Viele tuberkulöse Knochenherde kapseln sich ab, sequestrieren sich, manche Sequester werden sogar unter guter allgemeiner, namentlich roborierender Diät, Freiluft-Sonnenbehandlung resorbiert oder von selbst abgestoßen. Führt dies nicht zum Ziel, ist die Gefahr einer Konsumption des Organismus (namentlich im vorgerückten Alter), Auftreten einer Allgemeininfektion wahrscheinlich, dann kommen radikale, den lokalen Krankheitsherd ganz ausschaltende Operationen (hohe Amputation) in Frage. Dazwischen liegen Fälle, die durch Exstirpation der Gelenkkapsel (Fungus synovialis), totale typische Gelenkresektion, atypische Teilresektion, Exkochleation in Angriff genommen werden müssen. Über die anzuwendende Operationsform entscheidet die Ausdehnung des lokalen, fungös erweichten Krankheitsherdes. Im allgemeinen wird im jugendlichen Alter möglichst wenig reseziert, möglichst konservativ vorgegangen, im vorgeschrittenen Alter bei ausgedehnten Herden bald amputiert, um den allgemeinen Zustand zu heben,

Wie wird in neuerer Zeit die chronisch-tuberkulöse Entzündung namentlich in Anfangsstadien mit Erfolg behandelt?

Mit der aktiven und passiven Stauungshyperämie nach Bier.

Welche Fälle eignen sich nicht für die Stauungsbehandlung?

Solche mit Sequesterbildung, starker Eiterung, großer Ausdehnung des Fungus.

Welche Vorbedingungen verlangt diese Methode?

Zur erfolgreichen Behandlung ist stete Aufsicht und große Geduld für lange Dauer erforderlich.

Wie wird die gonorrhöische Gelenkentzündung behandelt?

Bei der gonorrhöischen Gelenkentzündung ist außer Ruhe, Wärme, Hochlagerung, die beste Behandlung, die auch am schmerzstillendsten wirkt, die Stauungsbehandlung nach Bier.

Welche Symptome zeigt die syphilitische Gelenkentzündung?

Das periartikuläre Gewebe ist stark geschwellt, Schmerz und Exsudat sind gering.

Therapie der syphilitischen Gelenkentzündung?

Die Krankheit kann jahrelang stationär sein, sie reagiert auf keine andere Behandlung als auf eine antisyphilitische.

Was ist Arthropathia tabidorum?

Eine bei Tabes (graue Degeneration der Hinterstränge, unter Umständen auch der Vorderhörner [Clarkesche Säulen]) vorkommende chronische Gelenkentzündung ohne Eiterung, aber mit starker Formveränderung im Knorpel und in den Knochenenden. Sie verläuft unter dem Bilde der Arthritis deformans oder vielmehr diese ist trophoneurotischen Ursprungs und beruht meist auf Tabes.

Was versteht man unter neuropathischer Gelenkentzündung?

Eine Gelenkentzündung, die nicht selten bei Hysterischen vorkommt, wenig objektive Grundlage hat und wie ein Rheumatismus in wenigen Tagen, ohne bleibende Schädigungen zu hinterlassen, wieder verschwindet.

Was versteht man unter Hydrarthros?

Bei Hydrarthos, Gelenkwassersucht, handelt es sich um einen chronisch serösen Erguß, der meist das Gelenk weit ausgedehnt hat, oft mit Schlottergelenk verbunden ist.

Welche Ursachen hat die Gelenkwassersucht?

Sie ist namentlich bei sog. lymphatischen Personen häufig, desgleichen bei chlorotischen Mädchen, tritt meist langsam auf nach ganz geringen Verletzungen, nach Durchnässungen, auch ohne nachweisbare Ursache. Nach Rost in Heidelberg handelt es bei serösen chronischen Kniegelenksergüssen oft um Quetschungen, Blutungen in den vorderen unterhalb der Kniescheibe gelegenen Fettkörper (ligamenta alaria), der als lymphatisches Resorptionsorgan des Gelenkes aufzufassen ist.

Welche klinischen Symptome zeigt die Gelenkwassersucht?

Die Schmerzen sind ziehend, unbestimmt, rheumatisch mit rascher Ermüdung der Extremität, die Hautfarbe unverändert, im Bereich des Gelenkes liegt eine weiche, fluktuierende Geschwulst oft mit prallelastischer Spannung; sie umfaßt nur die Größe der erweiterten Gelenkkapsel, ist auf Druck wenig empfindlich, behindert aber sowohl die vollkommene Streckung als Beugung und Drehung des Gelenkes aktiv und passiv unter spannendem Gefühl.

Wie ist der Verlauf der Gelenkwassersucht?

Meist chronisch. Selten heilt der Hydrarthros durch gleichmäßige Kompression, auch plötzlichen Druck oder Schlag, z. B. wenn der Kranke auf das Gelenk fällt; es reißt hierbei die Kapsel ein, das Exsudat dringt in das Unterhautbindegewebe ein, wo es resorbiert wird.

Die Diagnose des Hydrarthros?

Ist im allgemeinen bei großen Gelenken leicht, nur bei tiefen und kleinen Gelenken schwer.

Hauptaufgabe der Therapie?

Es muß bei der Behandlung vor allem auf ein etwa vorhandenes Allgemeinleiden (Gelenkrheumatismus, Tuberkulose, Neuropathie) Rücksicht genommen und danach gestrebt werden, das Allgemeinbefinden günstig zu gestalten. Lokal empfiehlt sich auch hier gleichmäßige Kompression, wobei jedoch die großen Gefäße durch gute Polsterung zu schützen sind, der Verband immer von der Peripherie aus zu beginnen hat und oberhalb des Gelenkes nie abschnürend wirken darf; auch Heißluft — elektrische Glühlampenschwitzbäder tun manchmal gute Dienste, wenn der Erguß nicht zu lange besteht. In sehr vielen Fällen führt Punktion, auch Inzision mit antiseptischer Ausspülung (2% Karbolwasser), Einspritzen von 2—10 ccm steriler Jodoform-Glyzerinemulsion zum Ziel.

Ankylosen und Gelenkmäuse.

Was versteht man unter Ankylose?

Die nach entzündlichen Vorgängen oder nach Exstirpation der Gelenkkapsel bzw. nach Knorpel-Knochenresektion knöcherne, teilweise oder ganz fest gewordene Verbindung der Gelenkknochenenden.

Welche Arten von Ankylose unterscheidet man?

Man unterscheidet eine wahre Ankylose = knöcherne Verwachsung der Gelenkenden und eine falsche Ankylose = Verwachsung durch narbige Veränderung und Verkürzung von extra- und intrakapsulären Band- und Knorpelmassen und Exostosen. Diese letzteren Gelenkhemmungen fassen wir zusammen mit dem Namen Kontrakturen.

Aus welchen Ursachen entstehen wahre Ankylosen?

Nach schweren Gelenkentzündungen, namentlich tuberkulösen. Bisweilen ist zwischen den verwachsenden Knochen noch eine dünne Knorpelschichte vorhanden (knorpelige Ankylose).

Wann spricht man von einer Kontraktur?

Um Kontraktur handelt es sich, wenn ein geringes Maß von Bewegung bis zur Exostosen — oder fibrösen Narbenhemmung der verkürzten Kapsel, Bänder noch möglich ist.

Aus welchen Ursachen kann eine Kontraktur entstehen?

Ursache für Kontraktur können intrakapsuläre Veränderungen, feste fibröse Stränge usw. sein, auch Unebenheiten an den Gelenkenden selbst (namentlich bei Arthritis deformans), oder extrakapsuläre Veränderungen, wie Verkürzung der Muskeln, Schrumpfung der Gelenkkapsel oder des Bandapparates.

Wie stellt man im Notfall, wenn Zweifel an der Diagnose, ob wahre oder falsche Ankylose vorliegt, bestehen, den Unterschied fest?

Durch Ausschaltung der Muskelspannung in der Narkose. Bei erschlaffter Muskulatur kann man in diesem Falle das Gelenk noch bewegen.

Auch im Röntgenbild kann man den Gelenkspalt erkennen.

Welche Mittel wendet man an, um bei Gelenkentzündungen die Ankylose möglichst zu vermeiden?

Um eine Ankylose in schlechter Stellung zu vermeiden, ist bei jedem Verband einer Gelenkentzündung, auch bei Gelenkver letzung, Gelenkbluterguß, Gelenkfraktur auf richtige Stellung des Gelenkes zu achten, noch wichtiger ist aber, vollkommen steif fixierende Gelenkverbände namentlich von längerer Dauer zu vermeiden oder häufig (alle paar Tage) zu wechseln; zwischen hinein sind die betroffenen und benachbarten Gelenke sanft zu bewegen, zu massieren, zu baden. Deshalb haben die Zug-Streckverbände, weit über den Gelenkenden mit Heftpflasterstreifen herauf an der Extremität angreifend, vor allen Steifverbänden den Vorzug (nach v. Volkmann, Bardenheuer).

Wie wird die Kontraktur verhindert und behandelt?

Sobald die Entzündung zurückzugehen beginnt, macht man vorsichtig passive Bewegung, ändert häufig die Stellung des Gelenkes beim Verbandwechsel; wichtig ist Massage und Bäderbehandlung, auch Heißluft-, Licht-, Schwitzbäder erweichen das Narbengewebe. Maschinelle Behandlung durch Zanderapparate (Mediko-mechanik) üben ebenfalls die kontrakturierten und muskelschwachen Gelenke recht gut. Gewaltsame rasche Lösung der Kontrakturen durch Redressement forcé in Narkose ist sehr oft wieder von Kontraktur, auch Aufflackern der Entzündung, Schwellung, Fieber gefolgt. Dieses brüske Verfahren kann durch die Hand eines Unerfahrenen sogar Frakturen, Epiphysenlösungen, Gefäßzerreißungen verursachen.

Wie wird die wahre Ankylose behandelt?

Die wahre Ankylose ist operativ zu behandeln durch Osteotomie, Einheilung von Fett-Muskel-Faszienlappen in den neuen Gelenkspalt.

Was versteht man unter Gelenkmäusen = mures articulares?

Freie, fibrös knorpelige, stellenweise auch durch Knochen-Kalkeinlagerungen aufgebaute, rundliche, glatte Gelenkkörper. Sie entstehen teils durch Abschnüren warziger Auswüchse der Gelenkknorpel, teils bilden sie sich durch Knorpelanlagerungen um Fibrinmassen; zu größten Teil aber sind es wirklich aus dem Knorpelüberzug der Gelenkflächen durch ein Trauma ausgesprengte oder durch Entzündung losgelöste Knorpelstücke.

An welchen Gelenken entstehen sie am häufigsten?

In den Scharniergelenken, namentlich in dem Knie- und Ellenbogengelenk.

In welcher Zahl sind sie vorhanden?

Sie sind entweder einzeln oder in großer Anzahl vorhanden.

Welcher Unterschied besteht zwischen den beiden Formen?

Die letzteren sind reiskörnerähnliche (melonenkernähnliche) oft sehr zahlreiche fixe und freie Körperchen, meist die Folge voraufgehender Entzündung mit Hydrops articularis. Die Einzahl ist meist vertreten durch einen mandelförmigen Körper, der einen knorpelähnlichen Überzug hat, auch die Struktur ist knorpelähnlich; in seinem Innern findet sich oft ein Knochenkern. Sie sind entweder frei im Gelenkraum beweglich oder hängen gestielt mit dem synovialen Bindegewebe zusammen; letztere sind am häufigsten durch Abspringen, Ablösen von Knorpelstückchen entstanden; möglicherweise sind sie auch schon embryonal als frei sich bildende Knorpelzellenzentren angelegt.

Welche Symptome machen die Gelenkmäuse?

Sie machen entweder gar keine oder leicht rheumatische Erscheinungen, in anderen Fällen können sonst gesunde Menschen plötzlich unter sehr heftigen Schmerzen das betroffene Gelenk nicht mehr bewegen. Das rührt von einer Einklemmung der Gelenkmaus her. Ist diese wieder in die freie Gelenkhöhle entwischt, so tritt sofort wieder schmerzfreie Bewegungsfähigkeit ein.

Therapie der Gelenkmäuse?

Besteht in der aseptischen Eröffnung des Gelenkes und Entnahme der Gelenkmaus mit Kornzange; die fibröse Gelenkkapsel und Haut wird sofort wieder vernäht.

Entzündungen der Schleimhäute.

Wie werden Wunden der Schleimhäute behandelt?

Antiseptisch, auch mit antiseptischen Gurgelungen und Spülungen. Wunden der Schleimhäute darf man nur teilweise nähen, teilweise mit einem Jodoformgazestreifen als Drainage füllen. Beliebt sind einige wenige Katgutnähte zur Annäherung der Wundränder (Situationsnähte). Die Jodoformgaze als Docht in eine Wundecke oder Auflage hat sich als Dauerantiseptikum hier besonders bewährt.

Welches Ätzmittel wird am besten bei infizierten Schleimhautwunden angewendet?

Chlorzink in 8—15% Lösung zum Betupfen; dann Auflage von Jodoform- oder Wismut- oder Salolgaze.

Was ist Noma oder Wasserkrebs?

Eine Form asthenischen (durch Schwächung des Organismus hervorgerufener Zustand allgemeiner Kraftlosigkeit) Brandes der Haut und Schleimhaut, besonders der Wange, die sich bei heruntergekommenen Individuen, namentlich bei Kindern nach schweren Krankheiten zeigt.

Wie ist das klinische Bild der Entstehung des Wasserkrebses?

Zuerst bildet sich im Munde unter vermehrter Speichelbildung ein Bläschen. Dieses Bläschen sitzt meist an der Wangenschleimhaut und zeigt blutig serösen Inhalt. Es platzt, und so entsteht ein Geschwür, das bald die ganze Schleimhaut, äußere Haut, Wange, Lippe zerstört.

Wie ist die Prognose des Wasserkrebses?

Schlecht.

Die Therapie des Wasserkrebses?

Ziemlich trostlos; es ist angezeigt, mittels Thermokauter einen tiefen und breiten Schorf zu setzen, mit ihm die brandige Stelle ganz zu entfernen; innerlich gibt man Chinawein und andere Roborantien; außerdem sieht man auf gute Luft und Ernährung.

Entzündungen der Sehnen und Schleimbeutel.

Sind Sehnenentzündungen häufig?

Entzündungen der Sehnen selbst kommen infolge ihres Mangels an Gefäßen nicht gerade häufig vor, außer bei Tuberkulose als fibrilläre Auffaserung mit Zwischenlagerung von tuberkulösem Bindegewebe mit Riesenzellen Es handelt sich meist um eine Entzündung der Sehnenscheiden (Tendovaginitis).

Welche Formen von Tendovaginitis unterscheidet man?

1. Tendovaginitis acuta sicca seu crepitans;
2. Tendovaginitis chronica.

Wie entsteht die akute Form?

Sie entsteht durch starke Arbeitsbeanspruchung bestimmter Muskelgruppen bei ganz bestimmten Arbeiten, namentlich der Hand in den langen Strecksehnen des Daumens am Vorderarm (Musculus abductor und Extensor pollicis). Die Bewegungen der erkrankten Sehnen beim Strecken und Abziehen des Daumens, beim festen Zufassen, sind von einem eigentümlichen, deutlich fühlbaren Knarren begleitet, herrührend von Faserstoffablagerungen auf die Wände der Sehnenscheide.

Welches ist die Therapie der akuten Form?

Ruhe, unter Umständen Schienenlagerung mit Kompression; bei Entzündungserscheinungen Eis oder Bleiwasserumschläge, später Einpinseln von Jodtinktur und Massage.

Wodurch wird die Tendovaginitis chronica verursacht?

Durch Trauma als Gelegenheitsursache, oft durch Tuberkulose als Grundursache.

Wie wird die chronische Form behandelt?

Antiseptisch, wenn eine Wunde vorhanden ist; ohne Verwundung durch Massage, Kompression, später mit steriler Jodoform-Glyzerininjektion 1 : 10 in die Sehnenscheiden selbst.

Welche Formen der Entzündung von Schleimbeuteln unterscheidet man?

1. Akute Form = Bursitis.
2. Chronische Form = Hygrom.

Wo kommen die akuten Entzündungen der Schleimbeutel besonders vor?

In der Bursa praepatellaris, am Schleimbeutel über dem Olekranon, auch am Trochanter maior.

Wie ist der Inhalt einer entzündeten Bursa beschaffen?

Anfangs serös, später serös fibrinös, bei Gegenwert von Bakterien nicht selten auch eitrig und nekrotisch-phlegmonös (z. B. am Olekranon nach kleinen, oberflächlichen aber infizierten Quetsch- und Rißwunden).

Die Therapie der akuten Schleimbeutelentzündung?

Punktion mit nachfolgender Jodinjektion, wodurch stärkere Entzündung, daran anschließend fibröse Umwandlung und Ausheilung erfolgen kann; oder bei Eiterung Inzision, lockere Füllung der Höhle mit Jodoformgaze oder Bismutgaze. Gewöhnlich geht in wenigen Tagen die phlegmonöse Infiltration der Umgebung zurück, so daß die granulierende Wunde durch sekundäre Naht verkleinert werden kann.

Welche Eigentümlichkeiten findet man nicht selten bei chronisch entzündeten Schleimbeuteln und Sehnenscheiden?

Wenn die entzündlichen Ausschwitzungen gering sind, fühlt man oft bei Bewegungen ein eigentümliches Reiben der rauhen Wände aneinander (Lederknarren, Neuledergeräusch).

Welches ist die gründlichste Therapie der chronisch entzündeten Schleimbeutel?

Totale Exstirpation des Sackes oder mindestens mehrerer seiner Seiten.

Welche Entzündung der Schleimbeutel, Sehnenscheiden und Gelenkausstülpungen ist besonders wichtig und häufig?

Die tuberkulöse (chronische) Form.

Welche Erscheinungen machen diese Entzündungen bei Sehnenscheiden und Schleimbeuteln?

Anfangs Gefäßinjektion, später exsudative, seröse und granulöse, fungöse Prozesse; dadurch entstehen weiche zystische Geschwülste hauptsächlich am und unterhalb des Handgelenks; sie erstrecken sich oft auf die Beuge-, aber auch auf der Streckfläche unter dem Lig. carpi bis auf den Unterarm. Ihr Inhalt besteht aus seröser, auch trüber Flüssigkeit mit Flocken, auch reiskörnerähnlichen Fibrinniederschlägen. Die Innenwand ist ausgekleidet durch zottige Wucherungen. Dies sind die meist gutartigen Formen der Sehnenscheiden- und synovialen Gelenkausstülpungen (Hygrom, Ganglion). Es ist nicht sicher, ob manche von ihnen namentlich mit destruktivem Charakter, Aufquellen, Auffasern der Sehnen tuberkulösen Ursprungs sind.

In welcher charakteristischen Form tritt die tuberkulöse Entzündung der Sehnenscheiden und Schleimbeutel gewöhnlich auf?

Als Fungus; der Sack ist dann ausgefüllt mit Granulationen, die Zerstörung der Sehnen veranlassen können.

Wie entstehen tuberkulöse Entzündungen?

Sowohl primär (auf hämatogenem Wege) als sekundär von der kranken Umgebung, z. B. vom Knochen aus, sehr oft an eine Gelegenheitsursache, wiederholte leichte Prellungen, kleine, oft nicht beachtete Unfälle anschließend.

Wie wird die Therapie dieser tuberkulösen Erkrankungen durchgeführt?

Entweder durch operative Spaltung und gründliche Ausschälung des kranken Sackes oder wiederholte Punktion mit nachfolgender Injektion von Jodtinktur, auchStauungsbehandlung nach Bier, Röntgenbestrahlung, Blaulichtbehandlung nach Finsen, vor allem Freiluft- und Sonnenbehandlung unterstützen, ja ersetzen aufs beste oft die chirurgische Behandlung.

Entzündung der Blutgefäße.

Welches ist die wichtigste Entzündung?

Die Phlebitis, Venenentzündung.

Wie entsteht die Phlebitis?

Greift die Entzündung per continuitatem auf ein Gefäß über, so entzündet sich die Wand des Gefäßes.

Welches sind die größten Gefahren der Phlebitis?

Kommt es zur Arrosion und Nekrose der Gefäßwand, so können schwere Blutungen entstehen. Kommt es zur Schädigung der Intima, so sind die Bedingungen für die Gerinnung des Blutes gegeben; es bilden sich Thromben, die zerfallen und in der Blutbahn verschleppt werden können, woselbst sie Anlaß zu sekundären Eiterungen (Metastasen) im Körper werden. Die Thromben gehen durch das rechte Herz, bleiben in der Lunge stecken und verstopfen dann einen Gefäßbezirk an engster Stelle; das weitere Schicksal ist dann meist ein Abszeß bzw. multiple Abszesse (Tod). Große verschleppte Thromben können den größten Teil des kleinen Kreislaufs verstopfen und damit durch Lungenembolie töten.

Welche Erscheinungen bietet eine Phlebitis?

Die Vene fühlt sich als ein schmerzhafter verdickter Strang an; da der Blutabfluß gehindert ist, stellt sich häufig Ödem in der Peripherie ein.

Wie leitet man die Therapie der Phlebitis?

Ohne Drücken, Kneten und Bewegen, um die Thrombi nicht zur Embolie zu lösen; bei Verwendung von grauer Salbe nur sanftes Auflegen, ohne viel zu reiben; sonst Behandlung wie bei Lymphangitis: feuchte warme antiseptische Umschläge mit Bleiwasser, Alkohol dilut., bequeme, mäßig hohe Lagerung.

Ulzeration, Geschwürsbildung.

Was versteht man unter einem Geschwür?

Nach Billroth: einen granulierenden Substanzverlust, der keine (wenig) Tendenz zur Heilung zeigt.

Nach Delpesch handelt es sich um eine spontane Kontinuitätstrennung der Weichteile mit andauerndem Substanzverlust.

Im allgemeinen handelt es sich um Zerfall und Auflösung des Gewebes, Tod der lebenden Zelle durch Nekrose infolge mechanischen Druckes des Entzündungsexsudates, Stase des Blutumlaufs, Druckwirkung der überwuchernden Bakterien und auflösende Wirkung ihrer giftigen Ausscheidung.

Was ist die typische Erscheinung bei jedem Geschwür?

Fortgesetzte Anbildung von jugendlichem Gewebe (Bindegewebe) durch Granulation, die durch gleichzeitig andauernden Zerfall von Zellen immer wieder gestört wird.

Welche Geschwüre unterscheidet man?

1. Einfach entzündliche Geschwüre;
2. phagedänische = fressende, sich stetig vergrößernde Geschwüre;
3. diphtheritische, nekrotische, phlegmonös entzündliche Geschwüre.

Welche Einteilung hat man noch gewählt (nach Billroth)?

1. Örtliche oder idiopathische Geschwüre, welche sich unabhängig von etwaigen Krankheiten bilden, d. h. infolge rein lokaler, von außen einwirkender Reize entstehen, daher auch Reizgeschwüre genannt.

2. Allgemein, konstitutionell oder dyskrasisch bedingte Geschwüre als Folgen von Skrophulose, Tuberkulose, Skorbut, Diabetes, Nervenkrankheiten, Arteriosklerose usw., die durch diese Allgemeinerkrankungen des Blutes, der Gefäßwandung, des Nervensystems bedingt sind. (Billroth.)

Was versteht man unter Dyskrasie?

Entweder eine Blutentmischungskrankheit, bei der eine veränderte Zusammensetzung der Blut- und Säftemasse vorhanden ist; oder jede allgemeine (konstitutionelle) Erkrankung, bei welcher der ganze Organismus in Mitleidenschaft gezogen ist.

Was hat man bei der Beurteilung des Geschwüres zu beachten?

In erster Linie ist zu achten auf seine Form und seine Tiefe, in zweiter Linie auf die Art, Farbe, Menge, Geruch seiner Absonderung; ferner auf die Umgebung, ob in der Nähe Entzündungen, Varizen (sack- oder knotenförmige Erweiterungen der Venen) usw. vorhanden sind; auf die Beschaffenheit seiner Ränder (verdickt, kallös, aufgeworfen, lochartig ausgestanzt, geschwollen, knötchenreich, unterminiert, flach, epithelisierend usw.); auf Farbe, Beschaffenheit, Belag des Geschwüres, seine größere oder geringere Schmerzhaftigkeit.

Die genaue Bestimmung der Geschwürseigenschaften ist differential-diagnostisch und prognostisch äußerst wertvoll, z. B. kann der Geübte ein tuberkulöses Geschwür der Zunge sofort von einem Krebsgeschwür unterscheiden: Ersteres ist flach, wenig infiltriert, schmerzt sehr stark, letzteres sitzt mitten im verdickten Gewebe, geht meist kraterförmig in die Tiefe, hat aufgeworfene Ränder, schmerzt wenig. Zuletzt achte man auf den Sitz des Geschwürs.

Wie ist die Form des lokalen gutartigen Geschwürs?

Es hat in der Regel rundliche flache Form, gutartige weiche Ränder und Grund.

Welche Form zeigen die syphilitischen Geschwüre?

Meistens Nierenform, sind oft lochartig ausgestanzt, haben gelben, speckigen, harten Grund.

Welche Geschwürsformen gehören zu den örtlichen oder idiopathischen Geschwüren (nach Billroth)?

Als örtliches Geschwür ist jede eiternde Wunde anzusehen. Im besonderen werden hierzu gerechnet:

1. Der Ulcus erethicum (nach Billroth); dasselbe ist äußerst schmerzhaft, hat einen stark geröteten Grund und blutet bei der leisesten Berührung; hierher gehören alle Risse, Schrunden usw.; Fissuren im Mastdarm.

Die Therapie erfordert Kälte in irgendeiner Form, wenn sie vertragen wird, sonst milde Salben wie Zinksalben, Bleisalben usw. Kommt man mit diesen nicht zu einem Erfolg, so kratzt man das Geschwür in der Narkose mit einem scharfen Löffel aus und verschorft mit dem Glüheisen. Auch Anwendung von Argent. nitric., z. B. bei Mastdarmfissuren ist empfehlenswert; oder einfach scharf spalten und exzidieren, dabei Sphincter extern. ani in Narkose oder nach Umspritzung mit 1proz. Novokainlösung mit 2 Fingern stumpf dehnen.

2. Ulcus asthenicum seu torpidum, bildet das Gegenteil von der vorigen Art, und hat gar keine Neigung zur Heilung, reagiert auf gar nichts. Es ist hier reizende Behandlung nötig mit ätzenden Höllensteinsalben, Perubalsam.

3. Ulcus putridum seu gangraenosum, ist häufig faulig. Hierher gehören alle infizierten Frostgeschwüre, die septischen Geschwüre, Ätz- und Brandgeschwüre.

4. Ulcus callosum, hat infolge langdauernder chronischer Entzündung eine harte, feste Umgebung, die sich knorpelig anfühlt und steil nach dem Geschwürsgrund abfällt, kommt hauptsächlich auf variköser Grundlage an den Unterschenkeln zur Beobachtung im unteren Drittel, wo die Gefäßernährung in der dünnen Haut auf fester Knochenunterlage durch Stase langsam und mangelhaft ist. Das Geschwür hat torpiden Charakter und schlechte Heilungstendenz.

Therapie: Man behandelt mit gleichmäßiger Kompression durch Heftpflasterstreifen in Dachziegelform, mit Gummibinden, auch durch Zirkumzisionen: 1 cm vom Rande durchschneidet man die Haut, unter Umständen auch die Faszie, oder man macht zwei seitliche Schnitte durch den harten Rand; in manchen Fällen muß man das ganze Geschwür ausschneiden und gesunde Haut mit Fettpolster autoplastisch gestielt aus der Wade, auch vom anderen Bein oder frei von der Bauchdecke her transplantieren. In manchen Fällen ist nur von der Amputation Heilung zu erwarten.

5. Ulcus fungosum seu oedematosum; hat pilzartige, das Niveau der Hautoberfläche überragende, feuchtglasig geschwollene Granulationen mit besonderer Neigung zur Wucherung (Caro luxurians der alten Ärzte). Gegen diese üppigen, auch oft ödematös geschwollenen Granulationen muß man mit Adstringentien vorgehen (Calomel, Chlorzink, austrocknenden, adstringierenden Pulvern wie Bismut, Zink, Bolus); ganz vorzüglich wirkt feingestoßener Zucker dagegen.

6. Ulcus varicosum im Zusammenhang mit varikösen Venenausdehnungen, d. h. Stauung im venösen Kreislauf, besonders häufig am Unterschenkel. Zuerst entsteht eine chronisch seröse Infiltration der Haut, dazu gesellt sich zellige Infiltration der Haut — Verdickung, verbunden mit starkem Juckreiz. Den Anstoß zur Geschwürsbildung gibt in den allermeisten Fällen die Gewohnheit, den Juckreiz durch Kratzen und Reiben zu vermindern und dadurch Risse und Schrunden hervorzurufen, die sich sehr bald durch Infektion zu Geschwüren umbilden. Sie haben wenig Neigung zur Heilung. Hochlagerung, Kompression mit antiseptischen Trocken-Pulver- oder Zinkleimverbänden haben den besten Erfolg.

7. Ulcus sinuosum (nach Billroth), mit abhebbarem Geschwürsgrund und Ulcus fistulosum mit langem Fistelgang. Beide Arten entstehen dadurch, daß Hohlgeschwüre (z. B. chronische tuberkulöse Lymphdrüsengeschwüre) von innen nach außen durchbrechen.

Welches sind allgemeine (konstitutionelle, dyskrasische) Geschwüre?

1. Skrophulöse Geschwüre; sie sind fast alle sinuös, aus skrophulösen Abszessen namentlich der Halslymphdrüsen hervorgegangene offene Geschwüre; sie haben eine schlechte Granulationsbildung, große Neigung zum Zerfall; das Sekret ist dünnflüssig, nach der Heilung zeigen sich strahlenförmige Narben.

2. Syphilitische Geschwüre. Das primäre konstitutionell-syphilitische Geschwür, das Ulcus durum; das flache sekundäre aus Exenthemen und Kondylomen hervorgegangene Geschwür; das tiefe sekundäre, aus zerfallenen Gummiknoten entstandene serpiginöse.

3. Lupöse (tuberkulöse) Geschwüre aus erweichten tuberkulösen Infiltraten hervorgegangen.

4. Skorbutische Geschwüre; hierzu gehören auch solche aus
Beri-Beri hervorgegangene. Sie befinden sich besonders auf der
Schleimhaut des Mundes und stellen große, von einem violetten
Hof umgebene, mit braunen Krusten bedeckte Substanzverluste dar.
Die Kruste stößt sich ab, es erscheint ein reiner, leicht blutender
Geschwürsgrund, der eine dünne, sanguinolente, oft jauchige Flüssig-
keit absondert; starker foetor exore.

Therapie: Ätzung mit Lapis; Ausspülen mit Borax, Kal. chloric.
(2%); Salbeitee; Kal. permang.; Pinselungen mit Tinct. Myrrhae; ab-
wechslungsweise pflanzliche Ernährung (Obst, Zitrone, Hefe, Kleber-
Aleuronatmehl, Kornschrotmehl, Pflanzeneiweiß (Vitamine), tierische
frische Fette, keine Margarine, Mehl mit der Eiweißhülle des Korns,
des Reises, frisches Gemüse, Spinat, grüne Bohnen, Milch, Bier);
dabei frische Luft und Sonne; warme Bäder, evtl. Bettruhe.

Was versteht man unter Barlowscher Krankheit?

Rachitische Kinder werden bisweilen zwischen dem 16. und
18. Monate von skorbutartigen Erkrankungen heimgesucht: im
Munde bildet sich schwammiges, leicht blutendes Zahnfleisch mit
Soorbelag; durch periostale Blutergüsse entstehen an einzelnen
Röhrenknochen äußerst schmerzhafte Anschwellungen, die Gelenke
aber bleiben stets frei; die Prognose ist gut. Die Therapie verlangt
frische Milch, Apfelmus, Apfelsinensaft, lauwarme Bäder usw.

Welches sind die Stadien der Geschwürsheilung?

2 Stadien:
1. das der Granulationsbildung;
2. das der Epithelbildung, und zwar so, daß sie sich vom
   Rande aus mit Epithel überkleiden.

Welche Aufgabe bei der Heilung hat die Therapie im allge-meinen?

Die Aufgabe, den weiteren molekulären Zerfall zu verhüten, so
daß also durch Ausschaltung und Bekämpfung der Noxe die Binde-
gewebsanbildung (frischrote Granulation) den Gewebszerfall überwiegt. Haben gesund aussehende, gut mit Blutgefäßen durchzogene
Granulationen den Geschwürsgrund bis zur Oberfläche der äußeren
Haut oder Schleimhaut ausgefüllt, dann schieben sich vom Hautrand
die Epithelien über die granulierende Fläche von selbst hinweg.

Wie bringt man ein Geschwür zur Reinigung?

Unter größter Schonung der Wunde in ruhiger Lage soll durch
antiseptische Verbände die Bildung von trockenen Krusten, unter

denen das Eitersekret sich verhält, vermieden, die Granulationen angeregt werden.

Wie fördert man die Überhäutung?

Durch Reizmittel, leichtes Streichen mit Höllensteinstift, Umschläge mit Bleiwasser, essigsaurer Tonerde, Höllenstein-Perubalsamsalbe (Argent. nitr. 1,0 Balsam peruv. 1,0 Unguent. Zinci 20,0).

Abzesse.

Was ist ein Abszeß?

Eine zirkumskripte Eiteransammlung in einem Körperraum oder in Gewebsspalten oder einem erweichten Organ.

Wo können Abszesse vorkommen?

In allen Teilen und Organen des Menschen.

Was versteht man unter Empyem?

Eine Eiteransammlung in einem präformierten Körperraum.

Was versteht man unter eitriger Infiltration?

Eine Durchdringung des Körpergewebes mit Eiter.

Welche Abszesse unterscheidet man?

1. Heiße, phlegmonöse (akute);
2. kalte Abszesse (chronische).

Erstere sind das Resultat einer akuten, letztere das einer chronischen Entzündung.

Welches ist meist die Ursache chronischer Abszesse?

Ein langsam verlaufender Entzündungsvorgang, bedingt durch wenig virulente Bakterienstämme (auch Staphylokokken mit geringer Virulenz) oder durch Bakterienformen, die überhaupt in ihrer Infektion meist nur langsam vordringen, z. B. der Tuberkelbazillus, wenn er nicht akute Miliartuberkulose durch Einbruch in die Blutbahn verursacht, auch der Aktinomyzespilz usw.; zur letzteren Art gehören die (tuberkulösen) Wander- oder Kongestions- oder Senkungsabszesse, die nicht da zum Vorschein kommen, wo der Eiter gebildet wird.

Welche Tendenz zeigen Abszesse?

Abszesse haben das Bestreben, Halbkugelform, Spindelform anzunehmen und nach der Hautoberfläche sich auszudehnen und dorthin durchzubrechen. Doch brechen Abszesse, die in der Nähe von großen Körperhöhlen, Gelenken liegen, auch nach diesen durch, weshalb gerade bei dieser Lagerung frühzeitig geöffnet werden muß.

Welche Erscheinungen zeigt der akute Abszeß immer?

Der akute Abszeß ist immer von Fieber begleitet, das je nach der Infektion mehr oder minder hoch, auch andauernd ist; immer ist Schmerz und meist eine Geschwulst oder brettharte Infiltration vorhanden, namentlich bei nicht zu tief liegenden Abszessen.

Wie erkennt man tiefliegende Abszesse?

Bei tieferen Abszessen läßt diese Infiltration des umgebenden Gewebes, auch ein über dem Abszeß erscheinendes Ödem der Haut den Herd, der auf Sondendruck besonders empfindlich ist, erkennen; gleichzeitig ist Röte über der Geschwulst vorhanden. Gesichert ist die Diagnose, wenn durch Gewebserweichung bereits Fluktuation, d. h. Verschieblichkeit des flüssigen Eiters in der umgebenden Gewebsschicht (Abszeßmembran) zwischen den zufühlenden Fingern beider Hände möglich ist.

Welchen Inhalt hat der akute Abszeß?

Der Inhalt des akuten Abszesses ist meist von dicker, rahmiger, gelber Beschaffenheit.

Welchen Inhalt hat der chronische Abszeß?

Sehr oft dünnflüssigen, fast durchsichtigen Eiter mit weißen Flocken oder käsigen Krümmeln (trüb seröser tuberkulöser Eiter).

Welche klinischen Erscheinungen zeigt die Bildung eines chronischen Abszesses?

Der chronische Abszeß (namentlich der Senkungsabszeß) kann sich ohne Fieber ausbilden unter unveränderter Haut und ohne Schmerz. Die Höhle ist beim chronischen Abszeß durch die sog. Abszeßmembran ausgekleidet, welche der Sitz der Infektion ist (z. B. der tuberkulösen).

Wie wird die Differentialdiagnose zwischen einer weichen Geschwulst (z. B. Sarkom, Hämatom, Lipom) und chronischem Abszeß entschieden?

Durch die Probepunktion, wenn die übrigen klinischen Erkennungszeichen und Hilfsmittel dazu, auch die Vorgeschichte genaueren Aufschluß nicht bringen.

Wovon hängt die Prognose des Abszesses ab?

Seine Prognose hängt vom Sitz und den zugrunde liegenden Ursachen ab.

Die Behandlung des akuten und chronischen Abszesses?

Dem akuten Abszeß muß man bald den Abfluß nach außen, namentlich wenn er dem Durchbruch nahe ist, verschaffen. Die alten Chirurgen sprachen dann von einer »Reife« des Abszesses, wenn er in einem deutlich infiltrierten schmalen Leukozytenwall als heiße gerötete Geschwulst unter der verdünnten Haut lag. Diese Reife des Abszesses bis zur kleinen Stichinzision und Saugung nach Bier abzuwarten, wenn keine bedenkliche Allgemeininfektion droht, hat viel für sich, der Leukozytenwall verhindert die Ausbreitung, begünstigt die rasche Ausheilung.

Bei Eröffnung tiefer Abszesse sind lange Schnitte zu machen, um die tiefen Nischen der Eiterhöhle freizulegen; große Gefäße namentlich Venen müssen möglichst geschont werden, um die Entstehung infektiöser Thromben zu vermeiden. Die Eröffnung der Abszesse mittels Ätzpaste war früher gebräuchlich, weil man eben die Propagation durch blutende Gefäße fürchtete; aus dem gleichen Grunde ist die Eröffnung mit Platinbrenner bei sehr heftig septischen Prozessen empfehlenswert.

Wie werden die Senkungsabszesse behandelt?

Sie werden entweder durch wiederholte, schief gerichtete Punktion behandelt oder durch eine kleine Stichinzision, die wieder vernäht wird, eröffnet. In die geleerte Abszeßhöhle kommen einige Kubikzentimeter 10proz. steriler Jodoformglyzerinemulgierung, ausgekratzt wird nicht; strenge Antisepsis ist nötig. Die unter die Haut schief gerichtete Punktion verhütet oft die Fistelbildung, weil Haut- und Abzeßwunde sich durch Verschiebung decken.

Geschwülste — Tumoren.

Was versteht man unter Tumor?

Im allgemeinen jede Anschwellung, Volumzunahme eines Gewebes.

Hat der Tumor den Sinn von Neubildung — Neoplasma, so versteht man darunter eine Geschwulst, die vom Mutterboden in Form und Struktur verschieden ist und unbekümmert um das gesetzmäßige Wachsen der Umgebung eine abnorme unbegrenzte Tendenz im Wachstum zeigt. Gewächse, die aus Gewebe bestehen, welches unverkennbare Ähnlichkeit mit den physiologischen Geweben des Organismus trägt, nennt man homologe — gutartige Gewächse. Abweichung vom Typus des Mutterbodens charakterisiert die malignen Geschwülste — heterologe Gewächse.

Auf welchen Geweben können Tumoren entstehen?

Auf jedem Gewebe des Körpers.

Nach welchen Gesichtspunkten und wie teilt man die Tumoren ein?

Zunächst nach histogenetischen Gesichtspunkten, d. h. die Geschwulst wird bezeichnet nach dem Namen des Gewebes, aus dem es sich aufbaut (de potentiori fit nominatio), z. B.

Bindegewebe:	Fibrom (und Sarkom)
Gefäße:	Angiom
Knorpelgewebe:	Chondrom
Knochengewebe:	Osteom
Fettgewebe:	Lipom
Schleimgewebe:	Myxom
Muskelgewebe:	Myom
Nervengewebe:	Neurom.

Dann gibt es noch Mischgeschwülste, die durch Kombinationen der einzelnen oder durch sekundäre Entartung entstehen.

Wie geht das Wachstum der Tumoren im allgemeinen vor sich?

1. Durch Vermehrung der eigenen Elemente und Beiseitedrängung des Mutterbodens bei der Volumzunahme — expansives Wachstum.

2. Dadurch, daß der Mutterboden durchsetzt wird, indem die Zellen, Ausläufer der Geschwulst, nach allen Seiten und Tiefen hineinwachsen, den Mutterboden sozusagen mit schädlichen Geschwulstkeimen infiltrieren — infiltrierendes Wachstum.

Wie vervielfältigen sich die Tumoren im Körper?

Dadurch, daß von der Geschwulst Gewebspartikelchen in Blut- und Lymphgefäße hineinwuchern und mit dem Blut- und Lymphstrom fortgeschleppt werden. Auf diese Weise können Geschwulstpartikelchen in ganz entfernte Körperregionen verschleppt werden, woselbst sie Anlaß zu neuen Geschwulstbildungen werden können — Metastasenbildung.

Welche Schlüsse ergeben sich aus der Wachstumsverschiedenheit und Art der Vervielfältigung der Tumoren für ihre Prognose?

Natürlich werden die Geschwülste mit expansivem Wachstum durch Exzision, Glühhitze oder Ätzmittel gründlich zerstört werden können, während bei Geschwülsten mit infiltrierendem Wachstum und Metastasenbildung kaum die vollständige Entfernung alles Schädlichen möglich sein wird. Eine gründliche Exstirpation ist bei diesen nur insolange denkbar, als im gesunden Gewebe operiert werden kann, aber auch dann können durch Blut- oder Lymphbahnen mikroskopisch kleinste Neubildungszellen schon weit vom Entstehungsort in entfernte Organe verschleppt worden sein, ehe diese Aussaat überhaupt zu sehen oder klinisch festzustellen ist.

Was für eine weitere Einteilung der Geschwülste ergibt sich von selbst aus diesen rein praktischen Gesichtspunkten?

Die Einteilung in gutartige und bösartige Geschwülste.

Wodurch ist also eine gutartige Geschwulst·charakterisiert?

Eine gutartige Geschwulst ist eine solche, welche den Mutterboden nicht destruiert und keine Neigung zu Metastasenbildung und Rezidiven hat.

Was ist eine bösartige Geschwulst?

Eine solche, welche den Mutterboden destruiert, Neigung zu Rezidiven sowie Metastasenbildung hat und deren Zellelemente Neigung zu atypischer Gewebsbildung sowie nach einer gewissen Zeit des Wachstums und der Wucherung Neigung zum Zerfall haben.

Ist diese Abgrenzung in gutartig und bösartig klinisch immer streng durchzuführen?

Nein; es kann eine sog. gutartige Geschwulst beim Wachstum Veranlassung geben zur Kompression von Nerven und Gefäßen oder lebenswichtigen Zentren im Gehirn und dadurch· bösartig wirken; ein an und für sich harmloser Polyp am Stimmband kann unter Umständen den Erstickungstod herbeiführen; gutartige Geschwülste können sich später in bösartige umwandeln. Ein Karzinom hingegen kann wieder lange Zeit klein und lokalisiert bleiben und in diesem Zustand zunächst keinen Schaden machen.

Wie werden die Geschwülste ernährt?

Durch Gefäße, welche aus dem Mutterboden in die Geschwulst abzweigen.

Zeigen die Geschwülste nur Aufbauerscheinungen?

Nein; nicht selten werden in den Geschwülsten auch Zerfallserscheinungen, regressive Veränderungen beobachtet, die dann durch sekundäre Infektion von außen in Vereiterung und Verjauchung übergehen können.

Welches sind die gutartigen Geschwülste?

A. Der Bindegewebssubstanzen:

Das Fibrom, Lipom, Myxom, Chondrom, Osteom, Angiom, Neurom, Myom.

B. Der Epithelien:
1. Papillom,
2. Adenom.

Welches sind die bösartigen Geschwülste?

Das Karzinom und Sarkom; auch viele Enchondrome, das Neuromyxom, das Steatom, Adamantinom zählen zu den malignen Tumoren.

Wann spricht man von Mischgeschwülsten?

Wenn mehrere verschiedenartige Gewebe sich beim Aufbau der Geschwulst beteiligen. Hieher gehören die Dermoide, Dermoidzysten, Atherome, Atheromzysten, Teratome, Myxoneurome, Myxofibrome, Adenokarzinome usw.

Welches ist die histologische Zusammensetzung des Fibroms?

Es ist eine vorwiegend aus Bindegewebe bestehende Geschwulst.

Welche Formen von Fibrom unterscheidet man?

Weiche und harte Formen.

Wie ist die Struktur der weichen Form?

Sie besteht aus gefäßhaltigem Bindegewebe mit Hohlräumen, die eine schleimige oder seröse Flüssigkeit einschließen.

Welche äußere Form zeigt meist das weiche Fibrom?

Es ist meist gestielt.

Wo kommt es zumeist vor?

Vorzugsweise in der Haut, zuweilen in multiplen Knoten; bei diffuser Verbreitung zeigt es Ähnlichkeit mit Wucherungen der Elephantiasis; es entwickelt sich mit Vorliebe im höheren Alter, wächst sehr langsam.

Therapie?

Operative Entfernung, wenn es nicht zu diffus verbreitet ist; Rezidive sind selten.

Welche äußere Form hat das harte Fibrom?

Ein harter, scharf umschriebener Knoten von rundlicher Gestalt; knirscht beim Durchschneiden.

Welche histologische Struktur zeigt das harte Fibrom?

Es besteht aus sich kreuzendem, straffem Fasergewebe mit reichlicher Vaskularisation.

Wie ist das Wachstum?

Langsam aber stetig.

Sein Vorkommen?

Entweder isoliert oder gruppenweise.

Welches sind die Lieblingssitze für das harte Fibrom?

Haut, Unterhautzellgewebe, Periost (z. B. der Schädelbasis, wo sie als Nasen-Rachenfibrome in den Nasenrachenraum hineinwachsen); Faszien, Sehnenscheiden, Gelenkkapseln; dann der Uterus und die Nervenscheide.

In welchem Alter entsteht es vorzugsweise?

Im allgemeinen im mittleren Lebensalter.

Welche Kombinations- und Umwandlungsfähigkeit besitzt das Fibrom?

Es geht häufig Kombinationen mit Myxom, Lipom und Myom ein; durch Zunahme der zelligen Elemente kann es auch in Sarkom übergehen (Fibrosarkome) und dann Metastasen bilden, auf einmal ganz unerwartet, die dann als weiche Sarkome sehr bösartigen Charakter zeigen.

Was versteht man unter Elephantiasis?

Große Geschwülste, weiche, lappige, manchmal unförmige Gebilde; sie haben Beziehungen zu den Bindegewebsscheiden der Nerven, Gefäße und Hautdrüsen und stellen als solche Übergänge zu den Neurofibromen dar (meist angeborene Mißbildung).

Welche Formen von Elephantiasis unterscheidet man noch?

1. Elephantiasis Arabum, Hypertrophie der Haut und des Unterhautbindegewebes, entstanden durch häufige Entzündungen der Haut und Lymphgefäße; mehr an den unteren wie oberen Extremitäten; entwickelt sich sehr langsam (Ursache oft alter tuberkulöser Lupus und Syphilis).

2. Elephantiasis tropica; kommt nur in den Tropen vor und wird verursacht durch das Eindringen von Filaria sanguinis, eines von der Haut in die Lymphgefäße eindringenden Wurmparasiten, der diese verstopft.

Lipom.

Was ist ein Lipom?

Ein Tumor, bestehend aus Fettgewebe, rundlichen, vollkommen abgegrenzten, sehr gefäßreichen Fettlappen, aufgebaut nach dem

Typus des Unterhautfettgewebes, aber mit größeren Fettzellen. Die Lipomlappen sind vom Unterhautfettgewebe durch eine eigene Bindegewebskapsel scharf abgegrenzt, haben eine gelbere Farbe. Je nach der Entwicklung der bindegewebigen Zwischensubstanz unterscheidet man auch ein weiches, fast Fluktuation darstellendes und ein härteres, fibröses Lipom.

Wo kommen Lipome mit Vorliebe vor?

Unter der Haut des Nackens, der Schulter, des Rückens, der Gesäßgegend, auch der Oberarme und Oberschenkel.

Welche Lipome unterscheidet man nach der Lage?

Subkutane, subfasziale, submuköse und solche in Gelenkkapseln (z. B. Kniegelenk).

Was versteht man unter Lipoma arborescens?

Eine spezielle Eigentümlichkeit mancher Synovialhäute. Sie besteht in einer baumartigen Wucherung und Ausbreitung der Fettzellen und Fettanhänge, deren Vorhandensein normal ist. Das Kniegelenk z. B. enthält drei Fettkörper: einen vorderen in den Ligamenta alaria beiderseits hinter Kniescheibe und Lig. patellae proprium, einen oberen in der Bursa subrectalis auf dem Periost des Femur aufsitzend, einen hinteren vor dem Lig. popliteum; sie enthalten zahlreiche Blut- und Lymphdrüsen, die für die Resorptionsverhältnisse, Ergüsse im Gelenk wichtig sind. Ihre Quetschung, Zerrung bedingt durch Blutergüsse Störung der Lymphabscheidung, damit Gelenkerguss.

Aus welchen Erscheinungen stellt man die Diagnose auf Lipom?

Aus seiner lappigen Anordnung, weichen Konsistenz, meist oberflächlichem Sitz, scharf umschrieben oder abgekapselt, selten diffus in das Gewebe übergehend (z. B. bei Fetthals); oft isoliert. Langsames aber stetiges, manchmal bedeutende Dimensionen annehmendes Wachstum, am häufigsten zwischen 30.—50. Jahr.

Welche Umwandlungen kann das Lipom eingehen?

Es kann eine schleimige, auch flüssig-ölige Umwandlung eingehen.

Welche Stellung nimmt das Lipom unter den Geschwülsten hinsichtlich seiner Gutartigkeit ein?

Es gilt für die gutartigste Geschwulst, die nur durch ihre Größe, auch durch Druck, rheumatische Schmerzen, Beschwerden verursacht.

Therapie?

Ausschließlich chirurgisch.

Myxom.

Was ist ein Myxom?

Eine rundliche, mitunter gelappte, bald scharf, bald weniger scharf begrenzte Geschwulst von weicher Konsistenz, die aus Schleimgewebe besteht; dieses Schleimgewebe ist aus spindel- und sternförmigen, untereinander zusammenhängenden Zellen zusammengesetzt und von durchscheinenden Gefäßen und einzelnen Fibrillen durchzogen. Mischt sich der Grundsubstanz noch entsprechend Bindegewebe, Fettgewebe oder Knorpelgewebe bei, so spricht man von Myxofibrom, Myxolipom, Myxochondrom, auch Neuromyxome kommen vor.

Wo im Körper kommen hauptsächlich Myxome vor?

Überall, wo weiches Bindegewebe vorkommt, so im Unterhautzellgewebe, im Knochenmark, den Schamlippen, der Mamma, der Achselhöhle, dem Skrotum, in der Submukosa des Darms, des Uterus und der Nase (Nasenpolypen), längs der Bindegewebszüge der Gefäße und Nerven.

Wo im Körper kommt normalerweise Schleimgewebe vor?

In der Warthonschen Sulze des Nabelstrangs; im Glaskörper.

Wie stellt man die Diagnose?

Durch mikroskopische Untersuchung stellt man die schleimige Grundsubstanz und die reich verästelten Zellen fest, deren Ausläufer miteinander zusammenhängen.

In welchem Alter kommen Myxome vor?

Im höheren, aber auch im jüngsten.

Therapie?

Exstirpation; es kommen auch Rezidive in den Nerven- und Muskelscheiden gefährlicher Art vor.

Chondrom — Enchondrom.

Was ist ein Enchondrom?

Eine Geschwulst aus Knorpelgewebe; feinere oder größere Bindegewebszüge durchziehen alle Chondrome.

Häufig tritt eine sekundäre Umwandlung hinzu, so Verkalkung (Osteochondrom), Erweichung einzelner Partien (E. myxomatodes) oder Zystenbildung (E. cysticum).

Diagnose des Enchondroms?

Knollige Geschwülste von harter Konsistenz von der Größe einer Erbse bis zu der eines Mannskopfes. Das Wachstum ist verschieden schnell, erfolgt mit Pausen, oft nach einem gelegentlichen nicht ursächlichen kleinen Trauma rapid.

Wo pflegen Enchondrome mit Vorliebe aufzutreten?

Sie entwickeln sich an Stellen, wo Knorpel vorkommt, hauptsächlich in einem Knochen aus den Zwischenknorpelscheiben der Metaphyse heraus oder aus dem bindegewebigen Stützgewebe von Drüsen, z. B. der Speicheldrüse (Parotis), dem Hoden, auch an der Symphyse und am Oberschenkel. Eine ganz beliebte Stelle sind die Metaphyse der Phalangen und die Metakarpalia der Hand, doch sind letztere, obwohl sie multipel besonders in den Entwicklungsjahren auftreten, nicht so bösartig durch Metastasierung in anderen drüsigen Organen, wie das solitäre Enchondrom des Hodens, der Parotis.

In welcher Häufigkeit treten sie auf?

Entweder isoliert oder multipel.

Therapie?

Gründliche, frühzeitige operative Beseitigung mit Messer, Hammer und Meißel in gesunder Umgebung, unter Umständen durch hohe Amputation, besser Exartikulation.

Osteom.

Was ist ein Osteom?

Eine knöcherne Geschwulst, die ganz aus Knochengewebe besteht. Man unterscheidet ein Osteoma durum (eburneum), das aus kompaktem Knochengewebe besteht, und ein Osteoma spongiosum, das mit Markräumen versehen ist.

Von welchem Gewebe nimmt die Geschwulst ihren Ausgang?

Vom Bindegewebe des Periosts, am häufigsten ist das Bindegewebe des Knochens der Mutterboden für die Neubildung (Exostosen bzw. Endostosen, wenn die Geschwulst im Innern des Knochens sitzt). Sehr selten geht das Osteom vom einfachen, in keiner Beziehung zum Knochen stehenden Bindegewebe aus (z. B. Osteoma in der Lunge, Luftröhre usw.).

Wodurch wird die Diagnose der Osteome bestimmt?

Durch isoliertes oder multiples Auftreten in den Entwicklungs-jahren. Kugelige, harte, unverschiebliche Geschwülste langsam bis zu mäßiger Größe wachsend und gutartig. Haben viel Verwandtschaft und Ähnlichkeit mit multiplen Enchondromen.

Welche Lieblingssitze haben die Osteome am Skelett?

Die Röhrenknochen und einzelne platte Knochen wie Becken, Schulterblatt, Kiefer, Schädeldach.

Wie gestaltet sich die Prognose der Osteome?

Die reinen Knochengeschwülste kann man den gutartigen Ge-schwülsten anreihen, die hauptsächlich nur durch Druck stören; doch kommen unter ihnen auch Mischgeschwülste z. B. mit Riesen-zellensarkomen, Enchondromen vor, die sehr destruierenden und metastasierenden Charakter haben.

Womit dürfen Osteome nicht verwechselt werden?

Mit sekundärer Knochenbildung in einem anderen Tumor, auch nicht mit den Verknöcherungen des Muskelgewebes bei Myositis ossificans (z. B. Exerzierknochen im Deltamuskel, Reitknochen in den Adduktoren des Oberschenkels infolge anhaltenden Druckes).

Welches ist die sicherste Therapie?

Vollständige Exstirpation mit Hammer und Meißel bei funk-tioneller Störung oder übermäßigem Wachstum.

Angiome.

Was versteht man unter einem Angiom?

Eine geschwulstförmige Neubildung von Gefäßen, der wenig Bindegewebe beigemengt ist. Sind die neugebildeten Gefäße Blut-gefäße, so spricht man von einem Hämangiom, sind es Lymph-gefäße, so spricht man von einem Lymphangiom.

Wovon sind die Angiome wohl zu unterscheiden?

Von Varizen und Aneurysmen, die durch einfache Erweiterung präformierter Gewebe infolge chronischer Entzündung der Gefäß-wand, Stauung entstanden sind.

Warum nennt man die Angiome auch erektile Geschwülste?

Weil sie die Fähigkeit haben, auf gewisse Reize hin anzu-schwellen mit vermehrter Füllung und Ausdehnung ihrer Gefäßbahn, ähnlich dem Corpus cavernosum penis, urethrae usw.

Aus welchen Gefäßen bauen sich Hämangiome auf?

Aus Kapillaren, Venen und Arterien.

Was versteht man unter Teleangiektasie?

Angeborene Tumoren verdickter und vergrößerter Kapillargefäße mit dazwischen gelagertem Bindegewebe, ein in sich abgeschlossener Gefäßbezirk mit einer zuführenden Arterie und einer abführenden Vene. Sie zeigen oft, namentlich wenn sie kavernösen Bau haben, Tendenz zu rapidem Wachstum.

Welche Anhaltspunkte hat man für die Diagnose?

Rote oder braunrote Prominenzen, deren Röte auf Druck verschwindet. Am Rande ist die Zeichnung der Kapillaren deutlich sichtbar.

Wo kommen Teleangiektasien am häufigsten vor?

An der Haut (Feuermal, Gefäßmal), selten an der Schleimhaut, können aber auf den Schleimhautrand übergreifen. Sie führen auch den Namen Naevus.

Was versteht man unter einem Hämangioma cavernosum?

Eine Blutgeschwulst, die analog den Corpora cavernosa des Penis gebaut ist. Die Gefäßräume kommunizieren miteinander, der Gefäßbezirk aber ist abgeschlossen durch eine konsekutiv gebildete fibröse Kapsel und steht mit einer Arterie und Vene in Verbindung. Wie Teleangiektasien zeigen sie Erektilität und sind ebenfalls gewöhnlich angeboren; sie treten solitär oder multipel auf und können aus kleinen punktförmigen Anfängen namentlich in den Entwicklungsjahren zu großen Geschwülsten auswachsen.

Welches sind Prädilektionsstellen für Kavernome?

Haut, Subkutis, Fettgewebe der Orbita, Zunge, aber auch drüsige Organe, z. B. Leber.

Die Diagnose der Kavernome?

Weiche Geschwülste von blauroter Farbe, erbsen- bis apfelgroß und größer, mit ausgesprochener Erektilität, die flach erhaben in uud unter der Cutis sitzen.

Welche Kombination mit andern Neubildungen können die Angiome eingehen?

Bei stärkerer Entwicklung des Bindegewebes spricht man von Angioma fibrosum, bei vermehrter Fettbildung von Angiolipom usw.

Was ist ein Angioma arteriale racemosum? (Aneurysma cirsoides, Rankenangiom)?

Ein arterielles Angioma, eine pulsierende Gefäßgeschwulst, bestehend in varixartiger Erweiterung und Schlängelung aller größeren und kleineren Arterien eines Gefäßbezirkes bis in die feinsten Verzweigungen hinein, z. B. als Löwenhaupt (Leontiasis) von der Stirn, Augenliderhaut über die Wange herabwuchernd.

Therapie der Angiome?

Kleine werden umschnitten und exstirpiert; große werden mit Ignipunktur (punktförmige Stichelung mit spitzem Thermokauter) behandelt; auch Injektionen von Alkohol und Liquor ferri sesquichlorati oder Skarifikationen (Stichelungen mit dem Messer) sind versucht worden, aber unsicher im Erfolg und wegen Thrombenbildung, Nachblutung gefährlich. Elektrolytische Punktur hat auch oft Erfolg. Payer in Leipzig hat schöne Resultate durch mehrfaches Einstechen von Magnesiumpfeilen erzielt, weil dieses Metall Sauerstoff dem Gewebe begierig entzieht.

Was ist ein Lymphangiom?

In der Regel eine Ektasie (Erweiterung) kleinster und kapillärer Lymphgefäße mit Verdickung der Wand.

Was versteht man unter Lymphangioma cavernosum?

Einen dem kavernösen Angiom analogen Bau der vermehrten, erweiterten Lymphbahnen, wie man ihn angeboren im Bereich der Mundhöhle findet als Makroglossie und Makrocheilie (abnorme Verdickung der Lippen), oder am Halse als Hygroma cysticum, Cystenhygrom beobachtet hat, eine Geschwulst von fächerig-zystischem Bau mit lymphartigem Inhalt.

Therapie des Lymphangioms?

Am besten ist die totale Exstirpation; Ignipunktur, auch Injektionsbehandlung, Galvanokaustik, Elektrolyse, Einlage von Magnesiumpfeilen nach Payer.

Neurom.

Was versteht man unter Neuroma verum?

Eine Geschwulst, der Hauptsache nach aus Nervenfasern bestehend mit mehr oder weniger reichlichem Bindegewebe.

Vorkommen des Neuroms?

Es ist selten; dagegen kommt häufig das Neuroma spurium vor.

Was ist ein Neuroma spurium?

Es sind dem Nerven aufsitzende isolierte oder noch häufiger multiple Geschwülste, die aus dem Bindegewebe der Nervenscheide entstehen und dementsprechend eher als Fibrome, Myxome usw. anzusprechen sind.

Zu welcher Gattung gehört das Amputationsneurom?

Zu den echten Neuromen mit Nervenfasern und reichlich bindegewebigem Stroma; Ausläufer des zentralen Nervenstumpfes, kolbige Verdickungen, die in das Narbengewebe eingebettet sind.

Wie stellt man die Diagnose?

Sie sind kleine, rundliche, verschiebliche Gebilde von wechselnder Größe vorwiegend im Fettgewebe unter der Haut, im Bindegewebe zwischen den Muskeln sitzend, auf Druck sehr schmerzhaft.

Was versteht man unter Rankenneurom?

Rankenförmig auftretende Neurome, meist angeboren in der Schläfengegend sitzend. Die unregelmäßigen Knäuel unter der Haut sind schon mit bloßem Auge sichtbar.

Worin besteht die Therapie der Rankenneurome?

In vorsichtiger Exstirpation mit Erhaltung der Funktion der Nerven; bei etwa notwendig werdender Resektion ist eine sorgfältige Nervennaht notwendig wegen der Innervation der Gesichtsmuskeln.

Was sind Gliome?

Kleine, reichlich gefäßhaltige Geschwülste vom Typus der Neuroglia (interstitielles Gewebe), vorzugsweise im Zentralnervensystem vorkommend. An und für sich gutartig, sind sie doch häufig Ursache von Hirnapoplexien. (Bersten von Gehirngefäßen mit Blutung in das Gehirn und Zertrümmerung des Gehirngewebes — Schlaganfall.)

Myome.

Was versteht man unter einem Myom?

Geschwulst, in der wirkliche Muskelfasern den Hauptbestandteil bilden. Je nachdem die Muskelfasern zu den glatten oder den quergestreiften gehören, unterscheidet man Leiomyome und Rhabdomyome.

Wo kommen Rhabdomyome vor?

In Nieren, Herz, Hoden; sie sind sehr selten; vielfach (in der Entwicklungsanlage durch versprengte Keimzellen) angeboren.

Wie läßt sich die Diagnose sicherstellen?

Die Erkennung der einzelnen versprengten Muskelfasern ist oft nur mikroskopisch möglich.

Wo kommen Leiomyome vor?

Im Verdauungstraktus, Harnblase und sehr häufig im Uterus.

Worauf gründet sich die Diagnose der Leiomyome?

Sie stellen runde, scharf begrenzte und knollige Geschwülste von sehr wechselnder Größe dar.

Welche Übergangsformen des Myoms finden sich?

Es finden sich Übergangsformen zu Fibrom und Sarkom. Die atypische Zellproduktion nimmt ihren Ausgangspunkt von dem bindegewebigen Stroma und die übermäßige Wucherung der jugendlichen Bindegewebszellen bringen die Muskelelemente zur Atrophie.

Papillome und Adenome.

Welches sind die gutartigen Geschwülste der Epithelien?

Die Papillome und die Adenome.

Was ist ein Papillom?

Eine Geschwulst, die sich aus einer Epithelschicht (Deckepithel der Haut oder Schleimhaut) unter Beteiligung des zugehörigen Bindegewebes mit den Gefäßen als regelmäßig typisches Gewebe vom Bau der Haut, aber mit sehr stark überwucherndem, verdicktem Epithel aufbaut; eine Mischform zwischen desmoidem (bindegewebigem) und epithelialem Tumor.

Welche Formen unterscheidet man?

1. Warze oder Verruca.
2. Feigwarze oder spitzes Condylom.
3. Zottengeschwulst.

Wie ist die Warze gebaut?

Ein Papillom, bei dem die Epithelwucherung diejenige des Bindegewebsstromas überwiegt und einen gemeinschaftlichen hornbedeckten Überzug mit mehr oder minder zerklüfteter Oberfläche hat.

Was versteht man unter Cornu cutaneum?

Rasch wachsende Warzen mit übermäßiger Bildung von Hornmasse.

Was ist bei diesen Hauthörnern schon oft beobachtet worden?

Der spätere Übergang in Karzinom, so daß in ihr die typische Trennung zwischen Epithel- und Bindegewebsschicht zerstört ist und unregelmäßig gewucherte Epithelzellmassen meist von jugendlichem Charakter in das Bindegewebe hineingesprengt sind.

Wo kommen die Warzen vor?

Sie haben ihren Sitz in der Haut und treten zumal bei jugendlichen Individuen oft in großer Anzahl auf.

Therapie der Warzen?

Vorsichtiges Betupfen mit rauchender Salpetersäure; Röntgenbestrahlung; Exzision.

Was ist ein spitzes Kondylom?

Zapfenförmig zugespitzte Geschwulst, Wucherung der Hautpapillen, wobei die Entwicklung des Rete Malpighii der Epidermis über die der Hornschicht überwiegt. Der Papillarkörper zeigt vielfach starken Gefäßgehalt und kleinzellige Infiltration.

Wo kommen diese Kondylome zumeist vor?

In der Umgebung der Genitalien.

Wodurch pflegen spitze Kondylome zu entstehen?

Hauptsächlich durch Mazeration und Einwirkung infizierenden Trippersekretes.

Worin besteht die Therapie dieser Kondylome?

In Ätzung oder Thermokauterbehandlung; Abtragung mit Messer und Schere; Aufstreuen von Kalomel nach Anfeuchten mit Kochsalzwasser, auch Aufstreuen des grünen Pulvers vom Sadebaum.

Rp.
Summitat. Sabin.
Alumin. crud aa 0,5.
Cupr. sulf. 0,1—0,2.
  M. f. pulv.
Nachbehandlung mit Jodol oder Europhen.

Was ist ein Zottenpapillom?

Ein weicher Tumor von zottigem Aussehen aus gewucherten Papillen mit dünnerer Epitheldecke und zarterem Stroma; bildet sich meist auf Schleimhäuten, neigt infolge seines Gefäßreichtums sehr zu Blutungen.

Wo pflegen Zottenpapillome aufzutreten?

Seltener am Magen, Darm, Scheide, Uterus; am häufigsten am Mastdarm, in der Harnblase und am äußeren Muttermund.

Welche Uebergänge zu bösartigen Geschwülsten hat man beobachtet?

Die tieferen Schichten zeigen mitunter echte Sarkombildung; bisweilen Übergang in papilläre Karzinome.

Therapie der Papillome?

Operative Beseitigung.

Was versteht man unter Adenom?

Eine geschwulstförmige Neubildung vom typischen Bau der Drüse, ausgehend vom Drüsenepithel unter Mitbeteiligung des Bindegewebes.

Was versteht man unter Fibroadenom?

Ist die Beteiligung des Bindegewebes vorwiegend, so spricht man von Fibroadenom.

Was stellt die mikroskopische Untersuchung fest?

Die mikroskopische Untersuchung läßt den drüsigen Charakter des Epithels an dem vorhandenen Lumen im Innern der Zellwucherungen deutlich erkennen: ein oder mehrschichtiges kubisches oder zylindrisches Epithel vom Bau der azinösen oder tubulösen Drüsen.

Welche Form pflegt das Adenom an Schleimhäuten anzunehmen?

Die Form von Polypen (Magen-Darmkanal).

Von welchen Drüsen können Adenome ausgehen?

Von Talg- und Schweißdrüsen (selten); von den Schleimhautdrüsen des Magen-Darmkanals; von der Brustdrüse, von den Ovarien, von der Leber, Niere, Schilddrüse, Hoden.

Die Prognose des Adenoms?

Während reine Adenome gewöhnlich keine Metastasen bilden und deshalb als ziemlich gutartig gelten können, zeigen sich manchmal Übergänge in Karzinom mit Neigung zu Rezidiven und Metastasen. Das Bindegewebe wächst aktiv gegen die neugebildeten Epithelzellen vor. Es senkt sich in Form von keulenförmigen Papillen gegen die Wand der Epithelkugeln und Zylinder und treibt sie wie bei der Bildung der papillären Epitheliome vor sich her;

oder umgekehrt die soliden Epithelzapfen oder tubulösen Drüsenschläuche senken sich keilförmig atypisch wuchernd in das Bindegewebe ein. Das Bindegewebe ist dabei meist sehr zellreich von jugendlicher Form (häufig in der Mamma vorkommend).

Die bösartigen Geschwülste — Sarkome —, Epitheliome.

Was ist ein Sarkom?

Sarkome sind bösartige Geschwülste, welche aus noch nicht fertigem, dem Bindegewebe angehörigem, jugendlichem, sehr zellreichem Gewebe bestehen; es unterscheidet sich von anderen Bindegewebsgeschwülsten hauptsächlich dadurch, daß die Zahl der Zellen eine bedeutend größere ist. Die Zellen sind bald Rundzellen (meist kleine), bald spindelige Elemente, bald Riesenzellen, kurz polymorphe, embryonale Typen des Bindegewebes, reich an Kernteilungsfiguren, weil es werdendes Gewebe darstellt, das sehr der Karyokinese (Kernteilung) unterliegt.

Wo begegnen wir denselben embryonalen Typen wieder?

Beim Granulationsgewebe.

Was ist für ein Unterschied zwischen Sarkom und Granulationsgewebe?

Das Granulationsgewebe ist ein vorübergehender Zustand und endet mit Narbenbildung, stellt normales, aber jugendliches, sehr gefäßreiches Bindegewebe von regelrechtem Bau dar; die Zellen der Sarkome dagegen zeigen starkes, unbeschränktes Wachstum mit destruierender Tendenz in unregelmäßiger Überwucherung der kernreichen Zelleiber mit unregelmäßiger Gefäßbildung.

Welche Sarkome unterscheidet man nach dem Aussehen der Zellen?

1. Rundzellensarkome (groß- und kleinzellig) — eine sehr bösartige Form; hat Ähnlichkeit mit Granulationen und tritt meist in Form weicher Medullargeschwülste auf von sehr raschem Wachstum. Kommen besonders in den Lymphdrüsen vor (Lymphosarkome), außerdem noch im Bindegewebe der Muskeln, Faszien, Knochen und der Haut.

2. Spindelzellensarkome — das häufigste —, besteht aus dicht aneinander gelagerten Spindelzellen, mit spärlicher Interzellularsubstanz. Sie sind härter, langsamer wachsend, weniger bösartig.

3. Das Riesenzellensarkom (Riesenzellen an und für sich treten auch bei anderen Zellformen der Sarkome isoliert auf); es ist besonders ausgeprägt bei periostalen Osteosarkomen.

Welche Sarkome nehmen ihren Ursprung in den Gefäßen?

Das Hämangiosarkom und Lymphangiosarkom (auch Endotheliom genannt). Dieses Sarkom geht entweder vom Endothel (besonders der Lymphgefäße) oder von den äußeren Lagen aus. Die Sarkomzellen sind in alveolärer (einzelne Zellgruppen durch eine mantelartige Umhüllung von Bindegewebe von einander abgegrenzt) oder tubulärer Form angeordnet. Es gibt hier Übergangsformen zum Karzinom.

Was versteht man unter Melanosarkom?

Dieses ist charakterisiert durch Pigmentbildung innerhalb der Geschwulstzellen, durch seine Bösartigkeit ausgezeichnet. Sie entwickeln sich da, wo normalerweise Pigment enthalten ist (Auge, Pia), verbreiten sich ungemein rasch durch die Lymph- und Blutbahn.

Welche Sarkome unterscheidet man nach den einzelnen Gewebsarten, aus denen sie hervorgehen?

Muskelsarkome, Lymphsarkome, Knochensarkome.

Aus welchen Zelltypus setzen sich die Sarkome der Muskeln und Faszien zusammen?

Sie sind entweder Spindelzellen- oder Rundzellensarkome.

Woraus entwickeln sich die Lymphdrüsensarkome?

Vielfach aus Lymphdrüsenwucherungen.

Welchem Typus gehören die Lymphosarkome an?

Bald Rundzellensarkome (weich), bald Spindelzellensarkome (derb), bald Angiosarkome (weich).

Wie präsentieren sich die Lymphosarkome grob anatomisch?

Als isolierte oder multiple Tumoren einer einzigen Drüsengruppe. Im Gegensatz hiezu stehen die Lymphdrüsenschwellungen, die Verbreitung an verschiedensten Stellen des Körpers gleichzeitig oder rasch nacheinander zeigen (lymphatische Leukämie; maligne Lymphome).

Welche Formen von Knochensarkomen unterscheidet man?

1. Periostale Sarkome, von den inneren Lagen der Knochenhaut ausgehend.

2. Myelogene Sarkome, aus der inneren Spongiosa sich entwickelnd, weiche Riesenzellensarkome.

Wie wachsen die periostalen Sarkome?

Sie umwuchern subperiostal die Knochen, hauptsächlich Röhrenknochen und wirken zerstörend auf den Knochen nach innen und die Muskulatur nach außen.

Worin besteht die Therapie der periostalen Sarkome?

Es kann nur hohe Amputation bzw. Exartikulation nützen.

Welche Erscheinungen pflegt das myelogene Sarkom zu machen?

Der Knochen wird aufgezehrt, aber von dem Periost werden neue dünne Knochenschalen erzeugt. Die Geschwülste sind manchmal so weich, daß sie pulsieren.

Peripherer, unregelmäßiger, atypischer überwuchernder Aufbau bei gleichzeitigem zentralen Zerfall ist das Charakteristische aller dieser bösartigen Geschwülste.

Welche Metamorphose können die myelogenen Sarkome eingehen?

Am ehesten tritt die schleimige Entartung ein mit (nachfolgender) Zystenbildung.

Worauf stützt sich die Diagnose der Knochensarkome?

Sie kann mitunter recht schwierig sein; differentialdiagnostisch kommen in Betracht: chronische Osteomyelitis bei Tuberkulose und Syphilis, Aktinomykose, Lepra, also Typen der entzündlichen, auf Infektion beruhenden Granulationsgeschwülste, feruer Ostitis fibrosa.

Die Prognose der Sarkome?

Die Bösartigkeit hängt im allgemeinen von dem Reichtum der Zellen, auch von deren Größe ab. Das Wachstum ist um so rascher, je kleiner die Zellen und je weicher die Sarkome sind. Rundzellensarkome sind gefährlicher als Spindelzellensarkome, myelogene Sarkome weniger gefährlich wie periostale. Harte Sarkome können jahrelang bestehen, weiche in kurzer Zeit zum Tode führen. Oft ändert sich der Typus der Geschwulst durch irgendeinen interkurrenten äußeren Anlaß (kleines Gelegenheitstrauma, psychischen Insult — Kummer, Sorge), falsche Anwendung der Röntgenstrahlen (Überdosierung!), sodaß eine scheinbar stationäre Geschwulst durch plötzliche Vermehrung ihres Zellreichtums rascher zu wachsen beginnt, plötzlich bösartige Aussaat macht.

Wie präsentieren sich die Sarkome grob anatomisch?

Namentlich im Anfang sind sie umschriebene, zuweilen abgekapselte Knoten. Die Farbe richtet sich nach dem Pigmentgehalt, dem Gefäßreichtum, der Härtegrad kann die extremsten Verschiedenheiten aufweisen.

Auf welchem Wege verbreiten sich die Sarkome im Körper?

Durch die Blutbahn, vorzüglich durch die Venen, auch durch die Lymphgefäße.

Worauf baut sich die Diagnose der Sarkome auf?

Rasch wachsende, oft im Anschluß an einen kleinen äußeren Reiz, nach einem Gelegenheitstrauma in Erscheinung tretende Tumoren; sie entstehen hauptsächlich in der Zeit zwischen dem 20. und 40. Lebensjahr; kommen aber auch angeboren vor (z. B. Nierensarkome). Lieblingsorte sind in erster Linie Haut, Knochen und Periost (Kiefer, Schädel, Oberarm, Oberschenkel und Becken); Milz, Nieren, Leber, Mamma, Karotis, Hoden. Sie sind nicht entzündet, nicht schmerzhaft. In erstaunlicher Menge treten oft ihre Metastasen nach längerem Bestehen z. B. in der Lunge in den regionären Lymphdrüsen auf, wenn durch Vermittlung der Venen Keime verschleppt werden. Charakteristisch ist dann im weiteren Verlauf eine allgemeine Anämie, lymphatisches Aussehen, auch bisweilen Gelbfärbung der Haut und Abmagern des Kranken (Kachexie).

Wie geht man Sarkomen therapeutisch zu Leibe?

Operative Eingriffe suchen alles Kranke mit weitester Ausdehnung im Gesunden zu beseitigen. Sie haben aber nur Aussicht auf bleibenden Erfolg, wenn es gelungen ist, die ganze Geschwulst zu entfernen, noch keine Aussaat und Verschleppung von Geschwulstzellkeimen stattgefunden hat. Röntgenbehandlung kann versucht werden. Doch ist ihr Erfolg namentlich bei tiefsitzenden und großen Geschwülsten sehr zweifelhaft. Man bemerkt sogar nach Röntgenbestrahlung rasches Wachstum, vermehrte, schnelle Aussaat.

Karzinome — Krebsgeschwülste.

Was ist ein Karzinom?

Es ist eine sehr bösartige Neubildung, die immer vom epithelialen Mutterboden in der Haut, Schleimhaut oder Drüse ausgeht. Von der unteren Fläche des Epithels aus dringt sie in Form von Zapfen und Strängen in die Gewebe ein und wirkt destruierend auf alle Gewebe wie Muskulatur, Faszien, Knochen usw.

Wie verbreitet sich das Karzinom im Körper?

Durch Verschleppung von Krebskeimen (Epithelzellen) hauptsächlich in den Lymphbahnen, aber auch durch die Blutbahn.

Wodurch tritt der Tod ein?

Die Kranken gehen an Entkräftigung (Toxinwirkung?) oder an Verjauchung der Krebsgeschwüre oder Störung der Körperfunktionen (bei Magen-, Gehirnkrebs), Blutungen (bei Darm-, Blasen- und Gebärmutterkrebs) zugrunde.

Wie stellen sich die Krebsgeschwülste grob anatomisch dar?

Als knollige Verdickungen, die ohne scharfe Grenze in die Umgebung übergehen. Anfangs ist die Haut über der Geschwulst verschieblich, später nicht mehr. Auf der Schnittfläche erscheinen sie weißlich bis graurot, mit dem Messer läßt sich ein trüber, zellreicher Saft von der Schnittfläche abstreifen, der sog. Krebssaft. Oft läßt sich der alveoläre Bau schon makroskopisch erkennen.

Ist die Tumorbildung bei Krebsen stets ausgeprägt?

Nein; so bilden die Hautkrebse durch Überwiegen des Zerfalls in der Mitte über die sich ausbreitende Randwucherung fressende Geschwüre; auf der Schleimhautoberfläche papilläre oder polypöse Tumoren (ebenfalls oft mit Geschwürsbildung); oft auch unregelmäßige Infiltrationen; wiederum kugelige, knollige Tumoren hauptsächlich in Mamma, Leber, Nieren, Hoden usw.

Wie ist das mikroskopische Bild des Krebses?

Bei jedem Krebs unterscheidet man ein aus dem Bindegewebe entwickeltes, meist schwächliches Stroma, in welches gewucherte Zellen als inselartige Nester, allseitig von Bindegewebe eingeschlossen (= alveolärer Bau) eingesenkt sind. Diese Zellen stimmen meist mit dem Typus des ursprünglichen Standortes zusammen. Das Bindegewebe kann den Typus des jungen Granulationsgewebes oder den des fibrillären Bindegewebes zeigen. Ist das Bindegewebe besonders sklerotisch und überwiegt es in Menge die eingestreuten Krebszellennester, so spricht man von hartem Krebs, Carcinoma durum oder Scirrhus, ist das Stroma wenig entwickelt, so hat man einen weichen Krebs, Carcinoma medullare, vor sich. Ersterer ist gutartiger. Der überwiegende Zellreichtum, namentlich mit jugendlichen Zelleibern, entscheidet also über die Gefährlichkeit, das rasche Wachsen, den baldigen Zerfall eines Krebses. Vermehrung des Bindegewebes durch äußere künstliche Reize (Ignipunktur, Zirkumvallation mit dem Glüheisen) kann zu einer Umwandlung sehr bösartiger Formen in gutartigere beitragen.

Welche Formen unterscheidet man nach histogenetischen Gesichtspunkten?

1. Den Plattenepithelkrebs (Kankroid),
2. den Zylinderkrebs,
3. das Carcinoma simplex (vom Epithel der Drüsen ausgehend).

Was versteht man unter Plattenepithelkrebs?

Krebse, welche aus Pflaster- und Plattenepithel gewuchert sind und naturgemäß nur da vorkommen, wo sich solches Epithel vorfindet; Hauptpräsentant ist das Hautkankroid, welches aus großen polymorphen Plattenepithelien besteht; diese sind mehrfach geschichtet zu Zapfen- und Perlenformen in das bindegewebige Stroma hineingetrieben; es findet sich nicht bloß auf der äußeren Haut mit Vorliebe in der Nähe der Schleimhautgrenze (Mund, After, Penis), sondern auch auf Schleimhäuten (Mundhöhle, Pharynx, Blase, Ösophagus, Scheide) mit Plattenepithel.

Was ist ein Zylinderkrebs?

Ein Krebs aus Zylinderepithelien bestehend, hat seinen Sitz auf Schleimhäuten mit Zylinderepithel (Darmtraktus, Uterus), geht von Zylinderepitheldrüsen aus, bildet weiche, knotige, leicht zerfallende, blutende Geschwülste (Mastdarmkarzimom).

Womit können die Zylinderkrebse anfangs verwechselt werden?

Mit Adenomen; der Übergang von Adenom zum Karzinom ist oft ein unmerklicher, der leicht zu verhängnisvollen Verwechslungen führen kann (z. B. bei der Prognose eines Mammakarzinoms, scheinbar gutartiger Erosionen an der Portio vaginalis).

Wie werden beide unterschieden?

Das Adenom bleibt gutartig und weist hohle Zellschläuche wirkliches, nur stark gewuchertes Drüsengewebe mit Ausführungsgängen auf, die mit Zylinderepithel ausgekleidet sind. Das Karzinom greift aber auf das nachbarliche Gewebe über, hat später keine Schläuche mehr.

Wo kommen hauptsächlich Zylinderkrebse vor?

Im Magen, besonders am Pylorus, am häufigsten im Rektum (an der Ampulle).

Welches Verhalten zeigen die Zylinderkrebse in ihrem Verlaufe?

Sie haben Neigung zu Infiltrationen und Stenosierung des Lumens.

Was versteht man unter Carzinoma simplex?

Krebse mit polymorph-epithelialen Zellen; derbe Geschwülste mit starkem, bindegewebigem Gerüst, meist von Drüsen ausgehend.

Wo kommen einfache Karzinome vor?

Die für den Chirurgen wichtigsten sind die der Mamma; sonst kommen in Betracht Hoden, Ovarien, Leber, Nieren, Prostata. Schilddrüse, Speicheldrüse.

Welche Umwandlungen können die Krebse eingehen?

Wandeln sich die Krebsnester schleimig oder gallertig um, so spricht man von Gallertkrebs (Carcinoma gelatinosum seu alveolare seu colloides); wandelt sich das Stroma in Schleimgewebe um, so spricht man von Carcinoma myxomatodes.

In welchem Alter pflegen die Krebse hauptsächlich aufzutreten?

Ihr Auftreten ist vorwiegend eine Erkrankung des höheren Alters (nach dem 40. Jahre); doch auch jüngere Personen sind davor nicht sicher, z. B. Mastdarmkrebs bei Knaben.

Die Ursache des Krebses?

Kleinere aber wiederholte Insulte scheinen oft den Anstoß zu geben (Lippenkrebs bei Rauchern, Mammakarzinom auf alten Mastitisnarben usw.). Auch die Erblichkeit spielt eine gewisse Rolle. Ein Drittel aller Karzinome ist wenigstens der Anlage nach vererbt.

Welche Formen von Hautkrebs kann man unterscheiden?

1. Den flachen Hautkrebs (Ulcus rodens), beginnt als kleine verhärtete Warze, hat einen sehr langsamen Verlauf; flache Geschwürsbildung im Zentrum, während in der Peripherie die Krebsbildung langsam aber stetig fortschreitet.

2. Der infiltrierte Epithelialkrebs; geschwulstartige Wucherung oder starker Zerfall, rasches Wachstum; rasches Ergriffenwerden der benachbarten Lymphdrüsen (Unterlippenkrebs der Männer).

In welcher Form pflegt der Krebs an den Genitalien aufzutreten?

In der blumenkohlartigen, papillären Form.

Welches ist der wichtigste Drüsenkrebs?

Der Krebs der Mamma.

Welche Formen kommen besonders beim Brustkrebs vor?

Die weiche Form (Überwiegen der Krebszellen), führt früh zu Metastasen- und Geschwürsbildung.

Die harte Form, der Scirrhus (Überwiegen des Stroma), hat große Neigung zu narbiger Schrumpfung, die Brustwarze erscheint eingezogen.

Wie lange dauert der Brustkrebs ohne chirurgische Behandlung?

Verschieden lange, je nach dem Alter der Kranken, etwa 1 bis $1\frac{1}{2}$ Jahre; im hohen Lebensalter oft viele Jahre lang.

Welches ist der Vorgang bei der Metastasenbildung im allgemeinen und speziell bei der des Karzinoms?

Es handelt sich um embolische Vorgänge. Die Neubildung wuchert in die Umgebung hinein, damit auch in Blutgefäße oder, wie es speziell beim Krebs der Fall zu sein pflegt, in Lymphgefäße. Geschwulstpartikelchen oder auch nur Keime werden auf diese Weise mit dem Blut- oder Lymphstrom im ganzen Körper verstreut. Vor allem werden die nächsterreichbaren Lymphdrüsen infiziert, die zu harten, knolligen Gebilden anwachsen und ihrerseits krebsig entarten. Dieser Vorgang pflegt sich beliebig oft zu wiederholen.

Gelangen Krebskeime in die Blutbahn, so pflegen massenhaft Metastasen in Lunge und Leber, selbst im Großhirn aufzutreten.

Bei Karzinomen der Prostata und Schilddrüse können Knochenmetastasen auftreten.

Charakteristisch ist es, daß oft der Ausgangspunkt eines rasch wachsenden Ovarialkarzinoms ein kleinbleibendes Krebsgeschwür im Magen, das gar keine Erscheinung macht, sein kann. Es ist überhaupt kein Organ von Krebsmetastasen verschont.

Was versteht man unter Krebskachexie?

Kachexie nennt man den Zustand geringer Ernährung, mit Neigung zu stetiger Verschlechterung und Abnahme (gelbgrauer Verfärbung der Haut usw.) wie er durch jede erschöpfende Krankheit erzeugt wird. Die Krebskachexie wird auf eine Toxinwirkung durch zerfallende Karzinome zurückgeführt.

Wie stellt sich die Prognose des Karzinoms?

Sie ist immer sehr ernst; es führt ohne Operation meist in 1—3 Jahren zum Tode. Die beste Prognose in bezug auf Lebensdauer, beziehungsweise langsames Wachstum haben noch das Ulcus rodens und der Scirrhus.

Wovon gehen die Karzinomerecidive aus?

Entweder von Keimen, die in der Wunde, in den Hautwundrändern, zurückgeblieben sind, oder von infizierten Lymphdrüsen aus, die bei der Operation nicht beseitigt wurden.

Welche Therapie des Karzinoms bietet noch die meiste Aussicht?

Nach dem heutigen Standpunkt hat nur die frühzeitige Operation die beste Aussicht. Dabei muß nicht nur alles Kranke weit über die sichtbaren Grenzen des Karzinoms hinaus sondern auch alle benachbarten Lymphdrüsen mit dem umgebenden Fette müssen entfernt werden.

Wie werden inoperable Fälle behandelt?

Mit Ätzmitteln (Chlorzink 15—30%, Thermokauter, Ferrum candens); außerdem kommt Röntgenbestrahlung in Betracht, hat aber nur sicher erwiesenen Erfolg bei kleinen oberflächlichen Hautkrebsen.

Teratome — Mischgeschwülste.

Was versteht man unter Mischgeschwulst?

Es ist die Bezeichnung für angeborne Tumoren, die sich durch ihre Zusammensetzung aus sehr verschiedenen Geweben (Bindegewebe, Knorpel, Knochen, Muskeln, Haut, Haare, Nerven, Drüsengewebe usw.) auszeichnen. Sie entstehen zum Teil aus Doppelmißbildung, bei welcher der eine Fötus verkümmert, zum Teil aus Gewebsmißbildungen innerhalb eines Einzelfötus durch versprengte Keimblatteinschlüsse nach der Kohnheimschen Theorie.

Wo finden sich solche Mischgeschwülste?

Mit Vorliebe in der Gegend des Kreuz- und Steißbeins, auch im Bereich der Kiemengrenze am Schädel als rundliche Tumoren, entweder solid oder zystisch gebaut. Im Ovarium kommen oft zystische Geschwülste, im Hoden und Nieren oft solide Tumoren vor, die Haare, Zähne enthalten.

Welche Metamorphose können die Mischgeschwülste eingehen?

Sie können karzinomatös oder sarkomatös entarten, dann Metastasen bilden.

Welche Geschwülste können noch infolge gehinderter Entwicklung aus fötalen Organen entstehen?

Gewisse Zysten, so die Dermoidzysten oder Dermoide und die Epidermoide, beide von der äußeren Haut ausgehend; dann gewisse Atheromzysten bzw. Atherome (Balggeschwülste, Grützbeutel), soweit diese nicht Retentionszysten sind, entstanden durch Verschluß der Ausmündung der Hautfollikel.

Welche Erkrankungsform entsteht noch durch Retention von Talgdrüsensekret?

Die Komedonen oder Mitesser (retinierte Sekrettropfen in den Haarbälgen). Hieher gehören auch noch die Retentionszysten in der Mamma, der Leber, der Niere, den Speicheldrüsen, Milchzysten in der Brustdrüse usw.

Was sind Dermoidzysten?

Sie sind Zysten, deren dicke Wandung die vollkommene Struktur der äußeren Haut zeigt, während die Wand eines Atheroms den Bau einer dünnen Bindegewebsmembran zeigt. Der Inhalt ist eine fettige Schmiere, bestehend aus Epidermiszellen, Talgsekret, Haaren, Cholestearinkristallen.

Wo kommen Dermoidzysten mit Vorliebe vor?

Als rundliche Geschwülste unter der Haut oder subfaszial am Hals, in der Nähe des Auges, in der Nähe der Schädelkiemenspalten usw.

Was sind Epithelzysten?

Kleine weiße, perlenartige Gebilde, unter der Haut der Finger und Hohlhand im Fettgewebe liegende Kugeln, an Bau und Inhalt den Dermoiden ganz gleich; entstehen bei Arbeitern (Schlossern) infolge kleiner Verletzungen, durch die Epithelkeime in das Unterhautzellgewebe versprengt werden und dort rundlich weiterwachsen.

Therapie solcher Zysten?

Exstirpation mit Wegnahme des Sackes in toto.

Infektiöse Granulome.

Was versteht man unter infektiösen Granulationsgeschwülsten?

Meist durch Fadenbakterien, Zwischenstufe zwischen Spaltpilzen (Schizomyzeten, Bakterien) und Fadenpilzen — Hyphomyzeten, im Organismus hervorgerufene zirkumskripte knötchen- und knotenartige Erkrankung, bestehend aus bindegewebigem Granulationsgewebe.

Welches sind diese Erkrankungen?

Tuberkulose, Syphilis, Lepra, Aktinomykose, Rhinosklerom, Rotz, Frambösie.

Wie ist der Verlauf dieser Krankheiten?

Chronisch; heißen deshalb auch chronische Mykosen. —

Welches ist der Erreger der Tuberkulose?

Ein schlankes, kleines Stäbchen, leicht granuliert, leicht gekrümmt, ohne Eigenbewegung und Sporenbildung; färbt sich schwer und gibt den einmal angenommenen Farbstoff nur sehr schwer wieder her (säurefest); er wurde 1882 von Robert Koch entdeckt.

Wie werden die Tuberkelbazillen gefärbt?

Man entnimmt mit zwei Nadeln aus dem eitrigsten Teile des Sputums, und zwar von verschiedenen Stellen mehrere etwa stecknadelkopfgroße Schleimklümpchen und preßt sie zwischen zwei Deckgläschen gleichmäßig breit. Die spezifische Färbung nach Gabbet vollzieht sich folgendermaßen:

1. Lufttrocken werden lassen;
2. Fixieren über der Spiritusflamme;
3. Färbung in Karbolfuchsin (3—5 Minuten), in Anilinölwasser;
4. Abspülen in Wasser;
5. Entfärbung und gleichzeitige Kontrastfärbung in Schwefelsäuremethylenblau 1—2 Minuten;
6. Abspülen in Wasser;
7. Trocknen;
8. Montieren (Einbetten) in Kanadabalsam.

Oder: Dem eitrigsten Teile des Sputums werden einige stecknadelkopfgroße Schleimklümpchen entnommen und zwischen zwei Deckgläschen oder Objektträger gleichmäßig breitgepreßt (indem man die Deckgläschen aufeinanderlegt und voneinander abzieht). Dann lufttrocken werden lassen und die Gläschen langsam dreimal durch die Spiritusflamme ziehen. Hierauf läßt man sie, mit der Sputumseite nach unten, auf Karbolfuchsin schwimmen, das sich in einem Urschälchen befindet. Man erwärmt die Farblösung über der Flamme, bis deutliche Dämpfe aufsteigen, und läßt 5 Minuten abkühlen. Dann weiterfahren wie bei der Gabbetschen Methode. Durch dieses Verfahren werden die Tuberkelbazillen mit Karbolfuchsin rot gefärbt. Haben sie einmal den roten Farbstoff angenommen, dann halten sie ihn sehr fest auch nach Behandlung mit Schwefelsäure, Salpetersäure. Durch diese werden aber alle anderen Bakterien, die sich ebenfalls rot gefärbt hatten, wieder entfärbt und durch das beigefügte Methylenblau von neuem blau gefärbt. Deshalb erscheinen im Präparat die Tuberkelbazillen rot, die übrigen Bakterien und die Bestandteile des Sputums blau.

Wo kommt der Tuberkelbazill vor?

Innerhalb des Körpers im erkrankten Gewebe, in der Milch tuberkulöser Kühe, im Urin bei Nierentuberkulose. Außerhalb des Körpers am Boden und im Staub, der durch tuberkelhaltiges Sputum

verunreinigt ist, auch in der Luft, durch Hustenstöße von Tuberkulösen mit Flüssigkeitspartikelchen dorthin befördert (Wasserbläschen-
infektion durch Anhusten Tuberkulöser nach von L e y d e n) oder
mit dem tuberkelhaltigen Staub aufgewirbelt.

Bei welchen Tieren tritt Tuberkulose auf?

Sehr häufig beim Rinde als Perlsucht in der Pleura, kann auch
experimentell erzeugt werden bei Ziegen, Schweinen, Schafen,
Hunden usw.

Welche Wirkungen erzeugt der Tuberkelbazill im Körper?

Zuerst eine rein örtliche: Er erzeugt ein hirsekorngroßes, grau
durchscheinendes (weil die Gefäße im Bereiche des Knötchens fehlen)
Knötchen (miliarer Tuberkel), das folgenden Bau zeigt: Das Gerüst
besteht aus einem feinen Faserwerk, das sich zwischen den epithe-
loiden und Riesenzellen ausbreitet. Nach außen in diesem Netze
sind angeordnet die spezifischen Tuberkelzellen mit großen, ovalen
Kernen, in der Mitte befinden sich die für das Tuberkulum charakteristischen Riesenzellen mit zahlreichen, peripher liegenden Kernen.
Charakteristisch ist auch das Merkmal der Gefäßlosigkeit dieser
Neubildung, während die Umgebung immer reichlich vaskularisiert ist.

Der Tuberkel geht aus den Organzellen am Orte der Einwirkung
hervor, er stellt immer eine Neubildung dar, welche aus dem befallenen Gewebe hervorgewachsen ist; es handelt sich nicht um eine
Neuansiedelung von Zellen, sondern um Abkömmlinge von fixen
Gewebszellen.

Das Knötchen stellt den Ausdruck des Kampfes des Organismus'
gegen den Eindringling vor: Der Tuberkel ist das Bollwerk gegen
die Bazillen. Die Bazillen sind stets in der Mitte des Tuberkelknöt-
chens enthalten, die Verkäsung beginnt ebenfalls in der Mitte. Zerfällt der Tuberkel käsig, so werden die Tuberkelbazillen frei und
können in die Lymphgefäße aufgenommen werden.

Welche Wechselbeziehung besteht zwischen Menschen- und Rindertuberkulose?

Kulturen aus menschlicher Tuberkulose erweisen sich, auf das
Rind überimpft, nicht oder nur wenig virulent (lokalisierter Krankheitsherd); Kulturen von Rindertuberkulose auf Rinder und Kaninchen überimpft erzeugen fortschreitende Allgemeintuberkulose.
Daher unterscheiden wir den Typus humanus und Typus bovinus
des Tbc-Bazillus. Menschliche Gewebsflüssigkeit, auch wenn sie
nur wenige Tuberkelbazillen enthält, erzeugt beim Meerschweinchen,
peritoneal einverleibt, Knötchenaussaat nach mehreren Wochen
(Miliartuberkulose des Peritoneums parietale).

Was versteht man unter Solitär- und Konglomerattuberkel?

Erbsen- bis haselnußgroße Knoten, die aus konfluierenden Miliartuberkeln bestehen (im Gehirn).

Welche Veränderungen treffen wir immer am Tuberkel beim Fortschreiten des Prozesses?

Durch den Verschluß der Gefäße tritt im Zentrum Nekrose ein, das Gewebe fällt der Verkäsung anheim. Die Nekrose kann auf das umgebende Gewebe übergreifen und nekrotische Höhlen, Abszesse, Geschwüre, Drüsenabszesse, Fistelgänge, Hauttuberkulosegeschwüre erzeugen.

Welche Prozesse gehen vor sich bei der Ausheilung?

Die verkästen Massen werden resorbiert oder in Kalk umgewandelt (alte eingezogene Narben in den Lungenspitzen, verkalkte Bronchialdrüsen — geschlossene Tuberkulose).

Auf welchem Wege verbreitet sich die Tuberkulose vom primären Herd aus im Körper?

Entweder greift der erste Prozeß direkt auf die Nachbarschaft über, oder die Bazillen dringen in Blut- und Lymphgefäße ein, werden auf diese Weise im Körper verschleppt.

Was versteht man unter Miliartuberkulose?

Massenhaftes Auftreten von Tuberkelknötchen in verschiedenen Organen auf embolischem Wege, wenn ein Herd in die Blutbahn durchbricht.

Wie ist der Verlauf der Tuberkulose im allgemeinen?

Akut oder chronisch. Oft nahezu schmerzlos, daher wohl hauptsächlich der euphorische Zustand, z. B. bei Lungentuberkulose.

Wie wird die Diagnose gestellt?

Sie wird sichergestellt durch den Nachweis der Tuberkelknötchen bzw. der Bazillen.

Welche Organe pflegen hauptsächlich zu erkranken?

Vor allem die Lunge; dann die Knochen und Gelenke, Haut, Lymphdrüsen, Sehnenscheiden, Schleimbeutel, Darm, Auge, Gehirnhäute.

Verbreitung und Gefährlichkeit der Tuberkulose?

Die Tbc ist so verbreitet, daß der 7. Teil der Menschheit an ihr zugrunde geht; jeder zweite Mensch hat einmal eine Tuberkuloseinfektion erfahren!

Welche Form hat die Tuberkulose der Haut?

Die auftretenden Formen sind klinisch außerordentlich verschieden. Hervorgerufen werden sie alle durch den Tuberkelbazillus, der nachgewiesen wird nach Färbung durch das Mikroskop, die Kultur und das Tierexperiment.

Was verstehen wir unter Lupus vulgaris?

Eine chronische Form der Hauttuberkulose, am häufigsten im Gesicht, charakterisiert durch stecknadelkopfgroße, braunrote, derbe, in die Haut gleichsam eingesenkte sog. Lupusknötchen. Das Lupusknötchen besteht aus miliaren Tuberkelknötchen. Wird die Haut blutleer gemacht durch Anspannen oder Druck mit einem Glase, so verschwinden die Lupusknötchen nicht, sondern treten nur noch deutlicher hervor.

Welche Formen von Lupus vulgaris unterscheiden wir?

Das Lupusknötchen besteht aus einem Konglomerat von miliaren (ganz kleinen) Tuberkeln und ist eingebettet in ein entzündliches Infiltrat. Der Beginn der Erkrankung ist charakterisiert durch derartige einzelne oder zu Häufchen vereinigte Lupusknötchen und heißt in dieser Form Lupus maculosus. Nachdem dieser Zustand monatelang bestanden hat, treten am Infiltrat Involutionsvorgänge (Rückbildungsvorgänge) auf, die sich hauptsächlich in zwei Formen geltend machen.

a) Die ursprüngliche Infiltration schwindet, die früher gespannte Epidermisdecke zerbröckelt, serös-blutige Flüssigkeit sickert aus und bildet trockene Börkchen und Schuppen; Heilung nach Monaten mit atrophischer, narbig glänzender Haut — Lupus exfoliativus.

Oder b): Der Lupusknoten erweicht und zerfällt, verbackt mit den Epidermisresten zu verschieden gefärbten und verschieden großen Borken und wird abgestoßen, so daß ein eiternder Substanzverlust entsteht — Lupus exulcerans.

Das lupöse Geschwür hat leicht blutenden Grund und unregelmäßigen, wie angenagten, vom lupösen Infiltrat umsäumten Rand; der Grund ist von schlaffen, gelbbraunen Granulationen bedeckt.

Sind die Granulationen der Geschwüre sehr hoch, so spricht man von Lupus hypertrophicus.

Kommt es zum Auftreten zahlreicher, um die Talgdrüsen lokalisierter Knötchen (meist in der Pubertätszeit), so spricht man von Lupus disseminatus.

Welche besonderen Krankheitsformen von tuberkulöser Erkrankung der Haut unterscheiden wir noch?

1. Tuberkulosis cutis verrucosa, charakterisiert durch ausgesprochene papilläre Wucherung des Zentrums der kranken Stellen,

während der flachere Rand von kleineren Eiterherden durchsetzt ist; vorzugsweise lokalisiert an unbedeckten Körperstellen (Hände und Füße) bei Leuten, die viel mit Fleisch und Abfallstoffen hantieren; relativ gutartig.

2. Leichentuberkel, Tuberkulum necrogenicum, ein durch örtliche Einwirkung von Leichengift entstehender hartnäckiger, schmerzender, warzenähnlicher Knoten mit nässender Oberfläche, Er enthält Riesenzellen und Tuberkelbazillen.

Erkrankt auch die Schleimhaut?

Auch sie ist sehr häufig der Sitz lupöser Erkrankungen, lokalisiert häufig an der Nasenschleimhaut, an Mund, Rachen, Kehlkopf, Bindehaut. Diese Erkrankung ist charakterisiert durch das Auftreten grauweißer oder bei Epithelverlust rötlicher, leicht blutender Granulationen oder weicher Infiltrate, durch deren Zerfall rundliche, unregelmäßige, schlecht granulierende Geschwüre entstehen, welche zu Verwachsungen und Retraktionen führen, aber auch nach der Tiefe zu fortschreiten können; dann können sie Knorpel und Knochenperforationen veranlassen. Die tuberkulösen Geschwüre (z. B. an der Zunge) sind zum Unterschied von anderen Geschwüren äußerst schmerzhaft, zeigen grauen Belag. Die Erkrankung tritt entweder primär in der Schleimhaut auf oder setzt sich von der äußeren Haut auf die Schleimhaut fort, gerade über den Rand der Schleimhautgrenze hinweg.

Wie entsteht die Tuberkulose der Haut?

Entweder durch Infektion von außen (ektogen), ohne daß sonst tuberkulöse Erscheinungen bei dem Individuum vorhanden sind (primäre Erkrankung).

Liegt eine tuberkulöse Erkrankung eines anderen Organs vor, so kann die Haut auch sekundär erkranken dadurch, daß der tuberkulöse Prozeß allmählich auf die Haut übergreift, weiterhin durch Autoinfektion mit tuberkulösem Material (bazillenhaltiger Speichel oder Darminhalt), oder dadurch, daß Tuberkelbazillen auf embolischem Wege durch die Blutbahn in die Haut gelangen. Der Weg ist dann meist Lungenvene—linkes Herz—Arterie—Kapillargebiet.

Wie wird die lupöse Hautentzündung behandelt?

Für die lupösen Prozesse ist die einzig kausale Therapie die Tuberkulinbehandlung, Injektion von Alt-Tuberkulin in steigender Dosis beginnend mit $^1/_{1000}$ bis $^1/_{10}$ mg, steigend in zweitägigen Intervallen bis zu 10 mg etwa so: $^1/_{100}$—$^1/_{10}$, $^1/_2$, 1, 2, 3, 5, 10 mg usw. (Das alte Tuberkulin K o c h s ist ein Extrakt von Tuberkelbazillenkulturen in 40% Glyzerin; seine Verdünnung geschieht mit 0,5 proz.

Karbolwasser.) Der günstige Erfolg ist unbestreitbar, wenn auch in der Regel kein vollständiger oder wenigstens kein dauernder.

Sonst ist die Behandlung eine lokalsymptomatische und bezweckt die möglichst radikale Entfernung alles Krankhaften bei möglichster Schonung des Gesunden. Diesen Zweck verfolgen operative, chemische und radio-therapeutische Methoden: Ist ein Herd durch äußere Infektion entstanden, umschrieben, so ist frühzeitige Exzision mit nachfolgender Lappendeckung die beste Behandlung. Sonst werden als wirksamste Mittel scharfer Löffel und Glüheisen empfohlen, Elektrolyse und Biersche Stauungstherapie. Unter den chemisch wirkenden Mitteln haben die resorbierenden und desinfizierenden die führende Rolle (Sublimat, Jodoform, Quecksilber- und Salizylpflastermull usw.). Außerdem noch Ätzmittel: Arsenikpaste und Pyrogallussäure. Auch Röntgenbestrahlung und die Lichttherapie (blaues Finsenlicht, künstliche Höhensonne) haben schon gute Erfolge gezeitigt. Sehr wichtig ist Sonnen- und Freilichtbehandlung (Rollier, Bier). Durch kräftige Ernährung ist der Allgemeinzustand günstig zu beeinflussen.

Was entwickelt sich nicht selten auf einem Lupus vulgaris?
Ein Karzinom.

Tuberkulose der Lymphdrüsen und Skrofulose.

Wie entsteht die Lymphdrüsentuberkulose?
Entweder dringen die Spaltpilze von einem primären Herd aus in den Lymphstrom ein und infizieren die nächstgelegenen Lymphdrüsen oder sie wandern z. B. bei der am häufigsten vorkommenden Halsdrüsentuberkulose durch kariöse Zähne, durch die Tonsillen in die zunächst gelegenen Lymphdrüsen ein.

In welcher Form tritt die Tuberkulose der Lymphdrüsen auf?
Hauptsächlich in zwei Formen:
1. Die rein hyperplastische Form, mit langer Beibehaltung der Drüsengestalt, bei welcher es trotz Anwesenheit der Tuberkelbazillen nicht zur Bildung sichtbarer Knötchen kommt, die Drüsen selbst durch Wucherung ihres Gewebes sich vergrößern.
2. Die miliare Form, bei der sich sichtbare Knötchen ausbilden, welche die ganze Drüse gleichmäßig durchsetzen. In beiden Fällen kann die Drüsengestalt jahrelang unverändert bleiben, in beiden Fällen kann schon bald Verkäsung und eitrige Einschmelzung eintreten; im letzteren Fall besteht meist Periadenitis (Entzündung des Gewebes um die Drüse herum).

Wo finden wir hauptsächlich die tuberkulöse Erkrankung der Drüsen?

Bei Kindern; hier erkranken vor allem die Lymphdrüsen, die serösen Häute und das Gehirn, in zweiter Linie dann — im Gegensatz zur Tuberkulose der Erwachsenen — die Lunge. Ein weiterer Unterschied ist der, daß beim Kind häufig nicht zuerst die Spitzen, sondern die Unterlappen von Tuberkulose ergriffen werden. Die Lymphdrüsen sind zunächst vergrößert und infiltriert (anatomisch — markige Schwellung), später verfallen sie der Verkäsung.

Welche Drüsen erkranken beim Kinde hauptsächlich tuberkulös?

1. Die Lymphdrüsen am Halse: sie sind infolge der Vergrößerung der Untersuchung direkt zugänglich.

2. Die Lymphdrüsen im Brustraum — bronchiale. Ihre Schwellung und Infiltration ist, wenn überhaupt, nur mit Hilfe der Röntgenstrahlen nachzuweisen.

3. Die Lymphdrüsen im Bauchraum — mesenteriale; sie sind in der Regel gar nicht nachzuweisen, nur bei extremen Fällen und bei bedeutender Abmagerung können die Drüsenpakete durch die Bauchdecken hindurch gefühlt werden.

Wie stellt man die Diagnose auf innerliche Drüsenerkrankung?

Aus der typischen Fieberkurve (leichte tägliche Zacken), aus der Abmagerung ohne sonstigen Befund, aus der lokalen Tuberkulindiagnose.

Unter Tuberkulin verstehen wir die Gesamtheit der aus Tuberkelbazillen extrahierbaren Gifte. Seine Verwendung als diagnostisches Hilfsmittel beruht auf folgender Tatsache: Wir wissen, daß derjenige Körper, welcher unter dem Einfluß der Tuberkelbazilleninfektion steht, eine gesteigerte Empfindlichkeit (Anaphylaxie) gegen Gifte dieser Bazillen besitzt. Infolgedessen reagiert er auf ein kleines Plus, welches künstlich eingeführt wird und welches an sich im gesunden Organismus noch keine Reaktion auslöst. Die Reaktion setzt sich zusammen aus einer allgemeinen (Temperatursteigerung, Kopfschmerz, Mattigkeit, manchmal Schüttelfrost) und einer lokalen an der Impfstelle (Auftreten einer Papel oder leichten Infiltration).

Das Tuberkulin zu diagnostischen Zwecken wird auf folgende Arten angewendet:

1. Als Injektion von Alttuberkulin; $^1/_{10}$ mg, d. h. einen Teilstrich einer Lösung 1 : 1000 unter die Haut des Interskapularraums; die Reaktion ist eine allgemeine und eine lokale.

2. Als kutane Impfreaktion nach Pirquet: ein Tropfen verdünnter Alttuberkulinlösung (25% in ½% Karbolwasser) in die

mit einer Impflanzette geritzte Haut. Bei positiver Reaktion erscheint nach zweimal 24 Stunden an dieser Stelle eine gerötete
Papel. Die Probe ist nur zu fein, weil sie nicht nur die aktive Tuberkulose sondern auch alte, abgekapselte Herde anzeigt.

3. Als perkutane Reaktion nach Moro: 5% Tuberkulinsalbe
wird in die Haut eingerieben; nach 1—2mal 24 Stunden bei positivem Ausfall miliare Stippchen oder Bläschen auf gerötetem Grunde.

4. Als Ophthalmo- oder Konjunktivalreaktion nach Calmette
und Wolff-Eisner (Einträuflung ins Auge); ist berechtigterweise
am wenigsten geübt, weil nicht ungefährlich.

Wie können die Drüsen primär erkranken?

Die Tuberkelbazillen haben die Möglichkeit, durch das Gewebe
zu wandern, ohne an der Eintrittsstelle klinisch nachweisbare Veränderungen zu hinterlassen: So können die Halslymphdrüsen dadurch erkranken, daß Tuberkelbazillen von den Schleimhäuten der
oberen Luft- und Speisewege zugeführt werden (eine große Rolle
soll auch die Zahnkaries spielen). Die Lymphdrüsen im Brustraum
durch Vermittlung der Atmungswege (ohne daß die Lungen erkranken), und die Mesenterialdrüsen durch die Fütterung mit
Milch tuberkulöser Kühe; Kinder sind sehr empfindlich, Erwachsene
gegen Rindertuberkulose vom Darm aus wenig empfänglich.

Gelangen Tuberkelbazillen nach dem Gehirn, so entsteht die
unbedingt tödliche, meist subakut und subfebril verlaufende Gehirnhautentzündung (Basilar-Meningitis).

Eine verhältnismäßig harmlose Erkrankung stellt die Tuberkulose des Peritoneums dar: als chronische Peritonitis, durch Auftreten von Ascites (Bauchwassersucht) charakterisiert, mit Auflagerung miliarer Knötchen auf der Serosa und Darmverwachsungen.

Was versteht man unter Skrofulose?

Sie wird aufgefaßt als eine Art latente Tuberkulose, die ausheilen oder zu einer floriden werden kann. Sie ist charakterisiert
durch einen Symptomkomplex, bei dem die allgemeine Neigung
zu Katarrhen und Ekzemen der Haut und Schleimhäute (Nase,
Bindehaut) im Vordergrund steht. Hierzu können kommen: Drüsenschwellungen und Erkrankungen der Knochen und Gelenke. Auffällig ist ein übermäßiger Reichtum der Gewebe an Wasser, die
Kinder sehen gedunsen — pastös aus. In schweren Fällen finden
sich Ohreiterungen, Knochenkaries und Gelenkauftreibungen (pyogene Form).

Die Behandlung der Skrofulose?

In jedem Fall hat eine Allgemeinbehandlung die Widerstandsfähigkeit des Körpers anzustreben durch Schaffung günstiger

hygienischer Verhältnisse (See und Höhenklima, Freiluft — Sonnenbehandlung auch im Tal, aber fern vom Staub und Ruß der Stadt)
und Ernährungsverhältnisse durch Darreichung von Roborantien:
Lebertran, Eisen, Arsen, Jodeisen, Jodtropon, Sanatogen usw.
Die Erkrankungen der Knochen und Gelenke werden teils konservativ behandelt (Ruhe, passende Lagerung, Biersche Stauung),
teils operativ angegangen; im Kindesalter ja nicht amputieren,
selten resezieren; nur im Notfall bei drohendem Kräfteverfall,
lange währendem hektischen konsumierendem Fieber (Abzehrung).

Tuberkulose der Sehnenscheiden und Schleimbeutel.[1])

Knochentuberkulose.

Unter welchem Bilde verläuft die Ostitis tuberculosa oder Caries ossium?

Befallen wird mit Vorliebe das jugendliche Alter. Die Erkrankung beginnt sehr oft in den Epiphysen. Die Oberfläche des
Markparenchyms bedeckt sich mit fungösen Granulationen, diese
wachsen durch den Knochen und schmelzen ihn ein; so gelangen
sie an die Oberfläche, wo sie als pilzförmige, schwammige Wucherungen sich ausbreiten. Der Knochen erscheint dann ganz erweicht.
Die Granulationen umwachsen auch den Knochen partienweise,
diese abgegrenzten Stücke sterben ab und werden zu Sequestern.

Wodurch unterscheiden sich tuberkulöse Sequester von anderen osteomyelitischen, durch Trauma, Phosphornekrose, Embolie, Gangrän, Staphylokokken oder Typhusinfektion entstandenen?

Die tuberkulösen Sequester sind klein, von spongiöser Substanz, käsige Knötchen sind in ihnen eingelagert.

Was versteht man unter Spina ventosa?

Eine bei Kindern vorkommende tuberkulöse Osteomyelitis der
Phalangen der Finger oder Zehen; sie stellt eine spindelförmige
Auftreibung der kompakten Substanz dar. Es kommt zwar zur
zentralen Eiterung, aber selten zu ausgedehnter Nekrotisierung.

Was versteht man unter Senkungsabszeß?

Eine zirkumskripte Eiteransammlung, subfaszial oder subkutan gelegen, der von einem tuberkulösen Knochenherd manchmal
weit von der Entstehungsstelle ausgeht. Er wandert abwärts zwischen Muskeln und Faszien den Nerven- und Gefäßscheiden entlang.

---

[1]) Siehe S. 266.

Hat der Abszeß genügend Zeit, so pflegt er die Haut zu perforieren, es bildet sich eine Fistel, aus der sich charakteristischer grauweißer Eiter mit bröckligen Massen des Knochendetritus entleert.

Bei welchen tuberkulösen Lokalisationen kommen diese Senkungsabszesse vor?

Bei Tuberkulose der Wirbelsäule, der Hüfte; die Abszesse wandern der Aorta und Iliaca entlang und kommen meist längs des Musc. iliopsoas unter dem Poupartschen Bande oder am Foramen ischiadicum maius zum Vorschein.

Diagnose der Ostitis tuberculosa?

Durch eine Fistel hindurch fühlt man mit der Sonde den rauhen vom Periost entblößten Knochen. Die Sondierung ohne sofort angeschlossene Operation darf nur in Fällen unter größter Reinlichkeit (Sterilität) vorgenommen werden, in denen die Diagnose nicht anders festgelegt werden kann; denn die Sondierung kann Blutung verursachen, Keime verschleppen. Außerdem lassen Verdickung und lokaler Schmerz bei Druck Knochentuberkulose vermuten. Die rundlichen Verdickungen zeigen oft in der Mitte eine dellenförmig erweichte, fluktuierende Stelle, wo die Knochenhaut durch Eiter abgehoben ist. Das Messer fällt bei der Inzision geradenwegs auf den rauhen Knochen.

Recht brauchbar sind auch die Röntgenbilder, sie geben oft besseren Aufschluß als die Sonde: Das Knochenbild ist diffus getrübt, zeigt unklare Spongosazeichnung, unebene, ausgezackte Randpartien im Bereich der Compacta, auch Verdickungen der Compacta, oft Fistelgänge und Fistelhöhlen mit dem durch seinen Kalkgehalt im Bilde deutlich abgegrenzten Sequester. Außerdem deuten dunkle Flecken in der Weichteilumgebung auf Eiteransammlung (Eiterschatten).

Wie ist die Therapie der Knochentuberkulose zu gestalten?

Sie ist sehr schwierig, da chirurgisch allein nicht lösbar; die Allgemeinbehandlung, Sonnenbestrahlung, gute Ernährung sind oft wichtiger. Am besten wirken Ruhigstellung des Knochens (z. B. der Wirbelsäule, des Hüftgelenkes), reinliche antiseptische Behandlung der Fisteln mit Verbänden, gelegentliche Eröffnung der Eiterherde durch Stichinzisionen, Punktionen. Die Abszeßhöhlen werden dann am besten mit sterilen Jodoformemulsionen (mit Glyzerin, Öl 1 : 10) behandelt (alle 14 Tage). Die chirurgische Behandlung hat außerdem im weiteren Verlaufe die Spaltung und gründliche Entfernung aller fungösen Granulationen sowie der Sequester zum Ziel, bzw. Resektion und Amputation. Bei Spina ventosa dürfen nur die kleinen ganz losen Sequester entfernt werden. Ausgedehnte Excochleation schadet.

Tuberkulose der Gelenke.[1]

Lepra. Der Aussatz.

Was versteht man unter Lepra?

Der Aussatz ist eine chronische, von den biblischen Zeiten angefangen bis heute noch unheilbare, sehr infektiöse Krankheit, die mit entzündlicher Neubildung der Haut, knotenförmigen, von den Haarbälgen ausgehenden Granulationsgeschwülsten und Wucherungen des Bindegewebes der peripheren Nerven einhergeht. Dadurch werden erhebliche Ernährungsstörungen, Lähmungen der Gliedmaßen, knotig ulzeröse Veränderungen der Haut hervorgebracht, es können ganze Glieder verloren gehen — Mutilatio der Leprösen.

Bekannt sind die Leprosenhäuser des Altertums, des Mittelalters, die Aussatzkolonien der südafrikanischen Burenstaaten; vor dieser strengsten Isolierung war der Aussatz auch vor einem Jahrhundert nicht selten in Mitteleuropa, nunmehr kommt er hauptsächlich im Orient noch zur Beobachtung.

Welches ist der Erreger der Krankheit?

Der von Amauer, Hansen und Neißer 1880 entdeckte Leprabazillus. Er hat Ähnlichkeit mit dem Tuberkelbazillus, findet sich nicht nur in Granulationsgeschwülsten der Haut sondern auch in den erkrankten peripheren Nerven.

In welchen Formen tritt die Lepra auf?

Als Knoten-, Hautlepra und als Nervenlepra.

Bei der Knotenlepra fallen frühzeitig Augenwimpern, Brauen und Haare aus, Erytheme und Infiltrate der Gesichtshaut treten auf, ebenso charakteristischer Schnupfen und Heiserkeit, oft mit sehr üblem Geruch aus Mund und Nase verbunden. Auch in der übrigen Haut, namentlich der Extremitäten, können Knoten auftreten, die bei leichtem Drucke schon einreißen. Die Diagnose wird sichergestellt aus dem Nachweis der Bazillen des Nasenschleims oder der krankhaft veränderten Stellen; doch sind namentlich die Veränderungen an den Gliedmaßen, in Nase, Gaumen, Gesicht derartig auffallend charakteristisch, daß die Erkrankung nicht leicht übersehen werden kann.

2. Nervenlepra, besteht in einer Verdickung der großen Nervenstämme an einzelnen Stellen, hauptsächlich des Nerv. ulnaris im Sulcus ulnaris des Ellenbogens. Die Folgen davon sind durch die Ernährungsstörungen Verlust einzelner Glieder, von selbst er-

---

[1] Siehe S. 254, 256 u. ff.

folgende Mutilationen, Anästhesie in den betreffenden Hautbezirken, welche vom betroffenen Nerven versorgt werden; hierzu gesellt sich später Atrophie dieser Stellen.

Was ist über die Therapie der Lepra zu sagen?

Sie ist bis jetzt aussichtslos, auch mit Nastin B. Hauptsache ist Isolierung der Kranken, da die Übertragung durch Berührung, namentlich durch die Schleimhaut stattfindet.

Aktinomykose.[1])

Syphilis — Lues.

Was ist die Syphilis?

Eine chronische Infektionskrankheit, hervorgerufen durch die 1905 von Schaudinn entdeckte Spirochaeta pallida. Diese gehört in die Klasse der Schraubenbakterien und stellt einen außerordentlich feinen Faden mit starren, steilen Windungen dar. Sie findet sich am häufigsten und reichlichsten im Primäraffekt, regionären Lymphdrüsen und in nässenden Papeln besonders der Genitalorgane; kann sehr leicht aus dem Gewebssaft durch Punktion von Lymphdrüsen gewonnen, im getrockneten Ausstrich durch Abhebungs-Nachfärbung mit Tusche sichtbar gemacht werden.

Im Blute syphilitischer Erwachsener findet sie sich spärlich, ist aber sogar in den Organen von Paralytikern gefunden worden (Im Gehirn).

Bei ererbter Syphilis ist sie nahezu in allen Organen, mit Ausnahme des Zentralnervensystems, weit verbreitet, namentlich in anscheinend gesunden Organen; sehr häufig hier auch im Blute.

Wie entsteht die Krankheit?

Die Krankheit kann nur durch Ansteckung entstehen, indem syphilitisches Material durch die verletzte Epidermis (Haut oder Schleimhaut) in den gesunden Körper eindringt.

In welche Perioden oder Stadien teilt man den Verlauf der Krankheit ein?

In die primäre, sekundäre und tertiäre Periode und in die Periode der Nachkrankheiten — Metasyphilis: Tabes (Rückenmarksschwindsucht) und progressive Paralyse (Gehirnerweichung).

Wie lange dauert die Inkubationszeit?

Die Inkubationszeit, d. h. die Zeit vom Eintritt der Infektion bis zum Beginn des Primäraffektes dauert durchschnittlich 3 bis

---

[1]) Siehe S. 87.

5 Wochen (sonst kommen noch Schwankungen vor zwischen 6 bis 8 Tagen und 6 bis 7 Wochen).

Wie bildet sich der Primäraffekt?

Durchschnittlich nach 3 Wochen entwickelt sich an der Stelle der Infektion eine kleine Papel, z. B. aus einem unscheinbaren Hautriß der Lippe, eine schwach prominierende und infiltrierte rötliche, meist etwas schuppende Effloreszenz. In wenigen Fällen bleibt diese Form bestehen, in den meisten aber wächst in den ersten Wochen diese Papel in die Breite und in die Tiefe = Primäraffekt, syphilitischer harter Schanker, Sklerose. Sie ist völlig schmerzlos. Durch das Infiltrat entsteht eine eigentümliche Härte, etwa Knorpelhärte, daher die Bezeichnung harter Schanker; man kann diese Härte durch seitliches Zusammendrücken leicht nachweisen, z. B. am Geschwüre des Präputiums, hinter der Corona glandis; man hat dabei zwischen den tastenden Fingerbeeren das Gefühl, als wenn in das Gewebe unter dem Geschwürsgrund ein Kartenblatt eingelagert wäre. Bei Primäreffekten an der Glans penis aber fehlt die Induration, wie überhaupt an Geweben mit großem Blutreichtum. Der typische Primäreffekt wird nicht zum Geschwür, nur in der Mitte ist die Epidermis verdünnt oder fehlt auch, wodurch ein leichtes Nässen zustande kommt, das den charakteristischen lackartigen Glanz bedingt. Wenn der Primäreffekt ulzeriert, so sind meist akzidentelle Ursachen vorhanden, was allerdings sehr oft der Fall ist: Verletzungen, Ätzmittel, Scheuern usw.

Die Größe kann schwanken von mikroskopischer Kleinheit, wobei der Primäreffekt sich der Wahrnehmung entziehen kann, bis zur Größe eines Daumenballens, im Durchschnitt ist er linsen- bis 50-Pfennigstückgroß. Nicht selten ist der Primäreffekt so unscheinbar wie die kleinste kupferrote Aknepustel. Solche Fälle, oft gerade die schwersten, werden leider oft übersehen und imponieren erst 6 Wochen später durch ein über Brust und Bauch ausgebreitetes Syphilid.

Wenn der Primäreffekt die Höhe seiner Ausbildung erreicht hat, vergehen bis zu seiner Rückbildung (bei geeigneter Behandlung) 3 bis 5 Wochen.

Wie entwickelt sich die Syphilis weiter?

Manchmal noch während des Bestehens des syphilitischen Primäreffektes, manchmal erst nach seinem Verschwinden tritt eine allgemeine Drüsenschwellung ein, ein Zeichen, daß der Krankheitserreger bereits auf dem Blutwege Verbreitung gefunden hat, während die Verbreitung von der Infektionsstelle aus zunächst das Lymphgefäßsystem besorgt. Es schwellen zuerst die nächstgelegenen Lymphdrüsen an, dem häufigsten Verbreitungsmodus durch die Genitalien entsprechend also die Inquinaldrüsen, und die anderen der Reihe nach (Paramammillar-, Kubital- und Zervikaldrüsen). Charakteristisch ist für die syphilitischen Drüsenschwellungen die Härte (Skleradenitis), die Schmerzlosigkeit (indolenter Bubo), wie beim Primäreffekt auch, die Doppelseitigkeit und die Neigung der Drüsen, einzeln zu erkranken, wodurch sie deutlich voneinander zu sondern sind. Die Drüsenschwellung erreicht ihre Höhe zwischen 7. und 9. Woche. Die Rückbildung kann unter Behandlung schnell erfolgen, oft aber dauert ein geringer Grad von Vergrößerung noch lange an und kann dadurch diagnostisch von Bedeutung werden.

Was versteht man unter II. Inkubationszeit?

Die Zeit zwischen dem Auftreten der primären und sekundären Erscheinungen, welche im Durchschnitt 6 bis 9 Wochen dauert. Es kann während dieser Zeit unbestimmtes, allgemeines Krankheitsgefühl bestehen, unregelmäßige rheumatoide Schmerzen im ganzen Körper oder bestimmt lokalisierte im Kopfe, manchmal Fieber.

Wann tritt das sekundäre Stadium ein?

Von der 9. bis 12. Woche beginnen nach Vollendung der sog· 2. Inkubation die Allgemeinerscheinungen, deren Eintritt das sekundäre Stadium der Syphilis einleitet. Die Lokalisation des Syphilisgiftes ist klinisch wahrnehmbar durch Symptome der Erkrankung an der Haut, Schleimhaut, den entfernteren Lymphdrüsen, den Sinnesorganen, dem Nerven- und Knochensystem. Wenn wir auch annehmen müssen, daß das Syphilisgift im primären Stadium und der 2. Inkubation im Körper kreist, so ist die Lokalisation des Giftes an verschiedenen Punkten des Körpers doch nicht mit Sicherheit erkennbar.

Das Sekundärstadium dauert durchschnittlich 2 bis 4 Jahre. Es ist charakterisiert außer dem Auftreten der sichtbaren Erscheinungen (Exantheme — Ausschläge) durch subjektive Beschwerden: abendliche Kopfschmerzen mit nächtlichen Steigerungen, rheumatoide Schmerzen in Knochen und Gelenken, Schlaflosigkeit, Mattigkeit und zuweilen toxische Herzschwäche, leichtes Fieber.

Die Exantheme sind verschiedenartig:

1. Die makulösen: das früheste und zarteste Exanthem dieser Art ist die Roseola luetica. Sie besteht aus einzelnen roten Flecken auf Brust, Bauch, Rücken, nach Gesicht und Extremitäten zu sich verlierend.

2. Das papulöse Syphilid, das wieder verschiedene Variationen darbietet: braunrote Knötchen, die mehr oder weniger schuppen. Es gibt große flache Papeln (lentikuläres Syphilid) und kleine oder miliare Papeln, dann hellrote, flache, glatt schimmernde Papeln,

die nur im Gesicht, besonders auf der Stirne an der Haargrenze vorkommen (Corona Veneris).

3. Ulzeröse bzw. pustulöse Form, entstanden aus zerfallenden Infiltraten, weshalb die Geschwüre immer einer infiltrierten Basis aufsitzen. Es gibt groß- und kleinpustulöse Formen. Werden von einem Pustelhaufen die mittleren Partien nach ihrer Abschuppung austernschalenartig emporgehoben, so entsteht die sog. Rupia syphilitica. Eine große, vorwiegend auf Unterschenkel und Kopfhaut lokalisierte Pustel mit stark infiltrierter Umgebung wird als Ekthyma syphiliticum bezeichnet.

Von den Schleimhauterkrankungen ist in erster Linie die Erkrankung der Rachenschleimhaut zu nennen, bläuliche Röte und Schwellung der Schleimhaut, welche sich scharf gegen die Nachbarschaft absetzt. Ein anderes Mal finden sich speckig belegte Papeln und gerötete Infiltrate an den Tonsillen, am Gaumensegel und an der Wangenschleimhaut, die ulzerieren können. Eine andere häufige Erscheinung sind weißlichgraue, leicht erhabene, beetartige Flecke mit gerötetem Hofe, die sog. Plaques muqueuses an der Mund- und Rachenschleimhaut und Zunge. Zu gleicher Zeit tauchen die breiten Kondylome auf, die morphologisch den Plaques nahestehen, in der Ano-Genitalregion und im Kehlkopf.

Charakteristisch ist, daß der größte Teil der Eruptionsformen der 2. Periode entweder glatt abheilen oder nur geringe Narbenbildung hinterlassen.

Die Krankheitserscheinungen der 2. Periode rezidivieren in den ersten 3 bis 5 Jahren bald regelmäßig, bald unregelmäßig.

Mit der 2. Periode kann die Syphilis erledigt sein, in den häufigsten Fällen aber tritt nach einem längeren Stillstand das tertiäre Stadium ein.

Wie verläuft die 3. Periode?

Das tertiäre Stadium ist charakterisiert durch das Auftreten des Gumma. Das Gumma ist ein umschriebener Knoten syphilitischen Granulationsgewebes mit Neigung zu Zerfall und Heilung unter Narbenbildung. Diese Narbenbildung ist ein wesentliches Kriterium der tertiären gegenüber den sekundären Produkten. In der Haut kommen diese Knoten schnell zur Ulzerierung, die mit welligen Rändern (serpiginös) fortschreitet. Die Geschwüre sind charakteristisch: Ränder scharf wie mit dem Locheisen ausgeschlagen, häufig unterminiert, sonst flach, der Grund schmierig, speckig belegt, häufig leicht blutend und bei Berührung schmerzhaft. Dadurch kommt die tubero-ulzero-serpiginöse Form der tertiären Syphilis zum Ausdruck. Oft aber zeigen die Gummiknoten keine Neigung zur Ulzeration, sondern zur Schrumpfung.

Wie die Haut, so können Periost und darunter liegender Knochen erkranken; diese gummösen Neubildungen, namentlich am Schädeldach, Tibia, Clavicula, Sternum und am knöchernen Gerüst der Nase neigen sehr zur Erweichung. Sie sind zu unterscheiden von den im Frühstadium häufig auftretenden Periostititen, zirkumskripte Schwellungen, bald weich, eindrückbar (Periostitis serosa), bald hart (ossifizierende Periostitis).

Wie wird die Syphilis diagnostiziert?

Durch die sog. Wassermannsche Reaktion. Sie bedient sich der Verwendung des Blutserums zur Erkennung der Krankheit (Serodiagnostik) und hat zum Ausgangspunkt die von Bordet-Gengou und namentlich Paul Ehrlich angegebenen Tatsachen der Hämolyse und Komplementablenkung.

Was versteht man unter dieser Komplementablenkung?

Werden einem Tiere artfremde Eiweißsubstanzen, zellige Elemente, z. B. rote Blutkörperchen, Bakterien, Organextrakte usw. eingespritzt, so ist das Blut (Serum) des betreffenden Tieres befähigt, Reaktionsstoffe zu bilden, welche spezifisch sind und die Fähigkeit haben, je nach Bedarf die injizierten Zellen (Blutkörperchen) und Bakterien aufzulösen, die fremden Eiweißstoffe niederzuschlagen usw. Die injizierten Substanzen heißen Antigene und die Reaktionsstoffe Antikörper (Schutzstoffe). Diese Fähigkeit nun, fremde Zellen (Blutkörperchen) aufzulösen (hämolytische Wirkung genannt) ist an das Zusammenwirken von zwei verschiedenen Substanzen gebunden, von denen die eine durch die Injektion von Antigenen im Körper erst gebildet wird und hitzebeständig ist (Ambozeptor), die andere aber im Serum schon vorhanden war, sich nicht lange außerhalb des Körpers wirksam zu erhalten vermag oder durch Erwärmen auf 55° hämolytisch unwirksam (inaktiviert) wird — Komplement genannt. Um auflösen zu können, müssen beide Substanzen wirksam sein und zusammenwirken; wird das Komplement aber durch Hitze zerstört, so ist das Serum trotz des Vorhandenseins des Ambozeptors unwirksam geworden, d. h. es vermag die Blutkörperchen nicht mehr aufzulösen. Man kann das Experiment im Reagenzglas durchführen: Spritze ich einem Kaninchen rote Hammelblutkörperchen ein, so vermag das Serum, solange es frisch, d. h. das Komplement noch nicht zerstört ist (der Ambozeptor ist ja unzerstörbar) rote Blutkörperchen aufzulösen. Füge ich also derartiges Kaninchenserum mit roten Hammelblutkörperchen im Reagenzglas zusammen, so werden diese aufgelöst, d. h. die zuerst undurchsichtige Mischung des Serums und der roten Blutkörperchen nimmt eine durchsichtige rote Farbe an (Lackfarbe). Der Vorgang bei der Auflösung wird so gedacht, daß der Ambozeptor die Bindung der Blutkörperchen mit dem Komplement vermittelt. Bringe ich aber inaktiviertes Serum, dessen Komplement durch Hitze zerstört ist, mit den Blutkörperchen zusammen, so tritt keine Lösung ein. Setzt man aber jetzt weiterhin das frische Blutserum irgendeines anderen Tieres, z. B. Meerschweinchenserum, hinzu, das ja wie jedes andere Serum das Komplement noch enthält, so erhält das inaktivierte Serum wieder die Fähigkeit, spezifisch zu wirken, d. h. Hammelblutkörperchen aufzulösen.

Die Zusammenstellung dieser drei übrigens nicht näher bekannten, sondern nur hypothetischen Körper nennt man ein hämolytisches Gefüge oder System, es besteht aus:

1. dem spezifischen, rote Hammelblutkörperchen lösenden Ambozeptor (= das Serum eines mit Hammelblutkörperchen vorbehandelten Kaninchens; das Serum wurde inaktiviert, d. h. es hat sein Komplement verloren und ist deshalb unwirksam geworden);

2. dem Komplement (= Serum eines nicht vorbehandelten Meerschweinchens, welches das Komplement von Natur aus enthält und dessen Wirksamkeit durch Hitze noch nicht zerstört ist);

3. den roten Blutkörperchen des Hammels, die eben aufgelöst werden sollen (Antigen).

Es kann nun die Hämolyse eines fertigen Gefüges verhindert werden, wenn das zur Wirksamkeit ja unbedingt notwendige Komplement von einem zweiten Gefüge, das dieses Komplement entbehrt, abgelenkt, d. h. mit Beschlag belegt wird. Ein Beispiel: Wenn ich das Blutserum eines Cholerakranken, das inaktiviert ist, d. h. wohl noch den spezifischen Ambozeptor, erworben durch überstandene Krankheit, aber nicht mehr das Komplement enthält, zusammenbringe mit Choleravibrionensuspension als Antigen und dazu frisches Meerschweinchenserum (= noch wirksames Komplement), so wird sich das Gefüge wirksam zeigen, d. h. der Choleraambozeptor verbindet sich mit dem Komplement und dem Antigen (= Cholerabazillen), und es tritt Auflösung = Vernichtung ein. Wenn ich nunmehr das inaktivierte Serum eines mit Hammelblutkörperchen vorbehandelten Kaninchens und Hammelblutkörperchen hinzufüge, so wird keine Lösung eintreten, da das notwendige Komplement ja schon durch den Choleraambozeptor mit Beschlag belegt ist (das Komplement ist abgelenkt). Auf diese Weise ist durch diese Ablenkung des Komplements die Möglichkeit gegeben, zu erfahren, ob ein zu prüfendes Serum (hier Serum eines Cholerakranken) einen Ambozeptor hat oder nicht, d. h. ob das Serum von einem Kranken stammt, der Cholera überstanden hat oder nicht.

Auf Lues angewandt, würde also zur Ausführung der Reaktion erforderlich sein:

Lueskontagium (Antigen, dargestellt durch einen Extrakt von syphilitischen Lebern Neugeborner), das inaktiviert ist (d. h. noch den Ambozeptor, aber kein Komplement mehr enthält) und Komplement (frisches normales Meerschweinchenserum), anderseits ist erforderlich eine Aufschwemmung von roten Hammelblutkörperchen im inaktivierten Serum eines mit roten Hammelblutkörperchen vorbehandelten Kaninchens.

Der Ansatz würde also sein: (siehe Aufstellung S. 317).

Wie vererbt sich die Syphilis?

Vererbung seitens des Vaters und der Mutter auf das Kind mittels Sperma und Ovarium ist sehr zweifelhaft. Am sichersten ist die Übertragung mittels des Plazentarkreislaufes auf das in Entwicklung begriffene Kind.

Wie äußert sich die Syphilis des Fötus?

Es finden sich diffuse und zirkumskripte gummöse, interstitielle Herde in den inneren Organen (Pneumonia alba), syphilitische Gefäßerkrankungen und vor allem die Osteochondritis syphilitica. Wird ein Röhrenknochen frontal durchschnitten, so erscheint statt der zarten und regelmäßigen Epiphysenlinie eine Verbreiterung dieser teils hyperämischen, teils weißen Zone, deren Ränder zackig sind. Die Kinder sind oft marastisch (Marasmus = Schwund, allgemeine Atrophie der Gewebe) und schwer am Leben zu erhalten.

Wie stellt sich die Syphilis des Säuglings dar?

Bei der fötal ausgebildeten Lues zeigt das Kind bereits bei der Geburt Erscheinungen der Krankheit; hier wird das Kind zunächst ohne Erscheinungen geboren. Diese entwickeln sich erst nach einer bestimmten Inkubationszeit, nach einigen Tagen, Wochen. Es können auftreten: eitriger, blutiger Katarrh der Nase mit Rhagaden um die Nasenöffnung (Choryza); an Exanthemen finden wir makulöse, papulöse, pustulöse, seltener ulzerierende Formen. Von besonderer Wichtigkeit ist der Pemphigus syphiliticus, kleinere und größere blasige Abhebungen, von einem infiltrierten, braunroten Rand umgeben; bevorzugt sind Handteller und Fußsohlen. im Gegensatz zur Pemphigus neonatorum, der nicht spezifisch ist, eine harmlose Erkrankung darstellt und äußerst selten Handteller und Fußsohlen befällt.

Ferner Paronychia syphilitica, Entzündung, Wucherung und Vereiterung der den Nagelfalz bildenden Hautpartie, nicht zu verwechseln mit Panaritium; häufig an mehreren Fingern und gleichzeitig an den Zehen vorkommend.

Für angeborne Syphilis spricht noch die Hutchinsonsche Trias: Keratitis parenchymatosa, Labyrinthtaubheit und halbmond-

Hämolytisches Serum (inaktiviert,   Komplement (normales frisches   Antigen (Extrakt der Leber)
also nur den Ambozeptor enthaltend)   Meerschweinchenserum)
plus   plus
rote Hammelblutkörperchen   Serum (inaktiviertes, zu prüfendes
Syphilitikerserum).

Wenn nun das zu prüfende (inaktivierte) Serum keinen Ambozeptor enthält, also der Spender nicht syphilitisch ist, so wird das Komplement für das linke Gefüge verwendet und es wird, da ja die Bedingungen erfüllt sind, Hämolyse eintreten. Also

Hämolytisches Serum   Komplement   Antigen
plus   plus
rote Blutkörperchen   = Hämolyse   Serum (zu prüfendes).

Ergebnis: Das zu prüfende Serum ist nicht spezifisch, der Spender des Serums ist nicht krank.

Hat aber das zu prüfende Serum einen Ambozeptor, d. h. ist der Spender an Lues erkrankt, so wird das Komplement für das rechte Gefüge verwendet und die Hämolyse bleibt aus. Also

Hämolitisches Serum   Komplement   Antigen
plus   plus
rote Blutkörperchen   ← Keine Hämolyse   Serum

Ergebnis: Die Hämolyse bleibt aus, das zu prüfende Serum ist spezifisch, der Spender des Serums ist krank (syphilitisch).

318

förmige Exkavation, besonders der oberen Schneidezähne auf ihrer
Bißfläche. Sind übrigens vorsichtig zu verwerten: Keratitis parenchymatosa kommt auch bei Tuberkulose vor, bei der Zahnexkavation
kann es sich um Schmelzdefekte und Deformierungen der Rachitiker
handeln.

Behandlung der Syphilis?

Im 15. Jahrhundert wurden schon Arsenverbindungen angewendet, später Dekokte von Sasaparilla (wahrscheinlich diaphoretische und diuretische Wirkung); bei hartnäckiger Syphilis Dekok-
tum Zittmanni (dekokt. Sasaparill. + 4 Calomel + Hydr. sulf. rubr.)
Heute ist die souveräne Behandlung: Quecksilber kombiniert mit
Injektionen von Neosalvarsan; für die 3. Periode der Gebrauch
von Jod. In neuester Zeit werden an Stelle der Arsenverbindungen
solche von Wismuth injiziert.

Allgemeine Diagnostik der Geschwülste.

Auf welchem Wege kommt man zur Diagnose?

Durch Betrachtung der grobanatomischen Verhältnisse und
die mikroskopische Untersuchung.

Welche Momente müssen bei der makroskopischen Diagnose in Erwägung gezogen werden?

Die Farbe, die Beschaffenheit der Oberfläche, Ulzerationen,
der Standort der Geschwulst und ihre Beziehung zu dem Mutterboden, äußere Form der Geschwülste, die Konsistenz, das Verhalten
der Geschwulst zu ihrer Umgebung, Beweglichkeit, Alter und
Konstitution, Anamnese.

Welche Aufschlüsse kann die Farbe einer Geschwulst geben?

Die Farbe läßt auf Gefäß- und Pigmentgeschwülste schließen;
so bei Teleangiektasie, kavernösen Tumoren, Melanosarkom usw.

Die Beschaffenheit der Oberfläche?

Zysten haben eine kugelige Form; Kankroide können höckerig
erscheinen; Papillome und Zottenkrebse haben einen zottigen Bau,
Lipome haben einen lappigen, meist weichen Bau usw. Tumoren
mit kraterförmigen Geschwüren und harten, derben, wallartigen
Rändern sprechen für Karzinom. Gestielte, scharf umschriebene
Tumoren gehören zu den gutartigen Geschwülsten, dafür ins Gewebe übergehende zu den bösartigen.

Der Standort der Geschwülste und ihr Verhältnis zum Mutterboden?

Lipome kommen im Unterhautzellgewebe vor, Osteome und Chondrome im Knochen; über den Augen die Dermoidzyste; im Mastdarm spricht eine harte röhrenförmige Geschwulst, seiner Wandung eingelagert, sehr für Krebs, ebenso eine Geschwulst an den Lippen mit Neigung zum Zerfall in gewisser Lebensaltersstufe usw.

Die Konsistenz?

Deutliche Fluktuation spricht für eine Zyste (das Ausschlagen der Flüssigkeitswelle ist nur mit zwei Händen deutlich und sicher erkennbar); Pseudofluktuation für ein weiches Lipom, ein weiches bösartiges Sarkom usw.; weitere Unterschiedsmerkmale gibt der Standort.

Das Verhalten der Geschwulst zu ihrer Umgebung?

Anschwellen der benachbarten Lymphdrüsen spricht sehr für eine maligne Geschwulst; ebenso ist die Verschmelzung mehrerer Lymphdrüsen am Halse verdächtig auf Lymphosarkom.

Beweglichkeit?

Leichtbewegliche, in der Haut gut verschiebliche Tumoren gelten als gutartig; auf weicher Unterlage schwer verschiebliche oder unbewegliche Tumoren sind verdächtig, weil gerade bösartige Tumoren sehr bald mit der Umgebung adhärent werden, auf sie übergreifen.

Wie prüft man die Beweglichkeit der Tumoren?

Man umfaßt die Geschwulst breit an der Basis und schiebt sie in der Richtung der Muskelfasern hin und her. „Fixiert sein" spricht sehr für Bösartigkeit.

Was kann man Wichtiges aus der Anamnese erfahren?

Ergibt die Vorgeschichte, daß die Geschwulst angeboren ist, so spricht dies sehr für Angiom oder Teratom. Erblichkeit spielt bei Karzinom eine Rolle. Schnelles (rapides) Wachstum, Kräfteverfall spricht für bösartige Neubildung.

Alter des Kranken?

Osteome sind mit Vorliebe eine Krankheit des jugendlichen, Sarkome des mittleren, Karzinome eine solche des späteren Alters.

Wie müssen die einzelnen Ergebnisse verwertet werden?

Bei der Gesamtbeurteilung eines Krankheitsfalles müssen die Ergebnisse der Einzeluntersuchungen in Vergleich gebracht, gegeneinander abgewogen und ausgewertet werden. Dabei ist die Anamnese, der Status praesens des einzelnen Kranken genau zu berücksichtigen (Individualisieren!)

Wie macht man die mikroskopische Untersuchung einer Geschwulst?

Entweder wird durch Probeexzision oberflächlich ein Stückchen abgetragen oder ein solches aus dem Innern einer Geschwulst durch Probepunktion mit der Middeldorpfschen Harpune gewonnen. (Stilett mit Widerhaken, das durch eine Troikarröhre in die Geschwulst eingeführt wird). Zu bevorzugen sind die Partien in der Peripherie. Das Geschwulstpartikelchen wird nach Art des Zupfpräparates weiter behandelt. Diese Probepunktion ist eine eingreifende Untersuchungsmethode, welche die Gefahr der Infektion (Sepsis, Eiterung), der Keimverschleppung, Blutung zur Folge haben kann, sie ist deshalb nur im äußersten Falle gestattet.

Ein alveolärer Bau (Bindegewebsstroma in Gerüstform, mit Einlagerung von Epithel- oder Endothelzellnestern) spricht meist für eine bösartige Geschwulst. Je zellreicher der Tumor, je massiger die Zellen, je zahlreicher die Kernteilungsfiguren in diesen, desto stärker wuchernd ist die Geschwulst, desto gefährlicher mit großer Wahrscheinlichkeit.

Chirurgische Erkrankungen der Gefäße.

Welche Erkrankungen der Gefäße sind für den Chirurgen besonders wichtig?

Endarteriitis (Arteriosklerose), Varizen, Aneurysmen, Phlebitis.

Was versteht man unter Endarteriitis oder Arteriosklerose?

Eine chronisch deformierende Entzündung der Arterien, besonders deren Intima.

Unter welchen Erscheinungen spielt sich diese Entzündungsform ab?

In drei Stadien:
1. Zirkumskripte, sklerosierende Hyperplasie (Vermehrung der Gewebselemente) der Intima.
2. Erweichung der neugebildeten Lamellen infolge fettiger Degeneration (Atherom der Arterienwand); daraus können entstehen:
3. Sinuöse Geschwüre oder Verkalkung in Form dünner Knochenplatten.

Welche Ursachen können der Arteriosklerose zugrunde liegen?

Chronische infektiöse Prozesse wie Syphilis; toxische Schädlichkeiten (Blei, Alkoholismus, Gicht); höheres Alter.

Welche Arten von Endarteriitis unterscheidet man?

E. obliterans; das Arterienlumen wird verengert und verschlossen mit allmählich zunehmender Verdickung der Intima durch Zellinfiltration. Sie befällt nur mittlere und kleinere Arterien.

E. syphilitica; zirkumskripte Verdickung der Innenhaut mit Verengerung des Gefäßlumens, namentlich im Gehirn, auch an der Aorta; hat Tendenz zu narbiger Schrumpfung.

Varizen — Phlebektasien.

Was sind Varizen?

Spindelförmige oder zylindrische Erweiterungen der Venenbahn entstanden durch mechanische Dilatation infolge gehinderten venösen Rückflusses. An Umbeugungsstellen bildet die gewundene und geschlängelte Vene sackartige Erweiterungen — Varixknoten, z. B. Hämorrhoiden.

Ursachen der Varizen?

Obliteration, Thrombose einer Hauptvene, Druck auf eine zentrale Vene (gravider Uterus), Wirkung der Schwere, besonders in den Beinen, Schwäche der Venenwand und Venenklappen.

Welche Zustände können sich aus Varizen entwickeln?

An den Schleimhäuten hartnäckige Katarrhe; an der Haut Ekzem, Ödem, plastische Infiltration der Haut, des Unterhautzellgewebes, chronische Ödeme; elephantiastische Hypertrophie der Haut (Anschwellung durch Ablagerung von Entzündungsprodukten). Diese Vorgänge sind besonders wichtig an den Unterschenkeln, da sie zur Verdickung der Haut und bei geringen Verletzungen zu Geschwürsbildungen führen können — Ulcera varicosa. Platzen eines Varix hat unter Umständen sehr unangenehme Blutungen zur Folge.

Wo sind die Varizen besonders häufig?

An den unteren Extremitäten im Gebiet der Vena saphena magna, besonders bei Leuten, die viel stehen müssen; im Gebiet der Mastdarmvenen (Hämorrhoiden), im Gebiet der Venen der Schamlippen und des Hodensackes — Varikocele; Varizen der Bauchhaut und Brusthaut (Caput Medusae) bisweilen bei Leberzirrhose im Gebiete der Vena cava.

Was sind Phlebolithen?

Verkalkung von Varizen, hervorgegangen aus Faserstoffgerinnselbildung in den Venenklappen.

Worin gipfelt die Therapie der Varizen?

Prophylaktisch ist durch Hochlagerung, elastische Bindeneinwicklungen aufsteigend von der Peripherie dem Stamm zu jeder Stauung entgegenzuwirken. Bei ausgeprägten Varizen tritt die Exstirpation der Venen und zentrale Unterbindung der Hauptvene in ihr Recht. Am Unterschenkel werden in Lokalanästhesie nach Madelung von mehrfachen kleinen Hautschnitten aus die erweiterten Hautvenenknäuel herausgezogen, doppelt unterbunden und ausgeschnitten, gleichzeitig nach Trendelenburg an der vorderen Fläche und Innenseite des Oberschenkels die Äste der Vena saphena doppelt unterbunden und mehrfach exzidiert. Vor jeder Massage ist der Emboliegefahr wegen zu warnen.

Gangrän — Brand.

Was versteht man unter Brand?

Den Gewebstod, die völlige Ausschaltung eines Gliedes, eines Organs oder Organteils aus dem Stoffwechsel durch dauernde Unterbrechung der Ernährung; hierbei kann die Form erhalten bleiben, aber Empfindlichkeit und Funktion sind meist aufgehoben.

Welche Formen von Brand unterscheidet man?

Je nach dem Saftreichtum des absterbenden Körperteils unterscheidet man trocknen und feuchten Brand.

Was ist für ein Unterschied zwischen Nekrobiose (Nekrose) und Gangrän?

Die Nekrose geht unter Austrocknen des Gewebes ohne oder mit nur geringer Vegetation von Spaltpilzen vor sich, meist ohne Infektion. Die Gangrän aber entwickelt sich in einem gestauten, saft- und blutreichen Gewebe meist unter starker Vegetation von Spaltpilzen, die dann im weiteren Verlaufe sehr häufig zur Infektion führt. Der wesentliche Unterschied liegt darin, daß bei der Nekrose die zuführende Arterie (vielleicht eine Endarterie) entweder

    a) durch Embolie weit ab vom nekrotisierenden Körperteil (Verstopfung der Art. tibialis an ihrer Teilungsstelle in der Kniekehle — Brand der großen Zehe) verstopft oder

    b) durch vasomotorische Störungen ihrer Wandung, oder

    c) durch sklerosierende, verengernde Endarteriitis unwegsam (weißer Lungeninfarkt) oder endlich

d) durch Blutungen das Gewebe in dem betreffenden Zellkomplex mit angesaugtem Blut förmlich überfüllt ist (roter Lungeninfarkt) und gleichzeitig ein Kollateralkreislauf durch erweiterte Kapillaranastomosen gar nicht oder nur ungenügend zustande kommt (Konheim). Der venöse Blutrückfluß aus dem nekrotisierenden Gewebe aber ist möglich.

Bei der feuchten Gangrän ist dagegen gleichzeitig der venöse Rückfluß durch Abdrücken, Verstopfung, Entzündung der Venen behindert oder ganz aufgehoben, es kommt zur Stauung, zum Ödem; das brandig werdende Körperende ist ungemein saftreich. Das Serum, schließlich auch die Blutkörperchen werden in das Gewebe gedrängt, wandern aus den Gefäßen aus; es tritt Stase ein; die Gefäßzellen selbst erleiden durch die Durchblutung Schaden und gehen zugrunde. Diesmal ist aber das Gewebe feucht durchtränkt. Nun kommt auch noch die Entzündung hinzu; somit erhalten wir das Bild der feuchten Nekrose. Diese feuchte Nekrose ist die Vorbedingung der Fäulnis. Primäres Zustandekommen einer Fäulnis durch anaërobische Bakterien ohne vorherige Gewebsnekrose ist undenkbar. Lungengangrän ist z. B. also immer erst nach erfolgter feuchter Nekrose des Lungenparenchyms möglich. Die Fäulnis faßt man auf als einen hydrolytischen Spaltungsprozeß von Eiweißstoffen, welcher zur Entwicklung von Gasen führt; dieser Prozeß ist nur durch Bakterientätigkeit möglich. Eine der wichtigsten Voraussetzungen ist eben die Feuchtigkeit des Gewebes, da in einem trockenen Gewebe die Bakterien keine Lebenstätigkeit entfalten können (vgl. die mumifizierten Leichen, bei den Mumien fehlt die Feuchtigkeit).

Welche Erscheinungen macht der trockene Brand?

Die abgestorbenen Teile trocknen aus, die Haut wird braun und schwarz, das Ganze nimmt mumienartige Beschaffenheit an (Mumifikation). Jede Fäulnis wird in diesem eintrocknenden Körperteil sistiert. Der übrige Organismus ist wenig in Mitleidenschaft gezogen.

Welche Erscheinungen macht der feuchte Brand?

Das abgestorbene Glied bleibt saftreich und verfällt der Zersetzung durch Fäulnisbakterien. Die Haut wird grün bis schwarz, bildet Blasen, das Gewebe ist durchsetzt mit mißfarbigem, stinkendem Sekret. Zuweilen entwickeln sich in dem zersetzten Gewebe wie bei einer Gärung Gasblasen (Fäulnisemphysem, Gasödem, Gasbrand). Solche Zustände können Fäulnisgifte und Toxine in den Körper eindringen lassen und deshalb das prophylaktische Eingreifen des Chirurgen durch rasche Amputation erfordern, um allgemeine Sepsis zu verhindern, das Leben zu retten.

In günstigen Fällen, namentlich bei der trockenen Nekrose, Mumifikation, sondert sich das Gesunde vom Kranken durch einen ganz besonderen Demarkationsvorgang. Dieser Prozeß setzt sich zusammen:

1. aus einer sehr stark entzündlichen Gewebsreaktion. Es bildet sich eine hyperämisch rote Randzone, die Demarkationslinie. An dieser Stelle entsteht rotes Granulationsgewebe, jugendliches Bindegewebe, die Vorstufe der narbigen Verheilung. Die Demarkationslinie ist das Resultat einer reaktiven Entzündung, hervorgerufen durch den brandigen Teil als Fremdkörper. Von diesem Moment an tritt durch den Leukozytenwall, Auswanderung von Lymphzellen ein Schutz ein vor Resorption der Brandjauche.

2. Wichtig ist ferner der chemische Vorgang: das Exsudat des Demarkationswalles enthält ein histolytisches Enzym, gebildet durch die Entzündung, das die Eigenschaft hat, insbesondere das tote Gewebe aufzulösen durch eine Art von Verdauungsvorgang. Dieser Prozeß geht immer tiefer in das angrenzende Gewebe, so daß sogar der Knochen aufgelöst wird, auch im Körperinnern kann sich eine derartige Demarkation abspielen (Sequester in der Totenlade bei Osteomyelitis). Hierher gehört auch die Selbstamputation nekrotischer Glieder bei mumifizierender Nekrose, z. B. bei Embolie der Art. dorsalis pedis Abfallen der schwarz eingetrockneten Zehen. In ungünstigen Fällen bleibt die Bildung der Demarkationslinie aus, die äußerst verderblichen Stoffe können resorbiert werden, und Pyämie und Septikämie folgen nach.

Welche Ursache kann die Gangrän haben?

1. Trauma, direkte Gefäßzertrümmerung (schlecht sitzender einschnürender Steifverband).
2. Ätzwirkungen.
3. Gefäßverschluß
   a) der Arterien durch Ligatur, Embolie, Thrombose, arteriosklerotische Prozesse,
   b) der Venen durch Tumoren usw.
4. Hitze und Kälteeinwirkung.
5. Gewisse Gifte, insbesondere Secale cornutum, Überwinterungsform eines auf dem Getreidekorn schmarotzenden Fadenpilzes: Claviceps purpurea.
6. Noma.
7. Thyphus, marantische Thrombosen, die sich bei Verlangsamung der Zirkulation bilden. Diabetes mellitus.
8. Gangrän, beruhend auf Störungen trophischer Nerven. Es fehlt der Nervenimpuls; auch bei sonst günstigen Bedingungen kann es da zum Brand kommen; denn die Zellen

haben die Fähigkeit verloren, Stoffe in sich aufzunehmen und zu verarbeiten (Verlust des nervösen Tonus).

Welchen Zusammenhang kann Trauma und Gangrän haben?

Verletzungen jeder Art können Brand nach sich ziehen entweder durch direkte Vernichtung der Gewebe oder durch verschiedene Folgekrankheiten. Hierher gehört auch der Brand durch Dekubitus (Druckbrand), insbesondere bei geschwächten, dyskrasischen Individuen, welche längere Zeit liegen müssen. Es entsteht dann an Stellen, wo die Knochen nur dünnen Hautüberzug haben und der Druck zunächst einwirkt (Darmbeinvorsprünge, Trochanteren, Fersen), eine schmerzhafte Hyperämie mit allmählichem Zerfall oder, wenn es sich gleichzeitig um septisch-mykotische Kapillarembolien handelt, ohne besondere Schmerzen mit plötzlicher, weit in die Tiefe sich erstreckender Geschwürsbildung.

Auch ein übermäßiger, dauernd auf dieselbe Stelle einwirkender Druck, wie durch schlechtes Schuhwerk, abschnürenden Verband (z. B. sehr fest wegen Blutungsgefahr angelegter Notverband bei Granatsplitterverletzung mit nachfolgender Verschwärung, Zunahme der Schwellung) kann zur Gangrän führen.

In welcher Weise können Ätzmittel Gangrän verursachen?

Entweder durch schnelle Einwirkung konzentrierter Säuren und Alkalien oder durch langdauernde Einwirkung schwacher Lösungen, insbesondere die Karbolgangrän durch Umschläge mit 1—2proz. Lösung.

Unter welchen Umständen wird sich bei arteriellem Verschluß Gangrän entwickeln?

Wenn sich rechtzeitig kein hinreichender Kollateralkreislauf mehr ausbilden kann.

Auf welche Weise kann ein arterieller Verschluß herbeigeführt werden?

Durch Ligatur, Verletzung mit Thrombose und embolische Prozesse.

Wie entsteht Gangrän bei venösem Verschluß?

Wenn der Abfluß in einer großen Vene gehemmt ist, staut sich das Blut, so daß schließlich der arterielle Zufluß aufhört, das Glied unter den bekannten Erscheinungen der Stase und folgender septischer Infektion dem feuchten Brande verfällt.

Welche Form des Brandes entsteht bei Arteriosklerose?

Häufig der trockene Brand.

Unter welchem Bilde tritt der Brand bei den arteriosklerotischen Prozessen der Greise ein (Altersbrand)?

Die Wandungen der Blutgefäße der unteren Extremität erscheinen verdickt, Thromben verschließen die Kapillaren. Die Vorläufer des Altersbrandes sind oft rasche Ermüdung, Eingeschlafensein des Beines, Kältegefühl, oft die heftigsten rheumatischen Schmerzen (Ischias), manchmal wieder tritt nach Pelzig- und Kaltwerden der Zehen einfach Vertrocknung unter Schmerzlosigkeit und Mangel jeglicher Entzündung ein.

Wie weit geht der Altersbrand?

Der Prozeß kann sich nach Abstoßung von einer oder mehreren Zehen begrenzen, in den meisten Fällen aber schreitet er langsam weiter und endet vielfach tödlich durch Verschleppung der mit Fäulnisgiften infizierten Thromben.

An was hat man bei jeder spontanen Gangrän zu denken?

An die Gangrän, welche durch Diabetes verursacht wird; daher versäume man nie, den Urin auf Zucker zu untersuchen.

Wie kann Secale cornutum Gangrän bewirken?

Durch eine Einwirkung auf die Hautmuskelfasern, die glatten Muskelzellen der Blutgefäße in den Fingern, Zehen, Ohren usw., nachdem als erstes Zeichen Pelzigsein und Formikation (Gefühl von Ameisenlaufen) vorausgegangen ist; daher stammt die Bezeichnung Kribbelkrankheit; heute spricht man von Ergotismus.

Wie kann Typhus Gangrän erzeugen?

Durch marantische Thrombosen, die sich bei Verlangsamung der Zirkulation (Herzschwäche) bilden und septisch wirkende Typhusbazillen und andere Anaërobier enthalten.

Welche Arten von Gangrän sind wohl auf tropho-neurotischen Ursprung zurückzuführen?

Die lepröse Gangrän, die Raynaudsche Gangrän (Krampfzustände der peripherischen Arterien der Extremitäten), welche dadurch ausgezeichnet ist, daß sie an beiden Extremitäten oder an gleichnamigen Gliedern (z. B. Ohren) gleichmäßig auftritt, weshalb sie auch symmetrische Gangrän genannt wird.

Das Mal perforant du pied: Unter der Sohle gelähmter oder atrophischer Füße entsteht ein in die Tiefe fressendes, schmerzloses Geschwür, das durch irgend örtliche Behandlung wenig beeinflußbar ist. Die Sensibilität ist stark herabgesetzt, es bestehen keine Zirkulationsstörungen. Dieses Geschwür entsteht auf tabischer, luetischer Basis und erfordert entsprechende Allgemeinkur.

Onychia maligna, Nagelbettentzündungen junger Männer mit Abhebung und Zerfall des Nagels unter einer äußerst fötiden Ulzeration.

Welche Anhaltspunkte hat man für die Abgrenzung eines gesunden Gewebes, wenn man amputieren muß?

Die genaue Untersuchung des Pulses gibt geeignete Anhaltspunkte für die Ausdehnung des Brandes und die Grenze des abzusetzenden Gliedes. Oft ist allerdings das ganze Gefäßrohr (in der Art. dorsalis pedis, der malleolaris, der cruralis) durch Verkalkung in ein starres Rohr verwandelt, so daß der Puls vergeblich gesucht wird. Da entscheidet Wärme, Färbung, Saftreichtum des betreffenden Gliedes unter Berücksichtigung der besten anatomischen Gefäßversorgung, des Allgemeinbefindens, des Alters. Blutet die Amputationsschnittfläche wenig oder fast gar nicht nach Abnahme der Esmarchbinde, dann setze man lieber an der nächsthöheren arteriellen Teilungsstelle ab (z. B. am Bein dicht unterhalb oder oberhalb des Knies).

Welche Aufgaben hat die Therapie?
1. Berücksichtigung der Prophylaxe,
2. Allgemeinbehandlung,
3. Lokale Behandlung.

Was kann die Prophylaxe leisten?

Bei drohendem Dekubitus glattes Lager, Wasserkissen, peinliche Reinlichkeit bei Kot- und Urinentleerung; Abtupfen mit verdünntem Spiritus, Kampherwein, Weinsteinlösung, Anwendung von Plumb. acet. oder tannic. als Salbe mit Hirschunschlitt.

Beseitigung des äußeren Druckes, z. B. bei Ödem, Neubildungen, eingeklemmten Hernien usw.

Bei Arteriosklerose zweckmäßige Lagerung, kohlensaure Bäder, Prießnitzsche Umschläge.

Worauf zielt die Allgemeinbehandlung ab?

Hebung des Kräftezustandes in erster Linie durch kräftige, leicht verdauliche Kost und roborierende Medikamente.

Die lokale Behandlung?

Abgestorbenes Gewebe ist für immer verloren. Im Körper selbst kann es resorbiert werden (z. B. weißer Lungeninfarkt, kleine Knochensequester); äußerlich wird es meist selbst sich abstoßen oder muß abgetragen werden. Anfangs abwartendes Verhalten, Hochlagerung, feuchte Umschläge usw.; äußerste Vorsicht der Bewegungen, um nicht die Thrombi in Emboli zu verwandeln. Nach

Bildung der Demarkationslinie schonende Abtragung des Gliedes. Feuchter Brand ist außerdem noch streng antiseptisch zu behandeln.

Beruht das Leiden auf syphilitischer Endarteriitis, so ist innerlich Jodkali zu versuchen.

Bei Endarteriitis hat man weit oben zu amputieren.

Hernien — Unterleibsbrüche.

Woher stammt der Name Hernie?

Vom griechischen $\tau\grave{o}$ $\check{\epsilon}\varrho\nu o\varsigma$ = der Zweig, weil die Mediziner des Altertums sich vorstellten, daß die Bruchgeschwulst gleich einem Zweig, einer Knospe aus dem Rumpfe hervorsprieße.[1]) Die spätere Vorstellung in der mittelalterlichen Heilkunde, daß es sich um ein Brechen, Zerreißen der Bauchdecken handle, hat die Erkenntnis des wirklichen Vorganges nicht weiter gefördert.

Was versteht man unter Brüchen im allgemeinen?

Unter Bruch versteht man Lageveränderungen eines oder mehrerer in der Bauch-, Brust- oder Schädelhöhle befindlichen Eingeweide, wobei sie den umschließenden normalen Raum verlassend sich unterhalb der allgemeinen Bedeckung nach der Körperoberfläche oder einer benachbarten Höhle hin vorlagern. Sie müssen immer noch mindestens von der Haut bedeckt sein. Treten sie ohne jede Bedeckung zutage (z. B. Uterus, Scheide, Mastdarm), so spricht man von einem Vorfall — Prolaps.

Welche Brüche haben der Häufigkeit nach die weitaus größte Bedeutung?

Die Brüche der Unterleibseingeweide; auf durchschnittlich 50 Gesunde kommt ein Bruchkranker, auf 3 bis 4 bruchkranke Männer 1 bruchkranke Frau (Wullstein).

Welche Organe und anatomischen Verhältnisse sind für das Verständnis der Unterleibsbrüche wichtig?

1. Das Bauchfell — Peritoneum. Es ist eine dünne, durchsichtige, sehr elastische, also ausdehnungsfähige Haut, deren Dicke in den verschiedenen Bauchgegenden wechselt. Es bildet einen vollkommen in sich geschlossenen Sack, dessen einer Teil an der inneren Oberfläche der Bauch- und Beckenwandungen angeheftet ist und dabei über die an den Wänden angewachsenen Organe, diese teilweise überziehend, hinwegläuft (z. B. Uterus, Blase, Colon

---

[1]) In der Gartenbaukunde bezeichnet man krankhafte Knollenauswüchse an den Wurzeln der Kohlarten als Hernien.

ascendens und descendens) — parietales Blatt, dessen anderer Teil durch Eingeweide, welche sich in den Sack hineindrängen, faltenartig hineingestülpt wird — viszerales Blatt. Das parietale Blatt ist an den unterliegenden Teilen durch ein lockeres, fetthaltiges Zellgewebe befestigt. Dieses gestattet nicht nur ein leichtes Abziehen des Bauchfells sondern auch eine beträchtliche Verschiebung, ein der Entstehung von Bauchfellvorlagerungen außerordentlich günstiger Umstand. Der Fettreichtum des subperitonealen Zellgewebes ist in den unteren Gegenden des Bauches groß und gibt, wenn einzelne Fettklümpchen oder Fettgeschwülste in der Nähe irgendeiner Öffnung der Bauchwand liegen oder durch diese nach außen dringen, zur Bildung der später näher zu besprechenden Fettbrüche Anlaß.

Das viszerale Blatt bildet mannigfache, zum Teil sehr ausgedehnte Falten und Duplikaturen (Mesenterium, Mesocolon, Omentum majus et minus), welche den darin eingebetteten Eingeweiden einen hohen Grad von Beweglichkeit gestatten, ein Umstand, der abermals wichtig ist für die Entstehung von Brüchen besonders gewisser Eingeweide. Je beweglicher ein Organ ist, desto größer ist die Gefahr einer Vorlagerung, einer Bruchbildung, bei sonst gegebenen günstigen Umständen.

Von erheblicher Bedeutung ist noch die besondere Empfindlichkeit des Peritoneums für jeden Reiz (z. B. Zirkulationsstörungen, Druck), wodurch Entzündungen mit Fibrinausscheidungen und mannigfache Verklebungen entstehen können, namentlich in Bruchsäcken, die ja eine Ausstülpung des parietalen Peritoneums darstellen.

2. Das große Netz — Omentum maius. Es entspringt vom Magen und Colon transversum und hängt hinter der vorderen Bauchwand und vor den Gedärmen frei herab. Seine Weichheit und Nachgiebigkeit gestatten ihm, in die engsten Bruchöffnungen einzudringen und sich dort in verschiedener Weise zu falten und zu formen. Sein großer Gefäßreichtum begünstigt bei gehemmtem Blutrückfluß (enger Bruchpforte) starke Anschwellungen der in den Brüchen enthaltenen Netzportionen und aus gleichem Grunde Entzündungen mit sekundären Verklebungen. Bei der günstigen Lage und der großen Beweglichkeit wird das Netz selten in Nabel- oder Bauchbrüchen fehlen. In jede penetrierende Bauchstichwunde prolabiert sofort an erster Stelle das Netz.

3. Spalträume. Es sind dies physiologisch präformierte Spalten, die hauptsächlich den Gefäßen und Nerven zum Durchtritt dienen. Als solche Öffnungen kommen in Betracht der Leistenkanal, der Schenkelring, der Nabel, durch den in der Fötalzeit die mütterlichen Gefäße eintreten. Diese Durchgangsöffnungen sind entweder nur so groß als der Umfang der durchtretenden Teile oder eine etwa

bleibende Lücke ist auf das vollständigste mit Zellgewebe und Fett ausgefüllt. Die eine Öffnung umgebenden Teile sind bald fibröser Natur allein (Nabelring), bald Muskel- und Sehnenfasern (innerer Leistenring), bald fibröses Gewebe und Knochen (äußerer Leistenring, Schenkelring, Foramen obturatorium). Alle diese Gebilde besitzen für die gewöhnlichen Verhältnisse die hinreichende Widerstandsfähigkeit und lassen sich, wenn ihre Fasern nicht zerrissen werden, durch plötzliche Gewalt nicht ausdehnen. Wenn aber das vorher erwähnte, unter dem Peritoneum liegende, ausstopfende Zell- und Fettgewebe durch längere Kompression atrophiert und in seiner Elastizität sonst irgendwie beeinträchtigt wird — ein Umstand, der häufig gegeben ist —, so entstehen dadurch Vertiefungen, in die sich das Bauchfell sofort trichterförmig anschmiegt und einsenkt; damit ist der Bruchsack vorgebildet. Bauchpresse, Hustenstöße und andrängende Eingeweide sorgen für langsame oder plötzliche Erweiterung dieses Locus minoris resistentiae, bis es zum Austritt von Brucheingeweiden unter die Haut kommt, meist mit peritonealer Hülle.

4. Art. epigastrica interna. Sie ist ein Zweig der Iliaca externa, bzw. der Art. femoralis und verläuft schräg median aufwärts an der hinteren Seite der vorderen Bauchwand. Indem sie unmittelbar vom Peritoneum bedeckt wird, bildet sie die auf der Bauchwandinnenfläche leicht vorspringende Plica epigastrica, durch welche sie die fossa inguinalis medialis von der lateralis trennt. Ihre Bedeutung liegt darin, daß je nach Lage zu ihr die Leistenbrüche in innere oder äußere eingeteilt werden und daß sie bei operativem Eingriff in dieser Gegend beachtet werden muß.

4. Leistenband — Ligamentum Poupartii. Es ist dies der sehnig verdickte untere Rand der Aponeurose des Musc. obliquus internus, der von der Spina anterior zum Tuberculum pubis über den vorderen großen Ausschnitt der oberen Beckenapertur hinwegzieht; er liegt gerade in der Schenkelbeuge. Die Verbreiterung des medialen Endes als Ansatz am Schambein nennt man das Ligamentum Gimbernati; es stellt eine flache aus- und aufwärts konkave Rinne dar, auf welcher der Samenstrang lagert.

Die Bedeutung des Poupartschen Bandes für die Brüche liegt darin, daß oberhalb und unterhalb von ihm sich Lücken in der Bauchwand befinden, die häufig dem Durchtritt von Brüchen dienen (Leistenbrüche, Schenkelbrüche).

5. Leistenkanal. Damit bezeichnet man eine Spalte in der vorderen Bauchwand, durch die der Samenstrang hindurchzieht und durch die der Hoden um die Zeit der Geburt aus der Bauchhöhle in den Hodensack hinuntergestiegen ist. Dieser hat bei seinem Descensus die Bauchdecken schief von innen und obenher als Lücke aufgehoben. Er liegt unmittelbar über dem Ligamentum Pou-

partii, geht schräg median abwärts und ist 4 bis 5 cm lang. Er beginnt mit einer sichelförmigen, nach unten konvexen Öffnung der Fascia transversa (annulus inguinalis internus) und endet außen unter der Haut mit der Lücke in der Aponeurose des Musc. obliquus externus gerade entgegengesetzt sichelförmig. Das Mittelstück wird gebildet in ihrer vordern und inneren Wandung von den hier ziemlich verschmolzenen Fasern des Musc. obliquus internus und transversus.

Der Kanal ist bedeutungsvoll für die Entstehung der Leistenbrüche.

6. Neben diesen Spalträumen sind noch diejenigen Stellen der Bauchwand Prädilektionsstellen für Brüche, an denen die Muskelwand sehr verdünnt ist oder fehlt, z. B. Linea alba (Hernia epigastrica), innere Leistengrube (Hernia inguinalis interna), große Narben in der Bauchwand (Bauchnarbenbrüche).

Welche Verhältnisse und Ursachen sind für die Entstehung von Brüchen von Bedeutung?

Hierbei haben wir zu unterscheiden zwischen angeborenen und erworbenen Brüchen.

Selten ist der angeborene, vollständig fertige Bruch (z. B. Leistenbruch bei Offenbleiben des Processus vaginalis peritonei, der Nabelschnurbruch); häufig ist aber die Entstehung des Bruches auf Grund einer vorhandenen sog. Bruchanlage: die Bruchpforte ist weit angelegt und von einer Vorstülpung des Bauchfells ausgekleidet. Beim angeborenen äußeren schiefen Leistenbruch bleibt der Processus vaginalis, die als Tunica vaginalis für den Descensus testis erfolgte Ausstülpung des parietalen Peritoneums, in offener Kommunikation mit dem Bauchraum.

Für die erworbenen Brüche spielen folgende Momente eine wichtige Rolle: Schwinden des Fettgewebes längs der durchziehenden Gefäße und Nervenscheiden (durch ungünstige Ernährungsverhältnisse, Greisenalter, langwierige Krankheiten usw.) schafft neben den durch die Muskel- und Faszienlücken durchziehenden Organen freien Raum, in den sich das Bauchfell einlegt; aber auch durch plötzliche reichliche Entwicklung des präperitonealen Fettes (zwischen Peritoneum und Fascia transversa) wird die Verschieblichkeit des Peritoneums durch Abgedrängtwerden erhöht. (Zug peritonealer Lipome am Peritoneum parietale nach außen im Leistenkanal, in Gefäßlücken der Linea alba bedingt die Entstehung von Hernien.) Weiterhin kommen als begünstigende Verhältnisse hinzu Schwere der Bauchorgane und der Druck der Bauchpresse durch Kontraktion der Bauchmuskeln und des Zwerchfelles, also Druck auf die Baucheingeweide (forciertes Blasen von Musikinstrumenten, in seltenen Fällen auch durch Heben von schweren Lasten, Erkrankung der Atmungsorgane mit schwerem Husten, chronische Verstopfung, Harnröhrenstriktur, Phimosen usw.). Kurz, ein Bruch wird dann entstehen, wenn ein Mißverhältnis zwischen Widerstandsfähigkeit der Bauchwand und Druck der Bauchpresse vorliegt.

Wie geht die Entstehung eines Bruches vor sich und wie vergrößert er sich?

Allmählich oder plötzlich; allmählich bei häufigem Wiederholen der genannten Gelegenheitsursachen, plötzlich bei besonders gesteigertem Druck in der Bauchhöhle; dabei ist vorauszusetzen, daß der Bruchsack schon vorgebildet war und das Eingeweide durch den Druck der Bauchpresse in den vorgebildeten Sack unter Auftreten von Dehnungsschmerzen hineingepreßt wurde. Voraussetzung ist also immer eine Bruchanlage. War der Processus vaginalis peritonei offen geblieben, so wird der Bruch von vornherein gleich bei seiner Entstehung groß sein, war aber nur eine gelockerte, dellenförmig vorgebuchtete Stelle im Peritoneum vorhanden, wird er im Beginn klein sein und allmählich größer werden. Jeder Bruch zeigt naturgemäß die Tendenz zur steten Vergrößerung, wenn nicht durch die Wirkung eines gutsitzenden Bruchbandes die Bruchpforte geschlossen oder dem Andringen der Eingeweide gegen diese Lücke entgegengewirkt wird. Bei dieser Vergrößerung des Bruches durch immer wiederholtes Anprallen der Eingeweide von innen tritt nicht nur eine Dehnung des wandständigen Bauchfells als größer und dünner werdender Sack ein, sondern das Bauchfell wandert auf seiner fetthaltigen Unterlage, der Fascia transversa abdominis, auf der es mit lockerem Bindegewebe leicht verschieblich angeheftet ist, durch die Faszien-Muskellücke weiter hervor. Das erkennt man an verschiedenen mehrfachen Schnürfurchen des Bruchsackhalses, an dem wandständig angewachsenen Inhalt des Bruchsackes (Processus vermiformis, Teile der Blasenwand neben freiem Eingeweide).

Welche Bestandteile hat ein Bruch?

Bruchinhalt und Bruchsack; dieser wieder Bruchsackhals und Fundus.

Der Bruchsack ist eine Ausstülpung des Bauchfells und deshalb im normalen Zustande eine dünne, durchscheinende, gefäß- und nervenarme, glatte, glänzende, weißrötliche Bindegewebsmembran; er kann angeboren oder erworben sein. In ihm können schon auf geringe Reize hin sehr leicht entzündliche Prozesse und Verklebungen entstehen. Durch solche Verklebung der Bruchsackwände ist die zuweilen vorkommende Spontanheilung kleiner Brüche zu erklären. Durch wiederholte, verschieden starke Entzündungen können aber auch die ursprünglich dünnen Bruchsäcke in derbe feste Hüllen mit festen strangförmigen Einlagerungen verwandelt werden, wie das bei alten Brüchen bei langdauerndem Gebrauch des Bruchbandes vorkommt. Verwachsungen von Bruchsack mit Netz und Darm, von vorgelagerten Darmschlingen untereinander, Anschwellung und Verdickung des vorgelagerten Netzes können die Folge sein und gelegentlich Einklemmung bedingen.

Der Bruchsack fehlt bei den sehr seltenen Zwerchfellbrüchen, öfter bei Bauchnarbenbrüchen oder wenn Organe sich vorlagern, die physiologisch keinen oder nur einen teilweisen Bauchfellüberzug haben (Blase, Colon ascendens und descendens). Sie bilden dann förmlich wandständig eingelagert den Bruchsack selbst. In den weitaus allermeisten Fällen aber wird das vorgelagerte Eingeweide in einer Bauchfellausstülpung eingehüllt sein, wie der Finger im Handschuh, also einen Bruchsack haben.

Bruchinhalt kann jedes Baucheingeweide sein, mit Ausnahme des Pankreas und Duodenum, weil diese selbst mit ihrem Peritonealüberzug nicht so locker werden und wandern können. Der Häufigkeit nach ergibt sich folgende Reihenfolge der Bruchsackeinlagerung: Netz und Dünndarm oder nur Netz, Teile des Colon, und zwar am häufigsten Coecum und Processus vermiformis in rechtsseitigen Leistenbrüchen; unter Umständen kann sich also eine Blinddarmentzündung in einem Bruche abspielen; das Colon transversum in Nabelbrüchen und rechtsseitigen Leistenbrüchen; die Blase in Leistenbrüchen und Schenkelhernien (stets an der medialen Seite des Bruchsackes); Ovarien, häufig einseitig, in Leistenbrüchen, Schenkelbrüchen und Hernia ischiadica; auch die Gebärmutter wurde schon in Leisten- und Schenkelhernien angetroffen. Natürlich können auch mehrere Eingeweide zugleich in einer Bruchgeschwulst sich befinden (zusammengesetzte Brüche). Manchmal bei sehr großen Brüchen (Nabelschnur-, Nabel-, Leisten-, Hodensack-, Bauchnarben- und Zwerchfellbrüchen) findet eine fast völlige Vorlagerung sämtlicher Baucheingeweide in den Bruchsack statt, so daß diese Brüche mit der Zeit nicht mehr zurückgelagert werden können, weil die Bauchhöhle zu eng wird und der Bauchraum zu klein geworden ist durch die Retraktion der Muskelwand („die Baucheingeweide haben das Heimatrecht in der Bauchhöhle verloren") = Eventration.

Was wird fast stets noch als Bruchinhalt gefunden?

Fast regelmäßig wird im Bruchsack noch eine größere oder kleinere Menge seröser Flüssigkeit (= Bruchwasser) angetroffen als Resultat einer venösen Stauung (Transsudat), auch bei nicht entzündeten und nicht eingeklemmten Brüchen. Treten aber diese Verhältnisse ein, so wird sich natürlich auch das Bruchwasser nach Menge und Qualität ändern; bei erheblicheren Zirkulationsstörungen

kann sich die Menge stark vermehren, bei Quetschung des Bruches
kann es blutig gefärbt sein; schon bei Stauung, noch mehr bei Abschnürung kann es trüb sein, faekulent riechen, bei Entzündung
kann es trübe bis eitrig werden, bei Gangrän und Perforation kann
Kot und Eiter beigemischt sein.

Was versteht man unter einem Fettbruch?

Das subseröse Gewebe der Beckengegend ist außerordentlich
disponiert zur Fettbildung, besonders in der Umgebung der Gefäße.
Wenn ein derartiges Lipom unter Stielbildung mit den Gefäßen
in einen vorgebildeten Kanal, z. B. Leistenkanal oder Schenkelring,
eindringt und dabei das Bauchfell seitlich vor sich herschiebt, so
haben wir einen Fettbruch vor uns mit Bruchsack; dies ist der
seltenere Fall. Wenn aber ein präperitoneales Lipom (zwischen
wandständigem Bauchfell und Fascia transversa) in eine derartige
Faszienlücke einwandert, so wird der Bruchsack als Bedeckung des
Lipoms fehlen, umgekehrt, das properitoneale Lipom zieht das
wandständige Bauchfell schüsselförmig hinter sich her, so daß ein
Bruchsack, wieder mit Fettinhalt (diesmal aber Netz oder Appen-
dices epiploicae) in der hinteren Ausbuchtung dieses properitonealen
Lipoms liegt. Dieser Vorgang ist nicht selten und kann bei der
Herniotomie irreführen, so daß der nicht erfahrene Operateur im
Anfang nicht sicher ist, ob er Netz im Bruchsack oder properitoneales Lipom vor sich hat, namentlich wenn das Netz durch
lange Vorlagerung, entzündliche Verwachsung seine feinkörnige
zarte Beschaffenheit, hellgelbe Farbe verloren hat, selbst lipomartig verändert ist.

Welche Bedeckung wird also eine Hernie im allgemeinen haben?

Von außen nach innen zuerst Haut, dann subkutanes Fettgewebe,
Fascia superficialis, vielleicht einige Muskelstränge, Fascia transversa,
vielleicht properitoneales Fettgewebe, Peritoneum. Diese ganze Bedeckung kann sehr dünn werden, wenn die Muskulatur fehlt oder
mit dem Fett schwindet und die Faszienblätter miteinander verlöten.

Wie wird eine ausgebildete bewegliche Hernie diagnostiziert?

Ist eine (bewegliche) Hernie ausgebildet, so wird meist an
einer der erwähnten Bruchpforten eine bald mehr weiche, bald
mehr härtliche Geschwulst festzustellen sein. Diese Geschwulst
wird sich aber unter bestimmten Verhältnissen verschieden verhalten: Bei Anwendung der Bauchpresse wird sie sich unter Anspannen vergrößern, bei Rückenlage oder Druck mit der flachen
Hand verkleinern oder unter gurrendem Geräusch verschwinden.
Da der Bruch mit der Bauchhöhle zusammenhängt, wird man den

Eintritt des Stieles (Bruchsackhals), wenn man ihn zwischen Daumen und Zeigefinger faßt, auch bis in die Bauchhöhle verfolgen können im Gegensatz z. B. zur Hydrozele (Wasserbruch, seröser Erguß in die Tunica vaginalis propria des Hodens bzw. des Samenstrangs, also in die bei der Verödung des Processus vaginalis peritonei übrig bleibende peritoneale Hülle), die sich meist gegen das Abdomen scharf abgrenzt. Nur die Hydrokele des Samenstranges kann sich auch in den Leistenkanal fortsetzen. Ist der Bruchinhalt Darm, so wird er in den allermeisten Fällen auch Darmschall geben (tympanitisch klingen), ein Umstand, der die Diagnose sichert. Bei reinen Netzbrüchen wird der Perkussionsschall natürlich gedämpft sein; bei kleinen Brüchen können die benachbarten Eingeweide in der Bauchhöhle perkutorisch-tympanitisch mitklingen; die Oberfläche wird sich uneben anfühlen, stets aber ist die Haut über dem Bruch intakt, (auch wenn sie bei Inkarzeration gespannt ist), abhebbar, für sich verschieblich. Ein Ovarium als Bruchinhalt (seltener Fall) wird unter Umständen seinen Zusammenhang mit dem Uterus nachweisen lassen. Bei Harnblasenvorlagerungen werden Störungen in der Harnentleerung nicht fehlen und je nach dem Füllungszustand der Blase auch die Bruchgeschwulst größer oder kleiner sein. Schmerzempfindung als Symptom ist verschieden aufzufassen: Bei plötzlich entstehenden Brüchen besteht gewöhnlich ziemlich heftiges Brennen (Dehnungsschmerz), im allgemeinen findet sich fast immer ein unbehagliches Gefühl in der betroffenen Bauchseite, mit der Vergrößerung des Bruches zunehmend.

Wie untersucht man die Leistenbruchpforte?

Ist der Bruchinhalt zurückgebracht, so stülpt der untersuchende Finger die Skrotalhaut oder die große Schamlippe an ihrer Basis vor dem äußeren Leistenring ein und sucht, hart über dem horizontalen Schambeinast bleibend, in der Richtung des Leistenkanals in diesen unter sanftem Vorschieben einzudringen; nur bei sehr weiten, schlaffen, kurzen Bruchpforten kann der Finger über den inneren Leistenring hinaus bis in die Bauchhöhle gelangen und bei Husten und Pressen des Andrängen des Darmes fühlen; bei engem, langem Bruchkanal fühlt er dieses Andrängen schon im Kanal selbst.

Mit demselben Griffe wird auch die sog. Bruchanlage festgestellt: Der untersuchende Finger stellt die Weite des Leistenkanales fest und wird bei Bruchanlage wenigstens mit der Fingerspitze bis über den äußeren Leistenring hinaus vordringen können und bei Pressen und Husten das Anschlagen eines Eingeweides fühlen. Bei gut geschlossenem, widerstandsfähigem Leistenkanal fühlt sich der äußere Leistenring mehr schlitzförmig an, man fühlt mit der Fingerkuppe den inneren Muskelschluß vom Muscul. rect.

abdominis her, bei Bruchanlage ist der Leistenring mehr rundlich oder weitspaltförmig.

Die Muskelschichten der Bauchwand werden beim Descensus testiculi derart aufgehoben von innen oben nach unten außen, daß in den Faszien und Aponeurosen die beiden Leistenringe als schlitzförmige, ovale, symmetrische Lücken bleiben, zwischen denen der schiefe Leistenkanal liegt. Die Ränder dieser Lücken sind so übereinander gelagert, daß sie sich ventilartig deckend einen festen klappenartigen Verschluß der Bauchdecken gewährleisten.

Was versteht man unter weicher Leiste?

Ist durch Bindegewebsnarbe nach Operation, fettige Degeneration der Muskelfasern, Fetteinlagerung zwischen diese oder durch Muskelzerreißung (Trauma) eine stellenweise Widerstandsunfähigkeit der Bauchwand eingetreten, so daß diese sich durch andrängende Eingeweide bei Husten und Pressen verschieden stark umschrieben vorwölbt, so nennen wir dies eine weiche Leiste. Wenn auch dieses Verhalten der Bauchwand zu keiner direkten Gefahr Anlaß gibt, namentlich Einklemmung zunächst ausgeschlossen ist, so läßt doch die Tendenz zur allmählichen Verschlimmerung des Zustandes eine Behandlung ratsam erscheinen (Bruchband bzw. Bruchbinde oder besser und fast ungefährlich versenkt bleibende Faszien- und Aponeurosennähte mit dünner Seide).

Wie teilt man die Hernien im allgemeinen ein?

In bewegliche — reponible, und unbewegliche — irreponible.

Eine Hernie ist reponibel, wenn sie sich leicht und vollständig in die Bauchhöhle zurücklagern läßt; irreponibel aber, wenn sich der Bruchinhalt nicht mehr oder nur teilweise zurückbringen läßt, oder aber wenn der Bruch bei sehr weiter Bruchpforte neben der reponierenden Hand oder neben der Bruchbandpelotte sofort wieder austritt, ein Zurückhalten also nicht mehr möglich ist.

Aus welchen Ursachen kann ein Bruch unbeweglich werden?

1. Kann der irreponible Bruch in seltenen Fällen bereits angeboren sein.

2. Durch Verwachsungen des Bruchsackes mit dem Bruchinhalt; solche werden hervorgerufen durch entzündliche Vorgänge (z. B. infolge Druckes durch ein schlecht sitzendes Bruchband).

3. Durch Mißverhältnis in der Größe des Bruches und der Enge der Bruchpforte. So können durch entzündliche Vorgänge vorgelagerte Darmschlingen zu einem Klumpen miteinander verwachsen oder vorgelagerte Netz- und Fetteile hypertrophieren, so daß sie nicht mehr durch die enge Bruchpforte zurückgebracht werden können.

4. Bei ungewöhnlich weiter Bruchpforte und großen Eingeweidebrüchen (Eventration) kann das Zurückbringen deswegen unmöglich werden, weil die zu klein gewordene Bauchhöhle den Bruchinhalt nicht mehr aufnehmen kann.

5. Irreponibel werden Brüche auch durch Einklemmung.

Wann ist ein Bruch eingeklemmt?

Brucheinklemmung (Inkarzeration) besteht, wenn die Bruchpforte das ausgetretene Eingeweide am Bruchsackhals (Bruchring) plötzlich so eng umschließt (entweder infolge Engerwerdens der Bruchpforte oder großer plötzlicher Ausdehnung des Bruchinhalts), daß die Zirkulation der Bruchinhaltsgefäße und des Darminhalts sofort unterbrochen ist. Es kann also auch ein entzündlich schon verwachsener irreponibler Netzklumpen durch neue Entzündung plötzlich eingeklemmt und, wenn die Inkarzeration nicht gehoben wird, plötzlich allgemeine Einklemmungserscheinungen machen und brandig werden.

Welche Erscheinungen werden die irreponiblen Brüche zeigen?

Im allgemeinen dieselben wie bei den beweglichen Brüchen, nur sind die Beschwerden erheblich stärker. Durch eine ständig gewordene Zerrung des Netzes können Magen- und Kolikschmerzen eintreten; Verdauungsbeschwerden und Verstopfung kommen hier häufiger vor; groß ist hier die Gefahr von Kotstauung, Entzündung und Koteinklemmung.

Welche Einklemmungen unterscheidet man?

1. Die Koteinklemmung;
2. die elastische Einklemmung.

Die Koteinklemmung wird nur da anzutreffen sein, wo ausgedehnter, wenig beweglicher, unter Umständen verwachsener Darm (z. B. Dickdarm in alten irreponiblen Nabelbrüchen) der Bruchinhalt ist, in erster Linie aber bei unbeweglichen Brüchen, weil hier der Darm durch seine abnorme Lage funktionsuntüchtig geworden ist und dadurch die normale Weiterbeförderung der Kotmassen beeinträchtigt wird. Die näheren Vorgänge der Koteinklemmung hat Lossen durch die Wirkung des hydraulischen Druckes erklärt. Haben wir als Bruchinhalt eine Darmschlinge mit zuführendem und abführendem Schenkel, so übt der Inhalt des zuführenden Schenkels auf den abführenden einen Seitendruck in der Richtung der Darmwand aus; der abführende Schenkel wird zusammengepreßt, während der zuführende immer mehr gefüllt und gebläht, auch durch Stauung in seiner Wandung ödematös verdickt wird; der immer stärker sich füllende Schenkel knickt den leeren abführenden ab. Eine Reposition des Bruchinhaltes wird unter solchen Umständen, je länger der Zustand dauert, desto mehr gefährdet und zuletzt ganz unmöglich. Roser hat experimentell nachgewiesen, daß die klappenförmige Anordnung der Darmfalten ein Hindernis für die Weiterbeförderung des Speisebreis und Kotes im abführenden Schenkel einer im Bruchsack befindlichen Darmschlinge darstellen kann.

2. Die elastische Einschnürung kommt auf folgende Weise zustande: Die Bruchpforte besitzt ein gewisses Maß von Elastizität; wird durch einen plötzlichen, besonders starken Druck in der Bauchhöhle (verstärkte Bauchpressewirkung, heftige Exspiration) ein Eingeweideteil, sei es zum erstenmal bei präformiertem Bruchsack (infolge Offenbleibens des Processus vaginalis peritonei), sei es beim Nachdrängen weiterer Darmteile in einem schon bestehenden Bruch, durch den elastischen Bruchring unter erheblichem Schmerz hindurchgepreßt, so kann ein Mißverhältnis zwischen Bruchpforte und Bruchinhalt entstehen, wenn der Bruchring sich infolge seiner Elastizität wieder zusammenzieht — die Einklemmung ist fertig.

Bei der elastischen Einklemmung spielt sich dieser Vorgang meist in akuter, plötzlicher Form ab. Ist dagegen eine Kotstauung — meist bei relativ weiter Bruchpforte — die Ursache der Einklemmung, so wird sich der Vorgang in subakuter, allmählicher Weise vollziehen.

Welche pathologischen und klinischen Erscheinungen beobachten wir bei der Einklemmung?

1. Sind schon unter gewöhnlichen Umständen, bei der großen Empfindlichkeit und Kompressibilität gegen Druck, die Venen und Kapillaren in den vorgelagerten Eingeweiden strotzend gefüllt, so daß Serum meist regelmäßig in den Bruchsack als Bruchwasser transsudiert, so steigern sich diese Erscheinungen in hohem Grade bei der Einklemmung. In diesem Falle wird auch Serum in die Wand und das Innere der Darmschlinge sich ergießen, wodurch die Bruchgeschwulst prall gespannt und bei Berührung schmerzhaft wird. Diese Bruchgeschwulst kann verschieden groß sein je nach der Größe des vorher vorhandenen beweglichen Bruches. Nicht selten handelt es sich um kleine (kaum nußgroße) Bruchgeschwülste (namentlich bei sehr fettem oder lockerem Unterhautzellgewebe), die Einklemmungserscheinungen machen. (So z. B. ein Darmwandbruch in einem eingeklemmten Schenkelbruch alter Leute, sog. Littréscher Bruch.) Kommt es zu einer Herniotomie, so sieht man, daß der Darm schwarzblaurote Verfärbung angenommen hat.

Wohl eines der ersten Symptome jeden Zuges am Peritoneum, jeder Behinderung der Peristaltik, jeder peritonitischen Reizung ist Übelkeit, Brechreiz. Es folgen Verstopfung, Auftreibung des Leibes, Erbrechen, unter ständigem Schluchzen und Aufstoßen (Singultus) tritt Kotbrechen (Ileuserscheinungen, Miserere) ein. Der Schmerz wird überaus heftig, besonders in der Gegend der Bruchpforte,

Blässe, kalter Schweiß, subnormale Temperatur, Angstgefühle — Symptome des Nervenschocks treten auf.

Die akuten Entzündungserscheinungen setzen sehr rasch ein und sind auf folgende Vorgänge zurückzuführen: der Darm beherbergt stets Bakterien, die unter normalen Verhältnissen unschädlich sind, auch durch den geregelten Gewebssaftstrom an dem Eindringen in das Körpergewebe verhindert werden. In dem serös durchtränkten und gereizten Gewebe ändern die Bakterien ihre Eigenschaften, sie werden in dem durch die Inkarzeration gestauten Gewebssaft, der sie nicht mehr an der Einwanderung hindert, hoch virulent und geben der Entzündung, die durch die Bakterien von der Schleimhaut nach der Serosa zu fortschreitet, einen schweren septischen Charakter. Dementsprechend ist auch der Puls meist hoch bei oft subnormaler Temperatur, wie wir dies schon früher bei den schweren Formen der Sepsis kennen gelernt haben. Die sonst spiegelglatte seröse Oberfläche wird trübe, wird weiterhin mit fibrinösen Auflagerungen bedeckt, es entstehen zahlreiche Thrombenbildungen in dem entzündeten Gebiet; die Entzündung greift vom Bruchinhalt auf den Bruchsack und dessen nächste Umgebung über, auch die bedeckende Haut kann von der fortschreitenden Phlegmone ergriffen werden. Das letzte Stadium dieser Vorgänge in folgerichtiger Fortentwicklung sind Gangrän des Darmes und Perforation entweder in den Bruchsack nach außen — der güngstigste Fall — oder nach innen, d. h. in die Bruchpforte oder direkt in die Bauchhöhle, gefolgt von tödlicher Peritonitis. Da bei der außerordentlich raschen Entwicklung die Bruchpforte gegen die Bauchhöhle sich nicht durch genügend feste Verwachsungen abzudichten vermag, so kann auch bei Durchbruch nach außen ein Übertreten der Entzündung auf den benachbarten Teil des Peritoneums eintreten, es entsteht dann ebenfalls Peritonitis, und damit ist der letale Ausgang besiegelt. Je nach der Menge der virulenten Bakterien und der Geschwindigkeit ihres Eindringens, also je nach der Schwere der Sepsis, spielt sich der ganze Prozeß in kurzer Zeit — in ca. 1 bis 3 Tagen — ab. Natürlich spielt dabei die Widerstandskraft des Herzens eine wichtige Rolle (Myodegeneratio, Klappenfehler). Die klinischen Erscheinungen sind wieder die des Endstadiums der schweren Sepsis. Schmerzen und Erbrechen hören auf, Singultus, der bekannte Vorläufer des herannahenden Todes, besteht weiter; unter zunehmendem Verfall, fadenförmigem Puls, kaltem Schweiß, typischer Facies hypocratica, tritt Bewußtlosigkeit und Tod ein.

Durch welche Erscheinungen wird der Durchbruch des Darminhalts in die Bauchhöhle angezeigt?

Tritt bei Perforation nach der Bauchhöhle Darminhalt und Luft in diese, so sind fast immer die Symptome des Verschwindens der Milz- und Leberdämpfung unter Hochstand des Zwerchfells durch Perkussion nachweisbar.

Handelt es sich bei der Einklemmung des Darms stets um ein ganzes Darmstück?

Nein, es kann sich unter Umständen nur ein Stück der Darmwand einklemmen, besonders bei der kleinen Schenkelhernie und der Hernia ischiadica, d. h. bei enger Bruchpforte mit scharfer Umrandung (Littresche Hernie). Die Bruchgeschwulst wird in diesem Falle nur ganz klein sein; sonst kommen diese Darmwandbrüche in ihren Erscheinungen und ihrem Verhalten den anderen Darmbrüchen völlig gleich. Die Diagnose wird bei der Kleinheit und Unzugänglichkeit der Geschwulst bei tiefer Lage Schwierigkeiten machen; doch wird der bei der Palpation ausgelöste Schmerz an der Bruchpforte, Resistenz und Spannung der Muskulatur in Verbindung mit sonstigen Erscheinungen (Brechreiz, Meteorismus, gespannter frequenter Puls, Albuminurie) ein guter Hinweis auf die Art der vorliegenden Erkrankung sein.

Wie werden die Erscheinungen bei eingeklemmten reinen Netzbrüchen sein?

Auch hier können teilweise oder vollständige Nekrosen durch die Einschnürung zustande kommen mit ähnlichen Folgeerscheinungen wie beim eingeklemmten Darmstück- oder Darmwandbruch (Entzündung des Bauchfells); bei reinen Netzbrüchen wird der Perkussionsschall natürlich gedämpft, d. h. leer sein, da es sich nicht um ein lufthaltiges Eingeweide handelt; doch kann der lufthaltige Darminhalt des benachbarten Bauchraums mittönen und tympanitischen Schall im Bruchsack bei oberflächlicher Untersuchung vortäuschen.

Welche natürliche Selbsthilfe tritt manchmal bei eingeklemmten Brüchen auch in ganz verzweifelten Fällen ein?

Perforation des brandigen Bruches nach außen, so daß sich eine Kotfistel bildet. Hat dann der zuführende und abführende Darmteil und sein Gekröse durch die entzündlichen Vorgänge noch keine schwerwiegenden Veränderungen erlitten, die seine Funktion aufheben, ist durch gute Verklebung Eintritt einer allgemeinen Peritonitis verhütet, so kann nach der Bildung einer Kotfistel der Zustand der Einklemmung behoben sein.

Wie wird die Einklemmung behandelt?

Durch sofortige kunstgerechte Lösung der Einklemmung und Versorgung des Darms je nach Befund und Stadium der Entwicklung des Entzündungsprozesses.

1. Durch die unblutige Zurücklagerung des Bruchinhaltes = Taxis.

2. Durch die blutige Reposition = Bruchschnitt = Herniotomie.

Was haben wir bei der Taxis vor allem zu beachten?

Da man nicht bestimmt wissen kann, wie weit die fast immer vorhandenen entzündlichen Veränderungen der Darmwand bereits gediehen sind, so hat man sich vor allem vor einer gewaltsamen Zurücklagerung (Kneten und Pressen) zu hüten, um den entzündeten Darm oder die Schleimhaut nicht zu zerreißen und so künstlich eine (tödliche) Bauchfellentzündung oder heftige Darmblutung herbeizuführen; eine kunstgerechte Herniotomie hätte in diesem Falle schadlos zum Ziele geführt.

Welche Methoden sind ab und zu anwendbar und in seltenen Fällen von Erfolg begleitet?

Die Begünstigung der Zusammziehung und der spontanen Zurückziehung des Bruchinhalts durch Applizierung eines Äthersprays in $\frac{1}{4}$ stündigen Intervallen (Finkelstein) oder Injektion von Atropin (Batsch).

Wie wird die Taxis ausgeführt?

Die Blase ist zu entleeren, um reflektorische Spannung zu beseitigen, Magen und Mastdarm sind zu spülen. Da natürlich nur bei völlig entspannten Bauchdecken und erschlaffter Bruchpforte ein Erfolg zu erwarten ist, so ist richtige Lagerung erste Bedingung: Oberkörper mäßig aufgerichtet, Becken hoch lagern, Beine beugen, Mund öffnen und ruhig atmen lassen. Wenn möglich, ist die Taxis im warmen Bade vorzunehmen. Die beste Entspannung aber wird natürlich durch tiefe Narkose zu erreichen sein, welche leider nicht immer aus anderen Gründen angezeigt ist (hohes Alter, Schock). Bei der Taxis umgreift die rechte Hand, mit dem Daumen auf der einen, den vier Fingern auf der andern Seite, den Bruch derart, daß die Spitzen gegen die Bruchpforte gerichtet sind. Die Finger der linken Hand gehen an den Rand der Bruchpforte und übernehmen dortselbst die Aufgabe, ein seitliches Ausgleiten des zurückzuführenden Bruchinhaltes zu verhüten, indem sie sich trichterförmig um den Bruchsackhals legen. Die Finger der rechten Hand ziehen den Bruchsackkörper am Stiel nun etwas an, um Knickungen des ab- und zuführenden Schenkels zu beheben, und lockern ihn durch leichte Bewegungen nach rechts und links. Gleichzeitig wird durch leicht und sanft knetende und schiebende Bewegungen der Inhalt des Darmes in die Bauchhöhle zurückzubringen versucht. Gurrende Geräusche zeigen oft den eingetretenen Erfolg an und die Zurückbringung der leeren Darmschlingen bietet dann keine besonderen Schwierigkeiten mehr. Ist der Bruch so groß, daß er mit der Hand nicht umspannt werden kann, so besorgt die rechte Hand das Zurückbringen des Darmes oder Netzes, während ein Gehilfe die Streckung, die hebelnden und ziehenden Bewegungen und die gleichmäßige Kompression besorgt. Nach vollzogener Taxis hat man sich durch den in die Bruchpforte eingeführten Finger von der Vollständigkeit des Gelingens zu überzeugen und durch Ruhe und Gegendruck (Bruchband, Wattebausch usw.) ein Wiederaustreten zu verhindern. Die Gefahr einer Scheinreposition durch seitliches Ausweichen der Darmschlinge im Bruchkanal zwischen Muskel- und Faszienblätter ist möglich und äußert sich durch Fortbestehen des Schmerzes und der Einklemmungserscheinungen.

Vor welchen üblen Zufällen hat man sich bei der Taxis vor allem zu hüten?

Vor der Scheinreduktion, der Reposition en bloc oder en masse. Dieser Zustand entsteht dann, wenn bei der Reposition falsche Wege eingeschlagen werden, z. B. Reposition zwischen die Bauchmuskeln, zwischen Peritoneum und Fascia transversa, auch dann, wenn mit dem Bruchinhalt der ganze Bruchsack oder sein einschnürender Ring mit in die Bauchhöhle gedrängt wurde, wie es namentlich bei Verwachsung zwischen Darm und Bruchsack, auch bei der Hernia properitonealis in einem hinter der fascia transversa bestehenden eigenen Bruchsack geschehen kann. Die Hernia properitonealis liegt zwischen Peritoneum parietale und Fascia transversa als eine Ausstülpung des Bruchsackes in dem lockeren subfaszialen Fettgewebe nach oben vom innern Leistenring in der Bauchwand selbst.

In allen diesen Fällen ist die Einklemmung selbstverständlich nicht behoben. Der nachprüfende, in die Bruchpforte eingeführte Finger wird den an falscher Stelle befindlichen Bruch als schmerzhafte Geschwulst feststellen können, auch wird der tastende Finger nie ganz durch den ganzen Bruchkanal (z. B. bei Leistenbruch nicht bis zum inneren Leistenring) eindringen. Es ist ratsam, in einem derartig verdächtigen Fall den Bruch wieder auspressen zu lassen und neuerdings gründlich zu reponieren oder noch besser Herniotomie sofort anzuschließen.

Welche Fälle sind für den Versuch einer Taxis geeignet?

Die Bruchpforte soll weit sein, also z. B. nicht die kleinen Schenkelhernien; die Einklemmung soll nur ganz kurze Zeit (einige Stunden) bestehen, keineswegs stürmisch mit schweren lokalen und allgemeinen Erscheinungen entstanden sein; günstig für die Taxis sind auch die eingeklemmten Brüche, die schon öfter reponiert wurden.

Wie lange darf der Taxisversuch fortgesetzt werden?

In der Regel nicht über 1/4 Stunde. Alte gebrechliche Leute überstehen leichter eine glatte Herniotomie in Lokalanästhesie als eine schlechte, langwierige, grobe Taxis.

Wie wird die Herniotomie ausgeführt?

In allgemeiner Narkose oder mit gleich gutem Erfolg in Lokalanästhesie (auch in Lumbalanästhesie). Hautschnitt über die größte Ausdehnung der Geschwulst, bei Leistenbruch über den Leistenkanal hinaus bis in die Gegend des inneren Leistenringes. Je größer der Schnitt, desto besser die Möglichkeit der Orientierung und Blutstillung. Dann Durchtrennung des Unterhautbindegewebes, die Aponeurose ist freizulegen. Vorsichtige Spaltung der Aponeurose und sämtlicher Hüllen, welche den Bruchsack decken, auf der Hohlsonde. Der Bruchsack stellt eine gefäßarme Membran dar, die, wenn nicht durch entzündliche Vorgänge übermäßig verdickt, den Bruchinhalt durchscheinen und durch das in ihm befindliche Bruchwasser Fluktuation erkennen läßt. Weitere Anhaltspunkte, ob noch Bruchsack oder bereits Darm vorliegt, sind gegeben bei Aneinanderreiben der Innenfläche einer durch zwei Finger abgehobenen Falte: Darm fühlt sich dick an, läßt sich nicht als dünne Haut abheben, bei Bruchsack hat man das Gefühl einer dünnen Membran. Aber auch da sind bei starken Verwachsungen, heftigen akuten Entzündungen Irrungen möglich. Im äußersten Notfall hilft man sich damit, daß man an Stelle des Messers mit einer feinen chirurgischen Nadel die zweifelhafte Membran vorsichtig schichtenweise ansticht: entweder kommt Bruchwasser (auch trüb, dunkelrot und fäkulent riechend bei länger bestehender Inkarzeration) oder wirklicher Darminhalt mit deutlichem Prolaps der Darmschleimhaut. Das kleine Loch wird, wenn es Darm war, sofortnach Lembert übernäht. In der vorantiseptischen Zeit wurde nach Freilegung der innersten Bruchsackülle (Ausstülpung des parietalen Blattes vom Peritoneum) die Reposition in diesem Stadium der Operation bei uneröffnetem Bruchsack gemacht, also die Taxis nach vollzogenem Haut- und Faszienschnitt vorgenommen. Man nannte die Operation äußeren Bruchschnitt — Herniotomia externa (Ambroise Paré, Jean L. Petit). Heutzutage aber im Zeitalter der Antiseptik und Aseptik wird, um das Eindringen eines infektionsverdächtigen Objektes, vielleicht sogar des an der Abschnürungsstelle schon brandigen Darms, in die Bauchhöhle sicher zu vermeiden, die Herniotomia interna ausgeführt, die eine Fortsetzung der vorigen Operation darstellt. Der Bruchsack wird möglichst frei präpariert, dann kunstgerecht gespalten, so daß sich die Verhältnisse im Bruchsack klar übersehen lassen und danach das weitere Handeln bestimmt werden kann. Der Inhalt wird nun vorgezogen, so daß der ganze Darm bis über die deutlich an der ödematös und blutig durchtränkten Stelle erkennbare Schnürstelle hinaus samt seinem Mesenterium (Thrombosen!) zutage liegt. Er wird auf seine Lebensfähigkeit (Peristaltik, hervorgerufen durch aufgelegte Kochsalzkristalle, Spülen mit gut warmem 0,9 proz. sterilem Kochsalzwasser) geprüft. Brandverdächtige Stellen können übernäht werden, oder es folgt Resektion. Lipomatös angeschwollene Netzteile werden abgebunden und abgetragen, um die Bruchreposition zu erleichtern. Wenn keine verdächtigen Verhältnisse vorliegen, wird nun der Darm in die Bauchhöhle zurückgebracht, der Bruchsack hoch oben mit Durchstichnaht von resorbierbarem Katgut abgebunden, so daß keine trichterförmigen Vertiefungen zurückbleiben, und ebenfalls reponiert. Dann wird meist die Radikaloperation angeschlossen, die zum Ziele hat, die Bruchpforte dauernd zu verschließen, d. h. Faszien und Aponeurosen werden womöglich in mehrfacher Lage über der Bruchpforte in Duplikatur mit versenkten, nicht resorbierbaren Seiden- oder Zwirnsnähten geschlossen. Muskellager werden zur Verstärkung darüber ebenfalls plastisch hinweggezogen. Für den Leistenbruch haben Bassini und Kocher bestimmte Methoden angegeben. Näheres hierüber, ebenso über das Vorgehen bei Verwachsungen innerhalb des Bruchsackes und bei Gangrän ist in den Lehrbüchern über spezielle Chirurgie nachzusehen. Bemerkt sei noch, daß die Radikaloperation die Gefahr keineswegs vergrößert, wohl aber durch dauernden Verschluß der Bruchpforte erheblichen Nutzen verspricht.

Feßler zieht nach Spaltung der Rektusscheide den geraden Bauchmuskel in langen Schleifen bis zum Leistenband herüber und näht ihn dort ohne Verlagerung des Samenstranges samt der Aponeurose fest (Münch. Med. Wochenschrift Nr. 29, 1897). Der Samenstrang bleibt durch einen engen Schlitz über dem Schambein herabgeleitet.

Wann muß zur Operation geschritten werden?

Wenn die Taxis nicht in kurzer Zeit gelingt, oder von vornherein, wenn das Stadium der Entzündung bereits eingetreten ist, weil man sonst einen der Sepsis verdächtigen Darm in die äußerst empfindliche Peritonealhöhle zurückbringen würde.

Wie hilft man sich, wenn bei der Herniotomie Zweifel entstehen, ob der abgeschnürte Darm noch lebensfähig ist?

Zeigt sich bei der Operation die Darmserosa wohl blutig dunkelrot bis blau durchtränkt, aber noch glatt und glänzend, finden sich im Gekröse an der Abschnürungsstelle nur wenig Thrombosen, so kann man den Darm in der offenen Wunde 24 Stunden mit Seide oder Gaze angeschlungen, feuchtwarm mit sterilen Kochsalzkompressen bedeckt, vorgelagert lassen. Sehr oft zeigt sich beim nächsten Verbandwechsel, daß sich die verdächtigen Stellen schon noch erholt haben. Dann wird der Darm nach steriler Abspülung ganz reponiert, die Wunde verschlossen.

Was hat zu geschehen, wenn der Darm bereits brandig befunden wurde?

Man schreitet zur Resektion des brandigen Darmstückes oder zur Anlegung eines Anus praeternaturalis bzw. einer Kotfistel.

In welchen Fällen reseziert man?

Wenn ein größerer Abschnitt des Dünndarms abzusterben droht, sein Mesenterium zahlreiche Thromben aufweist und gleichzeitig das Alter und der allgemeine Kräftezustand einen schweren Eingriff erlaubt. Hohes Alter, Allgemeinschwäche, Bronchitis, drohende Sepsis sind Kontraindikationen.

Was versteht man unter einer Kotfistel, was unter widernatürlichem After?

Von einer Kotfistel spricht man, wenn bloß eine kleine seitliche Öffnung in der Darmwand vorliegt, während die natürliche Passage weiterbesteht; beim widernatürlichen After ist aber die natürliche Darmpassage aufgehoben, so daß sich der sämtliche Darminhalt nach außen ergießt.

In welchen Fällen ist die Anlegung einer Kotfistel bzw. eines künstlichen Afters der beste Ausweg?

Bei großem Schwächezustand, hohem Alter, drohender oder bereits bestehender Infektion des Bauchfells, wenn es sich gleichzeitig nur um eine kleine wandständige Gangrän in der Darmwand handelt, begnügt man sich, diese Stelle mit genau angelegten Katgut- und Seidennähten in das Peritoneum parietale der Operationswunde wandständig einzunähen, um den akuten Darmverschluß sofort zu beheben, eine Entlastung des Darms von seinem Inhalt (Speisebrei, Verdauungssäfte) durch wiederholte Darmspülungen, Einlegen eines Gummirohrs, vorzunehmen. Ein Teil des Darminhalts geht alsdann seinen natürlichen Weg weiter, wird noch zur Ernährung ausgenutzt.

Einen großen typischen künstlichen After (Anus praeternaturalis) mit vollkommener Vorlagerung einer Darmschlinge an oder dicht oberhalb der brandigen Stelle, Durchziehen einer Fadenschlinge oder eines Gazestreifens dicht hinter dem Darm am Mesenterialansatz als Haltezügel macht man hauptsächlich in den unteren

Darmabschnitten (unterem Ileum, Blinddarm, Dickdarm), damit aller Darminhalt durch die zum künstlichen After gewordene künstliche Öffnung entleert wird. Denn der wesentliche Unterschied zwischen einer Kotfistel und einem künstlichen After ist der, daß bei ersterer noch ein guter Teil, meist sogar der größere, durch den natürlichen After entleert werden soll, also in dem von der Kotfistel wegführenden Darmabschnitt noch für die Ernährung ausgenutzt wird, die Fistel also nur als Notventil gegen die Darmokklusion funktioniert, bei letzterem die Darmentleerung durch die vorgelagerte Darmschlinge eine vollkommene ist. Nach Abklingen aller Entzündungs- und Verschlußerscheinungen sollen beide Öffnungen womöglich durch Nachoperation wieder geschlossen, der regelrechte Weg im Verdauungsschlauch wieder hergestellt werden.

Wie werden die Brüche im allgemeinen behandelt?

Durch Bruchband und Operation (Herniotomie).

Was ist ein Bruchband?

Unter Bruchband (Bracherium) versteht man eine Vorrichtung, einen portativen Apparat in Gestalt einer meist horizontal um den Rumpf gelegten starken Metallfeder — Bruchbänder einseitig in Riemenform sind wegen ihrer den Bauch einschnürenden Wirkung schlecht —, deren verdicktes Kopfende (gepolsterte Metallplatte in ovaler, runder, zylindrischer Pelottenform) mit 1 bis 2 kg Kraft die Bruchpforte zuhält. Kleine Pelotten, die sich dem Bruchring (individuell verschieden anzupassen!) gut anschmiegen, sind besser als große, welche sich samt der Feder zu leicht verschieben. Gegen die Verschiebung nach oben wirkt ein von der Feder in der Kreuzbeingegend um den Oberschenkel der kranken Seite nach unten und vorn zur Pelotte führender Riemen (Schenkelriemen). Die Pelotte ist je nach der Art des Bruches und Form der Bruchpforte verschieden konstruiert, ebenso die Art der Befestigung bei verschiedenen Systemen verschieden. (Flache, zylindrisch erhöhte Pelotte, mit Roßhaarfüllung gepolstert oder mit Luft oder Glyzerin aufgebläht; Pelotte mit unterem Schwanzende bei Neigung eines großen Bruches, nach unten heraus zu rutschen, Hohlpelotte bei nicht ganz reponiblen, verwachsenen, lipomartig vergrößerten Netzbrüchen, bewegliche, drehbare, feststellbare Pelotte zur Anpassung an sehr tiefliegende Bruchpforten usw.)

Bei großen irreponiblen Brüchen kommt ein Suspensorium oder ein an der Schulter aufgehängter Lederbeutel in Betracht.

Bei Kindern kann das Tragen eines Bruchbandes, das den Bruchsackhals gleichmäßig komprimiert, durch entzündliche Verklebungen Heilung erzielen. Sonst ist es nur ein palliatives Mittel.

Wodurch unterscheidet sich ein Leistenbruchband von einem Schenkelbruchband?

Letzteres ist am Pelottenhals stärker nach abwärts und um die Fläche der Pelotte gekrümmt, weil der Schenkelring tiefer nach unten liegt.

Welches ist die sicherste Therapie?

Die beste und sicherte Therapie ist die Radikaloperation; sie ist aber ausgeschlossen bei alten Leuten mit welken Organen. Hier darf nur operiert werden aus Indikatio vitalis.

Welche Arten von Brüchen unterscheiden wir?

Leistenbrüche, Schenkelbrüche, Nabelbrüche, Bauchbrüche seitliche Bauchwandbrüche außer- und oberhalb des Leistenkanals, Narbenbrüche, Hernia obturatoria, Hernia ischiadica, Zwerchfellbrüche und Dammbrüche.

Wie werden die Leistenbrüche eingeteilt?

In äußere oder schiefe (indirekte) und innere oder gerade (direkte).

Der äußere Leistenbruch nimmt denselben Weg wie die Hoden beim Herabsteigen und der Samenstrang. Er heißt äußerer, weil er (oberhalb der Mitte des Poupartschen Bandes) nach außen von der Art. epigastrica durch die als äußeres Leistengrübchen bezeichnete schüsselförmige Ausbuchtung des Peritoneum parietale in den inneren Leistenkanal eintritt, vor und mit dem Samenstrang schief nach unten den ganzen Leistenkanal als präformierten Weg durchwandernd am äußeren Leistenring austritt. Beim Manne geht er, wenn er größere Ausdehnung annimmt, zum Hodensack, beim Weibe zur großen Schamlippe. Er ist der häufigste Bruch. Er ist angeboren, wenn der Processus vaginalis peritonei offen geblieben ist, beim Weibe infolge Einstülpung des Bauchfells neben dem runden Mutterband (im Diverticulum Nuckii). Der angeborene Leistenbruch liegt beim Manne mit dem Hoden in einer gemeinsamen Ausstülpung des Peritoneums. Erworben wird der äußere Leistenbruch bei Bruchanlage (weite Bruchpforte und Einstülpung des Peritoneums in den Leistenkanal). Bleibt der Bruch über der Mitte des Poupartschen Bandes im Leistenkanal liegen, ohne durch den äußeren Leistenring unter die Haut auszutreten, so spricht man von einer interstitiellen, inkompletten Hernie. Diese ist begreiflicherweise sehr klein.

Der innere Leistenbruch benutzt nicht den Leistenkanal, sondern buchtet einwärts der Art. epigastrica das innere Leistengrübchen des Peritoneum parietale in der Gegend des äußeren

Leistenrings, diesem auf der Innenfläche der Bauchwand gegenüber-
liegend, in gerader Linie auf dem kürzesten Weg als runde kleine
Geschwulst unter die äußere Haut vor, daher die Bezeichnung
gerader oder direkter Bruch. Da er medianwärts von der Art. epigastrica liegt, heißt er auch innerer. Bei seiner unmittelbaren Nachbarschaft neben der Blase bildet mitunter eine Ausstülpung der
Blase den Bruchinhalt. Drängt ein peritoneumloser Teil der Blase,
im subserösen Raum vorrückend, seitlich heraus, so wird der Bruchsack teilweise fehlen; wenn der Scheitel der Blase in den Bruchsack
ausgestülpt ist, wird natürlich das Peritoneum den Bruchsack
bilden.

Wann kommen direkte Leistenbrüche am häufigsten zur Beobachtung?

Es ist eine Erfahrungstatsache, daß mit dem Schwund des
Fett- und Muskelgewebes, mit Abnahme der Widerstandsfähigkeit
der Bauchdecken die Zahl der direkten Leistenbrüche wächst;
daher sehen wir sie besonders häufig im vorgerückten Alter, nach
schweren chronischen Erkrankungen (Bronchitis), bei plötzlicher
Abmagerung auftreten.

Wie wird die Differentialdiagnose zwischen Leistenbruch, Hydrozele und geschwollener Leistendrüse gestellt?

Die durch einen Bruch im Leistenkanal verursachte Anschwellung, unter der meist normalen, verschieblichen Haut sitzend,
setzt sich in den Leistenkanal und in die Bauchhöhle fort. Die
Hydrokele (Hodenwasserbruch) aber ist gegen das Abdomen hin
meist kugelig abgegrenzt (mit Ausnahme der teilweise in den Leistenkanal sich fortsetzenden Hydrokele bi- oder multilocularis des
Hodens und Samenstrangs). Zur Sicherung der Diagnose ladet
man den Skrotaltumor auf die vier Finger der linken Hand, der
Daumen aber wird in der Gegend des Leistenrings angelegt; bei
näherem Zufühlen mit dem Daumen und Zeigefinger wird man
unterscheiden können, ob man den Samenstrang und seine Bedeckung allein oder noch ein anderes Gebilde zwischen den Fingern
hat. Vor Verwechslung mit einer geschwollenen Leistendrüse wird die
Anamnese schützen, wenn die Anschwellung und Schmerzhaftigkeit
kein genaueres Untersuchen zuläßt, dann die Tatsache, daß nicht
schmerzhaft vergrößerte Inguinaldrüsen (indolente Bubonen, Lymphome) meist multipel als Pakete, als rosenkranzförmige Anschwellungen verschieblich unter der Haut sitzen und im Unterhautfettgewebe
auch von der Faszia abhebbar oder rundlich abgrenzbar sind.

Über akut entzündeten Bubonen, chronisch bösartig gewucherten
Lymphdrüsen (Lymphomelanosarkome — Karzinome) ist auch
meist die Haut etwas gerötet, verwachsen.

Wo tritt der Schenkelbruch in Erscheinung?

Der Bruch dringt unter dem Poupartschen Band, d. h. außer- und unterhalb seiner verbreitert umgebogenen Insertion am Tuberculum pubicum, dem Ligamentum Gimbernati, durch den Schenkelkanal, einem durch lockeres Bindegewebe gefüllten, medianwärts von der Vene liegenden Raum vor, wo er mit seiner peritonealen Ausstülpung die hier sehr locker gewebte und durch zahlreiche Lymphgefäße, auch Fetträubchen durchbrochene Fascia transversa abdominis (= Lamina cribrosa) durchbricht, und kommt unter dem Processus falciformis der Fascia lata zum Vorschein. Er liegt also meist ohne fibröse Umhüllung mit seinem serösen Bruchsack nur von wenig Fett bedeckt direkt unter der Haut, regelmäßig einwärts der Gefäßscheide (Art. und Vena femoralis); nur in sehr seltenen Fällen hinten und auswärts von dieser (retrovaskulärer und externer Schenkelbruch). Als häufige Begleiterscheinung ist zu erwähnen die gleichzeitige Lipombildung im subserösen Fettgewebe. Fibrös scharfe Umrandung und Enge der Bruchpforte bedingt große Neigung zur Einklemmung.

Wie werden die Leisten- und Schenkelhernien unterschieden?

Liegt die Geschwulst oberhalb des Poupartschen Bandes, oberhalb dem Tuberculum pubis, handelt es sich um eine Leistenhernie, wenn unterhalb, um eine Schenkelhernie. Ist der Leistenkanal frei, für den zufühlenden Finger durchgängig, so kann nur eine Schenkelhernie vorliegen. Man reponiert, wenn möglich, auch den Bruch, und sieht zu, ob er aus dem Leisten- oder Schenkelkanal heraussteigt. Zu Verwechslungen könnten noch Anlaß geben: vergrößerte Lymphdrüsen, aber sie sind meist verschieblich, kugelig abgrenzbar, reichen nicht stielförmig in den Schenkelkanal; dann Varixknoten der Vena saphena und cruralis: diese sind vollkommen abdrückbar, füllen sich strotzend bei Druck auf den Anulus cruralis (Kompressibilität, Stauung).

Welche Formen von Nabelbrüchen unterscheiden wir?

1. Der Nabelschnurbruch; er beruht auf einer Bildungshemmung, indem der Verschluß der Bauchdecken ausbleibt; an Stelle des Nabelringes befindet sich ein Sack, in dem Eingeweide liegen. Bei großen Brüchen ist die Prognose infaust schon deshalb, weil es sich meist um schwächliche, fast lebensunfähige Neugeborene handelt, bei kleinen Brüchen ist Heilung durch Retention möglich (auch Naht der Musc. recti über den Bruchsack hinweg).

2. Nabelbruch der Kinder, hervorgerufen durch Widerstandsunfähigkeit des Nabelringes bei Schreien und Pressen; meist kleine Bruchpforte, die durch geeignete Behandlung (Bildung einer Hautfalte über dem Nabel mit sich deckenden Heftpflasterstreifen) zur

Verengerung und Verklebung und so zum Verschluß gebracht werden kann.

3. Nabelbruch Erwachsener, entsteht meist infolge Schwindens des fibrös-elastisch widerstandsfähigen Bindegewebes, Erschlaffung der Muskeln (starke Fettleibigkeit, starke Ausdehnung durch Schwangerschaft); streng runde Bruchpforte im Gegensatz zu Bauchbrüchen mit länglicher oder spaltförmiger Bruchpforte (durch Diastase der Recti oder Operationsnarben bedingt). Sie haben große Neigung zur Vergrößerung, auch zur chronischen Einklemmung durch Kotstauung. Therapie: breites Bruchband mit flacher oder hohler Pelotte, besser breite, den ganzen Bauch von unten her hebende elastische Leibbinde mit Pelotteneinlage.

Welche Besonderheit zeigen die Bauchbrüche?

Sie sitzen meist in der Linea alba bei Auseinanderweichen der Musculi recti, am häufigsten aber entstehen sie nach Laparotomien, und zwar im Bereich der ganzen Narbe oder in einzelnen Lücken der genähten Faszie dann, wenn die Wunde wegen drohender Peritonitis nicht genäht, sondern tamponiert oder weit offen dräniert wurde, so daß Peritoneum parietale und Muskeln sowie Fettgewebe narbig verschmolzen und die Faszien und Aponeurose weit auseinandergewichen sind; in diesem Falle würde auch der Bruchsack fehlen. Aber auch bei regelrecht genähten Bauchwunden können Hernien (mit Bruchsack) entstehen, wenn aus irgendwelchen Ursachen (mangelhafter Schutz der frischen Narbe, zu früh aufgenommene schwere Arbeit usw.) an dieser Stelle die Fasziennaht den Einwirkungen der Bauchpresse nicht standzuhalten vermag. Behandlung: Bruchbandage, bei nicht zu großen Brüchen und gutem Kräfteverhältnis Operation. Um eine feste Fasziennarbe zu erzielen, empfiehlt daher Sudeck die Faszienränder nicht aneinander sondern deckend übereinander zu vernähen mit durchgeflochtenen Seidennähten.

Hernia obturatoria?

Sie nimmt denselben Weg wie die Art. und Nerv. obturatorius zwischen Membrana obturatoria und Musc. obturatorius externus. Kommt sehr selten vor. Diagnose schwierig, daher bei Einklemmungserscheinungen Absuchen aller Bruchpforten, bei Bestehen einer Hernie Auffinden einer tiefsitzenden schmerzhaften Resistenz. Taxis schwierig, Operation.

Hernia ischiadica?

Kommt aus den Foramen ischiadicum maius neben dem Musc. pyriformis hervor und nimmt die Richtung gegen die Hinterbacken. Elastische Bruchbänder bleiben bei der Lage des Bruches nicht gut sitzen.

Welche Eigentümlichkeiten zeigt der Zwerchfellbruch?

Er ist angeboren oder erworben. Meist charakteristisch ist das Fehlen des Bruchsackes. Wenn nicht Einklemmung eintritt, wird er kaum zu diagnostizieren sein.

Dammbrüche?

Sehr selten. Treten durch eine Lücke des Musc. levator ani aus. Wichtig für die Diagnose ist der tympanitische Klang, der aber bei Fettbrüchen fehlt. Operation aus dem gleichen Grunde wie bei der Hernia ischiadica.

Anhang.

Stauungsbehandlung nach Bier.

Welches ist der Ausgangspunkt und die Grundidee der Stauungsbehandlung?

Die Lunge, welche unter Stauungshyperämie steht (bei Bicuspidalisinsuffizienz), pflegt frei von Tuberkulose zu bleiben. Den Grund hierfür suchte man in der Hyperämie. Bier kam auf den Gedanken, bei chronischen Gelenkentzündungen ebenfalls Hyperämie zu versuchen zur Heilung.

Bei welchem natürlichen Vorgange können wir ebenfalls die Wirkung der Hyperämie studieren?

Bei der Entzündung.

Welche Vorgänge sehen wir bei der entzündlichen Hyperämie?

Der Blutstrom verlangsamt sich, die weißen Blutkörperchen ordnen sich an der Wand der Gefäße an, mit der Zeit beginnt ein Durchwandern der weißen Blutkörperchen und Durchtritt von Serum mit Durchtränkung des infizierten Gewebes, während gleichzeitig die Bindegewebszellen und Endothelien der Kapillaren zu wuchern beginnen. (Konheim.)

Wodurch wird der Blutstrom bei der Entzündung verlangsamt?

Durch die Erweiterung des Strombettes, der Kapillaren und der kleinsten Saugadern; wenig Anteil an der Erweiterung haben die Arterien (hauptsächlich bei der passiven Hyperämie).

Welches sind nun die wirksamen Kräfte der Natur im Kampfe gegen die Infektion?

Außer Frage steht sowohl die bakterizide Wirkung des Serums als die phakozytäre Eigenschaft der weißen Blutkörperchen und der wuchernden fixen Zellen des Bindegewebes, namentlich der Endothelien der Gefäße. Die ausgewanderten Leukozyten bilden einen schützenden Wall um den bakteriellen Invasionsherd und schließen ihn dadurch vom übrigen Körper ab. Die Bakterien werden durch Sekretion von Alexinen abgetötet. Solche Alexine sind direkt bakterizid wirkende Stoffe, die man aus den Leukozytenleibern darstellen kann. Die abgestorbenen oder geschwächten Bakterien werden von den angesammelten Rundzellen (Leukozyten und Bindegewebszellen) aufgenommen und fortgeschafft. Ebenso auch die Trümmer abgestorbener Gewebsteile. Ein Teil der abgestorbenen Bakterien wird mit den Se- und Exkreten des Körpers ausgeschieden durch Nieren, Haut, Darm usw. (Harn, Schweiß, Fäzes, Milch); ein anderer wird durch Entzündungsenzyme samt Gewebstrümmern aufgelöst, verdaut.

Wie gestaltet sich das Endresultat des entzündlichen Vorganges (Schicksal des Eiters)?

Das abgestorbene Gewebe wird von den Phagozyten (weißen Blutkörperchen) aufgenommen und verarbeitet = Phagozytose. Das Exsudat wird wieder in Lymph- und Blutbahn aufgenommen, resorbiert. Hat eine größere Zerstörung stattgefunden, so bildet sich ein Abszeß, durch dessen Entleeren wir dem Wirken der Natur zuvorkommen oder es unterstützen. Aufgelöst und völlig resorbiert wird der Eiter nur bei kleineren Abszessen. In alten Abszessen kapselt sich der Eiterherd durch eine bindegewebige Hülle ab, die sog. Abszeßmembran. Nach Beseitigung der Entzündungsprodukte greifen regenerative Vorgänge im Organismus Platz, welche den Defekt wieder zu ersetzen suchen.

Worum handelt es sich bei der Bierschen Stauung?

Um eine vorsichtige Steigerung der natürlichen Schutzmittel, die meist durch das Eindringen des Virus in den Körper ohnehin in gewissem Grade in Wirksamkeit treten.

Was resultiert aus dieser Überlegung für die Stärke der anzuwendenden Stauung?

Die Stauung muß schwach und vor allem eine genau dosierte sein.

Welche Arten von Hyperämie unterscheidet Bier bei seiner Behandlungsweise?

1. Arterielle — aktive Hyperämie mittels heißer Luft.

2. Venöse — passive Hyperämie mittels der elastischen Gummibinde.

3. Zwischen beiden steht die Stauung durch Luftverdünnung mittels Glasglocken, Saugapparaten usw.

Welche Art von Hyperämie kommt bei der Behandlung nach Bier besonders in Betracht?

Die passive Hyperämie (venöse Hyperämie); wird hervorgerufen durch Anlegung einer elastischen Binde oder Verdünnung der Luft durch besondere Saugapparate.

Was setzt eine wirksame Stauung voraus?

Daß sie keine übermäßige ist, so daß Ernährungsstörungen eintreten. Vollkommene venöse Stase durch Blutaustritt, Unterbindung des gesamten Blutrückflusses darf nie eintreten, sonst folgt Gangrän der Stauung nach. Anderseits muß die Herzkraft und die gesamte Blutzirkulation des Kranken besonders im erkrankten Körperteil so kräftig sein, daß während und nach der Stauung noch ein guter und ausgiebiger Austausch zwischen den Zellen und dem Säftestrom stattfinden kann. Voraussetzung einer heilsamen Stauung ist ein intaktes Herz und Gefäßsystem.

Wovon wird wohl vor allem der Heilerfolg abhängen?

Neben dem richtigen Grad der Stauung natürlich von der Qualität des Blutes, das der Kranke zur Verfügung hat.

Welche Erscheinungen müssen zunächst am richtig gestauten erkrankten Gliede eintreten?

Der Schmerz muß nachlassen, während Schwellung und Rötung eine Steigerung erfahren; der Schmerz muß allmählich unter vermehrtem Wärmegefühl ganz aufhören; die Stauung muß eine warme sein; das gestaute dunkelrote, bläuliche Glied muß sich warm anfühlen, darf keine zinnoberrot gefärbte Hautinseln auf blauem Hautgrunde aufweisen.

Wie können wir uns das Eintreten der Schmerzlosigkeit erklären?

Wahrscheinlich ist das Eintreten der Schmerzlosigkeit auf die bakteriziden und toxinbindenden Eigenschaften des Serums und der weißen Blutkörperchen zurückzuführen; außerdem wird die Konzentrierung des Salzgehaltes der Gewebeflüssigkeit durch vermehrte Flüssigkeit aufgehoben; denn die Kochsalzvermehrung bedingt die Schmerzhaftigkeit. Das verdünnte und vermehrte Ödemwasser aber macht die Nervenendigungen unempfindlich.

Welche weitere paradox erscheinende Tatsache können wir bei der Stauung beobachten?

Die Tatsache, daß die Stauung die Gewebsernährung nicht stört, sondern hebt; z. B. Vermehrung der Knochenbildung bei verlangsamter Frakturheilung durch Anlegen eines stauenden Gummischlauchs oberhalb der Bruchstelle nach Helferich; schädlich ist nur die Stase (vollständiger Stillstand des venösen Blutes).

Welche Grade der Stauung haben wir zu unterscheiden?

Wir unterscheiden:

1. die leichte oder warme,
2. die starke oder kalte Stauung.

Je nachdem die Binde stärker oder schwächer angelegt wird, werden wir verschiedene Bilder und Effekte der Stauung bekommen: Bei leichter Anlegung der elastischen Binde tritt das Ödem erst allmählich auf, die Haut wird zwar blaurot, aber bleibt warm; der Puls ist nicht nur deutlich zu fühlen, sondern noch stärker als auf der nicht gestauten Seite. Die Stauung ist nicht nur nicht schmerzhaft, sondern wirkt direkt schmerzstillend. Bei festem Anlegen der Binde das fast entgegengesetzte Bild: das Ödem tritt rasch auf, auf der Haut erscheinen zinnoberrote Flecken, die Extremität wird kalt, es treten Schmerzhaftigkeit und Parästhesien ein (kalte Stauung).

Welche Art Stauung wenden wir zu Heilzwecken an?

Ausschließlich die leichte oder warme Stauung. Absolut vermieden muß die kalte Stauung werden.

Wie ist die Technik der leichten Stauung im allgemeinen?

Nach Bier: Die breite dünne Gummibinde nach Unterlage einer weichen Stoffbinde ist nur so stark anzuziehen, daß sie keinerlei Unbequemlichkeiten macht, und man sie, wenn man seiner gewohnten Beschäftigung nachgeht, förmlich vergißt; sie wird eigentlich nur um den Arm unter Vermeidung jeder stärkeren Dehnung fest gerollt. Zu beachten ist die Qualität des Pulses auf beiden Seiten, auf der gestauten Seite darf er nicht schwächer sein. Man behält im Auge, ob die Binde nicht drückt und ob der richtige Ton der Hellblaufärbung eintritt. Das Glied muß warm bleiben, die Binde darf nicht schmerzen.

Wie kann man sich die Technik der Stauung wesentlich erleichtern?

Durch die Anwendung von Apparaten, insbesondere des Henleschen Apparates, welcher ermöglicht, den einmal festgestellten nötigen Druck stets wieder zu finden.

Welche Arten von lokalen Infektionen eignen sich zur Behandlung mit der Stauung?

1. Die chronischen Gelenkentzündungen; aber nicht alle tuberkulösen Entzündungen reagieren gleichgut; man muß sehr häufig individualisieren, verschiedene Behandlungsarten kombinieren.

2. Die subchronische Gelenkentzündung (die gonorrhoische).

3. Akute Infektionen: Furunkel, viele umschriebene Abszesse, manche Eiterinfektionen im Beginn, Mastitis.

Werde alle vorstehenden drei Abteilungen stets nach einer Schablone behandelt?

Nein, es muß bei jeder Abteilung variiert werden, um beste Erfolge zu erzielen.

Wie gestaltet sich die Behandlung der chronischen lokalen Infektionskrankheiten mit Stauungsbehandlung?

Die Stauung kann etwas kräftiger als ganz leicht sein, die Binde soll täglich eine Stunde liegen bleiben. Die besten Resultate gibt die monartikuläre gonorrhoische Kniegelenkentzündung.

Welches sind die Vorteile und Nachteile dieser Methode?

Die Resultate pflegen bei chronischer Gelenkentzündung zwar ganz gut zu sein, allein die Heilung erfordert lange Zeit ($\frac{1}{2}$ bis $1\frac{1}{2}$ Jahre) und viel Geduld von seiten des Patienten und Arztes.

Welche Fälle der tuberkulösen Entzündungen eignen sich zur Behandlung mit der Stauungsmethode?

Alle, ausgenommen die mit größerer Sequesterbildung. Auch auf die lange Dauer ($\frac{1}{2}$ bis 2 Jahre) des Heilprozesses ist Rücksicht zu nehmen, die bei den sonst üblichen chirurgischen Eingriffen bedeutend kürzer ist.

Wie diagnostizieren wir Sequester?

Das Röntgenogramm zeigt oft den Sequester, ferner das Wuchern des Gewebes um ihn, ferner dunkle Eiterschatten mit verschwommener Knochenzeichnung.

Wie ist die Behandlung der subakuten, gonorrhoischen Gelenkentzündung?

Prinzip ist, die Binde stets möglichst weit entfernt vom kranken Gelenk anzulegen. Die Stauung soll schwächer sein als bei Tuberkulose, muß aber zur vollen Wirkung immerhin kräftig genug sein. Die Binde bleibt 10 bis 20 Stunden liegen. Wichtig ist hierbei, daß nach ca. 5 Stunden eine Pause von 1 bis 2 Stunden eintritt, um dem heilenden Ödem mit den Abbau- und Zerfallsstoffen wieder Zeit zum Abzug und Ablauf zu verschaffen.

Welches Kriterium haben wir für den richtigen Grad der Stauung und für die Länge der einzuhaltenden Pause bei Behandlung der gonorrhoischen Gelenkentzündung?

Liegt die Binde richtig, so muß nach $\frac{1}{2}$ bis $1\frac{1}{2}$ Stunden der rasende Schmerz nachlassen oder aufhören; sobald während der Pause die Schmerzen wieder auftreten, ist der Zeitpunkt für Wiederanlegen der Binde gekommen.

Was darf bei dieser Behandlung nicht schrecken?

Rötung und Schwellung nehmen während der Stauung stark zu; das hat nichts zu bedeuten, wenn der Schmerz nachläßt und das Glied warm bleibt.

Wie werden ganz frische Infektionen an den Extremitäten behandelt?

Die Binde muß ganz leicht angelegt werden, sie darf nur eben etwas drücken; die Haut darf hier nicht blau werden, sondern muß rot sein wie beim Erysipel. Die Temperatur der gestauten Seite muß höher sein, die Schmerzen müssen nachlassen. Sind nicht alle diese Erscheinungen zugleich vorhanden, so liegt die Binde schlecht, wahrscheinlich zu fest; sie muß gelockert werden. Die Binde darf nur stundenweise liegen, muß öfters nachgesehen werden.

Wie behandelt man lokale frische Infektionen am Rumpfe?

Durch Hyperämie, die durch Luftverdünnung hervorgerufen ist (durch Schröpfköpfe mit Gummiballon, Glasglocken, Saugspritzen und Ventilpumpen).

Was ist auch hier prinzipiell für die Behandlung?

Das Saugen darf nicht zu kräftig geschehen, auf keinen Fall Schmerz bereiten, ob nun ein Defekt in der Haut vorhanden ist oder nicht. Die Haut darf nicht blau oder weiß werden, sondern muß rot bleiben; eine Ausnahme bilden die Ränder torpider Geschwüre, die leicht blau werden; es dürfen keine subkutanen Blutungen auftreten.

Wie oft wird die Saugbehandlung im allgemeinen angewendet?

3—6mal je 5 Minuten lang, mit Pausen von 2 Minuten dazwischen.

Welche Erscheinung zeigt die offene blutige Wunde bei der Saugbehandlung?

Anfangs entleert sich blutiger Eiter, später fließt nur mehr klares Serum, ein Zeichen, daß mit der Saugbehandlung abgebrochen werden kann.

Wie heilen Furunkel und Karbunkel mit Hyperämiebehandlung?

Sie heilen in kurzer Zeit; Stichinzisionen sind nur gelegentlich zur Erweiterung der Ausflußkanäle nötig.

Wie werden Abszeß und Mastitis behandelt?

Es empfiehlt sich eine kleine Inzision, daran anschließend sofort Saugung.

Bei welchen Patienten ist mit der Stauungsmethode große Vorsicht am Platze?

Bei Herzkranken, Diabetikern und Arteriosklerose.

Register.

Inhaltsverzeichnis.